21世纪高等学校电子信息类专业规划教材

计算机应用基础教程

（修订本）

主　编　齐迎春
副主编　周文刚　杨素锦　陈　莹
参　编　李　欢　廖　利　刘　辛　郭慧玲
主　审　李　亚

清华大学出版社
北京交通大学出版社
·北京·

内容简介

本书采用“任务驱动”的编写方式，通过提出任务、任务分析、任务完成、任务总结几个方面将理论知识通过完成任务的形式组织起来，全面介绍计算机应用的相关知识。在每一个任务之后设置知识拓展，培养学生的创新思维。在每一个任务之后设置实训，巩固任务所涉及的知识点，提高学生综合应用所学知识解决实际问题的能力。

全书共12章，主要内容包括计算机基础知识、Windows 7应用、Word 2010应用、Excel 2010应用、PowerPoint 2010应用、Internet应用、网页制作、常用工具软件等。

本书适合作为各类院校计算机基础课的教材，也可作为各类学员的计算机应用基础培训教材。

图书在版编目(CIP)数据

计算机应用基础教程/齐迎春主编．—北京：北京交通大学出版社；清华大学出版社，2013.12（2024.9重印）
ISBN 978-7-5121-1745-7
Ⅰ.①计…　Ⅱ.①齐…　Ⅲ.①电子计算机-高等学校-教材　Ⅳ.①TP3
中国版本图书馆CIP数据核字（2013）第308506号

责任编辑：郭东青　　特邀编辑：张诗铭
出版发行：清华大学出版社　邮编：100084　电话：010-62776969　http://www.tup.com.cn
　　　　　北京交通大学出版社　邮编：100044　电话：010-51686414　http://www.bjtup.com.cn
印 刷 者：北京时代华都印刷有限公司
经　　销：全国新华书店
开　　本：185×260　印张：22.5　字数：560千字
版　　次：2014年1月第1版　2019年8月第1次修订　2024年9月第11次印刷
印　　数：22 701~23 700册　定价：59.00元

本书如有质量问题，请向北京交通大学出版社质监组反映。对您的意见和批评，我们表示欢迎和感谢。
投诉电话：010-51686043，51686008；传真：010-62225406；E-mail：press@bjtu.edu.cn。

前　言

随着我国经济持续又好又快地发展，社会对人才的需求转变为对应用型高级技能人才的需求。因此，应用型本科院校的培养目标也转变为培养高素质的应用型高级技能人才，学生毕业后可以直接服务于生产的第一线。

在高等院校中，计算机基础课程的教学改革正在深入开展。为了将计算机基础应用的理论知识与实践更好地结合起来，特编写了这本具有“任务驱动”特色的教材，将每章内容确定为一个与学生生活、学习、工作相关的感兴趣的实际任务，以任务为主线组织知识点，全面介绍计算机应用的相关知识。

全书共分 12 章。第 1 章以“配置一台计算机”为任务介绍计算机基础知识，第 2 章以“管理自己的计算机”为任务讲解 Windows 7 的应用，第 3 章以“制作求职简历”为任务讲解 Word 2010 的基础应用，第 4 章以“制作班级电子板报”为任务讲解 Word 2010 的综合应用，第 5 章以“毕业论文排版”为任务讲解 Word 2010 的高级应用，第 6 章以“制作电子表格”为任务讲解 Excel 2010 基础应用，第 7 章以“制作学生成绩统计分析表”为任务讲解 Excel 2010 高级应用，第 8 章以“制作优秀班级竞选演示文稿”为任务讲解 PowerPoint 2010 基础应用，第 9 章以“制作多媒体课件演示文稿”为任务讲解 PowerPoint 2010 高级应用，第 10 章以“新生入学记”为任务讲解 Internet 的应用，第 11 章以“制作新年主页”为任务讲解网页制作，第 12 章分别以不同的任务讲解常用工具软件的使用。本书中的所有任务均通过任务分析、任务完成、任务总结等环节在相应环境中制作完成。

本书具有如下特色。

1. 强调任务驱动

本书通过提出任务、任务分析、任务完成、任务总结等环节组织教学内容，以任务为总线组织知识点。将理论知识通过完成任务的形式组织起来，既符合目前教师根据理论知识组织教学的模式，又让学生在完成任务的过程中掌握了知识。

2. 分层次设置任务，适合多类读者对象

针对 Word、Excel、PowerPoint 三大办公软件，分别设置不同层次的任务，教师可以根据学生情况，分层次取舍任务，具有较大的灵活性。因此，本教材既可作为公共计算机课程的教材，又可作为计算机专业的入门教材，同时也可作为学习计算机应用知识的入门教材。

3. 设置知识拓展，注重学生创新思维的培养

在任务之后，设置知识拓展部分，将任务中未涵盖的技巧、知识点进行体现，同时在实训中也设置知识拓展实训，让层次高的学生“吃得饱”，培养学生的创新思维能力。

4. 实用性强，注重应用能力的培养

任务的设置来源于学生生活、学习、与工作相关的实际需求，实用性强，且能激发学生的学习兴趣。教学安排上以任务为主线，在完成任务的过程中，培养学生将所学知识应用到

实际生活、学习、工作中的能力。

参加本书编写的作者均来自教学第一线，具有丰富的教学工作经验。书中内容已经在教学过程中得到实践，教学效果较好。其中，第 1 章由郭慧玲、齐迎春编写，第 2 章由陈莹编写，第 3 章和第 5 章由杨素锦编写，第 4 章由齐迎春编写，第 6 章由廖利、周文刚编写，第 7 章由廖利编写，第 8 章由李欢编写，第 9 章由李欢、周文刚编写，第 10 章由刘辛编写，第 11 章由郭慧玲编写，第 12 章由周文刚、刘辛编写。

本书在编写过程中参考了部分图书资料，得到了周口师范学院教务处的大力支持，计算机科学与技术学院的领导和老师们对教材的编写给予了热情的关怀和指导，李亚对全书进行了审阅并提出许多宝贵意见，在此一并表示感谢！

由于编者水平有限，书中难免有错误和不足之处，恳请各位读者和专家批评、指正！

编者

2013 年 11 月

目　录

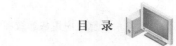

第1章　计算机基础知识

计算机在当今高速发展的信息社会中已经广泛应用到各个领域，掌握计算机的基础知识和应用已成为每个人的基本技能。本章主要讲解计算机的基础知识，包括计算机的发展、计算机系统组成、数制转换、微型计算机的主要性能指标等知识。通过对本章学习，使用户能够对计算机有一个基本认识。

1.1　任务分析

1.1.1　任务描述

小明是大一新生，目前计算机的应用已经深入到各个专业，由于专业需求，小明需要有一台属于自己的计算机。为了配置一台适合自己使用且性价比较高的计算机，小明需要深入了解计算机的基本概念、系统组成、性能指标及当前计算机的市场行情。

1.1.2　任务分解

为了在选购计算机时能够让商家认为自己是行家里手，小明通过查找资料、上网了解最新计算机配置信息等知识，最终组装了一台性能良好、价格适中的计算机。根据小明学习到的经验，他把计算机基础知识分成以下几个方面。

（1）计算机概论。

（2）数据表示与进制转换。

（3）数据编码。

（4）计算机系统组成。

1.2　任务完成

1.2.1　计算机概论

1. 计算机的定义

计算机，又称电脑（Computer），是一种能高速、自动地按照操作人员或者预先设定的各种指令完成各种信息处理的电子设备。随着信息技术高速发展，计算机作为信息技术应用的基本工具，在人们学习、工作、生活中的应用越来越广泛。

2. 计算机的发展

1946 年 2 月 14 日在美国宾夕法尼亚大学诞生了世界上第一台电子数字计算机“埃尼阿克”（The Electronic Numerical Integrator And Calculator，ENIAC）。这台计算机是个庞然大物，共用了 18 800 多个电子管、1 500 个继电器、重达 30 多吨、占地 170 平方米、每小时耗电 150 千瓦、计算速度为每秒 5 000 次加法运算。尽管它的功能远不如今天的计算机，但 ENIAC 作为计算机大家族的鼻祖，开辟了人类科学技术领域的先河，使信息处理技术进入了一个崭新的时代。

通常根据计算机采用的电子元件不同可将其发展历史划分为电子管、晶体管、中小规模集成电路和大规模集成电路等四个阶段。

1）第一代计算机（1946—1958 年）

第一代计算机是电子管计算机，其基本元件是电子管，内存储器采用水银延迟线，外存储器有纸带、卡片、磁带和磁鼓等。尚无操作系统的出现，操作机器非常困难。其主要特征如下。

- 电子管元件，体积庞大、耗电量高、可靠性差、维护困难。
- 计算速度慢，一般为每秒钟几千次到几万次。
- 使用机器语言，没有系统软件。
- 主要用于科学计算。

2）第二代计算机（1958—1964 年）

第二代计算机是晶体管计算机，其基本元件是晶体管。内存储器大量使用磁性材料制成的磁芯，外存储器有磁盘、磁带，外部设备种类增加。计算机操作系统有了较大发展，采用了监控程序，这是操作系统的雏形。其主要特征如下。

- 采用晶体管元件作为计算机的器件，体积大大缩小，可靠性增强，寿命延长。
- 运算速度加快，达到每秒几万次到几十万次。
- 提出了操作系统的概念，开始出现了汇编语言，产生了如 FORTRAN 和 COBOL 等高级程序设计语言和批处理系统。
- 计算机应用领域扩大，从军事研究、科学计算扩大到数据处理和实时过程控制等领域，并开始进入商业市场。

3）第三代计算机（1965—1971 年）

第三代计算机的主要元件是采用小规模集成电路和中规模集成电路。所谓集成电路是指用特殊的工艺将完整的电子线路做在一个硅片上，通常只有四分之一邮票大小。这一代计算机与晶体管计算机相比体积更小，耗电更少，功能更强，寿命更长，综合性能也得到了进一步提高。其主要特征如下。

- 采用中小规模集成电路元件，体积进一步缩小，寿命更长。
- 内存储器使用半导体存储器，性能优越，运算速度加快，每秒可达几百万次。
- 高级语言进一步发展。操作系统的出现，使计算机功能更强，在此基础上提出了结构化程序的设计思想。
- 计算机应用范围扩大到企业管理和辅助设计等领域。

4）第四代计算机（1971 年至今）

第四代计算机的主要元件是采用大规模集成电路和超大规模集成电路。集成度很高的半

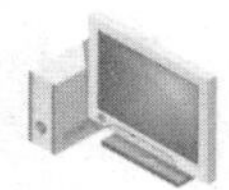

导体存储器完全代替了服役20年之久的磁芯存储器，磁盘的存储速度和存储容量大幅度上升，外存开始引入光盘，外部设备种类和质量都有很大提高。这一时期计算机的体积、重量、功耗进一步减少，运算速度、存储容量、可靠性有了大幅度的提高。其主要特征如下。

- 采用大规模和超大规模集成电路逻辑元件，体积与第三代相比进一步缩小，可靠性更高，寿命更长。
- 运算速度加快，每秒可达几千万次到几十亿次。
- 系统软件和应用软件获得了巨大发展，软件配置丰富，程序设计部分自动化。
- 计算机在办公自动化、数据库管理、图像处理、语言识别和专家系统等各个领域得到应用，电子商务已开始进入到了家庭，计算机的发展进入到了一个新的历史时期。

5）第五代计算机（正在研制中的新型电子计算机）

第五代计算机又称智能计算机，由超大规模集成电路和其他新型物理元件组成，具有推理、联想、智能会话等功能，并能直接处理声音、文字、图像等信息。第五代计算机是一种更接近人的人工智能计算机。它能理解人的语言、文字和图形，靠讲话就能对计算机下达命令，驱使它工作。它能将一种知识信息及其相关知识信息连贯起来，作为对某一知识领域具有渊博知识的专家系统，成为人们从事某方面工作的得力助手和参谋。

第五代计算机还是能“思考”的计算机，能帮助人进行推理、判断，具有逻辑思维能力。第五代计算机的工作原理与前四代计算机的工作原理有根本区别。它与近年来发展的“人工智能”密切相关。20世纪70年代以来，随着计算机技术的发展，人工智能的研究也有了很大进展，在用计算机证明定理、进行景物分析、图形显示、理解自然语言等方面，取得明显成果。在这个基础上，提出了进一步的问题，如人的思维活动能不能形式化等，现在正努力探索解决。所有这些为第五代计算机的研制创造了条件。

3. 计算机的发展趋势

以超大规模集成电路为基础，未来计算机将向巨型化、微型化、网络化和智能化的方向发展。

1）巨型化

巨型化是指高速度、大存储容量和功能强大的计算机。主要应用于国防、卫星发射、水文地理等高科技领域。巨型化的发展集中体现了计算机技术的发展水平，它可以推动多个学科的发展。

2）微型化

由于微电子技术的迅速发展，芯片的集成度越来越高，计算机的元器件也越来越小。目前，微型计算机已嵌入仪器、仪表、家用电器等小型设备中，从而使整个设备的体积大大缩小，重量大大减轻。

3）网络化

计算机网络可以实现资源共享。资源包括了硬件资源，如存储介质、打印设备等，还包含软件资源和数据资源，如系统软件、应用软件和各种数据库等。计算机网络化能够充分利用计算机资源，进一步扩大计算机的使用范围。事实表明，网络的应用已成为计算机应用的重要组成部分，现代的网络技术已成为计算机技术中不可缺少的内容。

4）智能化

智能化是未来计算机发展的总趋势。智能化是指计算机能够模拟人的思维能力，具有解决问题和逻辑推理的能力。这种计算机除了具备现代计算机的功能之外，还要具有在某种程度上模仿人的推理、联想、学习等思维功能，并具有声音识别、图像识别的能力。

4. 计算机的特点

计算机之所以具有很强的生命力，并得以飞速地发展，是因为计算机本身具有诸多特点，主要是快、大、久、精、智、自、广，具体如下。

1）运算速度快

现代最快的计算机工作速度已经可完成每秒上万亿次运算。正是由于计算机如此高速工作的特点，使得计算机即使用最笨的方法进行复杂计算，其速度也是人类望尘莫及的。严格地说，计算机本身是一个没有任何灵性和智能的机器设备，但是由于它的高速度，使得计算机能够帮助人类实现很多人们靠自身力量难以完成的任务。

2）计算精度高

计算机可以保证计算结果的任意精确度要求。这取决于计算机表示数据的能力。现代计算机提供多种表示数据的能力，以满足对各种计算精确度的要求。一般在科学和工程计算课题中对精确度的要求特别高。例如，利用计算机可以计算出精确到小数点后200万位的 π 值。

3）存储能力强

首先是现代计算机存储信息的能力非常强大，用海量描述并不过分。第二是其存储信息极其可靠，信息保存多年都不会丢失。再有就是存储信息速度极快，一台普通的PC计算机中的存储设备，可以在很短的时间内轻松转存数万本书的信息。利用其存储的这些特性，可将大量信息资料转换存储成计算机中的数字信息。

4）可靠性高

随着微电子技术和计算机技术的发展，现代电子计算机连续无故障运行时间可达到几十万小时以上，具有极高的可靠性。人们所说的“计算机错误”，通常是由与计算机相连的设备或软件的错误造成的，而由计算机硬件引起的错误愈来愈少了。另外，计算机对于不同的问题，只是执行的程序不同，因而具有很强的稳定性和通用性。

5）程序运行自动化

所谓运行自动化，就是人们把需要计算机处理的问题编成程序，存入计算机中，当发出运行指令后，计算机便在该程序控制下依次逐条执行，不再需要人工干预。这是计算机区别于其他工具的本质特点。向计算机提交任务主要是以程序、数据和控制信息的形式完成。程序存储在计算机内，计算机再自动地逐步执行程序。这个思想是由美国计算机科学家约翰·冯·诺依曼（John Von Neuman）提出的，被称为“存储程序和程序控制”的思想，也因此把迄今为止的计算机称为冯·诺依曼式的计算机。

6）应用领域广泛

迄今为止，几乎人类涉及的所有领域都不同程度地应用了计算机，并发挥了它应有的作用，产生了应有的效果，这种应用的广泛性是现今任何其他设备无可比拟的。而且这种广泛性还在不断地延伸扩大，永无止境。

5. 计算机的应用领域

计算机以其卓越的性能和强大的生命力，在科学技术、国民经济、社会生活等各个方面得到了广泛的应用，并且取得了明显的社会效益和经济效益。计算机的应用几乎包括人类的一切领域。根据计算的应用特点，可以归纳为以下几类。

1）科学计算

科学计算是指利用计算机来完成科学研究和工程技术中提出的数学问题。在现代科学技术工作中，科学计算问题是大量和复杂的。利用计算机的高速计算、大存储容量和连续运算的能力，可以实现人工难以解决的各种科学计算问题。例如，在高能物理方面的分子、原子结构分析，可控热核反应的研究，地球物理方面的气象预报、水文预报、大气环境的研究，在宇宙空间探索方面的人造卫星轨道计算、宇宙飞船的研制和制导等。如果没有计算机系统高速而又精确的计算，许多近代科学都是难以发展的。

2）信息处理

信息处理是目前计算机应用最广泛的领域之一。信息处理是指用计算机对各种形式的信息（文字、图像、声音等）进行收集、存储、加工、分析和传送的过程。当今社会，计算机用于信息处理，对办公自动化、管理自动化乃至社会信息化都有积极的促进作用。

3）自动控制

自动控制是指在没有人直接参与的情况下，利用计算机与其他设备连接，使机器、设备或生产过程自动地按照预定的规则运行。机器人能自动完成人类要求的预定工作，就是借助计算机的自动控制功能实现的。计算机之所以能够自动控制其他设备，是因为人事先给计算机编制了相应的控制程序，利用计算机程序能够自动工作的特性，使计算机可以完全代替人工自动完成人们要求的各项工作。

4）计算机辅助系统

计算机辅助系统是指借助计算机能够进行计算、逻辑判断和分析的能力，帮助人们从多种方案中择优，辅助人们实现各种设计工作。根据计算机辅助人们完成的工作分类，常见的计算机辅助系统有：计算机辅助设计（CAD）、计算机辅助制造（CAM）、计算机辅助教学（CAI）和计算机辅助测试（CAT）。在教学中使用计算机辅助系统，不仅可以节省大量的人力、物力，而且可以提升教学效果。

5）人工智能

人工智能又称智能模拟，利用计算机系统模仿人类的感知、思维、推理等智能活动，是计算机智能的高级功能。人工智能研究和应用的领域包括模式识别、自然语言理解与生成、专家系统、自动程序设计、定理证明、联想与思维的机理、数据智能检索等。例如，用计算机模拟医生的疾病诊断系统、计算机与人下棋陪人娱乐等。现在，人工智能的研究已取得不少成果，有些已开始走向实用阶段，但距真正的智能还有很长的路要走。

6）网络应用

计算机网络技术与现代通信技术的结合构成了计算机网络。计算机网络的建立，使得各个计算机不再孤立，由此大大扩充了计算机的应用范围。比如借助网络互相传送数据、网络聊天、下载文件等，极大地缩短了人与人之间的“距离”。

1.2.2　数据表示与进制转换

将数字符号按序排列成数位，并遵照某种由低位到高位进位的方法进行计数，来表示数值的方式，称作进位计数制。人们日常使用最多的阿拉伯数字称为十进制，但所有信息在计算机中均要以二进制形式表示。除此之外，在计算机语言中，还经常会用到八进制和十六进制。

1. 数制基础

在进位计数制中有数位、基数和权三个要素。

（1）数位是指数码在一个数中所处的位置。

（2）基数是指在某类进位计数制中，每个数位上所能使用的数码的个数，用 R 表示。十进制的基数 R 为 10，二进制的基数 R 为 2，八进制的基数 R 为 8，十六进制的基数 R 为 16。

为区分不同数制的数，常采用如下方法。①数字后面加写相应的英文字母 D（十进制）、B（二进制）、O（八进制）、H（十六进制）来表示数所采用的进制，如 1001B 表示二进制数，1001H 表示十六进制数。②在括号外面加数字下标，如 $(56)_8$表示八进制数 56，$(367)_{10}$表示十进制数 367。通常，不用括号及下标的数，默认为十进制数，如 345。

（3）位权是指一个固定值，是指在某种进位计数制中，每个数位上的数码所代表的数值的大小，等于在这个数位上的数码乘上一个固定的数值，这个固定的数值就是这种进位计数制中该数位上的位权。数码所处的位置不同，代表数的大小也不同。

显然，对于任意 R 进制数，其最右边数码的权最小，最左边的数码的权最大。

例如，十进制数 123.45 的展开式为：

$$123.45 = 1 \times 10^2 + 2 \times 10^1 + 3 \times 10^0 + 4 \times 10^{-1} + 5 \times 10^{-2}$$

类似十进制数值的表示，任一 R 进制数的值都可表示为各位数码本身的值与其权的乘积之和。例如：

二进制数 $110.01 = 1 \times 2^2 + 1 \times 2^1 + 0 \times 2^0 + 0 \times 2^{-1} + 1 \times 2^{-2}$

十六进制数 $2C3 = 2 \times 16^2 + 12 \times 16^1 + 3 \times 16^0$

这种过程称为数值的按权展开。

2. 常用数制

1）二进制

二进制的数码有两个，0 和 1，基数为 2。每个数码符号根据它在这个数中所处的位置（数位），按“逢二进一”来决定其实际数值，即各位数的位权是以 2 为底的幂次方。

例如：$(110.01)_2 = 1 \times 2^2 + 1 \times 2^1 + 0 \times 2^0 + 0 \times 2^{-1} + 1 \times 2^{-2} = (6.25)_{10}$

2）十进制

十进制的数码有十个，0，1，2，…，9，基数为 10。每个数码符号根据它在这个数中所处的位置（数位），按“逢十进一”来决定其实际数值，即各数位的位权是以 10 为底的幂次方。

例如：$(369.87)_{10} = 3 \times 10^2 + 6 \times 10^1 + 9 \times 10^0 + 8 \times 10^{-1} + 7 \times 10^{-2}$

3）八进制

八进制的数码有八个，0，1，2，…，7，基数为 8。每个数码符号根据它在这个数中所处的位置（数位），按“逢八进一”来决定其实际数值，即各数位的位权是以 8 为底的幂次方。

例如：$(137.4)_8 = 1 \times 8^2 + 3 \times 8^1 + 7 \times 8^0 + 4 \times 8^{-1} = (88.5)_{10}$

4）十六进制

十六进制的数码有十六个，0，1，2，…，9，A，B，C，D，E，F，基数为 16。每个数码符号根据它在这个数中所处的位置（数位），按“逢十六进一”来决定其实际数值，即各

数位的位权是以 16 为底的幂次方。

例如：$(3A.4)_{16}=3\times16^1+10\times16^0+4\times16^{-1}=(58.25)_{10}$

以上各种数制对应表见表 1-1。

1-1　各种数制的对应表

十进制	二进制	八进制	十六进制	十进制	二进制	八进制	十六进制
0	0000	0	0	8	1000	10	8
1	0001	1	1	9	1001	11	9
2	0010	2	2	10	1010	12	A
3	0011	3	3	11	1011	13	B
4	0100	4	4	12	1100	14	C
5	0101	5	5	13	1101	15	D
6	0110	6	6	14	1110	16	E
7	0111	7	7	15	1111	17	F

3. 进位制之间的转换

1）非十进制数转换成十进制数

方法：将各个 R 进制数按权展开求和即可。

例如：

（1）将二进制数 1010.101 转换成十进制数。

$(1010.101)_2=1\times2^3+0\times2^2+1\times2^1+0\times2^0+1\times2^{-1}+0\times2^{-2}+1\times2^{-3}$
$=8+2+0.5+0.125=(10.625)_{10}$

（2）将八进制数 137 转换成十进制数。

$(137)_8=1\times8^2+3\times8^1+7\times8^0=64+24+7=(95)_{10}$

（3）将十六进制数 2BA 转换成十进制数。

$(2BA)_{16}=2\times16^2+11\times16^1+10\times16^0=512+176+10=(698)_{10}$

2）十进制数转换为非十进制数

（1）整数部分的换算。十进制整数转换成非十进制整数的方法是采用“除权取余逆读”法。具体步骤是：把十进制整数除以权得一商数和一余数；再将所得的商除以权，得到一个新的商数和余数；这样不断地用权去除所得的商数，直到商等于 0 为止。每次相除所得的余数便是对应的二进制整数的各位数字。第一次得到的余数为最低有效位，最后一次得到的余数为最高有效位。

例如，将十进制数 198 换算成二进制、八进制和十六进制的方法如下。

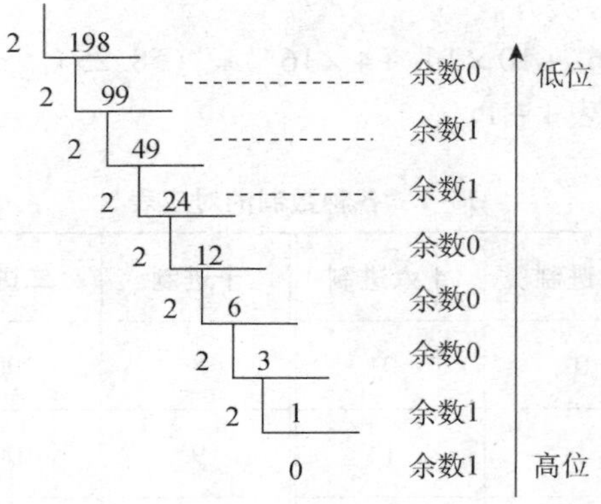

所以 $(198)_{10}=(11000110)_2$

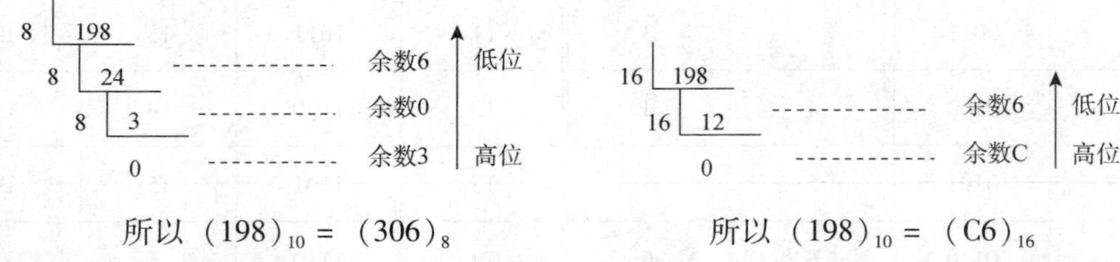

所以 $(198)_{10}=(306)_8$　　所以 $(198)_{10}=(C6)_{16}$

（2）小数部分的换算。将已知的十进制数的纯小数（不包括乘后所得整数部分）反复乘以 R，直到乘积的小数部分为 0 或小数点后的位数达到精度要求为止。第一次乘 R 所得的整数部分为最高位，最后一次乘 R 所得的整数部分为最低位。

例如，将十进制小数 0.24 换算成二进制、八进制和十六进制数（精确到小数点后第 5 位）的方法如下。

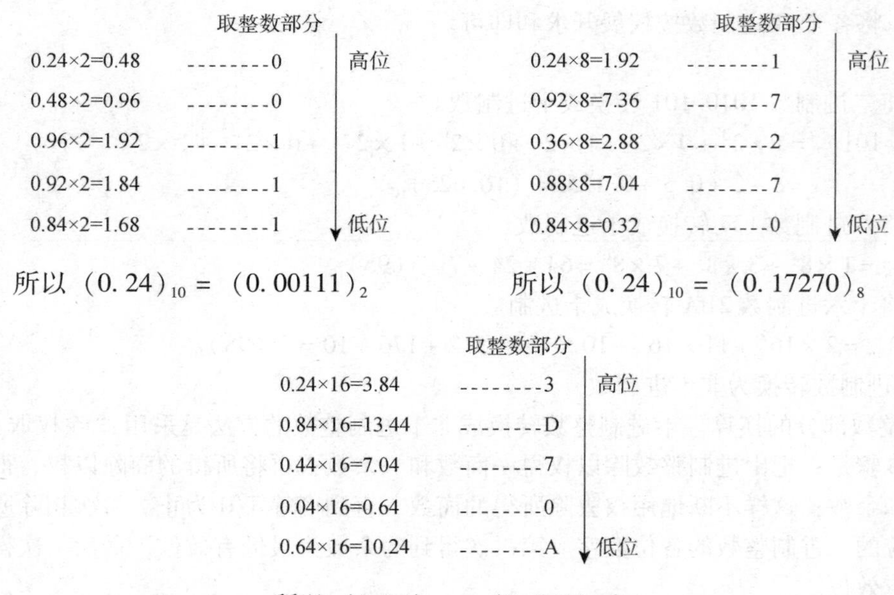

所以 $(0.24)_{10}=(0.3D70A)_{16}$

3）二进制数与八进制、十六进制间的转换

（1）二进制数与八进制数的相互换算。因为二进制的进位基数是2，而八进制的进位基数是8。所以三位二进制数对应一位八进制数。

二进制数换算成八进制数的方法是：以小数点为基准，整数部分从右向左，三位一组，最高位不足三位时，左边添0补足三位；小数部分从左向右，三位一组，最低位不足三位时，右边添0补足三位。然后将每组的三位二进制数用相应的八进制数表示，即得到八进制数。

例如，将二进制数（100010110111.0111）$_2$换算为八进制的方法为：

100　010　110　111　011　110

↓　↓　↓　↓　↓　↓

4　2　6　7　3　4

所以，（100010110111.0111）$_2$ =（4267.34）$_8$。

八进制数换算成二进制数的方法是：将每一位八进制数用三位对应的二进制数表示。

例如，将八进制数（725.13）$_8$换算为二进制数的方法为：

7　2　5　1　3

↓　↓　↓　↓　↓

111　010　101　001　011

所以，（725.13）$_8$ =（111010101.001011）$_2$

（2）二进制数与十六进制数的相互换算。因为二进制的基数是2，而十六进制的基数是16。所以四位二进制数对应一位十六进制数。

二进制数换算成十六进制数的方法是：以小数点为基准，整数部分从右向左，四位一组，最高位不足四位时，左边添0补足四位；小数部分从左向右，四位一组，最低位不足四位时，右边添0补足四位。然后将每组的四位二进制数用相应的十六进制数表示，即可以得到十六进制数。

例如，将二进制数（10011010110111.011011）$_2$换算为十六进制的方法为：

0010　0110　1011　0111　0110　1100

↓　↓　↓　↓　↓　↓

2　6　B　7　6　C

（10011010110111.0111）$_2$ =（26B7.6C）$_{16}$

十六进制数换算成二进制数的方法是：将每一位十六进制数用四位相应的二进制数表示。

例如，将十六进制（2C7.3E）$_{16}$换算为二进制数的方法为：

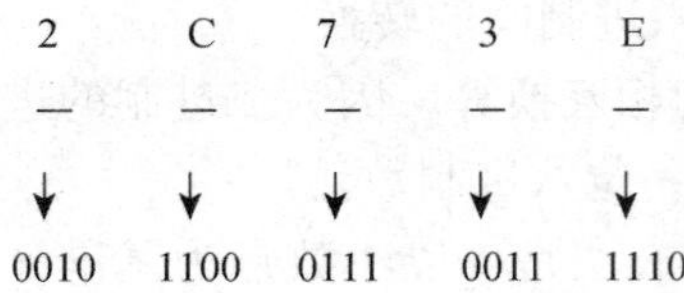

$(2C7.3E)_{16} = (001011000111.0011111)_2$

通过上述讲解，我们了解了计算机中的数制及其转换方法。另外，在 Windows 操作系统中提供了计算器的应用程序，可以利用它方便地进行各进位制的相互转换（详见第 2 章）。

1.2.3 数据编码

1. 西文字符编码

计算机中的信息都是用二进制编码表示的。用以表示字符的二进制编码称为字符编码。计算机中常用的字符编码有 BCD 码和 ASCII 码。目前计算机中使用最广泛的符号编码是 ASCII 码，即美国标准信息交换码（American Standard Code Information Interchange），被国际标准化组织（ISO）指定为国际标准。

ASCII 码包括 26 个大写英文字母、26 个小写英文字母、10 个十进制数，34 个通用控制字符和 32 个专用字符（标点符号和运算符），共 128 个元素，故需要 7 位二进制数进行编码，以区分每个字符。通常使用一个字节（即 8 个二进制位）表示一个 ASCII 码字符，规定其最高位总是 0。见表 1－2。

表 1－2 标准 ASCII 码字符集

字符 $b_7b_6b_5$ / $b_4b_3b_2b_1$	000	001	010	011	100	101	110	111
0000	NUL	DLE	SP	0	@	P		p
0001	SOH	DC1	!	1	A	Q	a	q
0010	STX	DC2	”	2	B	R	b	r
0011	ETX	DC3	#	3	C	S	c	s
0100	EOT	DC4	$	4	D	T	d	t
0101	ENQ	NAK	%	5	E	U	e	u
0110	ACK	SYN	&	6	F	V	f	v
0111	BEL	ETB	,	7	G	W	g	w
1000	BS	CAN	(	8	H	X	h	x
1001	HT	EM	)	9	I	Y	i	y
1010	LF	SUB	*	:	J	Z	j	z
1011	VT	ESC	+	;	K	[	k	{
1100	FF	S	,	<	L	\	l	|

续表

字符 $b_7b_6b_5$ / $b_4b_3b_2b_1$	000	001	010	011	100	101	110	111
1101	CR	GS	-	=	M	]	m	}
1110	SO	RS	.	>	N	^	n	~
1111	SI	US	/	?	O	_	o	DEL

2. 中文汉字编码

ASCII码只对英文字母、数字和标点符号作为编码。为了让计算机能够处理汉字，同样也需要对汉字进行编码。从汉字编码的角度来看，计算机对汉字信息的处理过程实际上是各种汉字编码之间的转换过程。这些编码主要包括汉字输入码、国标码、汉字机内码及汉字字形码等。

1）汉字输入码

为将汉字输入计算机而编制的代码称为汉字输入码，也称为外码。汉字输入码是根据汉字的发音或字形结构等多种属性和汉语有关规则编制而成的。英文输入时，想输入什么字符便按什么键，输入码和机内码一致。汉字输入时，可能要按几个键才能输入一个汉字。

2）国标码

汉字国标码（全称《信息交换用汉字编码字符集——基本集》（GB2312—1980），也称汉字交换码，简称GB码），主要用于汉字信息处理系统之间或者通信双方系统之间进行信息交换的汉字代码。

国标码规定了进行一般汉字信息处理时所使用的7 445个字符编码。其中682个非汉字图形字符（如：序号、数字、罗马数字、英文字母、日文假名、俄文字母、汉语拼音等）和6 763个汉字的代码。汉字代码中又有一级常用汉字3 755个，二级非常用汉字3 008个。一级常用汉字按汉语拼音字母顺序排列，二级非常用汉字按偏旁部首排列，部首顺序依笔画多少排序。

3）汉字机内码

汉字机内码是为在计算机内部对汉字进行存储、处理和传输而编制的汉字代码。当一个汉字输入计算机后就转换为机内码，然后才能在机器内流动、处理。汉字机内码的作用是统一了各种不同的汉字输入码在计算机内部的表示，即将输入时使用的多种汉字输入码统一转换成汉字机内码进行存储，以方便机内的汉字处理。

4）汉字字形码

汉字字形码即汉字输出码，用于汉字的显示和打印，是汉字字形的数字化信息。汉字的内码是用数字代码来表示汉字，但是为了在输出时让人们看到汉字，就必须输出汉字的字形。汉字的字形有两种表示方式：点阵法和矢量表示法。在汉字系统中，一般采用点阵来表示字形。汉字的字形称为字模，以点阵表示。点阵中的点对应存储器中的一位，对于16×16点阵的汉字，需要有256个点，即256位。由于计算机中，8个二进制位作为一个字节，所以16×16点阵汉字需要2×16=32字节表示一个汉字的点阵数字信息（字模）。

一般来说，表示汉字时所使用的点阵越大，汉字字形的质量越好，但每个汉字点阵所需的存储量也越大。

5）各种汉字代码之间的关系

汉字的输入、处理和输出的过程实际上是汉字的各种代码之间的转换过程，或者说汉字代码在系统有关部件之间流动的过程。图1－1表示了这些代码在汉字信息处理系统中的位置及它们之间的关系。

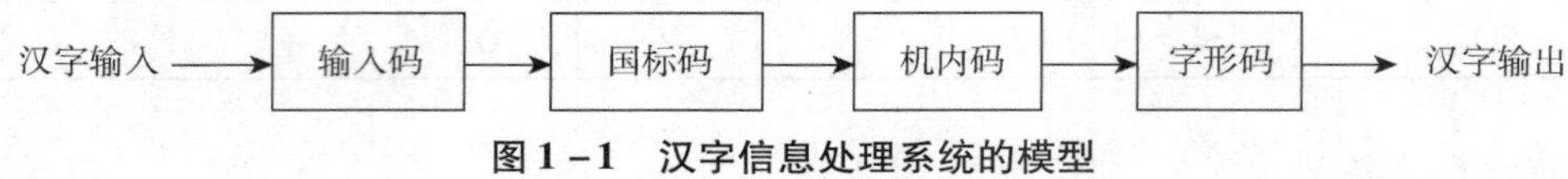

图1－1　汉字信息处理系统的模型

1.2.4　计算机系统组成

计算机系统的基本组成包括硬件和软件。

硬件指构成计算机系统的物理实体或物理装置，由电子元件、机械元件、集成电路构成。软件系统指在硬件基础上运行的各种程序、数据及有关的文档资料。通常把没有软件系统的计算机称为“裸机”。图1－2为计算机系统的组成图。

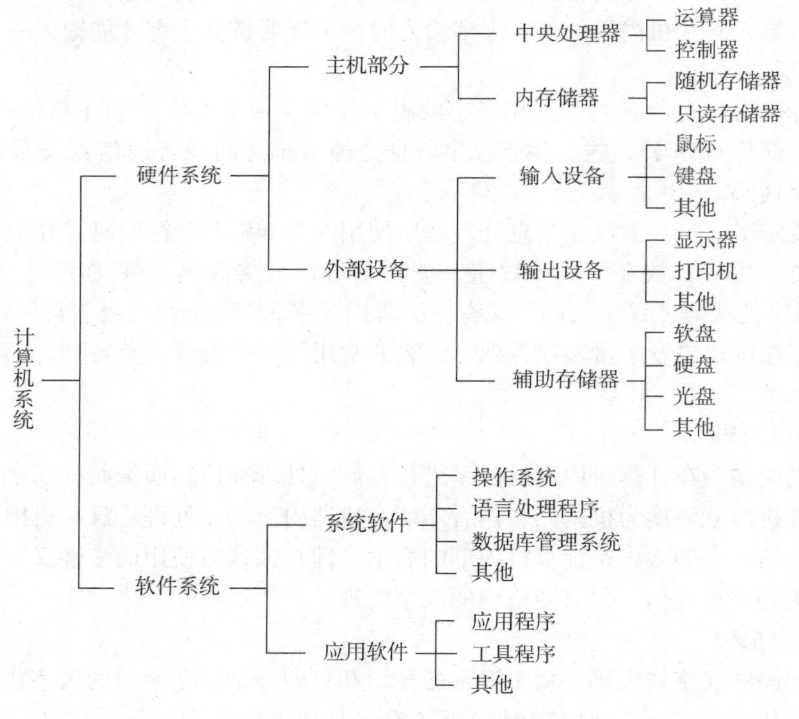

图1－2　计算机系统组成图

1. 计算机硬件系统

计算机硬件从理论上讲由五大部分构成，也称为冯·诺依曼结构，由运算器、控制器、输入设备、输出设备、存储器构成。

1）运算器

运算器（Arithmetic Logic Unit，ALU）是计算机对数据进行加工处理的部件，一切算术运算和逻辑测试工作都由运算器承担。它的主要功能是对二进制数码进行加、减、乘、除等算术运算和与、或、非等基本逻辑运算，实现逻辑判断。运算器在控制器的控制下实现其功能，运算结果由控制器指挥送到内存储器中。

2）控制器

控制器（Control Unit，CU）是对计算机其他全部设备进行控制，使计算机整体能够协调工作的部件。它的基本功能就是从内存中取指令和执行指令，然后根据该指令功能向有关部件发出控制命令，执行该指令。另外，控制器在工作过程中，还要接受各部件反馈回来的信息。

运算器与控制器组成计算机的中央处理器（Center Processing Unit，CPU）。在微型计算机中，通常把运算器和控制器集成在一片半导体芯片上，制成大规模集成电路。因此，CPU常常又被称为微处理器。

3）输入设备

输入设备（Input Devices）用来接受用户输入的原始数据和程序，并将它们变为计算机能识别的二进制存入到内存中。常用的输入设备有键盘、鼠标、扫描仪、光笔和麦克风等。

4）输出设备

输出设备（Output Devices）用于将存入在内存中的由计算机处理的结果转变为人们能接受的形式输出。常用的输出设备有显示器、打印机、绘图仪和音响等。

5）存储器

存储器（Memory）是用来存储数据和程序的“记忆”装置，相当于存放资料的仓库。计算机的全部信息，包括数据、程序、指令以及运算的中间数据和最后的结果都要存放在存储器中。存储器分为两大类：一类是内部存储器，简称内存或主存；另一类是外部存储器，简称外存或辅存。

内存用来存储当前要执行的程序和数据及中间结果和最终结果。从输入设备输入到计算机中的程序和数据都要送入内存，需要对数据进行操作时，再从内存中读出数据（或指令）送到运算器（或控制器），由控制器和运算器对数据进行规定的操作，其中间结果和最终结果保存在内存中，输出设备输出的信息也来自内存。内存中的信息不能长期保存，如要长期保存需要送到外存储器中。

外存用来存储大量暂时不参与运算的数据和程序，以及运算结果，常用的外存有硬盘、光盘、闪存盘等。外存储器一般不直接与CPU打交道，外存中的数据应先调入内存，再由CPU进行处理。

存储器容量的基本单位是字节（Byte，B），每个字节包含8个二进制位（bit，b），即1B=8b。为了方便描述，存储器容量通常用以下单位表示：KB、MB、GB、TB，其中$1024=2^{10}$。它们之间的关系是：

$$1\text{KB} = 1024\text{ B} = 2^{10}\text{B}$$
$$1\text{MB} = 1024\text{ KB} = 2^{20}\text{B}$$
$$1\text{GB} = 1024\text{ MB} = 2^{30}\text{B}$$
$$1\text{TB} = 1024\text{ GB} = 2^{40}\text{B}$$

外存和内存虽然都是用来存放信息的，但是它们有很多不同之处。

（1）内存一般存储容量远远小于外存，内存工作时存取信息的速度远远大于外存。

（2）CPU 可以直接访问内存，而外存的内容需要先调入内存再由 CPU 进行处理，所以 CPU 访问内存的速度比较快。

（3）内存中的信息一般情况下断电后会丢失，外存中的信息则在断电后依然被保存着。

（4）外存的单位存储价格要比内存便宜得多。

2. 计算机软件系统

计算机软件是指在计算机硬件上运行的各种程序、程序运行所需要的数据及开发、使用和维护这些程序所需要的文档的集合。一台性能优良的计算机硬件系统能否发挥其应有的功能，取决于为之配置的软件是否完善、丰富。因此，在使用和开发计算机系统时，必须要考虑到软件系统的发展与提高，必须熟悉与硬件配套的各种软件。计算机软件一般可分为系统软件和应用软件两大类。

1）系统软件

系统软件由一组控制计算机系统并管理其资源的程序组成，其主要功能包括：启动计算机，存储、加载和执行应用程序，对文件进行排序、检索，将程序语言翻译为机器语言等。一般来说系统软件可分为操作系统、程序设计语言和数据库管理系统。

（1）操作系统。操作系统是管理、控制和监督计算机软、硬件资源协调运行的程序系统，由一系列具有不同控制和管理功能的程序组成。它是直接运行在计算机硬件上的最基本的系统软件，是系统软件的核心，其功能是管理计算机的软硬件资源和数据资源，为用户提供高效、全面的服务。正是由于操作系统的飞速发展，才使计算机的使用变得简单而普及。

操作系统的种类繁多，按其功能和特性分为批处理操作系统、分时操作系统（如 UNIX）和实时操作系统等；按同时管理用户的多少分为单用户操作系统（如微型机的 DOS、Windows 操作系统）和多用户操作系统；还有适合管理计算机网络环境的网络操作系统。目前微机上常见的操作系统有 DOS、OS/2、UNIX、XENIX、LINUX、Windows、Netware 等。使用最多的应该是 Windows 操作系统系列，有 Windows 98 SE、Windows Me、Windows NT、Windows 2000、Windows XP、Windows 2003、Windows VISTA、Windows 7 等。

（2）程序设计语言。人们要利用计算机解决实际问题，一般首先要编写程序。程序设计语言就是用来编写程序的语言，它是人与计算机之间交换信息的工具。程序设计语言一般分为机器语言、汇编语言和高级语言三类。

① 机器语言。机器语言是指机器能直接识别的语言，它由二进制数组成，不需翻译，由操作码和操作数组成。使用机器语言编写程序，工作量大、难于记忆、容易出错、调试修改麻烦，但执行速度快。机器语言因所承受机器型号的不同而异，不具备通用性，不可移植，因此说它是“面向机器”的语言。由于机器语言比较难记，所以基本上不用它来编写程序。

② 汇编语言。汇编语言是由一组与机器语言指令一一对应的符号指令和简单语法组成的，用助记符代替操作码，用地址符号代替操作数。汇编语言程序要由一种“翻译”程序来将它翻译为机器语言程序，这种翻译过程称为汇编。汇编语言比机器语言易读、易检查、易修改，同时又保持了机器语言执行速度快、占用存储空间少的优点。汇编语言也是“面向机器”的语言，不具备通用性和可移植性。汇编语言适用于编写直接控制机器操作的底层程序，它与机器密切相关，一般人也很难使用。

③ 高级语言。高级语言比较接近日常用语，对机器依赖性低，是适用于各种机器的计算机语言。高级语言最大的优点是它“面向问题，而不是面向机器”。这不仅使问题的表述更加容易，简化了程序的编写和调试，大大提高编程效率；同时还因这种程序与具体机器无关，所以有很强的通用性和可移植性。高级语言容易学习，通用性强，书写出的程序比较短，便于推广和交流，是很理想的一种程序设计语言。目前，高级语言有面向过程和面向对象之分。传统的高级语言一般是面向过程的，如 Basic、Fortran、Pascal、C 等。随着面向对象技术的发展和完善，面向对象的程序设计语言以其独有的优势，得到了普遍的推广应用，目前流行的面向对象的程序设计语言有：Visual Basic、Visual C + +、Java、C#等。

（3）数据库管理系统。数据库是以一定的组织方式存储起来的、具有相关性的数据的集合。数据库管理系统则是能够对数据库进行加工、管理的系统软件。其主要功能是建立、维护、删除数据库及对数据库中的数据进行各种操作，如检索、修改、排序、合并等。目前，常见的数据库管理系统有 Visual FoxPro、Oracle、SQL Server 等。

2）应用软件

应用软件是指专门为解决某个应用领域内的具体问题而编制的软件。它又可分为用户程序与应用软件包。

（1）用户程序。用户程序是用户为了解决特定的具体问题而开发的软件。编制用户程序时应充分利用计算机系统的现成软件，因为在系统软件和应用软件包的支持下可以更加方便、有效地研制用户专用程序。例如，学生的学籍管理系统、人事部门的人事管理系统、财务处的财务管理系统、教师的工资管理系统等。

（2）应用软件包。应用软件包是为实现某种特殊功能而经过精心设计的、结构严密的独立系统，是一套满足同类应用的许多用户所需要的软件。例如，Microsoft 公司发布的 Office 2010 应用软件包，还有日常使用的杀毒软件（瑞星、金山毒霸、360 等），以及各种游戏软件等。

综上所述，计算机系统由硬件系统和软件系统组成，两者缺一不可。而软件系统又由系统软件和应用软件组成，操作系统是系统软件的核心，在每个计算机系统中是不可缺少的；其他的系统软件，如不同的程序设计语言可根据不同用户的需要配置不同的程序设计语言编译系统。应用软件则随各用户的应用领域来配置。

3. 微型计算机的主要性能指标

计算机功能的强弱或性能的好坏，不是由某项指标决定的，而是由它的系统结构、指令系统、硬件组成、软件配置等多方面的因素综合决定的。一般来说主要有下列技术指标。

1）运算速度

运算速度是衡量计算机性能的一项重要指标。通常所说的计算机运算速度（平均运算速度），是指每秒所能执行的加法指令数目，常用每秒百万次 MIPS（Million Instructions Per Second）来表示。同一台计算机，执行不同的运算所需时间可能不同，因而对运算速度的描述常采用不同的方法。常用的有 CPU 时钟频率（主频）、每秒平均执行指令数（IPS）等。微型计算机一般采用主频来描述运算速度，例如，Intel 酷睿 i7 4770 的主频为 3.5GHz，Intel 酷睿 i5 4570 的主频为 3.2GHz，Intel 酷睿 i3 4130 的主频为 3.4GHz。

2）字长

字长是指计算机运算部件一次能同时处理的二进制数据的位数，是由 CPU 内部的寄存器、加法器和数据总线的位数决定的。字长标志着计算机处理信息的精度。在其他指标相同时，字长越长，计算机的运算精度就越高，处理能力就越强。早期的微型计算机的字长一般是8位和16位。目前微机的字长都是64位。

3）时钟主频

主频是描述计算机运算速度最重要的一个指标。时钟主频是指中央处理器在单位时间（秒）内发出的脉冲数，即CPU在单位时间内平均“运行”的次数，其速度单位为MHz或GHz。一般来说，主频越高，速度速度就越快。由于微处理器发展迅速，微机的主频也在不断提高。Intel 酷睿 i7 的处理器目前已达到6 GHz。

4）存储器的容量

内存储器，简称主存，是CPU可以直接访问的存储器，需要执行的程序与需要处理的数据就存放在主存中的。内存储器容量的大小反映了计算机即时存储信息的能力。随着操作系统的升级，应用软件的不断丰富及其功能的不断扩展，人们对计算机内存容量的需求也不断提高。目前，运行 Windows 95 或 Windows 98 操作系统至少需要 16 MB 的内存容量，Windows XP 需要128 MB 以上的内存容量，Windows 7 则需要512 MB 以上的内存容量。内存容量越大，系统功能就越强大，能处理的数据量就越庞大。目前微机的内存容量一般都达到4GB。外存储器，也称辅存。外存储器容量通常是指硬盘容量（包括内置硬盘和移动硬盘）。外存储器容量越大，可存储的信息就越多，可安装的应用软件就越丰富。目前，硬盘容量一般都达到500 GB 以上。

5）存取周期

内存进行一次存或取操作所需的时间称为存储器的访问时间，连续启动两次独立的“存”或“取”操作所需的最短时间，称为存取周期。简单地讲，存取周期就是CPU从内存储器中存取数据所需的时间。存取周期越短，则存取速度越快。由于计算机在工作中需要极其频繁地进行存取数据操作，所以存取周期也是影响整个计算机系统性能的主要指标之一。半导体存储器的存取周期约为几十到几百毫微秒之间。

以上只是一些主要性能指标。除了上述这些主要性能指标外，微型计算机还有其他一些指标，如计算机的可靠性、可维护性、兼容性和平均无故障时间等。另外，各项指标之间也不是彼此孤立的，在实际应用时，应该把它们综合起来考虑，而且还要遵循“性能价格比”的原则。

1.2.5 知识拓展

1. CPU 核心参数

CPU是电脑的心脏，一台电脑所使用的CPU基本决定了这台电脑的性能和档次。CPU的核心参数包括主频、外频、倍频、接口类型、生产工艺、核心数量和缓存等。

1）主频

CPU内部的时钟频率，是CPU进行运算时的工作频率。一般来说，主频越高，一个时钟周期里完成的指令数也越多，CPU的运算速度也就越快。但由于内部结构不同，并非所有时钟频率相同的CPU性能都一样。

2）外频

即系统总线，CPU与周边设备传输数据的频率，具体是指CPU到芯片组之间的总线速

度。CPU 的外频决定着整块主板的运行速度。

3）倍频

原先并没有倍频概念，CPU 的主频和系统总线的速度是一样的，但 CPU 的速度越来越快，倍频技术也就应运而生。它可使系统总线工作在相对较低的频率上，而 CPU 速度可以通过倍频来无限提升。那么 CPU 主频的计算方式变为：主频 = 外频×倍频。也就是倍频是指 CPU 和系统总线之间相差的倍数，当外频不变时，提高倍频，CPU 主频也就越高。

4）接口类型

接口指 CPU 和主板连接的接口。主要有两类，一类是卡式接口，称为 SLOT，卡式接口的 CPU 像我们经常用的各种扩展卡，例如显卡、声卡等一样是竖立插到主板上的，当然主板上必须有对应 SLOT 插槽，这种接口的 CPU 已被淘汰。另一类是主流的针脚式接口，称为 Socket，Socket 接口的 CPU 有数百个针脚，因为针脚数目不同而称为 Socket 370、Socket 478、Socket 462、Socket 423 等。

5）生产工艺

在生产 CPU 过程中，要加工各种电路和电子元件，制造导线连接各个元器件。其生产的精度以 μm（微米）来表示，精度越高，生产工艺越先进。在同样的材料中可以制造更多的电子元件，连接线也越细，提高 CPU 的集成度，CPU 的功耗也越小。这样 CPU 的主频也可提高，在 0.25 μm 的生产工艺 CPU 最高可以达到 600 MHz 的频率。而 0.18 μm 的生产工艺 CPU 可达到 GHz 的水平上。0.13 μm 生产工艺的 CPU 即将面市。

6）核心数量

指 CPU 物理核心的个数，可以多线程运行程序。从单核、双核发展到三核、四核等。相对来说 CPU 核心数量越多，多线程处理能力就越强，CPU 核心数量在一定程度上影响了处理器性能，但核心数量只是影响处理器性能的决定因素之一。

7）缓存

CPU 进行处理的数据信息多是从内存中调取的，但 CPU 的运算速度要比内存快得多，为此在传输过程中放置一存储器，存储 CPU 经常使用的数据和指令。这样可以提高数据传输速度。可分一级缓存、二级缓存和三级缓存。

（1）一级缓存 L1 Cache。集成在 CPU 内部中，用于 CPU 在处理数据过程中数据的暂时保存。由于缓存指令和数据与 CPU 同频工作，L1 级高速缓存缓存的容量越大，存储信息越多，可减少 CPU 与内存之间的数据交换次数，提高 CPU 的运算效率。但因高速缓冲存储器均由静态 RAM 组成，结构较复杂，在有限的 CPU 芯片面积上，L1 级高速缓存的容量不可能做得太大。

（2）二级缓存 L2 Cache。由于 L1 级高速缓存容量的限制，为了再次提高 CPU 的运算速度，在 CPU 外部放置一高速存储器，即二级缓存。工作主频比较灵活，可与 CPU 同频，也可不同。CPU 在读取数据时，先在 L1 中寻找，再从 L2 中寻找，然后是内存，再后是外存储器。所以 L2 对系统的影响也不容忽视。

（3）三级缓存是为读取二级缓存后未命中的数据设计的一种缓存，在拥有三级缓存的 CPU 中，只有约 5% 的数据需要从内存中调用，这进一步提高了 CPU 的效率。

2. 配置注意事项

微型计算机的各个部件可以组合。不同用途、不同档次的微型计算机的配置也不完全一致，可以根据用户的使用目的、经济能力自行配置。微型计算机的基本配置包括主机、显示器、键盘、鼠标等，其中主机又包括主板、CPU、内存条、硬盘、显卡、声卡和主机箱等。其注意事项如下。

（1）CPU、主板、显卡、内存条等合理搭配决定了整体的性能优劣。要注意各个配件之间的兼容性、均衡性。不均衡、不合理的配置将严重制约整机的性能发挥，更不要说超频使用了。

（2）不要过于追新，实用即可。现在技术进步很快，产品更新换代不断，CPU、主板、显卡等几个大的配件价格调整比较频繁，换代新品上市旧型号必大幅调价。因此，选择配置时要量力而行。

（3）装机配置时尽量选择平台新、持续时间久的配件，这样方便以后换修、升级。

（4）注意大配件尽量选择名牌产品。

3. 配件选择原则

（1）选择 CPU 时，主频越快越好，但也要依据自身的经济状况及机器的主要用途进行选择。

（2）选择的主板要支持选择的 CPU。根据已选定的 CPU 类型及工作主频等技术指标，选择支持它的主板。还有主板选择品牌不能只看价格，还要注意缩水情况，千万不能把主板选择太差而其他配件选择太高端。

（3）内存选择要注意内存频率跟主板的北桥内存控制器支持匹配（主板参数说明中有），考虑到在市场上内存条的价格不是很高和一段时间内的使用情况，建议目前至少配置 4G 的 DDR 内存。

（4）硬盘容量越大存的文件越多，但也要考虑硬盘的转速、接口、缓存和存取时间。

（5）关于显卡，多数品牌台式机配置的是“集成显卡”，尽管最新的技术发展依然延续了显卡“集成”，但显卡性能多数并未得以提升。建议在经济能力许可的情况下选择独立显卡。

（6）显示器可以说是计算机购置中的一个大件，价格比较贵且相对其他硬件来说比较稳定，不会在短时间内因过时而被淘汰。

4. 配置举例

1）Intel 双核独显整机配置

装机理由：工作学习主机。

配件名称　品牌型号。

处理器：Intel 赛扬 G1610（盒）。

散热器：盒装自带。

主板：技嘉 GA－H61M－DS2（rev. 3. 0）。

内存：威刚万紫千红 DDR3333 8G。

硬盘：希捷 Barracuda 1TB 64M SATA3 单碟。

显卡：七彩虹 GT610 2G D3 冰封骑士。

键鼠装：罗技 MK220 无线键鼠装。

显示器：三星 S19C200NW。

机箱：游戏悍将终结者魔鬼豪华版。

电源：机箱内含。

2）AMD 四核独显主流游戏配置

装机理由：游戏娱乐主机，应付一般游戏够用了。

配件名称　品牌型号。

处理器：AMD 速龙 X4 740（盒）。

散热器：盒装自带。

主板：技嘉 GA－F2A75M－D3H。

内存：海盗船 DDR3600 8G 复仇者套装。

硬盘：西部数据 500G6M SATA3 蓝盘。

显卡：蓝宝石 HD7750G GDDR5 白金版。

光存储：三星 SH－118AB。

机箱：动力火车绝尘侠 X3。

电源：航嘉 jumper 450B。

音箱　麦博 M－600 07 版。

键鼠装：罗技 G1 游戏套装。

显示器：AOC 2217V＋。

1.3　任务总结

本章通过配机任务，讲述了计算机概论、数据表示与进制转换和计算机系统组成等内容。要求学生了解计算机发展的总体历程和计算机的数据与编码，理解计算机的不同数制以及数制之间的转换方法，掌握计算机系统组成，具备合理配置一台微型计算机的能力。

1.4　实训

实训1　计算机概论及数制转换

1. 实训目的

（1）熟悉计算机基本操作规范；

（2）巩固关于计算机发展、特点和分类情况等基础知识；

（3）掌握数制间的转换运算。

2. 实训要求及步骤

完成下面理论知识题。

（1）计算机最早的用途是进行（　　）。

A. 科学计算　　B. 自动控制　　C. 系统仿真　　D. 辅助设计

（2）二进制数 01000010.10 转换为十进制数是（　　）。

A. 82.5　　B. 66.5　　C. 45.5　　D. 35.4

（3）物理元件采用晶体管的计算机被称为（　　）。

A. 第一代　　B. 第二代　　C. 第三代　　D. 第四代

（4）1946 年，美国研制出第一台电子数字计算机，称为（　　）。

A. ENIAC　　B. EDVAC　　C. UNIVAC　　D. VLSI

（5）未来计算机系统的发展方向有（　　）。

A. 光子计算机　　B. 量子计算机　　C. 生物计算机　　D. 以上都是

（6）计算机辅助制造的简称是（　　）。

A. CAD　　B. CAI　　C. CAM　　D. CMI

（7）十进制数 92 转换成二进制和十六进制分别是（　　）。

A. 01011100 和 5C　　B. 01101100 和 61

C. 10101011 和 5D　　D. 01011000 和 4F

（8）有关二进制数的说法错误的是（　　）。

A. 二进制数只有 0 和 1 的数码

B. 二进制数各个位上的权是 2^i

C. 二进制运算是逢二进一

D. 十进制转换成二进制使用的是按权展开相加法

（9）在下列不同进制的四个数中，最小的一个数是（　　）。

A. $(45)_D$　　B. $(55.5)_O$　　C. $(3B)_H$　　D. $(110011)_B$

（10）在计算机内部，用来传送、存储、加工处理的数据或指令都是以（　　）形式表示的。

A. 区位码　　B. ASCII 码　　C. 十进制　　D. 二进制

（11）十六进制 7A 转换为十进制数是（　　）

A. 272　　B. 250　　C. 128　　D. 122

（12）在计算机领域中，通常用英文单词“Byte”来表示（　　）

A. 字　　B. 字长　　C. 位　　D. 字节

（13）（　　）是计算机中最小的数据单位。

A. 字　　B. 字长　　C. 位　　D. 字节

（14）当前被国际化标准组织确定为世界通用的国际标准码的是（　　）。

A. ASCII 码　　B. BCD 码　　C. 8421 码　　D. 汉字编码

（15）八进制 105 转换成十六进制数是（　　）

A. 54　　B. 52　　C. 45　　D. 96

（16）1GB 等于（　　），又等于（　　）个字节。

A. 1024KB，2048　　B. 1024MB，230

C. 2048KB，230　　D. 210KB，220

实训 2　计算机系统组成

1. 实训目的

（1）结合实验机型，了解微型计算机的硬件组成；

（2）巩固关于微型计算机系统组成：硬件系统、软件系统的基础知识。

2. 实训要求及步骤

完成下面理论知识题。

（1）计算机能直接执行的程序是（　　）。

A. 源程序　　B. 机器语言程序

C. BASIC 语言程序　　D. 汇编语言程序

（2）微型计算机的运算器、控制器、内存储器构成计算机的（　　）部分。

A. CPU　　B. 硬件系统　　C. 主机　　D. 外设

（3）软磁盘和硬磁盘都是（　　）。

A. 计算机的内存储器　　B. 计算机的外存储器

C. 海量存储器　　D. 备用存储器

（4）计算机中运算器的主要功能是（　　）。

A. 控制计算机的运行　　B. 算术运算和逻辑运算

C. 分析指令并执行　　D. 负责存取数据

（5）下列关于 ROM 的说法，不正确的是（　　）。

A. CPU 不能向其随机写入数据

B. ROM 中的内容断电后不会消失

C. ROM 是只读存储器的英文缩写

D. ROM 是外存储器的一种

（6）计算机应由五大部分组成，下列（　　）不属于这五个部分。

A. 控制器　　B. 总线

C. 输入\输出设备　　D. 存储器

（7）在计算机中，（　　）合称为处理器。

A. 运算器和寄存器　　B. 存储器和控制器

C. 运算器和控制器　　D. 存储器和运算器

（8）微型计算机基本配置的输入和输出设备分别是（　　）。

A. 键盘和数字化仪　　B. 扫描仪和显示器

C. 键盘和显示器　　D. 显示器和鼠标

（9）对整个计算机系统资源的管理是由（　　）来完成的。

A. 硬件　　B. 操作系统　　C. 算法　　D. 控制器

（10）某公司的财务管理程序属于（　　）。

A. 工具软件　　B. 应用软件　　C. 系统软件　　D. 字处理软件

（11）根据软件的用途，计算机软件一般可分为（　　）。

A. 系统软件和非系统软件

B. 系统软件和应用软件

C. 应用软件和非应用软件

D. 系统软件和管理软件

（12）若用户正在计算机上编辑某个文件，这时突然停电，则全部丢失的是（　　）。

A. ROM 和 RAM 中的信息　　B. RAM 中的信息

C. ROM 中的信息　　D. 硬盘中的文件

(13) 关于高速缓冲存储器的描述，正确的是（　　）。
　　A. 以空间换取时间的技术
　　B. 是为了提高外设的处理速度
　　C. 以时间换取空间的技术
　　D. 是为了协调 CPU 与内存之间的速度

(14) 微型计算机中，控制器的基本功能是（　　）。
　　A. 算术和逻辑运算　　B. 存储各种控制信息
　　C. 保持各种控制状态　　D. 控制计算机各部件协调一致地工作

(15) 操作系统是计算机系统中的（　　）。
　　A. 核心系统软件　　B. 关键的硬件部件
　　C. 广泛使用的应用软件　　D. 外部设备

(16) 在多媒体计算机中，麦克风属于（　　）。
　　A. 运算设备　　B. 输出设备
　　C. 存储设备　　D. 输入设备

实训 3　指法练习

1. 实训目的

(1) 熟悉各个功能键的用法；

(2) 掌握正确的击键方法；

(3) 掌握特殊字符的输入方法；

(4) 掌握各种输入法的切换方法，掌握一种中文输入法。

2. 实训要求及步骤

(1) 用熟悉的一种工具（记事本、Word、PowerPoint 等）录入以下内容。

(2) 在录入完成的基础上，尝试进行排版，排版格式不限。

计算机始祖——冯·诺依曼

一、简介

中文名：约翰·冯·诺依曼

外文名：John Von Neumann

国籍：美籍匈牙利人

出生地：布达佩斯

出生日期：1903 年 12 月 28 日

逝世日期：1957 年 2 月 8 日

毕业院校：苏黎世大学

二、出生

1903 年 12 月 28 日，在布达佩斯诞生了一位神童，这不仅给这个家庭带来了巨大的喜悦，也值得整个计算机界去纪念。正是他，开创了现代计算机理论，其体系结构沿用至今，而且他早在 20 世纪 40 年代就已预见到计算机建模和仿真技术对当代计算机将产生的意义深远的影响。他就是约翰·冯·诺依曼（John Von Neumann）。

三、贡献

二进制思想：根据电子元件双稳工作的特点，建议在电子计算机中采用二进制。

程序内存思想：把运算程序存在机器的存储器中，程序设计员只需要在存储器中寻找运算指令，机器就会自行计算，这样，就不必每个问题都重新编程，从而大大加快了运算进程。这一思想标志着自动运算的实现，标志着电子计算机的成熟，已成为电子计算机设计的基本原则。

第 2 章　Windows 7 应用

Windows 7 是由微软公司开发的，具有革命性变化的操作系统。该系统旨在让人们的日常电脑操作更加简单和快捷，为人们提供高效易行的工作环境。Windows 7 作为主流操作系统，具有界面美观、操作稳定等优点。本章通过对 Windows 7 操作系统、文件与文件夹管理、个性化设置、用户管理、附件等内容的讲解和操作，使读者对 Windows 7 操作系统有一个全面细致的认识。

2.1　任务分析

2.1.1　任务描述

小明以前都是进网吧玩计算机，多是与同学及朋友进行 QQ 聊天、打网络游戏、看网络视频，也下载喜欢的歌曲。现在进入大学，父母奖励了他一台新的计算机，高兴之余，发现自己对计算机了解很少，希望能对计算机操作系统有一个简单的全面了解，能够充分利用计算机上的各种功能，管理好自己的电脑。

2.1.2　任务分解

小明的计算机，已安装了 Windows 7 的系统和相关软件。他把使用时希望计算机能完成的任务总结起来，具体如下。

（1）对于从网上下载的各种图片、文档、MP3 或者是从同学那复制过来的资料等文件能保存在计算机中，并能进行分类管理，方便自己查看。

（2）不喜欢计算机的屏幕界面，想换成自己喜欢的图片；打开的窗口颜色要修改为自己喜欢的效果；短时间离开计算机时，屏幕能发生变换，使其他人看不见自己计算机的内容。

（3）好友使用自己计算机时，能为好友建立专门的用户账号，防止自己的信息被他人随意查看、修改。

（4）鼠标的形状能改变为自己喜欢的形状；能随时调整日期和时间。

（5）如果上网时看到有喜欢的图像，能截取下来保存在计算机中，或发送给同学朋友。

（6）开学后的课程、活动时间排得很满，离家后生活琐事都需要自己打理，希望计算机能提示最近一段时间（比如这个星期）的学业、生活安排。

为此，小明将自己对计算机系统的使用需求告诉了辅导员，辅导员给出了以下建议。

（1）熟悉 Windows 7 工作界面。屏幕即桌面，以及桌面的各组成部分；计算机的多种启动与退出方式。

（2）学习窗口与对话框的基本概念，掌握其相关操作。

（3）学习文件的基本概念，掌握计算机中文件和文件夹的管理方法，如 C 盘一般作为系统盘，只用于安装系统程序，其他文件不放在 C 盘上；可以在 D 盘上存放多个文件夹，文件和文件夹的名称最好与存放内容有关，将文件分门别类地放置在各自对应的文件夹中。

（4）学习控制面板的相关知识，能按自己的喜好设置桌面、鼠标，能进行计算机的多用户管理，对计算机进行个性化的设置。

（5）学习系统自带的画图、截图、计算器、便笺等小程序，以便解决学习、生活中的常见问题。

2.2　任务完成

2.2.1　Windows 7 的启动与退出

1. *启动*

启动 Windows 7 的具体操作步骤如下。

（1）按下显示器和主机的电源按钮。

（2）在启动过程中，Windows 7 自检，初始化硬件设备，输入密码登录后，便可启动 Windows 7；如果没有设置用户密码，可直接登录 Windows 7，如图 2－1 所示。

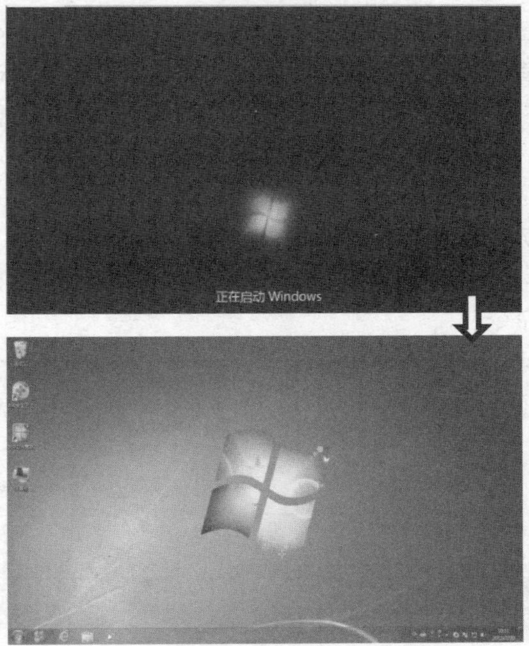

图 2－1　Windows 7 启动过程

2. 退出

工作结束后，可关机退出 Windows 7。关机退出 Windows 7 的具体操作步骤如下。

（1）单击 Windows 7 工作界面左下角的“开始”按钮。

（2）如图 2－2 所示，弹出“开始”菜单，单击右下角的“关机”按钮。

图 2－2　“开始”菜单

3. 进入睡眠与重新启动

“睡眠”是操作系统的一种节能状态。进入睡眠状态时，Windows 7 会自动保存当前打开的文档和程序，并且使 CPU、硬盘等设备处于低能耗状态，从而达到节能省电的目的。

“重新启动”则是在使用计算机的过程中遇到某些故障时，让系统自动修复故障并重新启动计算机的操作。

具体操作步骤如下。

（1）单击 Windows 7 工作界面左下角的“开始”按钮。

（2）如图 2－3 所示，弹出“开始”菜单，单击“关机”按钮右侧的箭头按钮，在弹出的菜单列表中选择相应命令。

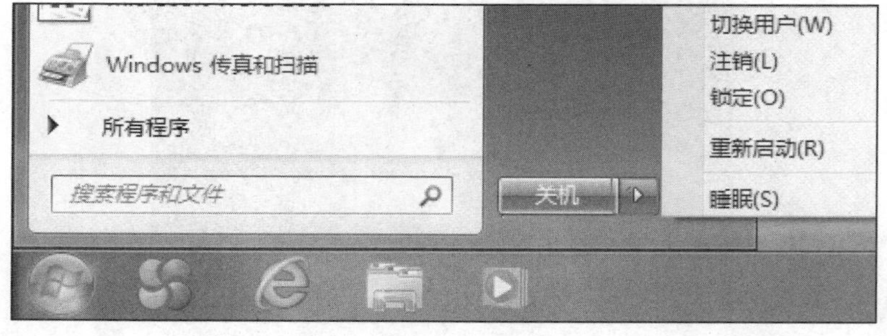

图 2－3　单击“关机”按钮右侧的箭头按钮，弹出的菜单列表

提示：

睡眠：切断除内存的其他设备的供电，数据都还在内存中。需要少量电池来维持内存供电，一旦断电，则内存中的数据丢失，下次开机就要重新启动。

休眠：把内存数据写入到硬盘中，然后切断所有设备的供电，不再需要电源。

2.2.2　Windows 7 的桌面

1. 认识 Windows 7 的桌面

启动进入 Windows 7 后，呈现在用户眼前的整个屏幕区域称为桌面，桌面由桌面图标、桌面背景和任务栏组成。

2. 桌面图标

桌面图标主要包括系统图标和快捷图标两部分。

1）系统图标

较常用系统图标有“计算机”、“回收站”等。

“计算机”：双击它可以打开“计算机”窗口，在该窗口中，可以管理系统中的所有软硬件资源。右击该图标，弹出快捷菜单，选择“属性”命令，可以查看计算机的系统配置信息。

“回收站”：存储用户删除的文件、文件夹，直到清空为止。用户可以把“回收站”中的文件还原到它们在系统中原来的位置。

恢复删除的文件，将它们还原到其原始位置。如将文件 Doc1 还原，操作步骤如下。

（1）双击“回收站”图标，打开“回收站”窗口。

（2）单击需要还原的文件 Doc1，然后单击工具栏上“还原此项目”，如图 2－4 所示。

清空回收站，文件将从计算机中彻底删除，不可再恢复。操作步骤如下。

（1）双击“回收站”图标，打开“回收站”窗口。

（2）单击工具栏上“清空回收站”，如图 2－4 所示。

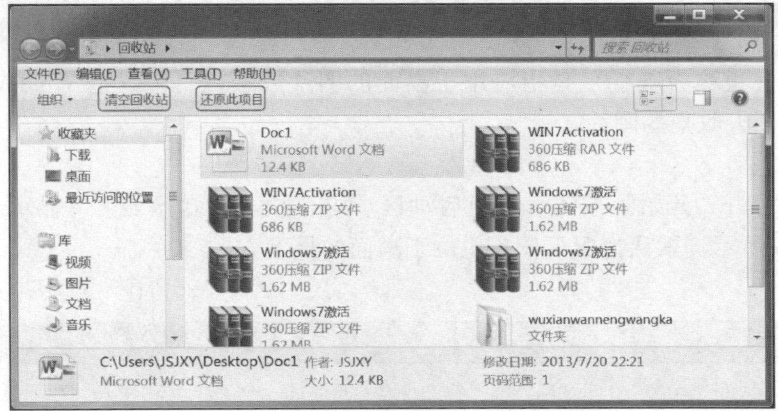

图 2－4　“回收站”窗口

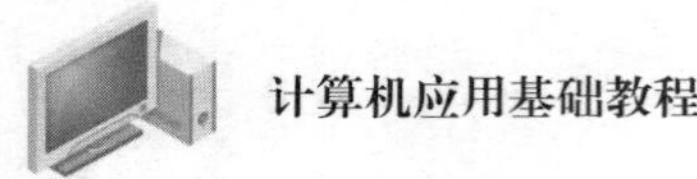

2）快捷图标

应用程序或窗口的快捷启动方式，双击快捷方式图标可以快速启动相应的应用程序或者是打开一个窗口。可以通过图标左下角显示的箭头来识别是否为快捷图标。

添加快捷图标，如为D盘下“作业”文件夹创建桌面快捷方式，如图2－5所示，操作步骤如下。

（1）找到要为其创建快捷方式的项目：D盘下的“作业”文件夹。

（2）右击该项目，单击“发送到”，然后单击“桌面快捷方式”。

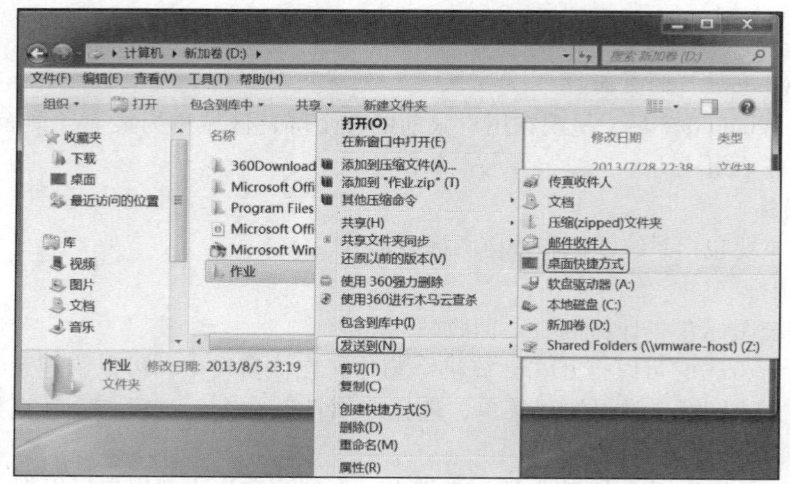

图2－5　为“作业”文件夹创建桌面快捷方式

删除快捷图标的操作步骤是：右击桌面上要删除的图标，单击“删除”，然后单击“是”。

提 示：

> 快捷菜单中还有“创建快捷方式”命令，此命令所创建的快捷方式会放在该文件夹所在的同一窗口中。

3. 桌面背景

桌面背景（也称为壁纸）是指应用于桌面的图片或颜色。可以是Windows 7提供的图片，也可以是个人收集的图片。

4. 任务栏

任务栏通常由“开始”按钮、快速启动区、语言栏、通知区域、“显示桌面”按钮组成，如图2－6所示。默认情况下任务栏位于桌面的最下方。

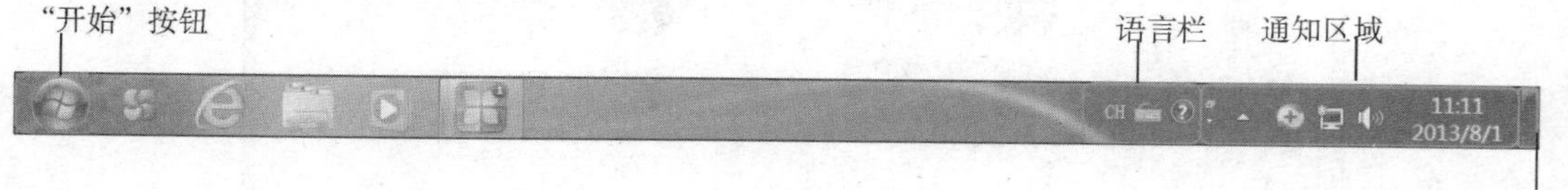

图2－6　任务栏

（1）“开始”按钮：用于打开“开始”菜单。

（2）快速启动区（中间部分）。显示已打开的程序和文件，并可以在它们之间进行快速切换。鼠标指向某个按钮，即可查看该窗口的缩略图，如图 2 – 7 所示，单击任务栏上的 Word 程序按钮，查看到已打开的 3 个 Word 文档的缩略图。用鼠标指向该缩略图，即可全屏预览该窗口。如果需要切换到正在预览的窗口，单击该缩略图即可。

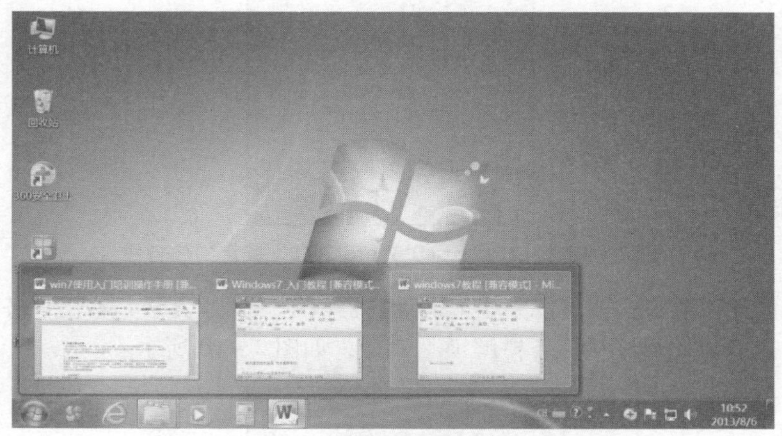

图 2 – 7　已打开的 3 个 Word 文档的缩略图

（3）语言栏。当输入文本时，可在语言栏中选择输入法。

（4）通知区域。显示网络连接、系统音量、时钟等计算机状态图标及一些正在运行的应用程序的图标。单击通知区域的箭头按钮（也称为“显示隐藏的图标”按钮），可以查看被隐藏图标。

（5）“显示桌面”按钮。位于任务栏最右侧的小矩形，指向“显示桌面”按钮，打开的所有窗口消失，即可看见桌面。将鼠标从“显示桌面”按钮上移开，就会重新显示打开的窗口。单击“显示桌面”按钮可以在当前打开的窗口与桌面之间进行切换。

还可以将程序直接锁定到任务栏，以便可以更快捷地打开该程序，而不必每次都在“开始”菜单中查找它。具体操作时有以下两种情况。

（1）程序未运行。如：将 Windows 7 的常用附件“计算器”锁定到任务栏的具体操作步骤如下。

① 单击“开始”按钮，选择“所有程序”，单击“附件”，找到所需程序“计算器”并右击。

② 在弹出快捷菜单中，选择“锁定到任务栏”命令。如图 2 – 8 所示。

（2）程序已运行。如已经启动 Microsoft Word 2010 程序，具体操作步骤如下。

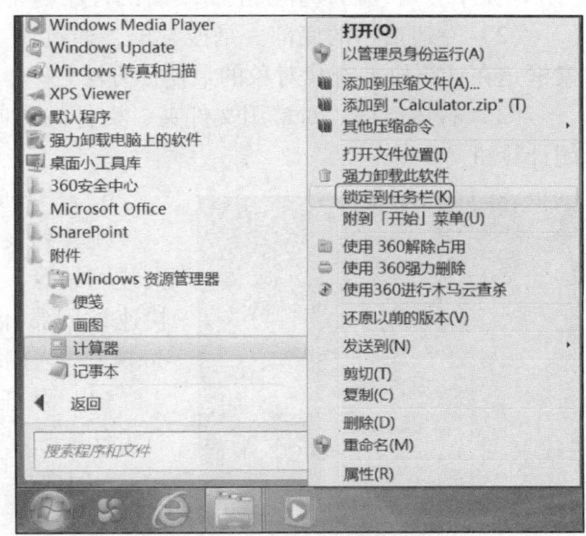

图 2 – 8　将“计算器”锁定到任务栏

① 右击任务栏上的 Word 程序按钮。

② 弹出快捷菜单，选择“将此程序锁定到任务栏”命令，如图 2 -9 所示。

图 2 -9　将“Microsoft Word 2010”锁定到任务栏

将程序从任务栏解锁：如将任务栏上的计算器解锁，操作方法是右击任务栏上的计算机程序按钮，选择“将此程序从任务栏解锁”命令，如图 2 -10 所示。

图 2 -10　将“计算器”从任务栏解锁

5. “开始” 菜单

单击“开始”按钮，弹出“开始”菜单，这是执行程序最常用的方式。“开始”菜单分为三个基本部分，如图 2 -2 所示。

（1）左边的大窗格。列出最近使用的程序列表，通过它可快速启动常用的程序；单击“所有程序”可列出计算机上所安装的程序的完整列表。

（2）左边窗格的底部。是搜索框，通过输入搜索项可在计算机上查找程序和文件。搜索框是在计算机上查找对象的最便捷方法之一。

（3）右边窗格。对常用文件夹、文件的访问及系统的设置。在这里还可重新启动或关闭计算机。

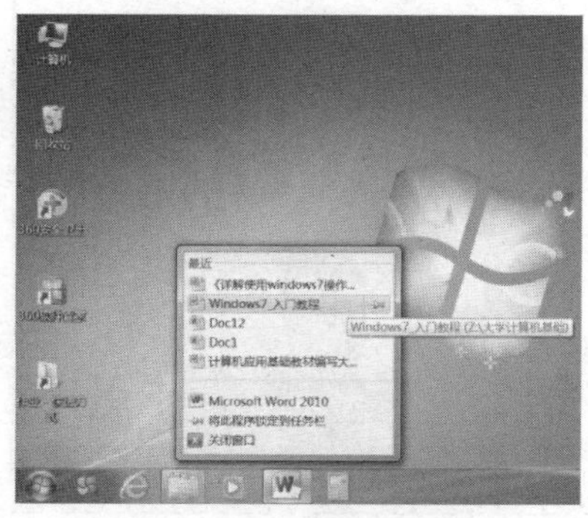

图 2 -11　从任务栏查看跳转列表

6. 跳转列表

跳转列表是指最近使用的项目的列表，如文件、文件夹或网站等，该列表按程序分组显示。使用跳转列表可以快速访问常用的程序、文件、文件夹，如：打开“Windows 7 _入门教程 . docx”文档，可以采用以下两种方法。

（1）从任务栏查看跳转列表并打开文件的操作方法：右击任务栏上的 Word 文件图标，然后单击文件“Windows 7 _入门教程”，如图 2 -11 所示。

（2）从“开始”菜单查看跳转列表并打开项目的操作方法：单击“开始”按钮，指向最近使用过的程序

Microsoft Word 2010，然后单击相应的项目，如图 2－12 所示。

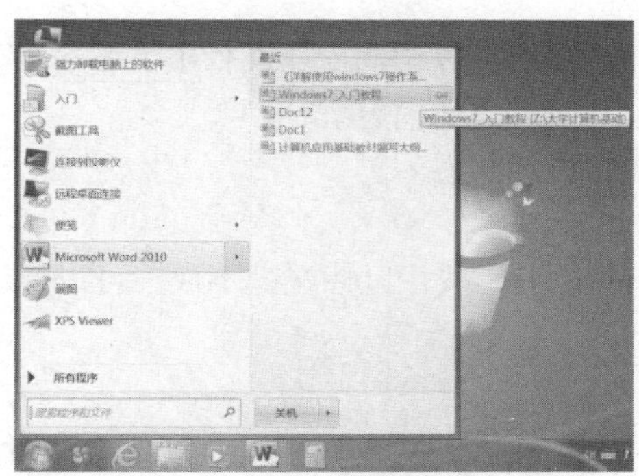

图 2－12　从“开始”菜单查看跳转列表

2.2.3　Windows 7 的窗口与对话框

当打开程序、文件或文件夹时，把在屏幕上显示的框或框架称为窗口。

1. 打开窗口

如果要打开“计算机”窗口，有两种方法。

方法一：双击“计算机”图标。

方法二：鼠标指向“计算机”图标，右击，在弹出的快捷菜单中选择“打开”命令。

2. 窗口的组成

图 2－13 是一个典型的 Windows 7 窗口，其中包括标题栏、地址栏、搜索栏、菜单栏、工具栏、导航窗格、窗口工作区、状态栏等部分。

图 2－13　“计算机”窗口

（1）标题栏。显示最小化、最大化和关闭按钮，单击这些按钮可以执行相应的操作。

（2）地址栏。可以看到当前打开的文件夹的路径。单击右侧的箭头按钮，显示该文件夹下的所有子文件夹。

（3）搜索栏。和“开始”菜单中的搜索框相同，不同之处是查找的范围是在当前文件夹。

（4）菜单栏。利用菜单实现对窗口的各种操作，不同的窗口提供的菜单项不完全相同。

（5）工具栏。显示当前窗口的一些常用的功能按钮，不同的窗口提供的工具按钮不完全相同。

（6）导航窗格。使用导航窗格可以访问库、文件夹、整个硬盘。

（7）窗口工作区。显示当前窗口的内容。

（8）状态栏。显示当前窗口的状态。

3. 移动窗口

将鼠标移动到窗口的标题栏上，按住鼠标左键不放，可以拖动窗口到任意位置。

4. 排列窗口

1）自动排列窗口

可以按照以下三种方式之一使 Windows 自动排列打开的窗口，如图 2－14 所示。

（1）层叠。在一个按扇形展开的堆栈中放置窗口，使这些窗口标题显现出来。

（2）堆叠。在一个或多个垂直堆栈中放置窗口，这要视打开窗口的数量而定。

（3）并排。将每个窗口（已打开，但未最大化）放置在桌面上，以便能够同时看到所有窗口。

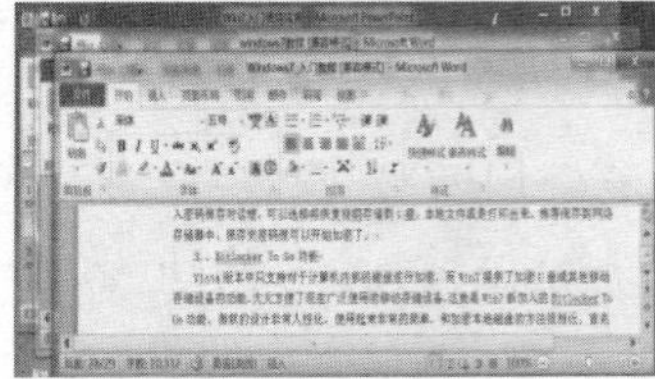

层叠

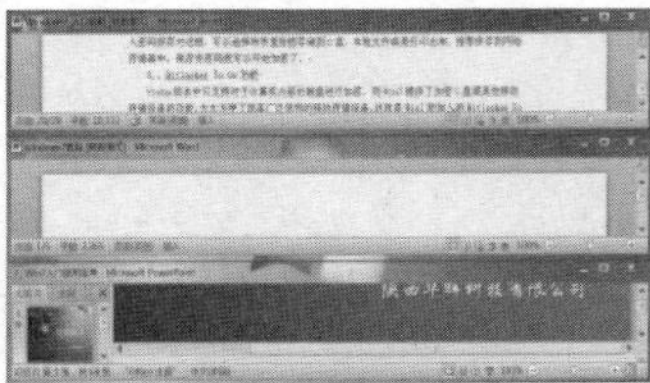

堆叠

并排

图 2－14　自动排列窗口的三种方式

若要排列打开的窗口，请右击任务栏的空白区域，然后单击“层叠窗口”、“堆叠显示窗口”或“并排显示窗口”。

2）使用“对齐”排列窗口

“对齐”将在移动的同时自动调整窗口的大小，或将这些窗口与屏幕的边缘“对齐”。可以使用“对齐”并排排列窗口、垂直展开窗口或最大化窗口。

并排排列窗口如图 2－15 所示，具体操作步骤如下。

（1）将窗口的标题栏拖动到屏幕的左侧或右侧，直到出现已展开窗口的轮廓。

（2）释放鼠标即可展开窗口。

（3）对其他窗口重复步骤 ① 和 ② 以并排排列这些窗口。

图 2－15　并排排列窗口

垂直展开窗口如图 2 - 16 所示，具体操作步骤如下。

（1）指向打开窗口的上边缘或下边缘，直到指针变为双头箭头⇕ 指示已准备好调整窗口高度的垂直箭头的图片。

（2）将窗口的边缘拖动到屏幕的顶部或底部，使窗口扩展至整个桌面的高度。窗口的宽度不变。

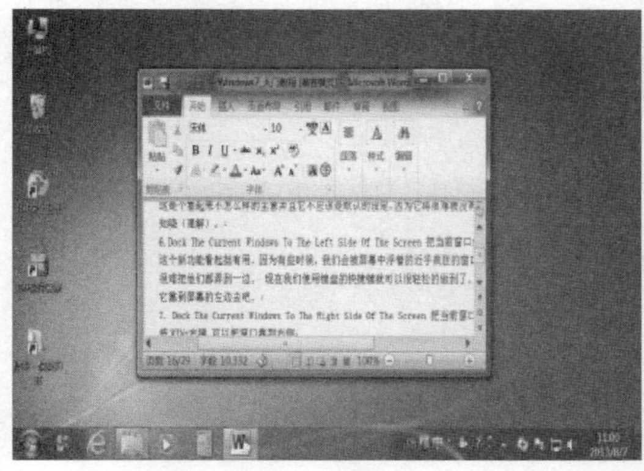

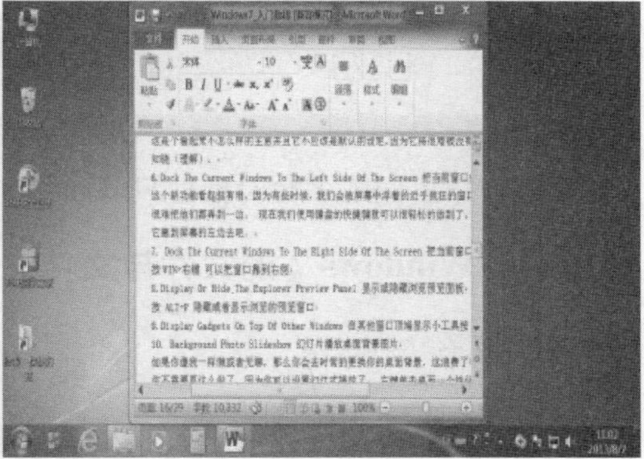

图 2 - 16　垂直展开窗口

最大化窗口的具体操作步骤如下。

（1）将窗口的标题栏拖动到屏幕的顶部，该窗口的边框即扩展为全屏显示。

（2）释放窗口使其扩展为全屏显示。

5. 循环切换窗口

（1）Alt + Tab。以二维缩略图排列窗口，如图 2 - 17 所示。通过按住 Alt 并重复按 Tab 循环切换所有打开的窗口和桌面。释放 Alt 可以显示所选的窗口。

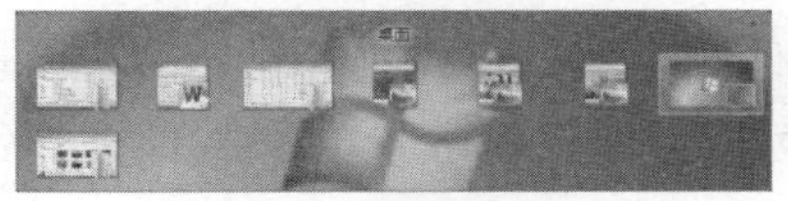

图 2 - 17　以二维缩略图排列窗口

（2）Windows 徽标键 + Tab。以三维堆栈排列窗口，如图 2 - 18 所示。当按下 Windows 徽标健时，重复按 Tab 可以循环切换打开的窗口。释放 Windows 徽标键可以显示堆栈中最前面的窗口。

图 2 - 18　以三维堆栈排列窗口

6. 关闭窗口

单击窗口右上角的“关闭”按钮。

7. 对话框

对话框是特殊类型的窗口，可以提出问题，允许选择选项来执行任务，或者提供信息。当程序或 Windows 需要进行响应才能继续时，经常会看到对话框，如图 2－19 所示。

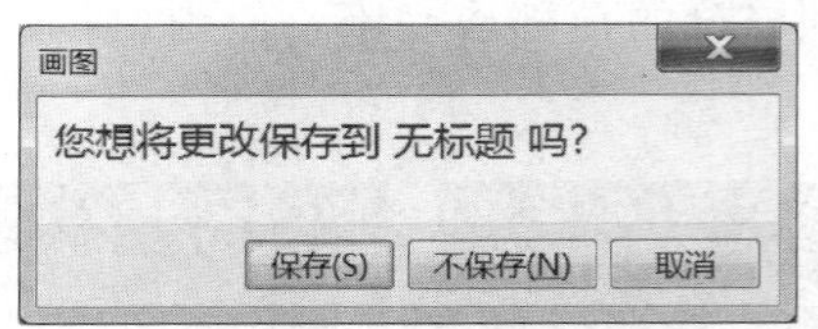

图 2－19　对话框

与常规窗口不同，多数对话框只可以移动，而无法最大化、最小化或调整大小。

2.2.4　Windows 7 的文件与文件夹管理

1. 文件与文件夹

1）文件

保存在计算机中的各种信息和数据都被统称为文件，如一张图片、一份办公文档、一个应用、一首歌曲、一部电影等。文件各组成部分的作用如下。

（1）文件名。用于表示文件的名称。文件名包括文件主名和扩展名两个部分。文件的主名可由用户来定义，以便对其进行管理；文件的扩展名由系统指定，表示文件的类型。即文件名的格式是：主文件名．扩展名 。

（2）文件图标。表示文件的类型，由应用程序自动建立，不同类型的文件其文件图标和扩展名也不相同。

（3）文件描述信息。显示文件的大小和类型等信息。

2）文件夹

文件夹可以看作是存储文件的容器。文件夹还可以存储其他文件夹。文件夹中包含的文件夹通常称为“子文件夹”。可以创建任何数量的子文件夹，每个子文件夹中又可以容纳任何数量的文件和其他子文件夹。

2. 文件与文件夹的操作

1）文件与文件夹显示方式

单击窗口工具栏上的“视图”按钮右侧的箭头，有多个选项可以更改文件与文件夹在窗口中的显示方式。如图 2－20 所示。

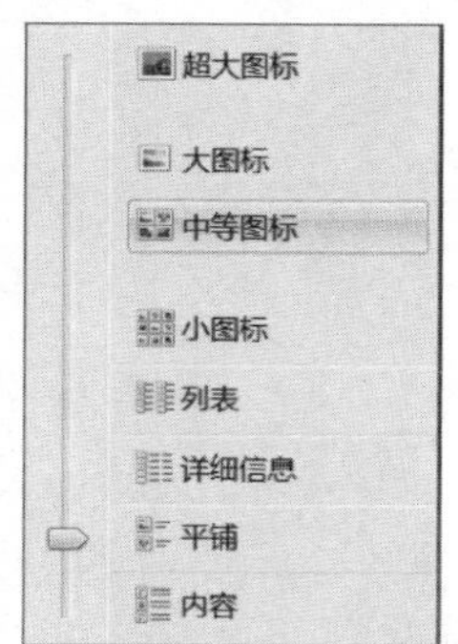

图 2－20　多种文件与文件夹显示方式

2）新建文件与文件夹

可以用下面两种方法新建文件与文件夹，如：在 D 盘下新建一个名为“计算机作业”的文件夹，再在此文件夹下新建一个文本文档文件，文件名为“作业要求．txt”。

方法一：使用“文件”菜单，具体操作步骤如下。

（1）双击桌面上的“计算机”图标，在打开的窗口中双击“本地磁盘（D:）”，打开 D 盘。

（2）选择“文件”菜单中的“新建”子菜单的“文件

夹”命令，如图 2－21 所示。在窗口中出现一个名为“新建文件夹”的文件夹，如图 2－22 所示。

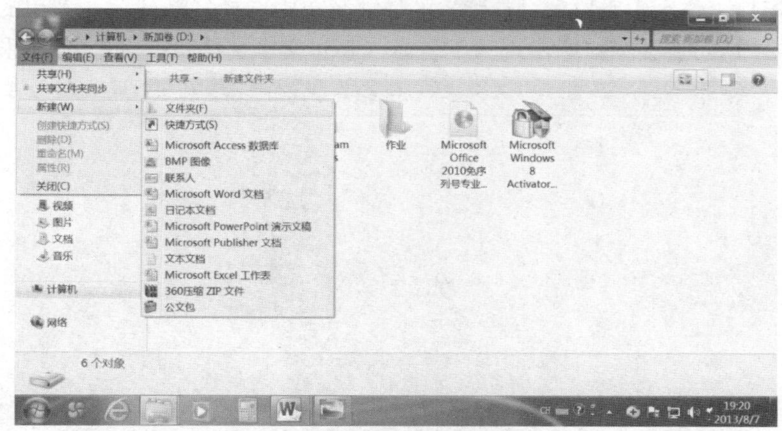

图 2－21　菜单命令

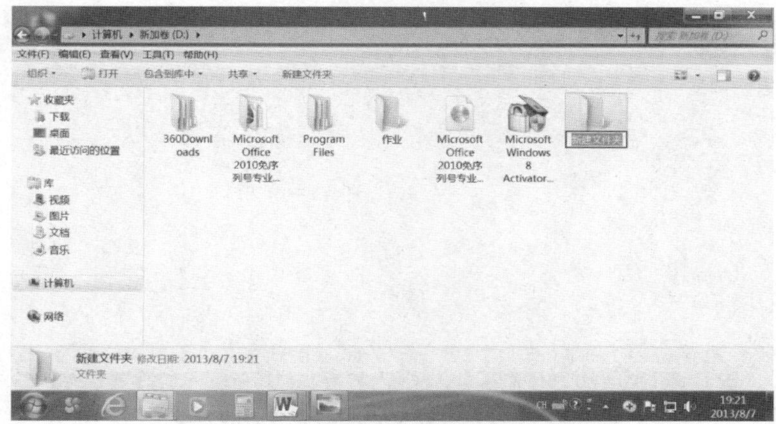

图 2－22　执行新建文件夹命令后的效果

（3）可在蓝色的框中直接输入“计算机作业”并按 Enter 键确认，如图 2－23 所示。

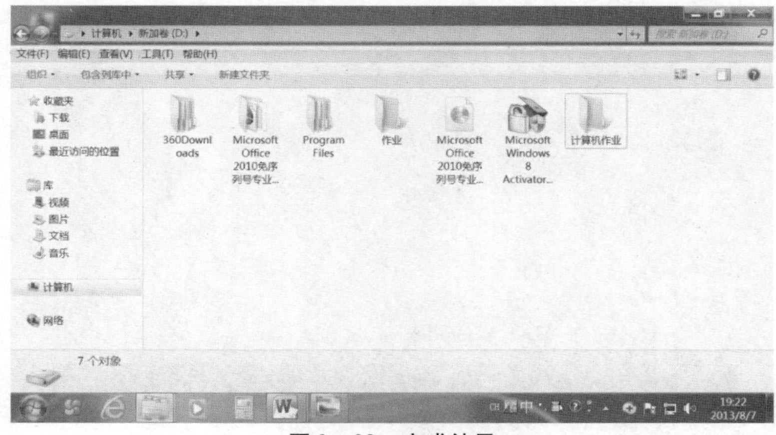

图 2－23　完成结果

使用快捷菜单，以新建文件为例。

（1）双击 D 盘下的文件夹“计算机作业”，打开“计算机作业”文件夹窗口。

（2）右击窗口工作区中空白处，在弹出的快捷菜单中选择“新建”子菜单的“文本文档”命令，如图 2－24 所示。在窗口中出现一个名为“新建文本文档. txt”文件，如图 2－25 所示。

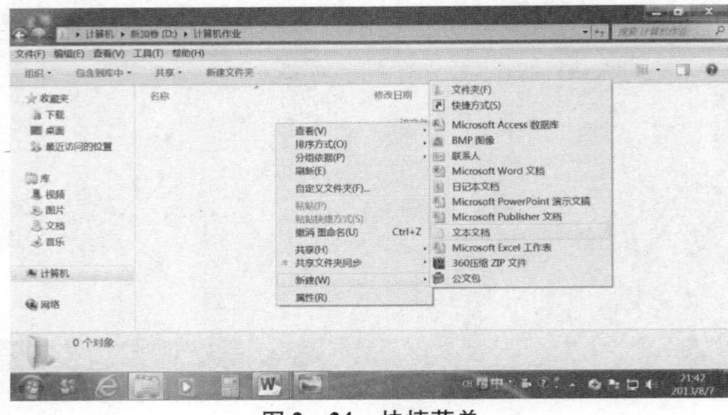

图 2－24　快捷菜单

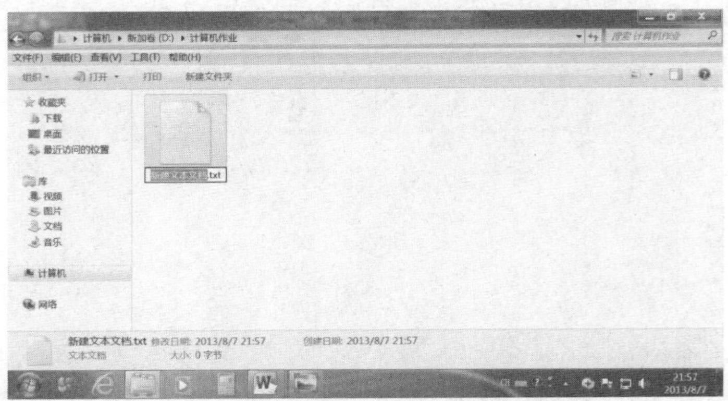

图 2－25　执行新建文本文档命令后的效果

（3）可在蓝色的框中输入“作业要求”并按 Enter 键确认。注意：不要把扩展名（. txt）删除，如图 2－26 所示。

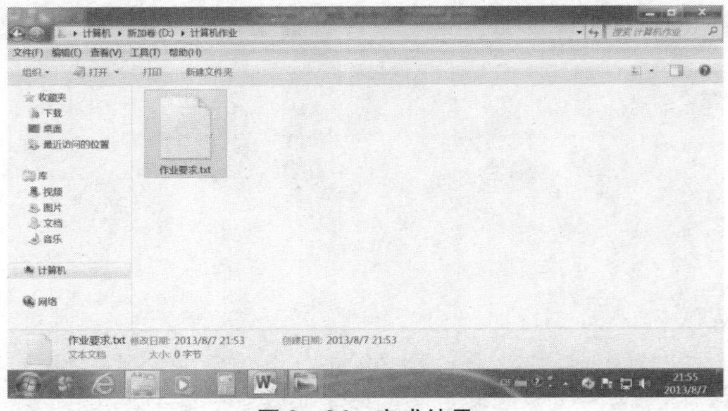

图 2－26　完成结果

3）选择文件与文件夹

使用 Windows 的一个显著特点是：先选定操作对象，再选择操作命令。只有在选定对象后，才可以对它们执行进一步的操作。选定对象的方法如表 2－1 所示。

表 2－1 选定不同对象时的操作方法

选定对象	操　作
单个对象	单击所要选定的对象
多个连续的对象	鼠标操作：单击第一个对象，按住 Shift 键，单击最后一个对象
	键盘操作：移动光标到第一对象上，按住 Shift 键，移动光标到最后一个对象上
多个不连续的对象	单击第一个对象，按住 Ctrl 键，单击剩余的每一个对象

4）重命名文件与文件夹

重命名就是修改文件与文件夹名称的操作，具体操作步骤如下。

（1）选定需要重命名的对象。

（2）选择“文件”菜单下的“重命名”命令，或者右击，在弹出的快捷菜单中选择“重命名”命令，或者按功能键 F2。

（3）输入新名称后按 Enter 键确认即可。

5）复制、移动文件或文件夹

复制文件或文件夹是指对原来的文件或文件夹不做任何改变，重新生成一个完全相同的文件或文件夹，具体操作步骤如下。

（1）选定对象。

（2）选择“编辑”菜单下的“复制”命令，或者右击，在弹出的快捷菜单中选择“复制”命令，或者按组合键 Ctrl + C。

（3）打开目标窗口。

（4）选择“编辑”菜单下的“粘贴”命令，或者右击，在弹出的快捷菜单中选择“粘贴”命令，或者按组合键 Ctrl + V。

移动文件或文件夹后，在原来的位置将不存在该文件或文件夹，具体操作步骤如下。

（1）选定对象。

（2）选择“编辑”菜单下的“剪切”命令，或者右击，在弹出的快捷菜单中选择“剪切”命令，或者按组合键 Ctrl + X。

（3）打开目标窗口。

（4）选择“编辑”菜单下的“粘贴”命令，或者右击，在弹出的快捷菜单中选择“粘贴”命令，或者按组合键 Ctrl + V。

6）删除文件与文件夹

可以删除不需要的文件或文件夹，具体操作步骤如下。

（1）选定对象。

（2）选择“文件”菜单下的“删除”命令，或者右击鼠标，在弹出的快捷菜单中选择“删除”命令，或者按 Del 键。

（3）按 Enter 键确认即可。

7）搜索文件与文件夹

Windows 提供了查找文件和文件夹的多种方法。

使用“开始”菜单上的搜索框，操作方法：单击“开始”按钮，然后在搜索框中输入字词或字词的一部分，如图 2－27 所示。在搜索框中输入内容后，将立即显示搜索结果。

输入后，与所输入文本相匹配的项将出现在“开始”菜单上。搜索结果基于文件名中的文本、文件中的文本、标记及其他文件属性。

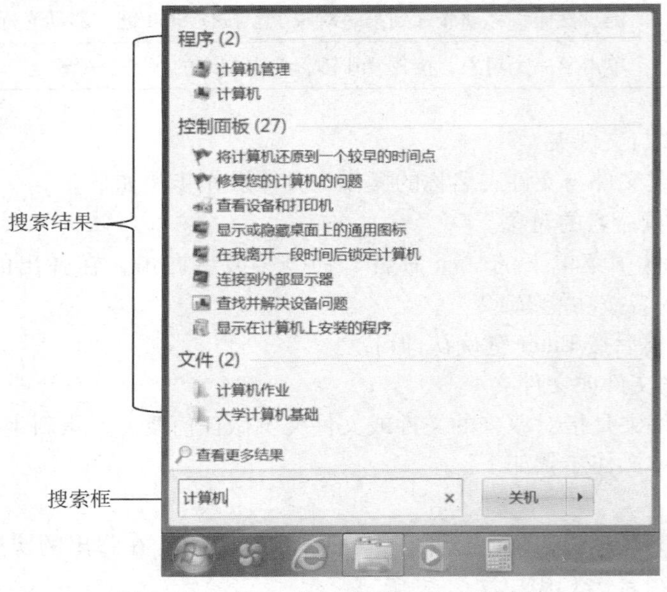

图 2－27　使用“开始”菜单上的搜索框

 **提示：**

从“开始”菜单搜索时，搜索结果中仅显示已建立索引的文件。计算机上的大多数文件会自动建立索引。

使用窗口顶部的搜索栏：如图 2－28 所示，用来查找当前窗口下的文件和文件夹。

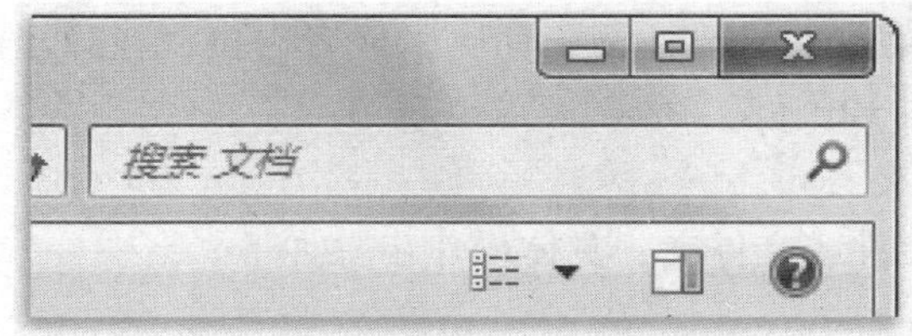

图 2－28　窗口顶部的搜索栏

如果在 C 盘查找文件，具体操作步骤如下。

（1）打开 C 盘，搜索前窗口显示的内容，如图 2－29 所示。

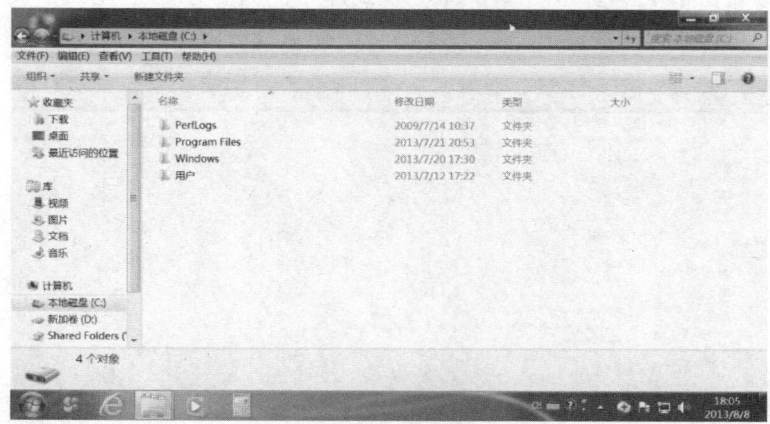

图 2－29　搜索前的窗口

（2）在搜索栏中输入“Windows”后，自动对视图进行筛选，将看到如图 2－30 所示的内容。

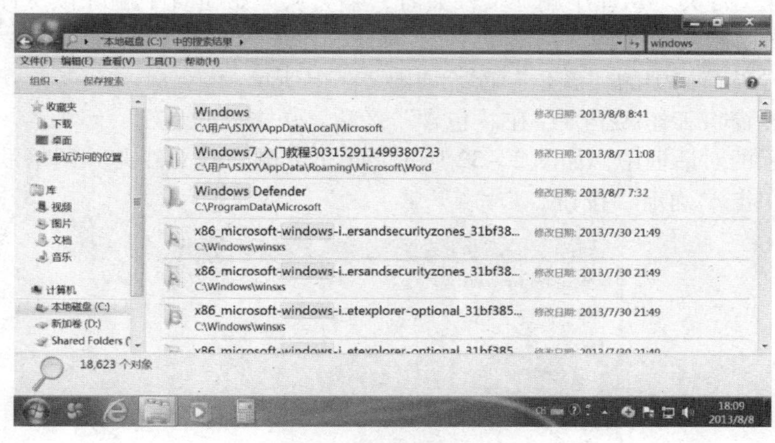

图 2－30　搜索结果

8）文件管理工具——库

“库”就是把处于不同磁盘、不同文件夹中的同类文件夹集中到一起进行管理。这里的“集中”并不是更改了被包含文件和文件夹的存储位置，也不是在库中重新保存了一份文件和文件夹的副本，库描述的仅仅是一种逻辑关系。默认情况下，系统有四个库：视频、图片、文档、音乐，用户也可以新建库。

将计算机上的文件夹包含到库。例如，现有的两个存放音乐文件的文件夹 C:\ 网络歌手和 D:\ 歌曲专辑，将这两个文件夹包含到“音乐”库中，操作步骤如下。

（1）在 C 盘下右击“网络歌手”文件夹，在快捷菜单中选择“包含到库中”中的“音乐”选项。

（2）在 D 盘下右击“歌曲专辑”文件夹，在快捷菜单总选择“包含到库中”中的“音乐”选项。

（3）双击导航窗格中“音乐”库，即可看到库中同时显示了上述两个文件夹中的全部文件，如图 2－31 所示。

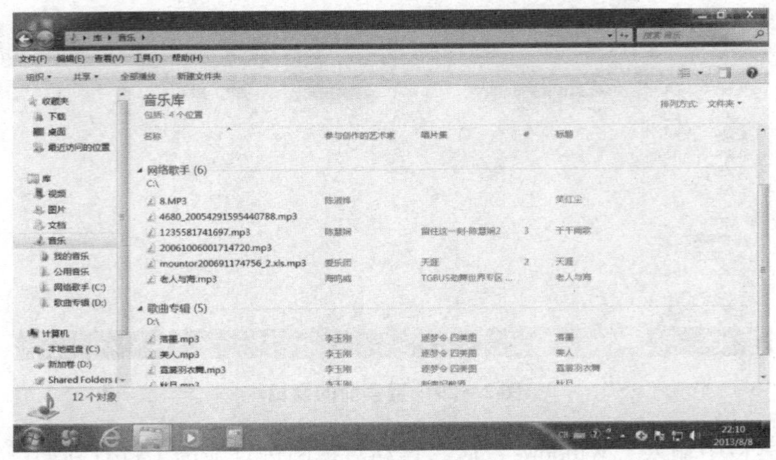

图 2－31　库的使用

从库中删除文件夹。从库中删除文件夹时，不会从原始位置中删除该文件夹及其内容。例如，从音乐库中删除文件夹“网络歌手”，具体操作步骤如下。

（1）双击导航窗格中的“音乐”库，如图 2－31 所示。

（2）在右侧窗口工作区上方，在“包含”旁边，单击“位置”。

（3）在显示的对话框中，如图 2－32 所示，单击要删除的文件夹“网络歌手”，再单击“删除”，然后单击“确定”按钮。

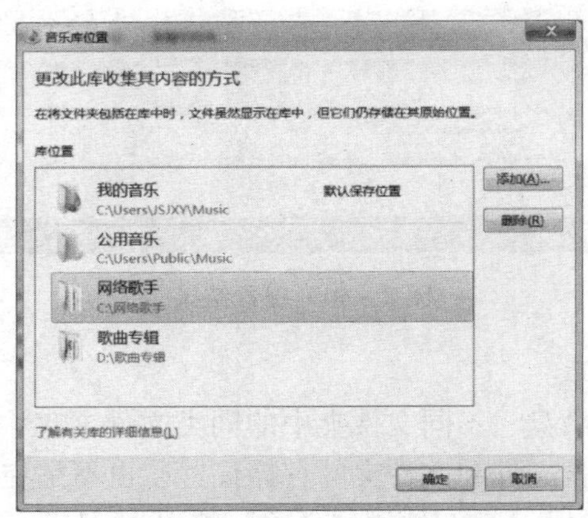

图 2－32　对话框

3. 文件与文件夹的设置

除了文件名外，文件还有文件类型、位置、大小等属性。图 2－33 中显示的是 Windows 7 中一个文本文档的文件属性，其中的重要属性有以下两种。

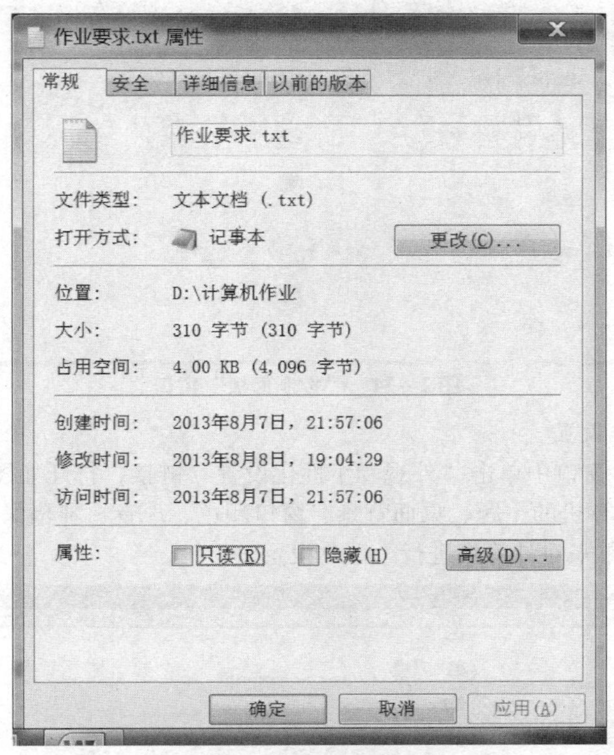

图 2－33　文件的属性对话框

只读属性：设置为只读属性的文件只能读取，文件中的信息不能被修改。

隐藏属性：具有隐藏属性的文件，在默认情况下是不显示的。

提示：

选择“工具”菜单中“文件夹选项”命令，在弹出的对话框中单击“查看”选项卡，选中选项“显示隐藏的文件、文件夹和驱动器”，则隐藏的文件和文件夹以浅色的图标出现在窗口中。

2.2.5　控制面板与系统设置

控制面板是 Windows 中的一组管理系统的设置工具。这些工具几乎控制了有关 Windows 外观和工作方式的所有设置，并允许用户对 Windows 进行设置，使其适合用户的需要。

打开“控制面板”的方法：单击“开始”按钮，鼠标移到右侧窗格，单击“控制面板”命令，打开“控制面板”窗口，如图 2－34 所示。窗口中绿色文字是相应设置的分组提示链接，淡蓝色文字则是该组中的常用设置。

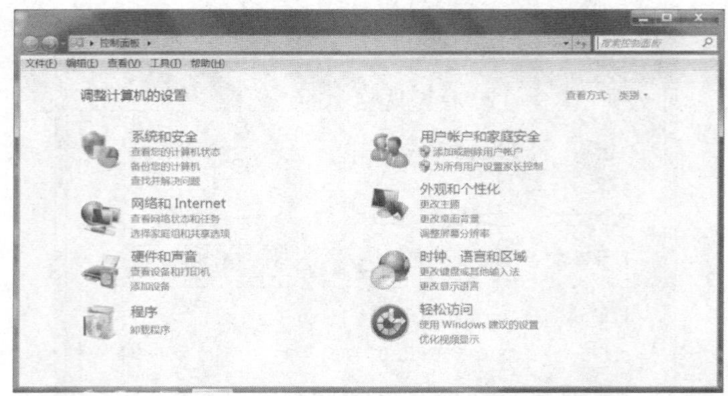

图 2－34　“控制面板”窗口

1. 外观和个性化设置

在“控制面板”窗口中单击“外观和个性化设置”链接，打开如图 2－35 所示的窗口，在此窗口中可更改计算机的主题、桌面背景、窗口颜色、声音、屏幕保护程序、字体大小和任务栏、“开始”菜单来对计算机进行个性化设置。

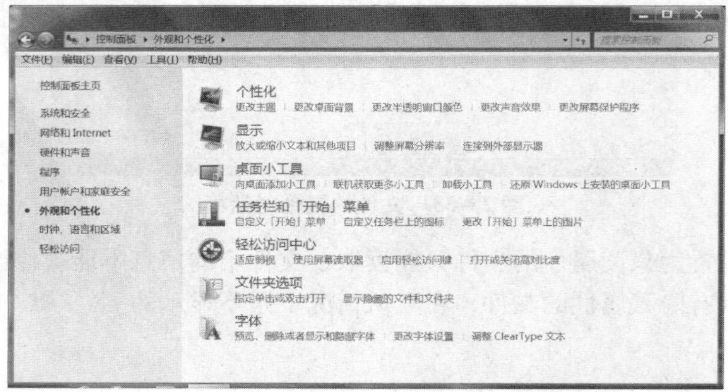

图 2－35　“外观和个性化”设置窗口

现在给自己的桌面设定一个丰富多彩的主题，具体操作步骤如下。

（1）在图 2－35 所示的窗口中单击“个性化”选项，弹出如图 2－36 所示的设置窗口，系统默认主题为“Windows 7”及该主题所包括的桌面背景、窗口颜色、声音方案。

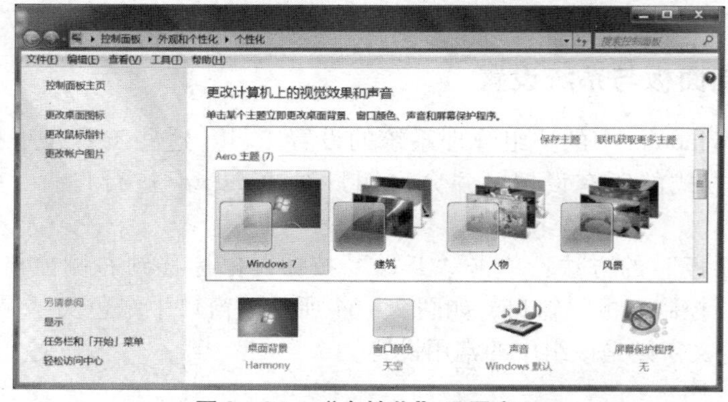

图 2－36　“个性化”设置窗口

（2）在图2－36所示的窗口中选择主题为“人物”，窗口发生变化，如图2－37所示。单击“桌面背景”，如图2－38所示，一次勾选6张图片，设置更改图片时间间隔为10秒，单击右下角的“保存修改”按钮，Windows桌面将定时切换桌面壁纸。

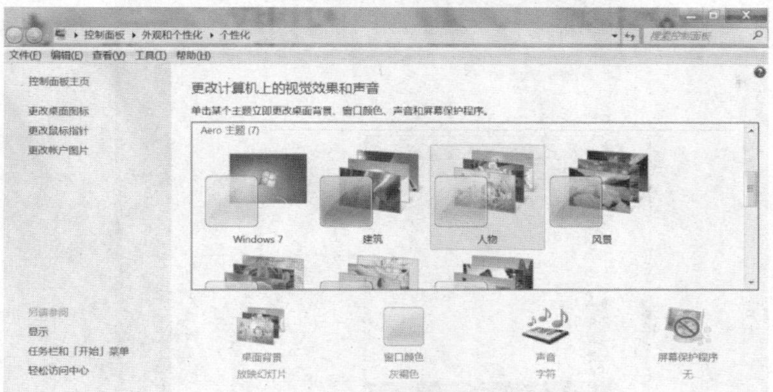

图2－37　选择“人物”主题

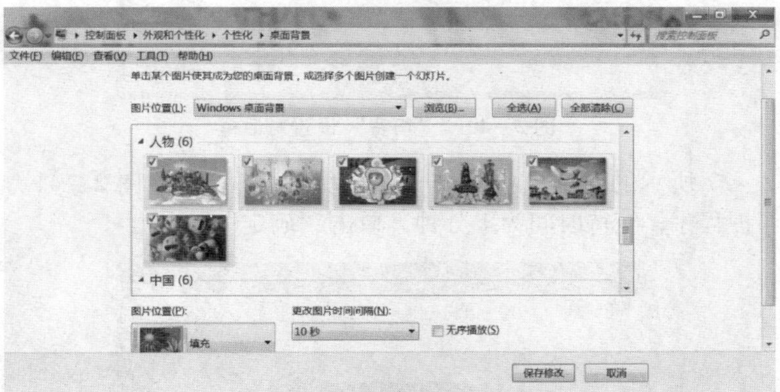

图2－38　设置“桌面背景”

（3）在图2－37所示的窗口中单击“窗口颜色”，如图2－39所示，单击“紫罗兰色”作为窗口颜色，单击右下角的“保存修改”按钮。

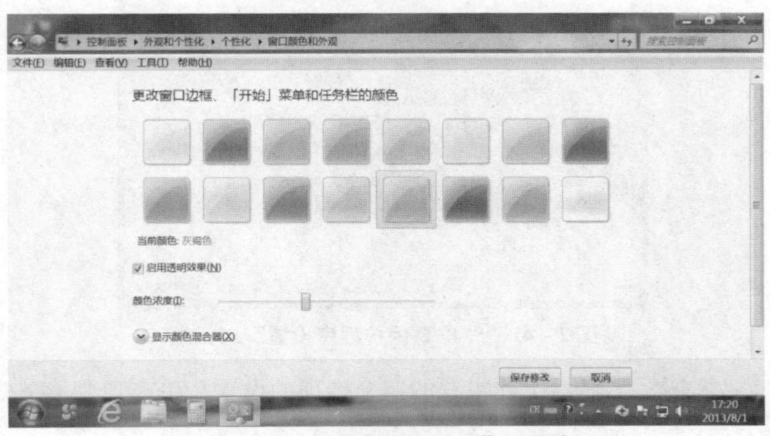

图2－39　“窗口颜色和外观”设置窗口

（4）在图 2 – 37 所示的对话框中单击“声音”，如图 2 – 40 所示，单击“群花争艳”方案，单击“确定”按钮。

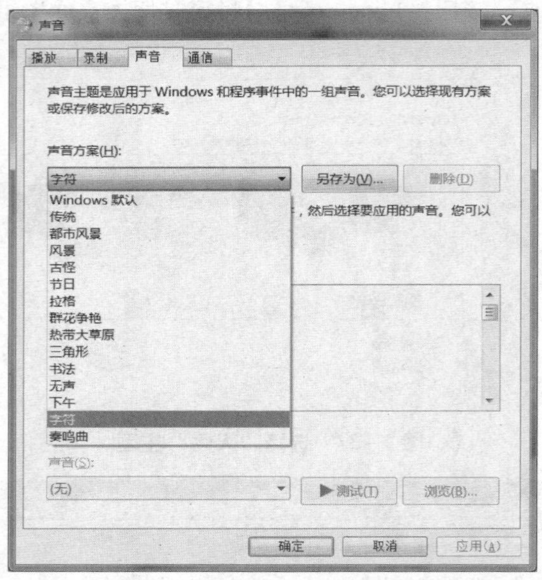

图 2 – 40 “声音”设置对话框

（5）在图 2 – 37 所示的对话框中单击“屏幕保护程序”，如图 2 – 41 所示，选择“彩带”作为屏幕保护程序，等待时间为 1 分钟。单击“确定”按钮。

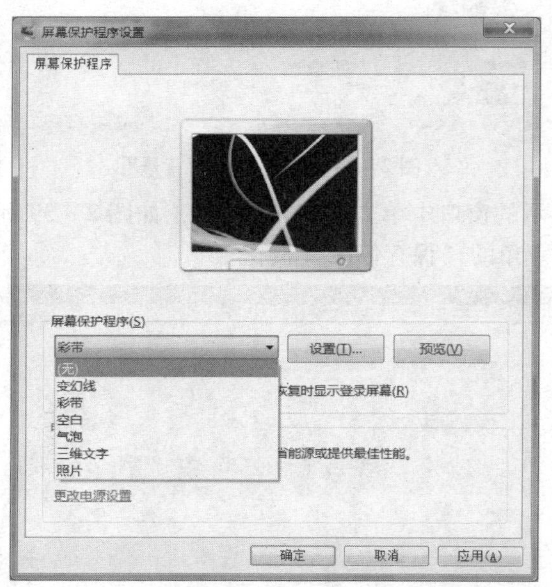

图 2 – 41 “屏幕保护程序设置”对话框

（6）如图 2 – 42 所示，显示了此主题的四个选项的设置，单击“保存主题”，主题名称为 perfer。

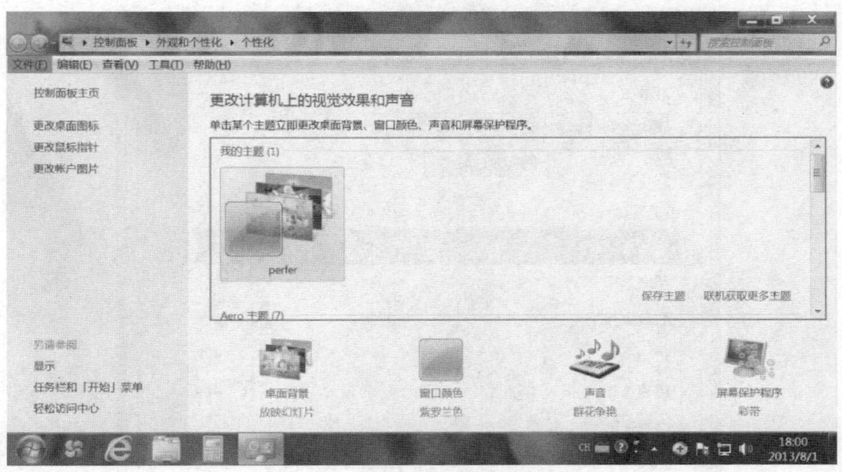

图 2-42　四个选项设置后的效果

提 示：

主题是计算机上的图片、颜色和声音的组合。包括桌面背景、窗口颜色、声音、屏幕保护程序。某些主题也可能包括桌面图标和鼠标指针。Windows 提供了多个主题。

桌面背景（也称为“壁纸”）是显示在桌面上的图片、颜色或图案。它为打开的窗口提供背景。可以选择某个图片作为桌面背景，也可以以幻灯片形式显示图片。

窗口颜色是 Windows 7 中的高级视觉体验。其特点是透明的玻璃图案中带有精致的窗口动画，以及全新的“开始”菜单、任务栏和窗口边框颜色。

声音是应用于 Windows 和程序事件中的一组提示音。例如，接收电子邮件、启动 Windows 或关闭计算机时计算机发出的声音。Windows 提供了多个声音方案。

屏幕保护程序是在指定时间内没有使用鼠标或键盘时，出现在屏幕上的图片或动画。可以选择各种 Windows 屏幕保护程序。

2. 鼠标设置

更改鼠标指针外观的具体操作步骤如下。

（1）在“控制面板”窗口中单击“外观和个性化设置”链接，在弹出的窗口中单击“个性化”选项，打开“个性化”窗口。

（2）单击导航窗格中的“更改鼠标指针”链接，如图 2-43 所示。

（3）在“指针”选项卡中选择方案为“Windows 黑色（系统方案）”，单击“应用”，此时鼠标指针样式变为设置后的样式。

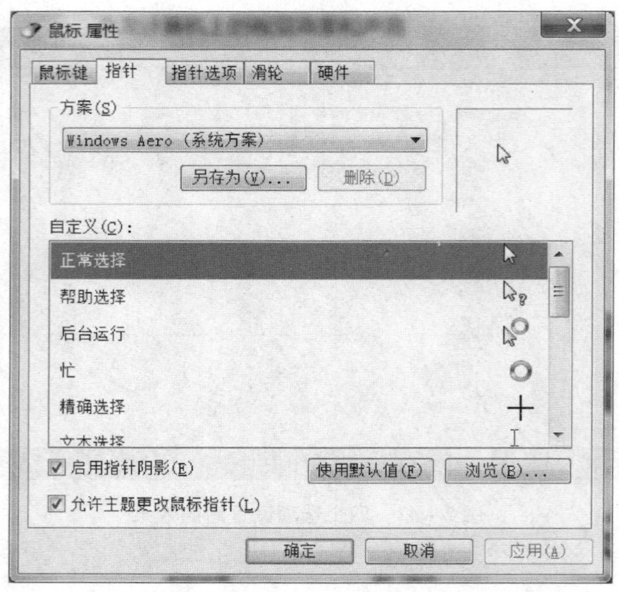

图 2－43　“鼠标属性”对话框

3. 日期和时间设置

1）调整系统日期和时间

具体操作步骤如下。

（1）鼠标移到任务栏的“日期和时间”按钮上，单击鼠标，选择“更改日期和时间”。

（2）如图 2－44 所示，单击“更改日期和时间”按钮。

（3）如图 2－45 所示，在“日期”列表框中选择日期，在“时间”数值框中调整时间，单击“确定”按钮。

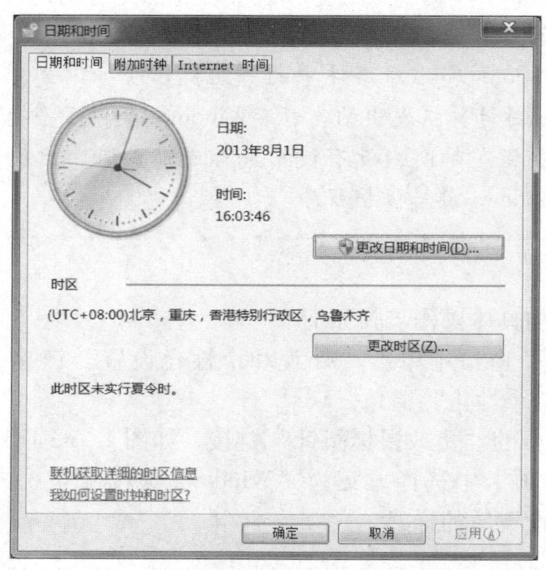

图 2－44　“日期和时间”设置对话框

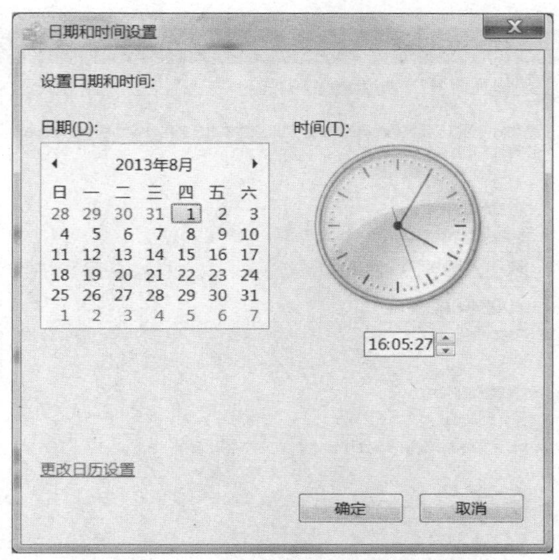

图 2-45 “日期和时间设置” 对话框

2）设置附加时钟

你的朋友、家人和同事可能分布于世界不同时区，在任务栏中添加时钟，以关注他们的当地时间。Windows 最多可以显示三种时钟：第一种是本地时间，另外两种是其他时区时间。设置其他时钟之后，你可以通过单击或指向任务栏时钟来查看。具体操作步骤如下。

（1）鼠标移到任务栏的“日期和时间”按钮上，单击鼠标，选择“更改日期和时间”。

（2）在如图 2-44 所示，单击“附加时钟”选项卡，弹出如图 2-46 所示的对话框。

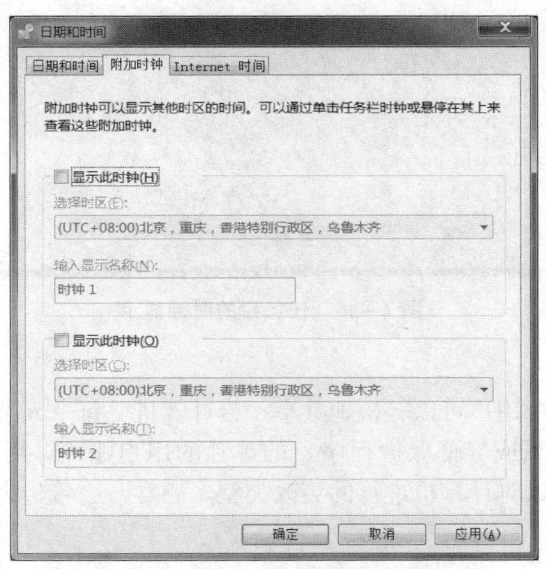

图 2-46 “附加时钟” 对话框

（3）选中“显示此时钟”复选框。从下拉列表中选择时区为“（UTC+02：00）雅典，布加勒斯特”，输入时钟的名称为雅典，如图 2-47 所示，然后单击“确定”按钮。

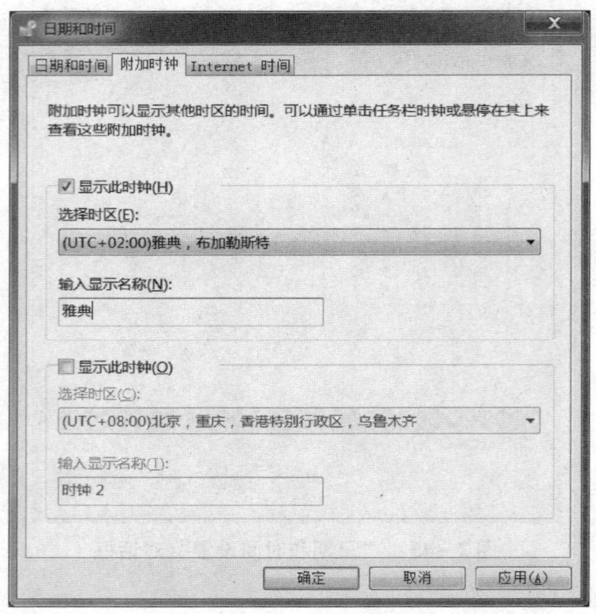

图 2-47　设置“附加时钟”

（4）鼠标单击任务栏上的“日期和时间”按钮，结果如图 2-48 所示。

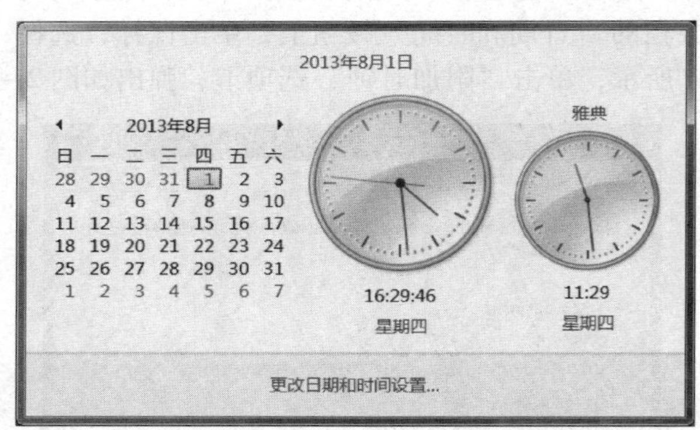

图 2-48　任务栏的时钟显示

4. 用户管理

通过用户账户，多个用户可以轻松地共享一台计算机。每个人都可以有一个具有唯一设置和首选项（如桌面背景或屏幕保护程序）的单独的用户账户。用户账户还控制用户可以访问的文件和程序及可以对计算机进行的更改类型。通常，会希望为大多数计算机用户创建标准账户。

（1）创建新用户账户，如创建一个名为“angel”的标准账户，具体操作步骤如下。

① 打开“控制面板”窗口，单击“用户账户和家庭安全”链接，弹出如图 2-49 所示的窗口。

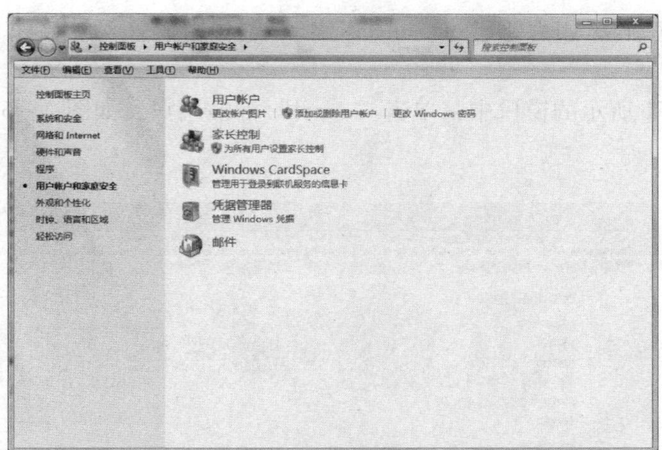

图 2 – 49　“用户账户和家庭安全” 窗口

② 单击“用户账户”下的“添加或删除用户账户”选项，弹出如图 2 – 50 所示的窗口，单击该窗口中“创建一个新用户”，输入新账户名“angel”，单击“创建账户”按钮。如图 2 – 51 所示。

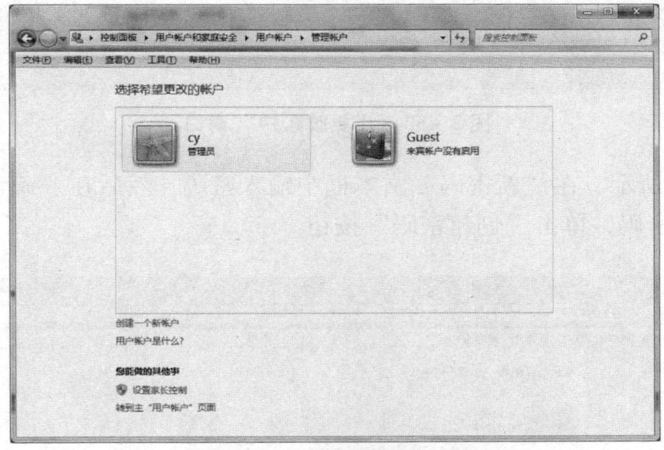

图 2 – 50　“管理账户” 窗口

图 2 – 51　创建 “angel” 新用户

（2）创建账户密码，如为新建的“angel”账户创建密码，保护该账户的安全，具体操作步骤如下。

① 在如图 2－51 所示的窗口中，单击“angel”标准用户，如图 2－52 所示，单击“创建密码”按钮。

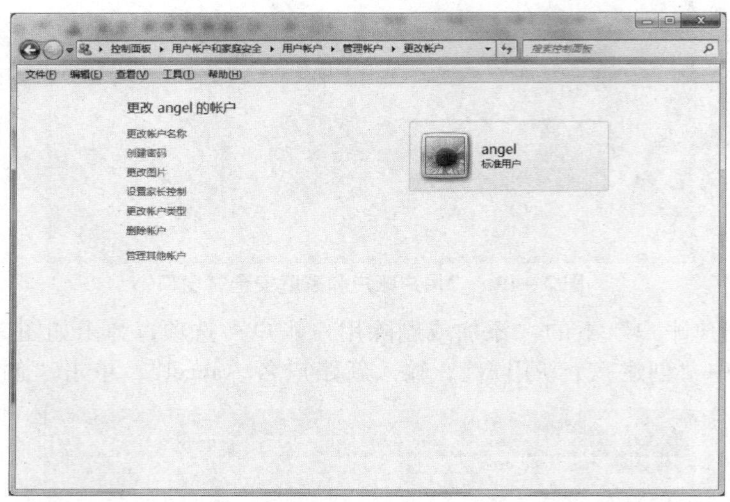

图 2－52　“更改账户”窗口

② 如图 2－53 所示，在“新密码”文本框中输入密码，然后在“确认新密码”文本框中再次输入相同的密码，单击“创建密码”按钮。

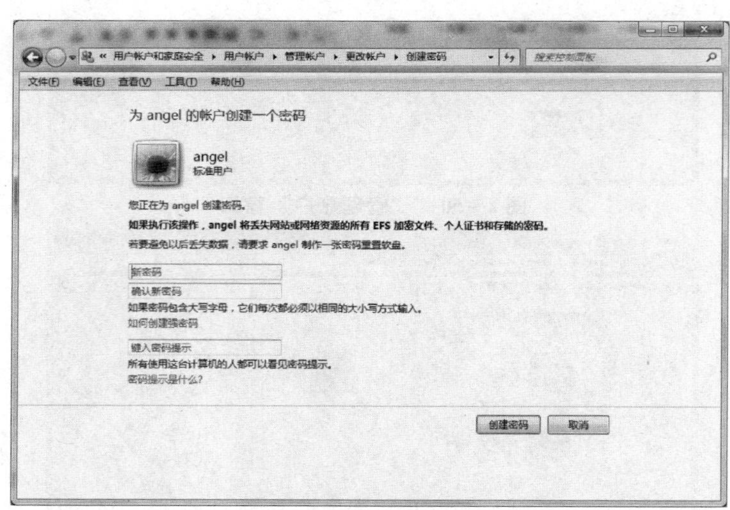

图 2－53　“创建密码”窗口

③ 如图 2－54 所示，“angel”账户显示受密码保护。

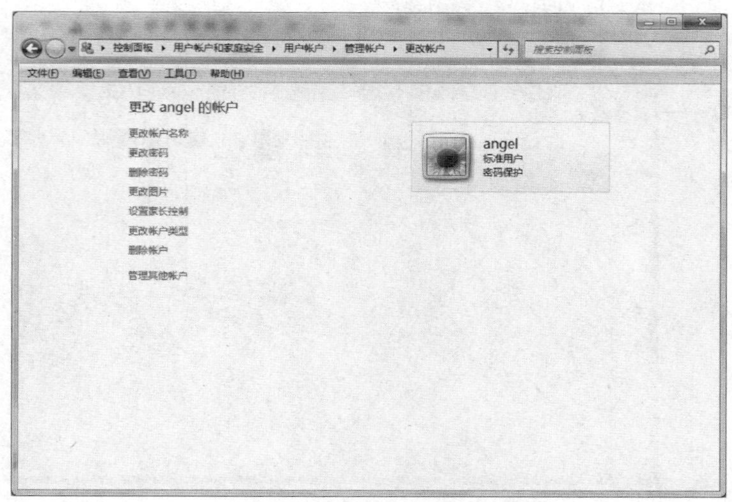

图 2－54　账户设置密码后的效果

2.2.6　附件

1. 画图程序

画图程序是 Windows 7 自带的一款集图形绘制与编辑功能于一身的软件。现在要用画图程序画一幅“群山图”，如图 2－55 所示，并把它保存起来，用它来做桌面的背景墙纸。

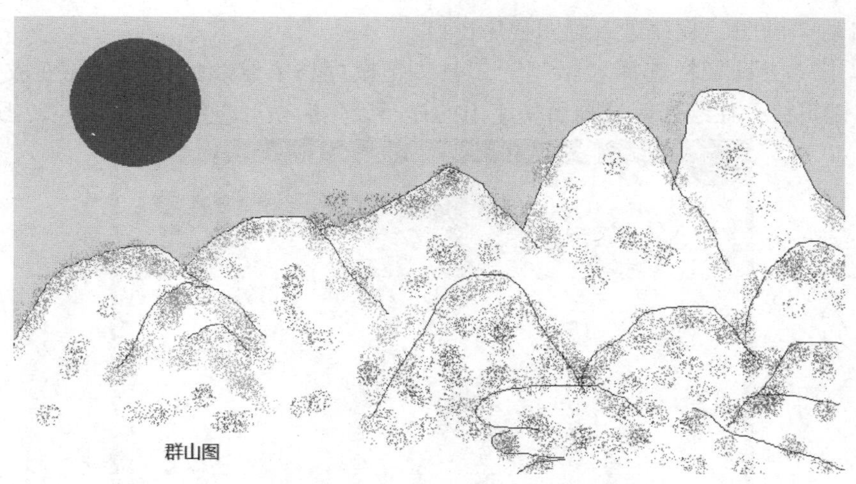

图 2－55　群山图

1）认识画图程序的界面

选择“开始”→“所有程序”→“附件”→“画图”命令打开画图程序窗口，如图 2－56 所示。

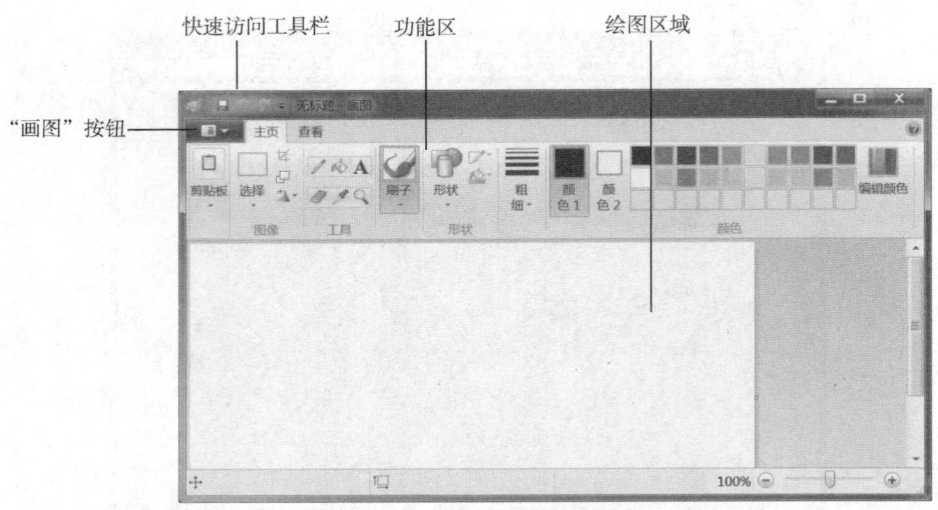

图 2－56　“画图”程序窗口

（1）功能区。包括所有的绘图工具，使用起来非常方便。可以使用这些工具创建徒手画并向图片中添加各种形状。

（2）图像栏。主要用于选择图像。

（3）工具栏。提供了绘制图形时所需的各种常用工具。“颜色 1”为前景色，用于设置图像的轮廓线颜色。“颜色 2”为背景色，用于设置图像的填充色。

2）绘制“群山图”

具体操作步骤如下。

（1）启动“画图”程序进入画图程序窗口。

（2）单击“工具”栏选择“铅笔”工具，把鼠标移入绘图区域，鼠标变成铅笔形状。按下鼠标左键不放，在绘图区域画出一座山的样子，然后松开左键，如图 2－57 所示。

图 2－57　绘制群山

（3）单击“形状”选择列表中的“椭圆形”，然后在颜色栏中单击颜色 1，再单击右侧颜色块中的红色，这样就将颜色 1 设置为“红色”；同时按下 Shift 键和鼠标左键在绘图区域左上方画出一个红色的圆圈，如图 2－58 所示。

图 2－58　绘制太阳轮廓

提示：

如果不小心线条画歪了，或者对原来的图形不太满意，只需单击“工具”栏上的“橡皮擦”擦除即可。

在选择“工具”栏上的“用颜色填充”为图形填充颜色时，单击鼠标左键时用颜色 1 填色，单击鼠标右键时用颜色 2 填色。

（4）单击“工具”栏上的“用颜色填充”，在圆圈内单击鼠标，“太阳就成了实心圆”，如图 2－59 所示。

图 2－59　绘制太阳

（5）单击“刷子”栏中的“喷枪”，然后将颜色 1 设置为“绿色”，在山峰周围单击鼠标，不断变换绿色效果会更好，也可以适当的喷点红色，如图 2－60 所示。

图 2－60　着色

（6）为天空填充蓝色。但在这之前，必须用铅笔将图画中的山画到绘图区域左右边界，使上下形成封闭区域，如图 2－61 所示。

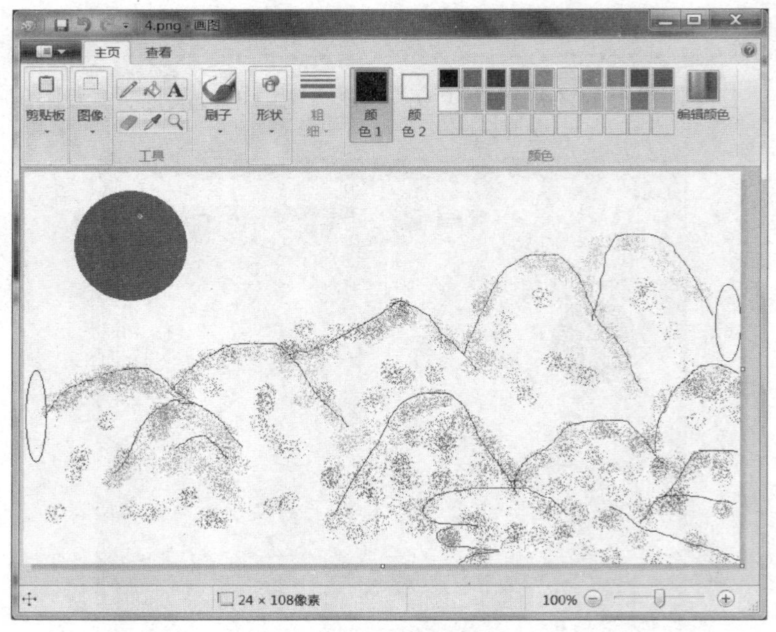

图 2－61　封闭区域

（7）单击“工具”栏上的“用颜色填充”，将颜色 1 设置为“蓝色”，在山峰上部的空白区域单击左键，如图 2－62 所示。

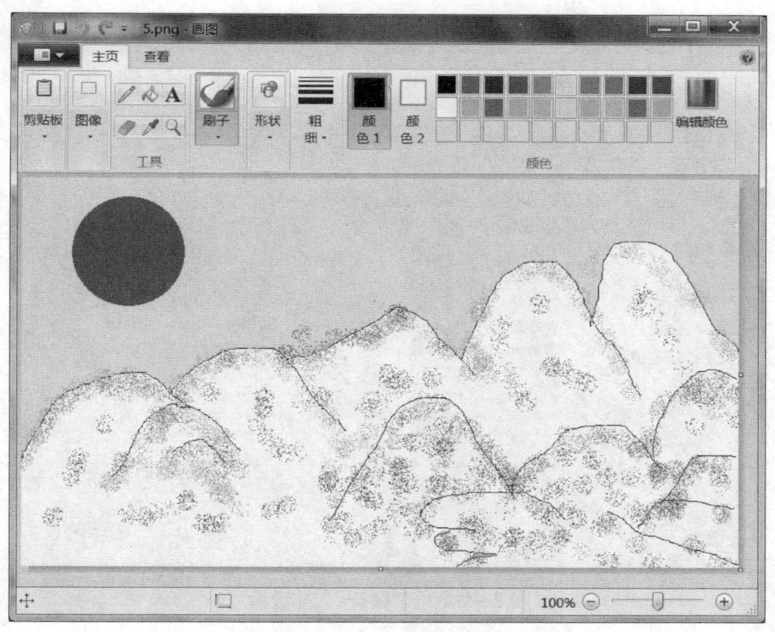

图 2－62　填充天空颜色

（8）单击“工具”栏上的“文本”，按住左键在绘图区域的左下方拖出一个矩形框，然后在矩形框内输入文字，如图 2－63 所示。

图 2－63　输入文字

（9）单击“快速访问工具栏”上的保存按钮，弹出“另存为”对话框。在此对话框中，设置保存为 D 盘，文件名为“群山图”，如图 2－64 所示。最后单击“保存”按钮。

图 2－64 “保存”对话框

（10）单击“画图”按钮，选择“设置为桌面背景”选项中的“填充”，这样就将这幅自己徒手绘制的图片作为了桌面背景，如图 2－65 所示。

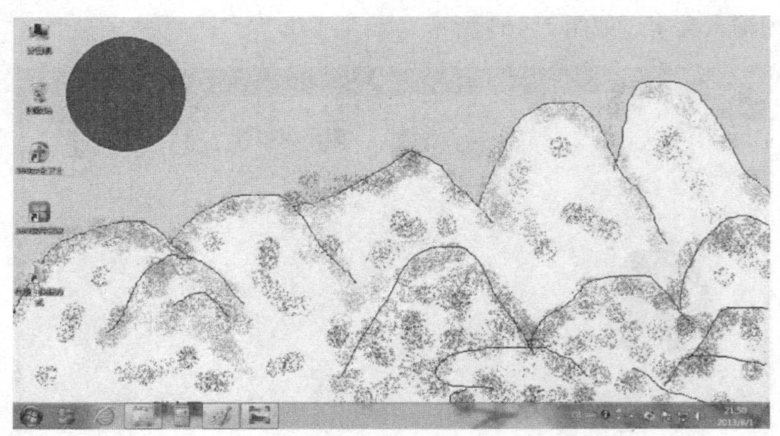

图 2－65 设置为桌面背景的效果

2. 截图工具

使用截图工具可以捕获屏幕上任何对象的屏幕快照或截图。打开截图工具的方法是选择“开始”→“所有程序”→“附件”→“截图工具”命令。打开“截图工具”窗口后，出现如图 2－66 所示的操作界面。

（1）单击“新建”按钮右侧的箭头按钮，列表中有四个选项。

①“任意格式截图”。围绕对象绘制任意格式的形状。

②“矩形截图”。在对象的周围拖动光标构成一个矩形。

③“窗口截图”。选择一个窗口，例如希望捕获的浏览器窗口或对话框。

④“全屏幕截图”。捕获整个屏幕。

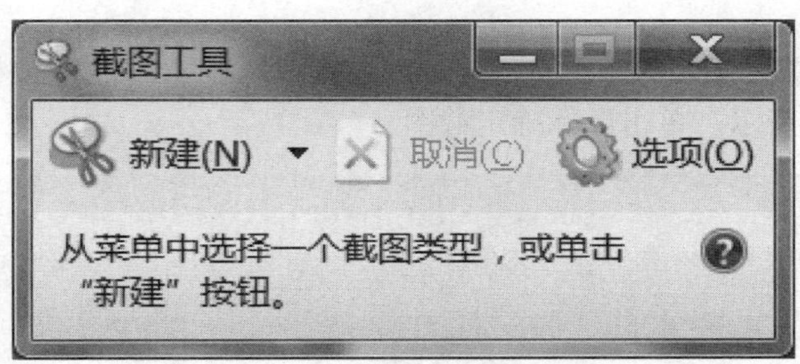

图 2-66 “截图工具”窗口

捕获截图后，会自动将其复制到“截图工具”窗口和剪贴板。可在“截图工具”窗口中添加注释、保存或共享该截图；也可以直接将该截图粘贴到目标窗口。

（2）矩形截图。

如想获取屏幕中心的徽标图案，具体操作步骤如下。

① 打开“截图工具”程序，单击“新建”按钮右侧的箭头按钮，从列表中选择“矩形截图”选项。

② 鼠标光标变成“+”形状，将光标移到所需截图的位置，按住鼠标左键不放拖动鼠标，被选中的区域图像变清晰，选中框呈红色实线显示。

③ 选取好所需截图后释放鼠标左键，弹出“截图工具”窗口，如图 2-67 所示。

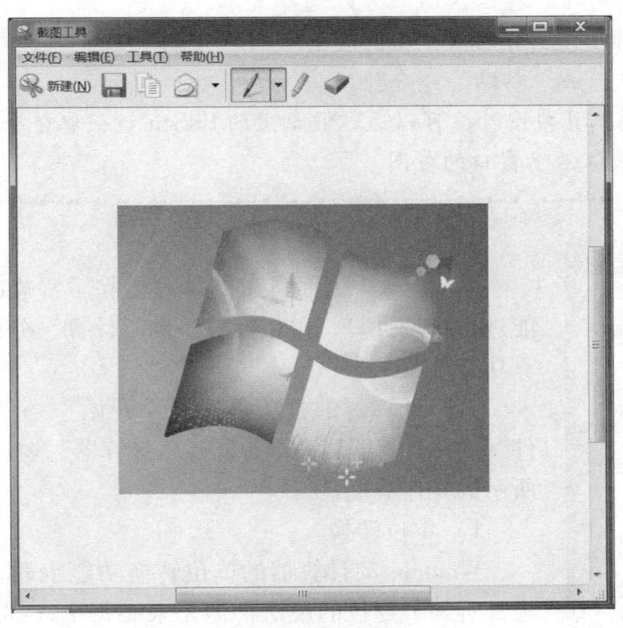

图 2-67 矩形截图

（3）窗口截图。如想捕获计算器操作界面，具体操作步骤如下。

① 打开“计算器”程序窗口。

② 打开“截图工具”程序，单击“新建”按钮右侧的箭头按钮，从列表中选择“窗口截图”选项。

③ 单击“计算器”窗口的标题栏，此时当前窗口周围出现红色边框，表示该窗口为截图窗口，如图 2－68 所示。单击鼠标确定截图。

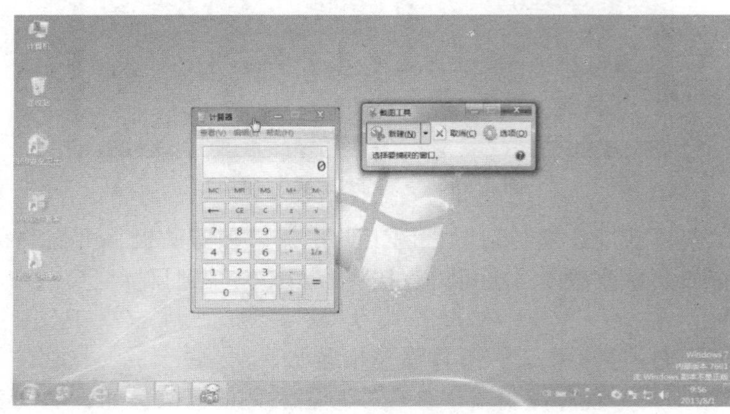

图 2－68　窗口截图

提 示：

剪贴板是信息的临时存储区域。可以选择文本或图形，然后使用“剪切”或“复制”命令将所选内容移至剪贴板，在使用下一次“复制”或“剪切”命令前，它会一直存储在剪贴板中，供“粘贴”命令使用。

除了使用截图工具截图外，可以通过键盘上的 PrtScn 键获取整个屏幕的截图，可以通过 Alt + PrtScn 获取活动窗口的截图。

图 2－69　“计算器”窗口

3. 计算器

Windows 7 里面自带的计算器除了常规的计算功能之外，还能进行日期计算、单位换算、油耗计算、分期付款月供计算等计算功能。

打开计算器的方法是选择“开始”→“所有程序”→“附件”→“计算器”命令。打开“计算器”窗口后，出现如图 2－69 所示的操作界面。

1）单位转换

Windows 7 计算器的单位转换功能也非常实用。例如，大家经常听到 1 克拉的说法，但是未必每个人都很清楚这个“陌生”的计重单位等于多少，这时可用计算器进行换算，具体步骤如下。

（1）在“计算器”窗口中单击“查看”菜单下的“单位转换”选项。

（2）在右侧窗格里选择要转换的单位类型，这里选择“重量”→“质量”。

（3）选择具体的待换算单位，这里选择“克拉”，并指定是 1 克拉。

（4）目标单位选择“克”，结果马上会显示出来。如图 2－70 所示。

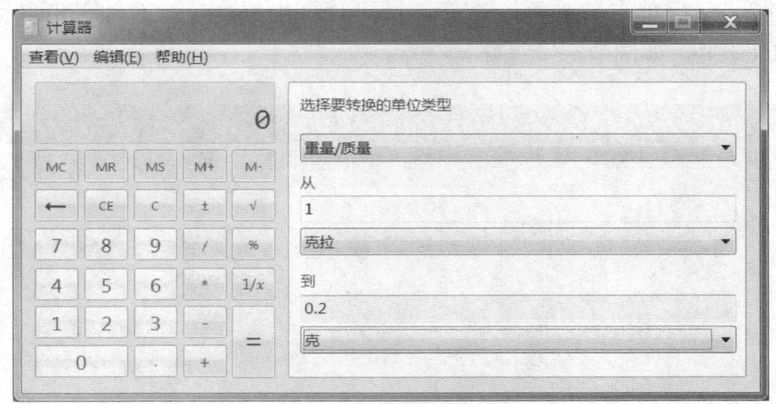

图 2－70　单位转换

2）日期计算

可以计算两个日期间隔的天数，即从现在起到某月某日，要经过几月几周几天。如果想知道今天到下个月 9 号之间有多长时间，可用下列步骤进行计算。

（1）在“计算器”窗口中单击“查看”菜单下的“日期计算”选项。

（2）在右侧窗格里输入目标日期。

（3）单击“计算”按钮，即可得出结果，如图 2－71 所示。

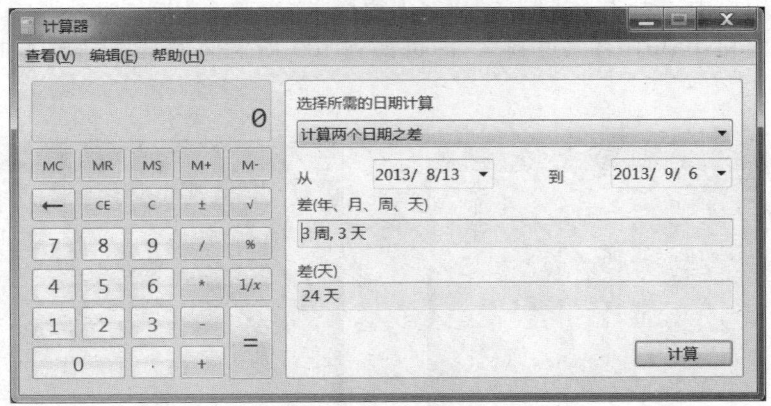

图 2－71　日期计算

3）计算月供

Windows 7 的计算器甚至还能帮助计算消费信贷的每月还款额，以确定应该选择哪个还款年限和贷款额度。

假设购买一套价值 100 万人民币的房子，首付款为 30 万人民币，其他的费用采用公积金贷款。假设家庭月收入是 7 千元人民币，现在想计算一下还款年限为 30 年的话，能否满足公积金贷款中心要求月还款额度不超过家庭月收入一半的硬性要求。

(1) 在“计算器”窗口中单击“查看”菜单下的“工作表”选项中的“抵押”命令。

(2) 在右侧窗格里选择“按月付款”。

(3) 在“采购价”文本框里购买总金额1 000 000，在“定金”文本框里输入房子的首付款300 000，在“期限”文本框中输入还款年限30，在“利率（%）”文本框里输入公积金贷款利率3. 87，然后单击“计算”按钮，即可计算出每月还款额是3289. 66 元，并没有超出家庭月收入的一半，如图2－72 所示。

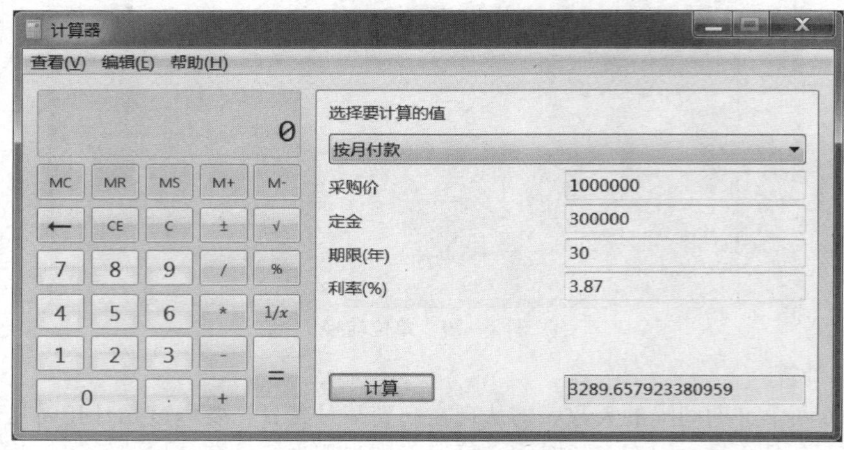

图 2－72　计算月供

4）各种进制数之间的换算

(1) 在“计算器”窗口中单击“查看”菜单下的“程序员”选项。

(2) 在下窗格中选中“十进制”，再在上窗格中输入数：100，如图2－73 所示。

(3) 在下窗格中选中“二进制”，即可得到100 所对应的二进制形式1100100。如图2－74 所示。

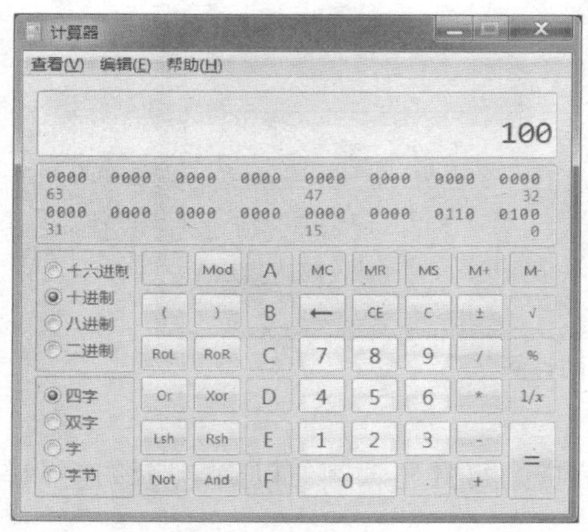

图 2－73　输入十进制数

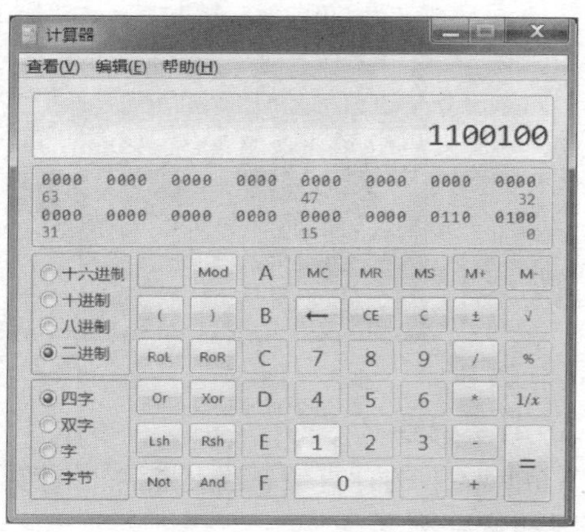

图 2－74　显示对应的二进制数

提示：

同理，单击“八进制”即可得到对应的八进制数，单击“十六进制”即可得到对应的十六进制数。但是，该计算器不能用于带有小数的各进制数之间的转换。

4. 便笺

对于一些办公人士来讲，小便笺能带来大用处，把一些最重要的事件随手记录是个好习惯，大多数人会借助于那些纸质的随手贴，但如果你正在使用 Windows 7 系统，不妨环保一下，来体验一下 Windows 7 桌面上的随手电子便笺。

使用便笺的方法：选择“开始”→“所有程序”→“附件”→“便笺”命令。打开“便笺”对话框后，出现如图 2－75 所示的操作界面。

图 2－75　“便笺”窗口

若在便笺中记录事情，具体操作步骤如下。

（1）打开“便笺”对话框，直接在光标处输入文字：“明天行程：1. 交报告　2. 打印课表　3. 银行　4. 超市”即可。

（2）在该对话框中右击，选择“紫色”，即将便笺背景设为紫色，如图 2－76 所示。

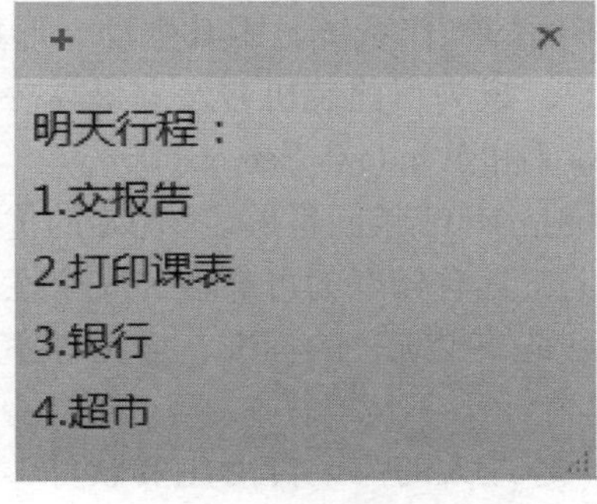

图 2－76　“便笺”的使用

提示：

单击“新建便笺”按钮可以新建一个“便笺”对话框，可同时创建多个便笺放置于桌面。

单击“删除便笺”按钮可以删除当前“便笺”对话框。

鼠标放在“便笺”对话框的标题栏上，按住鼠标左键不放拖动鼠标可以改变“便笺”对话框的位置。

2.2.7 知识拓展

1. 操作系统

1）什么是操作系统

早期的计算机没有操作系统，计算机的运行要在人工干预下才能进行，程序员兼职操作员，效率非常低。为了使计算机系统中所有软、硬件资源协调一致，有条不紊地工作，就必须有一个软件来进行统一的管理和调度，这种软件就是操作系统。操作系统是最基本的系统软件，是管理和控制计算机中所有软、硬件资源的一组程序。现代计算机系统绝对不能缺少操作系统，而且操作系统的性能很大程度上直接决定了整个计算机系统的性能。

2）常用操作系统简介

操作系统种类很多，最为常用的有五种：DOS、Windows、UNIX、Linux、Mac OS，下面分别介绍这五种微机操作系统的发展过程和功能特点。

（1）DOS。DOS（Disk Operating System）是 Microsoft 公司 1981 年研制出的安装在 PC 上的单用户命令行界面操作系统。它曾经最广泛地应用在 PC 上，对于计算机的应用普及可以说是功不可没。DOS 的特点是简单易学，硬件要求低，但存储能力有限。因为种种原因，现在已被 Windows 替代。

（2）Windows。Windows 是 Microsoft 公司开发的“视窗”操作系统，第一个 Windows 于 1985 年推出，替代先前的 DOS，目前 Windows 是世界上用户最多的操作系统。

Windows 是基于图形用户界面的操作系统。因其生动、形象的用户界面，十分简便的操作方法，吸引着成千上万的用户，成为目前装机普及率最高一种操作系统。

目前使用最多的是 Windows 7 和 Windows Server 2008。

（3）UNIX。UNIX 操作系统是 1969 年问世的。UNIX 的优点是具有较好的可移植性，可运行于许多不同类型的计算机上，具有较好的可靠性和安全性，支持多任务、多处理、多用户、网络管理和网络应用。缺点是缺少统一的标准，应用程序不够丰富，并且不易学习，这些都限制了 UNIX 的普及应用。

（4）Linux。Linux 是目前全球最大的一个自由免费软件，其本身是一个功能可与 UNIX 和 Windows 相媲美的操作系统，具有完备的网络功能。

用户可以通过 Internet 免费获取 Linux 及其生成工具的源代码，然后进行修改，建立一个自己的 Linux 开发平台，开发 Linux 软件。

Linux版本很多，各厂商利用Linux的核心程序，再加上外挂程序，就形成了现在的各种Linux版本。现在流行的版本主要有：Fedora Core、Red hat Linux、Mandriva/Mandrake、SuSE Linux、debian、Ubuntu、Gentoo、Slackware、红旗Linux等。

目前，Linux正在全球各地迅速普及推广，各大软件商如Oracle、Sybase、Novell、IBM等均发布了Linux版的产品，许多硬件厂商也推出了预装Linux操作系统的服务器产品，当然，PC用户也可使用Linux。另外，还有不少公司或组织有计划地收集有关Linux的软件，组合成一套完整的Linux发行版本上市，比较著名的有RedHat（即红帽子）、Slackware等公司。虽然，现在说Linux会取代UNIX和Windows还为时过早，但一个稳定性、灵活性和易用性都非常好的软件，肯定会得到越来越广泛的应用。

（5）Mac OS。Mac OS是运行在苹果公司的Macintosh系列计算机上的操作系统。Mac OS是首个在商业领域获得成功的图形用户界面。Mac OS具有较强的图形处理能力，广泛用于桌面出版和多媒体应用等领域。Mac OS的缺点是与Windows缺乏较好的兼容性，影响了它的普及。

3）当前主流智能手机操作系统简介

操作系统可以说是手机最重要的组成部分，手机所有的功能要依靠操作系统来实现，而用户的感知也基本都是来自于与操作系统之间的互动。当前主流的智能手机操作系统主要有以下四个。

（1）iOS。iOS是iOperatingSystem（i操作系统）的缩写，是目前最火的手机iPhone的操作系统，由美国苹果公司开发，主要供iPhone、iPod touch及iPad使用。

iOS最大的特点是“封闭”，苹果公司要求所有对系统作出更改的行为（包括下载音乐、安装软件等）都要经由苹果自有的软件来操作，虽然提高了系统的安全性，但也限制了用户的个性化需求，正因为如此，能够突破苹果限制的软件应运而生，通过这些软件，用户可以不经苹果的自有软件而任意将下载的音乐、破解的软件等装入iPhone，这一过程称为“越狱”。每次苹果推出新版本的系统更新时，全球的IT高手就会针对新系统寻找漏洞，开发出可以“越狱”的工具，自第一代iPhone起至今，这种较量就从未停止。

（2）Android。中文音译为安卓，是由美国Google（谷歌）公司于2007年11月5日发布的基于Linux平台的开源手机操作系统，主要供手机、上网本等终端使用。与iOS正好相反，Android系统最大的特点是“开放”，它采用了软件堆层的架构，主要分为三部分，底层Linux内核只提供基本功能，其他的应用软件则是由各公司自行开发，这就给了内置该系统的设备厂商很大的自由空间，同时也使得为该系统开发软件的门槛变得极低，这也促进了软件数量的增长。因为安卓系统是开放的，便于生产商进行用户界面的二次开发，安卓手机的增长是目前最火爆的。

（3）Symbian。中文音译为塞班，是曾经统治智能手机市场数年的操作系统。Symbian系统依然是最易用的，这也是很多诺基亚的用户不愿更换其他品牌手机的重要原因，但受限于系统自身的原因，Symbian系统对多媒体的支持是其最主要的软肋，也正是由于这个原因使得该系统在移动多媒体需求日益旺盛的今天逐渐被市场冷落，由于苹果、安卓等操作系统的崛起，Symbian系统的市场逐渐被蚕食。

（4）WindowsPhone。在介绍这个操作系统之前，不得不先介绍一下它的前辈：WindowsMobile（移动视窗系统）。WindowsMobile是微软公司基于大家熟悉的个人电脑操作系统 Windows 而开发的适用于各类移动终端的操作系统，可以说是最早的智能手机操作系统，他将人们熟悉的 PC 桌面移植到了手机等移动终端之中，使人们可以使用手机便捷地享受与电脑相同的服务，辉煌时期的 WindowsMobile 系统曾经占据了智能手机 80% 以上的市场份额。

后来随着 Symbian 系统的崛起，WindowsMobile 逐渐失去了其霸主的地位，最终在发布 WindowsMobile 6.5 版本之后的一年，微软公司于 2010 年 2 月正式发布 WindowsPhone 7 智能手机操作系统，简称 Windows Phone 7，并于 2010 年底发布了基于此平台的硬件设备，主要生产厂商有：三星、HTC、LG 等，从而宣告了 WindowsMobile 系列彻底退出手机操作系统市场。全新的 Windows Phone 7 系统最大的特点仍然是内置微软的明星产品。2012 年 6 月 21 日，微软在美国旧金山召开 Windows Phone 开发者大会发布会，发布了全新移动操作系统 Windows Phone 8。Windows Phone 8 是 Windows Phone 系统的下一个版本，也是 Windows Phone 的第三个大型版本。Windows Phone 8 采用和 Windows 8 相同的针对移动平台精简优化的 NT 内核并内置诺基亚地图。微软与诺基亚的合作正在逐步加深，其未来的发展还是有不小的潜力的。

2. 中文输入法

当前较为流行的中文输入法有：搜狗拼音输入法、QQ 拼音输入法、微软拼音输入法、谷歌拼音输入法等。使用技巧如下。

（1）输入法的切换。按组合键 Ctrl + Shift，可以在各种中文输入法之间切换。

（2）中英文切换。按组合键 Ctrl + Space，可在选定的中文输入法与英文输入法之间切换。

（3）中文输入法的屏幕提示。中文输入法选定后，屏幕上会出现一个所选输入法的状态框，如图 2 – 77 所示“QQ 拼音输入法”状态框。中文标点是中文情况下的标点符号，英文标点是在输入英文时的标点符号，按 Shift 键可在此输入法的两种状态间转换。

图 2 – 77　“QQ 拼音输入法”状态框

3. 查看计算机的基本信息

新接触一台计算机，或检验新机器的硬件基本情况，一般可通过了解其 CPU、内存容量等情况入手。具体操作步骤如下。

（1）鼠标指向桌面图标“计算机”。

（2）右击，在弹出的快捷菜单中选择“属性”命令。

（3）打开如图 2 – 78 所示的“系统”窗口。

4. 程序的安装与卸载

软件是计算机重要的组成部分。软件的安装与卸载可以使用 360 软件管家来完成，如图 2 – 79 所示。360 软件管家是 360 安全卫士中提供的一个集软件下载、更新、卸载、优化于一身的工具。

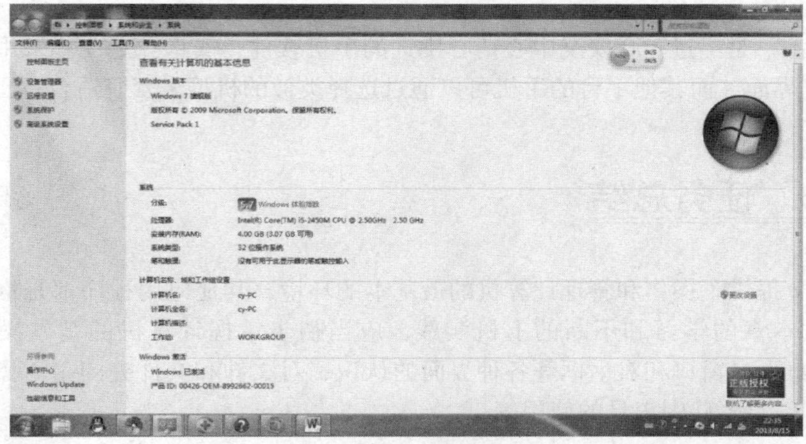

图 2－78　“系统”窗口

图 2－79　360 软件管家

1）装机必备

由 360 工作人员检测、网友评选得出，这些软件具有很大的用途。软件宝库是由软件厂商主动向 360 安全中心提交的软件，经 360 工作人员审核后公布，这些软件更新时 360 用户能在第一时间内更新到最新版本。

2）软件升级

将当前电脑的软件升级到最新版本。新版具有一键安装功能，用户设定目录后可自动安装，适合多个软件无人值守安装。

3）软件卸载

卸载当前电脑上的软件，可以强力卸载，清除软件残留的垃圾，往往杀毒软件、大型软件不能完全卸载，剩余文件占用大量磁盘空间，这个功能能将这类垃圾文件删除。

4）手机必备

“手机必备”是经过360安全中心精心挑选的手机软件，安卓/塞班/苹果用户可以直接进入软件下载界面，而其他平台的手机可以通过选择类似的机型来安装适合自己的软件。

2.3 任务总结

Windows 7提供了操作和管理计算机的最基本的环境，其他应用程序都是构建在这个平台上的。通过本章的学习和不断的上机实践，应当初步掌握计算机的基本操作，包括对Windows 7的桌面、窗口和对话框等各种界面的认识，对文件和文件夹的基本操作，对系统的设置和管理，对附件中工具的使用等。

2.4 实训

实训1 文件与文件夹管理

1. 实训目的

（1）掌握文件与文件夹的选择、新建、复制、移动、删除、重命名等基本操作；

（2）熟悉文件和文件夹的显示方式；

（3）掌握文件属性的设置；

（4）熟悉搜索文件的使用方法。

2. 实训要求及步骤

（1）建立一个文件夹，名称为“071041023”。

（2）在当前文件夹下查找满足下列条件的文件：文件名第三个字符为c，文件大小不超过500KB，并复制到“071041023”文件夹下。

（3）在“071041023”文件夹下新建指向“C盘”的快捷方式，名称为“本地磁盘(C)”。

（4）在“071041023”文件夹下新建一个文件名为“071041023.txt”文本文件，输入以下内容（请正确输入各种符号）后保存，设置该txt文件属性为“隐藏”。

归园田居　其一

（陶渊明，365—427）

少无适俗韵，性本爱丘山。

误落尘网中，一去三十年。

羁鸟恋旧林，池鱼思故渊。

开荒南野际，守拙归园田。

方宅十余亩，草屋八九间。

榆柳荫后檐，桃李罗堂前。

暖暖远人村，依依墟里烟。
狗吠深巷中，鸡鸣桑树巅。
户庭无尘染，虚室有余闲。
久在樊笼里，复得返自然。

实训2 系统设置

1. 实训目的

(1) 掌握桌面个性化设置、任务栏和“开始”菜单的设置；

(2) 熟悉各种附件工具的使用方法。

2. 实训要求及步骤

(1) 显示设置。

- 设置桌面主题为“风景”；
- 设置桌面背景为放映幻灯片，时间间隔为1分钟；桌面图标中显示“网络”；
- 设置屏幕保护程序为“三维文字”，等待时间为“5分钟”；
- 设置窗口颜色为“太阳”；
- 设置屏幕分辨率为“1024×768”；

(2) 任务栏与“开始”菜单设置。

- 任务栏设置为使用小图标；
- 通知区域设置音量图标为“隐藏图标和通知”；
- 使用自定义设置“开始”菜单上的控制面板显示为链接；

(3) 输入法设置。

- 添加“微软拼音输入法”，删除“简体中文－美式键盘输入法”；
- 设置默认的输入语言为“微软拼音输入法”；
- 隐藏桌面上显示语言栏。

第 3 章　Word 基础应用——制作求职简历

Office 2010 是 Microsoft 公司推出的 Office 系列集成办公软件，该软件共有 6 个版本，分别是小型企业版、Office Mobile 版、家庭及学生版、标准版、专业版和专业增强版。该办公软件主要包括 Word、Excel、PowerPoint、Access、Visio 等应用软件。Word 2010 是 Office 2010 软件中的一个重要的文字处理和排版工具。Word 2010 在文字处理方面非常有优势，集文本编辑、图文混排、表格处理、文档打印等功能于一身，具有所见即所得的特点，易学易用，是深受用户欢迎的文字处理软件。

3.1　任务分析

3.1.1　任务描述

杨晓燕是文学院汉语言文学专业的大四学生，今年面临毕业。学校要举行人才交流会了，杨晓燕的理想是做一名光荣的人民教师。人才交流会上有不少学校来招聘，她有信心在交流会上找到适合自己的工作。因此，这一学期刚开始，杨晓燕就决定先制作一份求职简历，这份简历要制作得有条理、一目了然，结构清晰，能够"秀"出自己的亮点。杨海燕是文学院的学生，文字功底没有问题，最重要的则是通过 Word 对求职简历进行输入、编辑与排版。

3.1.2　任务分解

求职简历文本内容较多，要注重文字的真实性，不需要太多的样式和图片去修饰，为了使制作的求职简历有条理、能够"秀"出自己的亮点，杨晓燕在网上搜索制作"求职简历"的相关信息，包括制作的要点、注意事项、格式要求等，进行总结，再结合原来所学的 Word 知识，得出如下设计思路。

（1）在 Word 中新建一个文档，保存为"求职简历 . docx"。

（2）对输入的文本内容进行输入、编辑，确保文字的正确性。

（3）对文本的内容进行字符、段落的排版。如通过设置文字效果让标题突出；通过项目符号、编号等使文档具有层次感，易于阅读与理解；通过边框与底纹使内容醒目；通过分栏使文档的布局更加合理等。

最终结果如图 3 – 1 所示。

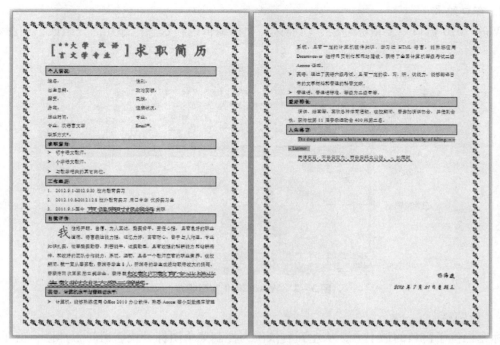

图 3－1　求职简历样张

3.2　任务完成

3.2.1　认识 Word

1. 启动与退出

系统提供了多种方式来启动和退出 Word 2010，用户可以根据个人的习惯选择下列任何一种方式。

启动 Word 2010 的常用方法如下。

方法 1：利用"开始"菜单启动，方法为：选择"开始"→"所有程序"→"Microsoft Office"→"Microsoft Word 2010"命令，即可启动 Word 2010。

方法 2：通过桌面快捷方式快速启动，方法为：直接双击桌面上的 Word 2010 快捷图标，即可启动 Word 2010。

方法 3：直接打开电脑中的 Word 文档，方法为：直接双击电脑中任一 Word 文档，即可启动 Word 2010。

退出 Word 2010 的常用方法如下。

方法 1：通过关闭按钮退出。

方法 2：利用标题栏中左上角控制菜单中的关闭命令。

方法 3：通过"文件"菜单中的"退出"命令。

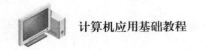

2. 窗口组成

Word 2010 窗口主要由标题栏、功能区、文档编辑区和状态栏等几部分组成，如图 3－2 所示。

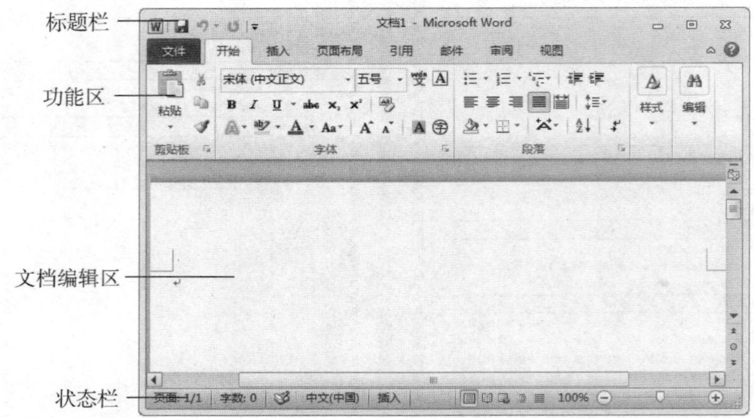

图 3－2　Word 2010 窗口组成

1）标题栏

标题栏位于窗口的最上方，从左到右依次为控制菜单图标、快速访问工具栏、正在操作的文档名称、程序的名称和窗口控制按钮。

（1）控制菜单图标。单击该图标会弹出一个窗口控制菜单，包括还原、最小化、关闭等操作。

（2）快速访问工具栏。用于显示常用的工具按钮，默认显示的有保存、撤销、恢复三个按钮，单击这些按钮，可以执行相应的操作。

（3）窗口控制按钮。从左到右依次为最小化、最大化、向下还原、关闭按钮，单击这些按钮，可以执行相应的操作。

2）功能区

从 Office 2007 开始，Office 就放弃了传统的菜单和工具栏模式，而使用了一种称为功能区的用户界面模式。这种改变使操作界面变得简洁明快，使用户操作更加简单快捷。Office 功能区实际上是一个常用操作命令的集合体，用户能够在这里快速找到需要的操作命令，使各种任务的完成变得轻松、快速、高效。

功能区位于标题栏的下方，设置了面向任务的选项卡，在选项卡中集成了各种操作命令，而这些命令根据完成任务的不同分为各个任务组。Word 2010 窗口中默认包含“文件”、“开始”、“插入”、“页面布局”、“引用”、“邮件”、“审阅”和“视图”8 个选项卡，单击某个选项卡，可以将其展开。

每个选项卡由多个组组成，例如，“开始”选项卡由“剪贴板”、“字体”、“段落”、“样式”、“编辑”5 个任务组组成。有些组的右下角有一个小图标，称为“功能扩展”按钮，单击此按钮，可弹出对应的对话框或窗格。

此外，在功能区的右侧有一个“Microsoft Word 帮助”按钮，单击可打开 Word 2010 的帮助窗口，用户可在其中查找需要的帮助信息。

3）文档编辑区

文档编辑区位于窗口中央，以白色显示，是输入文字、编辑文本和处理图片的工作区域，在该区域可以显示文档的内容。当文档内容超过窗口的显示范围时，编辑区域的右侧和底端会分别显示垂直与水平滚动条。

4）状态栏

状态栏位于窗口底端，用于显示当前文档的页数/总页数、字数、输入语言及输入状态等信息。状态栏的右侧有两组按钮，一组为视图模式按钮，一组为显示比例调节工具。其中，视图模式按钮用于选择文档的视图方式，显示比例调节工具用于调整文档的显示比例。

3.2.2　文档的建立与保存

1. 创建新文档

使用 Word 2010 进行文字编辑、图文混排等多种操作，必须先建立一个 Word 文档。根据操作的需要，用户可以创建空白文档，也可以根据模板创建带格式的文档。

1）新建空白文档

新建空白文档的方法有以下几种。

（1）启动 Word 2010 程序，系统会自动创建一个名为“文档 1”的空白文档。

（2）在 Word 文档打开的状态下，按下组合键 Ctrl + N。

（3）在 Word 窗口中，选择“文件”选项卡创建新文档，如图 3－3 所示。

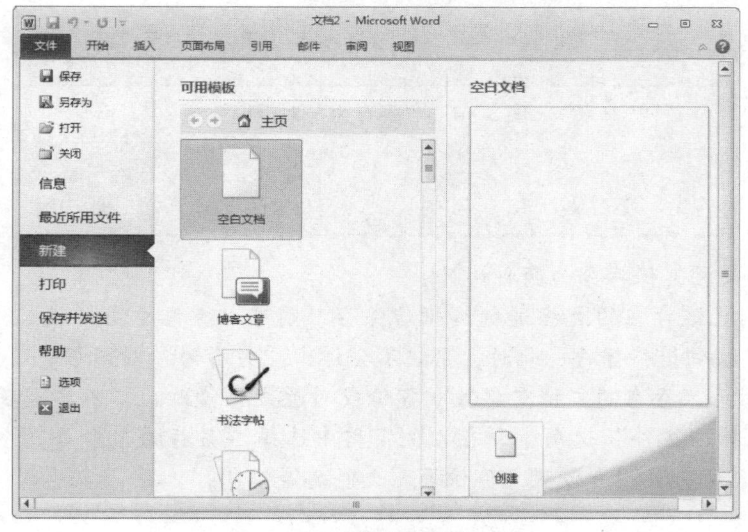

图 3－3　新建空白文档窗口

2）根据模板创建文档

Word 2010 为用户提供了多种模板类型。利用这些模板，用户可快速创建各种专业的文档。具体方法为：在 Word 窗口中，选择“文件”选项卡，在左侧窗格中选择“新建”命令，在右侧窗格的“可用模板”选项组中选择模板类型，如“书法字帖”等，即可创建该模板类型的文档。

根据制作“求职简历”的任务，可采用新建空白文档的方法建立一个空白文档。

2. 保存文档

文档建立以后，为了以后查看和使用方便，需要将文档进行保存。对于新建的空白文档，可以直接单击“快速访问工具栏”中的“保存”按钮 ，系统会弹出“另存为”对话框，如图 3－4 所示。用户在对话框中设置保存的文件名、保存类型、文件位置，然后单击“保存”按钮，即可实现保存。如：当前文档保存在 D：\ 盘下，文件名为“求职简历”，保存类型默认为 Word 文档，则在 D：\ 盘则会创建一个“求职简历 . docx”文件。

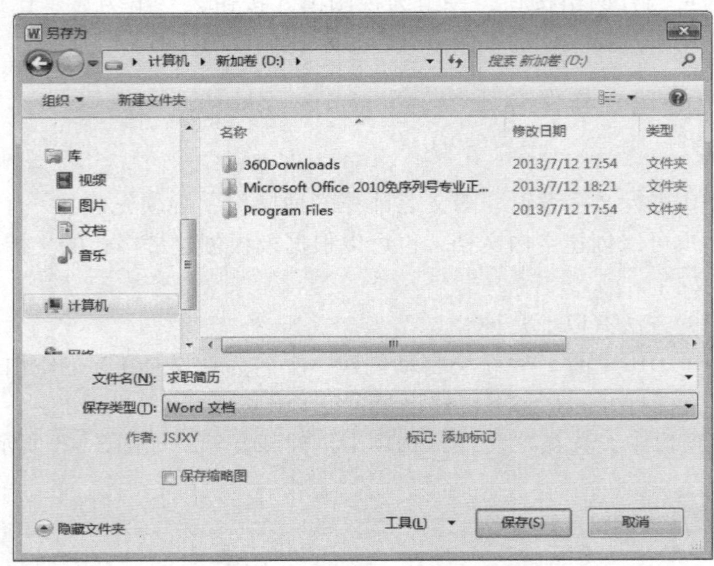

图 3－4　“另存为”对话框

提示：

对已有的文档，保存分为两种情况。

① 如果对已经存在的文档进行编辑后保存，则可以直接单击“快速访问工具栏”中的“保存”按钮进行保存，此时，系统不会弹出“另存为”对话框。

② 如果对已经存在的文档需要做一备份或对原文档修改后，不希望改变原文档的内容，则可选择“文件”选项卡，在左侧窗格中选择“另存为”命令，系统也会弹出“另存为”对话框，让用户设置文件位置、文件名等信息。

3.2.3　文本的输入

建立了一个空白文档之后，即可以在其中输入文本了，Word 中的文本主要包括中英文字符、符号、日期与时间文本等。

1. 输入文本内容

在文档中输入中文，必须先切换到中文输入法状态。当输入文本时，窗口编辑区的插入点自左向右移动。当一行的文本输入完毕后，插入点会自动转到下一行。在没有输满一行文

字的情况下，若需要开始新的段落，可按 Enter 键进行换行，换行后，该段落后会有一个段落标记“↵”。

在空白文档中输入“求职简历”相关内容，如图 3－5 所示。

求职简历↵
个人情况：↵
姓名：↵
出生日期：↵
籍贯：↵
身高：↵
毕业时间：↵
专业：汉语言文学↵
联系方式：↵
性别：↵
政治面貌：↵
民族：↵
健康状况：↵
专业：↵
Email：↵
求职意向：↵
初中语文教师；↵
小学语文教师；↵
与教学相关的其它岗位。↵
工作经历：↵
2012.9.1-2012.9.30 校内教育实习 ↵
2012.10.8-2012.12.8 校外教育实习 周口四中 优秀实习生↵
2011.9.1-至今 市健康时报编辑 兼职↵
自我评价：↵
我性格开朗、自信、为人真诚，踏实肯干，责任心强，具有良好的职业道德。语言表达能力强，记忆力好，富有耐心，善于与人沟通。专业知识扎实，做事踏实勤奋，刻苦能干，诚实勤恳，具有较强的科研能力和钻研精神，和较好的团队合作能力，乐观、坚韧，具备一个教师应有的职业素养。在校期间，我一直从事家教，曾辅导学生 8 人，所辅导的学生成绩均取得较大的提高。曾获得两次国家励志奖学金，获得我校教师教育专业毕业生教学技能大赛二等奖。↵
爱好特长：↵
演讲、绘画等，喜欢各种体育活动。在校期间，曾参加演讲协会，并任副会长。获得校第 11

图 3－5　输入文档效果图

2. 在文档中插入符号

在输入文档的过程中，除了可以输入普通的文本之外，还可以输入一些特殊的文本，如“@”、“▲”、“※”、“✉”等。有些符号可以直接从键盘输入，有些符号却不能，这时可通过软键盘、插入符号等方式进行输入。

在“求职简历.docx”文档中，需要插入“✆”、“✉”符号，具体操作步骤如下。

（1）光标定位到“联系方式：”之后。

（2）单击“插入”选项卡，在“符号”组中单击“符号”按钮，弹出“符号”对话框，如图 3－6 所示。

（3）在“字体”下拉列表框中选择“Wingdings”选项。

（4）在列表框中选中要插入的符号“✆”，单击“插入”按钮，即可插入选中的符号。

（5）插入完毕，“插入”按钮右边的“取消”按钮变为“关闭”按钮，单击该按钮关闭“符号”对话框。

用同样的操作方式可插入“求职简历”文档中“✉”符号。

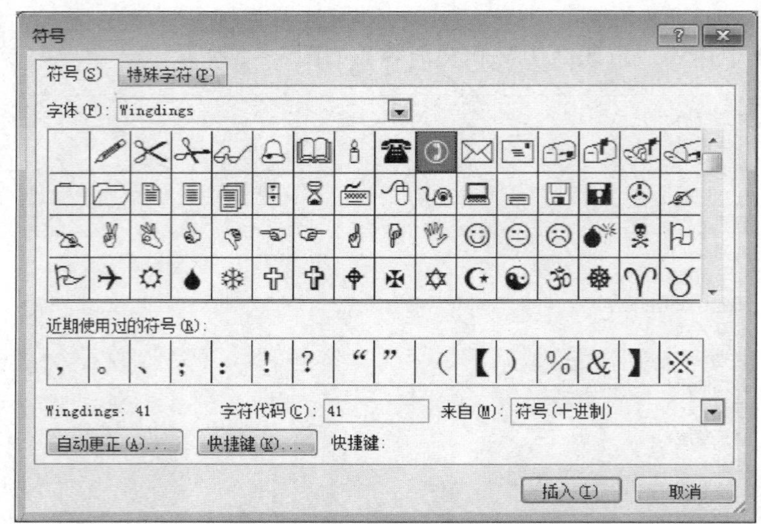

图 3－6　“符号”对话框

另外，还有一些特殊符号是在软键盘中的。右击输入法状态条上的软键盘切换按钮⌨，屏幕上就会显示所有的软键盘菜单，进行选择即可。

3. 输入当前日期

Word 文档中有时会需要输入日期，如制作通知、工作计划、信函等文档中的结尾处一般需要输入日期。Word 提供了输入系统当前日期和时间文本的功能，以减少用户的手动输入量。例如，要输入当前日期，可以在文档中先输入“2013 年”，系统就会自动给出提示，直接按 Enter 键即可输入日期和时间。但如果要输入其他格式的日期和时间，可以使用“日期和时间对话框”。

在“求职简历”文档结尾，需要输入当前的日期，使用“日期和时间”对话框完成此操作的具体步骤如下。

（1）光标定位到文档最后。

（2）单击“插入”选项卡，在“文本”组中单击“日期和时间”按钮，弹出“日期和时间”对话框，如图 3－7 所示。

（3）在“可用格式”列表框中选择需要的日期格式，单击“确定”按钮，即可将所选格式的日期插入到当前光标所在处。

 **提示：**

插入时间的方法与上述方式步骤一样，只需选择相应的时间格式即可。

如果插入的日期与时间需要随系统时间更新，则可在“日期与时间”对话框中选中“自动更新”。

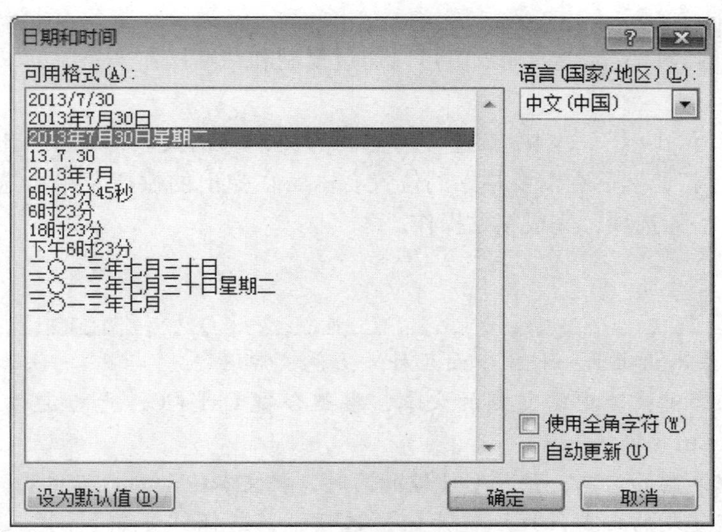

图 3－7　“日期和时间”对话框

3.2.4　文本的编辑

在文档中输入内容后，就可以对文档进行编辑处理了。Word 中可运用复制、移动、查找和替换等功能对文本内容进行编辑，从而使文档准确、完善。

1. 选定文本

文本的选定是对文本编辑的前提，对文本的选定分为选择一行文本、选择一段文本、选择一句话、选择分散文本等。

1）选择一行或多行文本

将鼠标指针移到该行左侧的选定栏处，当指针变成“”形状时单击鼠标，即可选中整行文本。相似地，当指针变成“”形状时，按住鼠标的左键不放，并向下或向上拖动鼠标，到文本目标处释放鼠标即可选中多行。

2）选择任意文本

将光标定位到需要选中文本的起始位置，然后按住鼠标左键不放并拖动至选定文本内容的结束处松开即可。此方法对选择一行文本或多行文本仍然可行。

3）选择分散文本

先拖动鼠标选中第一个文本区域，再按住 Ctrl 键不放，拖动鼠标选择其他不相邻的文本，选择完后释放 Ctrl 键即可。

4）选择垂直文本

按住 Alt 键不放，然后按住鼠标左键拖动出一块矩形区域，选择完成后释放 Alt 键即可。

5）选择整篇文档

可以利用组合键 Ctrl + A 即可选中整篇文档。也可选择“开始”选项卡，单击“编辑”组中的“选择”按钮，在弹出下拉菜单中选择“全选”命令即可。

2. 复制文本

对于文档中内容重复部分的输入，可以通过复制和粘贴操作来完成，以提高文档的编辑效率。

在“求职简历.docx”文档中，选中需复制的文本“语文教师”，右击，在弹出的快捷菜单中选择“复制”，然后在需要粘贴的位置右击，在弹出的快捷菜单中选择“粘贴选项”中的“只保留文本”选项，完成粘贴操作。

提示：

复制的方法不止上面一种，下面几种方法也较常用。

- 利用组合键：选中需复制的文本，按组合键 Ctrl + C，光标定位到需粘贴的位置，按组合键 Ctrl + V。
- 选中需复制的文本，按住 Ctrl 键的同时，将文本拖动到目标位置。
- 选中需复制的文本，打开“开始”选项卡，选择“复制”，插入光标定位到需粘贴的位置，再选择“粘贴”命令。

3. 移动文本

当文档中输入的内容需要从一个位置移动到另外一个位置时，可以使用移动操作来实现。

在“个人简历.docx”文档中，需要将“人生格言…拉蒂默”与“英语、计算机水平与普通话水平……二级甲等”两部分内容对调，具体操作步骤如下。

（1）选中“人生格言…拉蒂默”这部分文字。

（2）鼠标拖动文本至文档结尾“杨海燕”之前。

（3）重复上述步骤，将“英语、计算机水平与普通话水平……二级甲等”部分内容移动到目标位置。

移动与复制操作的方法类似，所不同的是，移动先执行“剪切”操作（Ctrl + X），复制先执行“复制”操作（Ctrl + C），但最终均需要执行“粘贴”操作（Ctrl + V）。

提示：

在 Word 2010 文档中，当执行“复制”或“剪切”操作后，执行粘贴操作时，在“粘贴选项”中会有“保留源格式”、“合并格式”或“仅保留文本”三个命令供用户选择，基本含义如下。

“保留源格式”命令：被粘贴内容保留原始内容的格式。

“合并格式”命令：被粘贴内容保留原始内容的格式，并且合并应用目标位置的格式。

“仅保留文本”命令：被粘贴内容清除原始内容和目标位置的所有格式，仅仅保留文本。

4. 删除文本

当删除文档不再需要的内容时，可以选中文本，按下键盘上的 Delete 键或 Backspace 键。

5. 查找和替换文本

使用 Word 2010 中的查找与替换功能，不仅可以在文档中迅速查找到相关内容，还可以将查找的内容替换成其他的内容。

1）查找

将光标定位到查找开始的位置，单击“开始”选项卡，在“编辑”组中单击“查找”按钮，在打开的“导航”窗格中输入要查找的文字，查找的内容即在文档中突出显示，如图 3－8 所示。

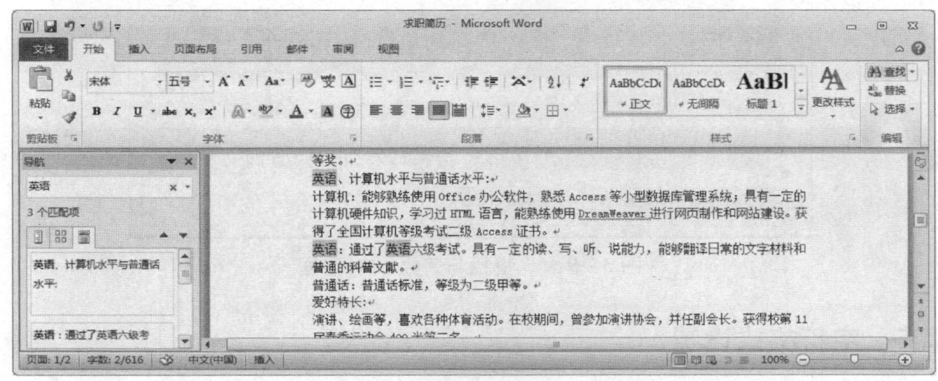

图 3－8　“导航”窗格完成查找

2）替换

查找到文档中特定的内容之后，可以对其进行统一替换。

在“求职简历 . docx”文档中，需要将文档中的“老师”替换为“教师”，具体操作步骤如下。

（1）光标定位到文档中的任意位置。

（2）单击“开始”选项卡，在“编辑”组中单击“替换”按钮，弹出“查找与替换”对话框，如图 3－9 所示。

（3）在“查找内容”下拉列表框中输入“老师”。

（4）在“替换为”下拉列表框中输入“教师”，如图 3－9 所示。

（5）单击该对话框中的“更多”按钮，可以对查找内容或替换内容进行更进一步的设置。

（6）单击“全部替换”按钮，可一次将文档中的所有“老师”替换为“教师”。

提示：

> 如果要对查找的内容或替换的内容进行进一步的格式设置，可以单击“查找与替换”对话框中的“更多”按钮，进行相应搜索范围及格式的设置。
>
> 除此之外，如果查找或替换的内容较特殊，如“段落标记”、“制表符”等，可以单击“特殊格式”按钮，进行选择即可。

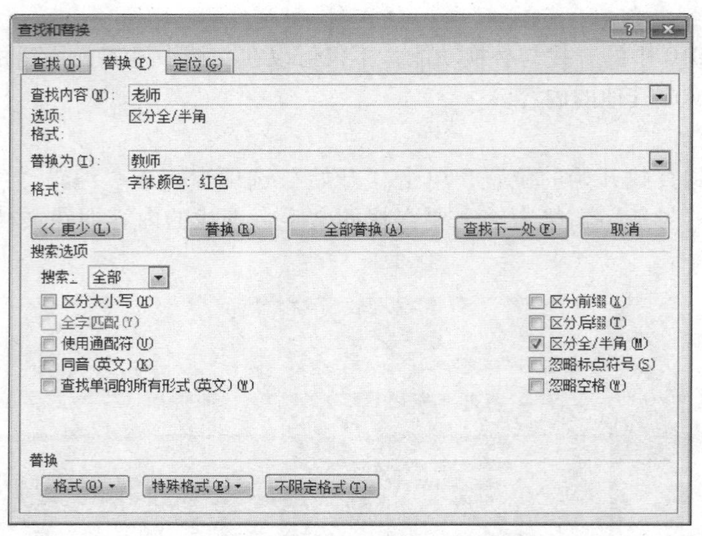

图 3－9　“查找与替换”对话框

3.2.5　字符格式设置

文档输入与编辑完成之后，即可以对文字进行格式设置了。文字的格式一般包括字体、字形、字号、字符间距、文字效果等。对文字进行格式设置，可以使文档中的重点内容更加突出，文档更加美观。

1. 使用字体组设置字符格式

文档“求职简历.docx”中，需要将“个人情况:”、“求职意向:”等主题设置为“宋体、小四、加粗”，此处采用字体组完成上述设置，具体操作步骤如下。

（1）选定上述各主题对应的文本内容。

（2）单击“开始”选项卡，在选项卡中可以看到“字体”组，如图 3－10 所示。

（3）在“字体”组中完成设置。

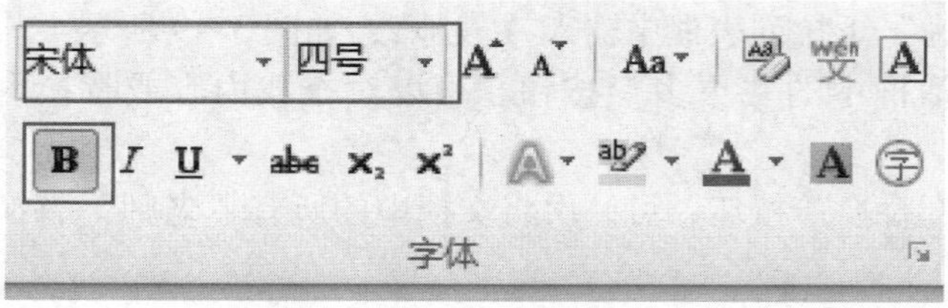

图 3－10　字体组

“求职简历.docx”文档中还需要将各主题所对应内容均设置为“宋体、小四”，将“雨滴穿石，不是靠蛮力，而是靠持之以恒。——拉蒂默”设置为“黑体、小四、红色”等，这些操作均可以通过字体组来完成。

在“字体”组中，为设置“文字效果”按钮，通过该按钮，可以使设置的字体效果具有视觉冲击力。在“求职简历.docx”文档中的标题“求职简历”设置为“楷体－GB2312、小初，文字效果采用渐变填充－蓝色”。

提示：

- 单击“字体”组中的“清除格式”按钮，可以清除所选内容的所有格式，只保留文本。
- 单击“字体”组中的“拼音指南”按钮，可以为选中文字添加拼音。
- 单击“字体”组中的“带圈字符”按钮，可以在字符周围放圆圈或边框加以强调。

2. 使用字体对话框设置字符格式

除了使用字体组设置字符格式以外，还可以使用字体对话框来设置字符格式。利用字体对话框，可以对字符进行更加详细、丰富的格式设置，如上标、下标、字符间距等。

在“求职简历.docx”，需要将将“雨滴穿石，不是靠蛮力，而是靠持之以恒。——拉蒂默”设置为“黑体、小四、红色，黑色如样张所示的下划线”，使用字体对话框的具体操作步骤如下。

（1）选定上述文本。

（2）单击“开始”选项卡，在“字体”组中单击按钮，弹出“字体”对话框，如图3－11所示。

（3）在“字体”对话框中完成设置。

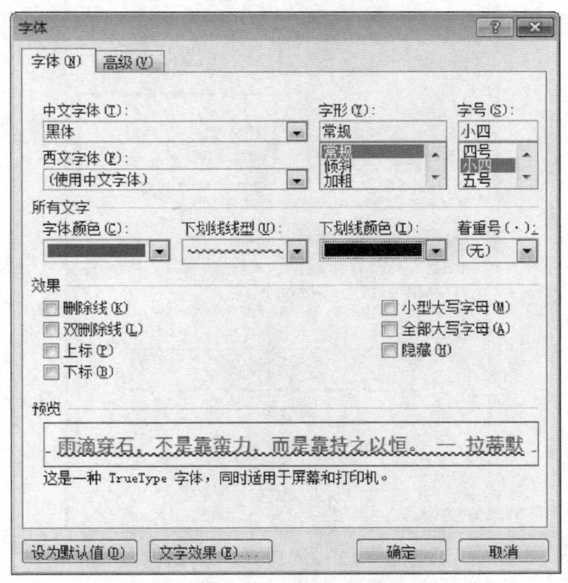

图3－11　“字体”对话框

文档中“将相应文字放大200%、求职简历字符间距加宽5磅”等格式的设置，可以单击“字体”对话框中的“高级”选项卡，然后进行相应的设置。

3.2.6 段落格式设置

在 Word 中，段落是指以段落标记“↵”作为结束的一段文字。对文档进行排版时，常以段落为基本单位进行操作。段落的格式设置主要包括段落缩进、行间距的设置、段间距的设置、对齐方式等。合理的对段落进行设置，可以使文档的层次分明、结构清晰。

1. 段落缩进

段落的缩进方式分为“左缩进”、“右缩进”、“首行缩进”、“悬挂缩进”。纸张的边缘与文本编辑区边缘的距离称为页边距，段落的左右缩进是指文本与文本编辑区边缘的距离。段落的首行缩进是该段落的第一行的缩进，悬挂缩进是指段落中除第一行外，其余各行的缩进。

文档“求职简历.docx”中，需要将“自我评价:、爱好特长:、人生格言:”三部分对应文字首行缩进两个字符。具体操作步骤如下。

（1）选中上述三部分对应文本。

（2）单击“开始”选项卡，在“段落”组中单击按钮，弹出“段落”对话框，如图 3-12 所示。

（3）在“缩进和间距”选项卡中的“特殊格式”设置中完成设置，如图 3-12 中所设置。

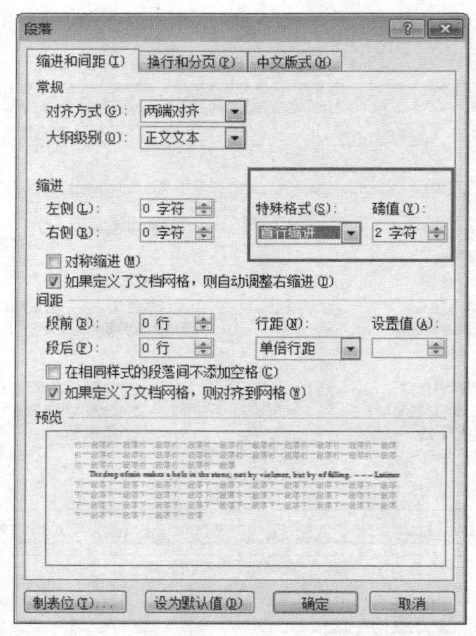

图 3-12 “段落”对话框

2. 行间距的设置

行间距决定段落中各行文字之间的垂直距离。Word 2010 中的行距主要有单倍行距、1.5 倍行距、2 倍行距、最小值、固定值、多倍行距，默认的是单倍行距。

文档“求职简历.docx”中，需要将正文部分设置为 1.5 倍行距，操作方法即是选中正文部分文本，在“段落”对话框中的“行距”设置中选中“1.5 倍行距”即可。

提示：

若需要将行距设置为最小值或固定值，除了需要将“段落”对话框中的“行距”设置为“最小值”或“固定值”，还需要在“设置值”中给出具体的磅值。

3. 段间距的设置

段落间距决定段落上方或下方的间距量。调整段间距可以使段落之间的区分更加明显。

文档“求职简历.docx”中，需要将大标题“求职简历”的段后设置为1行，从而使标题更加醒目。具体的操作步骤为：光标停留在“求职简历”段落中的任意位置（也可以选中该段落），将“段落”对话框中的“段距”中的“段后”设置为1行。

4. 对齐方式

在Word 2010中，段落的对齐方式共有5种，分别是左对齐、居中、右对齐、两端对齐和分散对齐，默认的是两端对齐。

文档“求职简历.docx”中，标题“求职简历”要求居中，落款（包括姓名、日期）要求右对齐，具体操作步骤如下。

（1）选中标题文本“求职简历”。

（2）单击“开始”选项卡，在“段落”组中单击“居中”按钮。

（3）选中落款部分的文字，在“段落”组中单击按钮，弹出“段落”对话框。

（4）在“缩进和间距”选项卡中的“常规”中的“对齐方式”选择为“右对齐”。

提示：

段落的格式设置除了使用“段落”对话框进行设置之外，还经常使用“段落”组中的按钮进行设置。

3.2.7　其他格式设置

1. 项目符号与编号

编排文档时，可在某些段落前加编号或项目符号，使文章层次分明，条理清楚，便于阅读和理解。

文档“求职简历.docx”中，将“求职意向”对应内容加项目符号，将“工作经历”部分内容加编号，具体操作步骤如下。

（1）选中“求职意向”对应的三个段落。

（2）单击“开始”选项卡，在“段落”组单击“项目符号”按钮上的下三角按钮，弹出项目符号库，如图3－13所示。

（3）选中需要的项目符号单击即可（若项目符号库中没有所需的项目符号，可以单击“定义新项目符号”，弹出“定义新项目符号”对话框进行设置）。

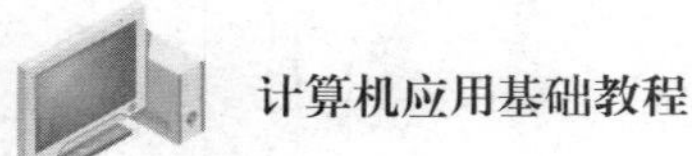

（4）选中“工作经历”对应内容。

（5）单击“段落”组中的“编号”按钮上的下三角按钮，弹出“编号”菜单进行设置。如图 3－14 所示。

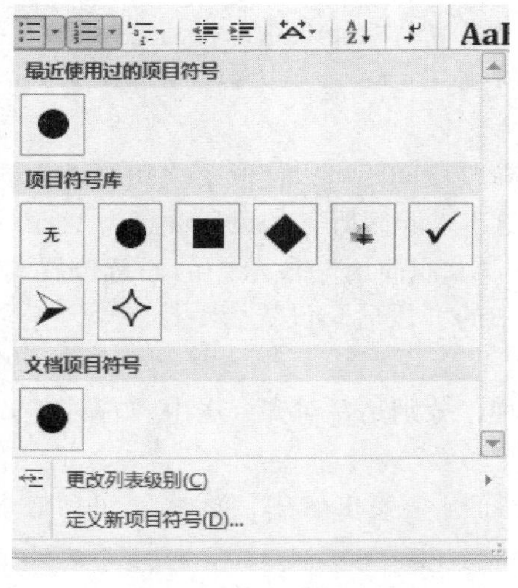

图 3－13　项目符号设置

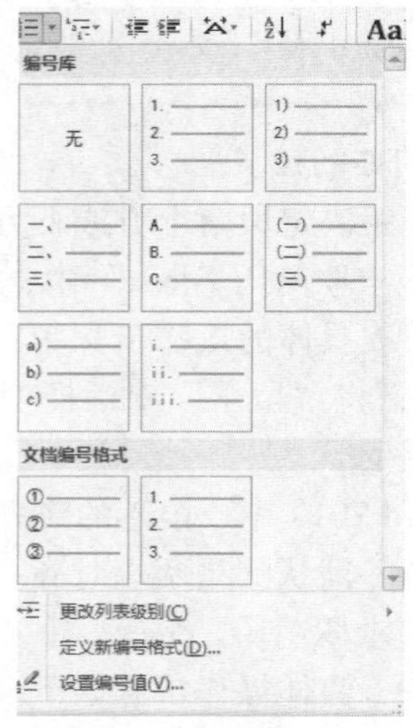

图 3－14　编号设置

2. 边框与底纹

Word 2010 可以为文字、段落、页面添加边框与底纹。

文档“求职简历 . docx”中将“个人情况:”、“求职意向:”等主题添加边框与底纹，具体操作步骤如下。

（1）选定上述各主题对应的文本内容。

（2）单击“页面布局”选项卡，在“页面背景”组中单击“页面边框”按钮，弹出“边框和底纹”对话框，如图 3－15 所示。

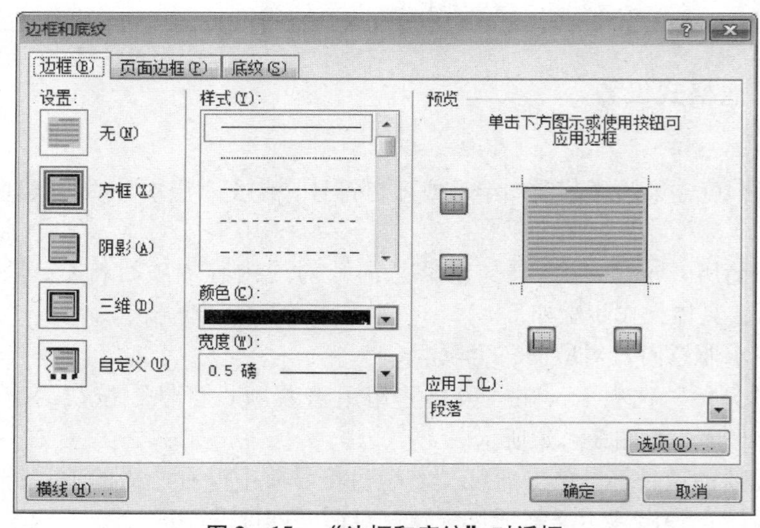

图 3－15　“边框和底纹”对话框

（3）选择“边框”选项卡，选择“方框”，依次对样式、颜色、宽度、应用于等进行设置。

（4）选择“底纹”选项卡，进行设置。

提示：

通过“边框和底纹”对话框，不仅可以为段落加边框或底纹，还可以对文字、页面等加边框与底纹，如对页面加边框，只需在“边框和底纹”对话框中选择“页面边框”选项卡，进行设置即可。

3. 首字下沉

首字下沉是指将Word文档中段首的一个文字放大，并进行下沉或悬挂设置，以凸显在段落或整篇文档的开始位置。

文档“求职简历.docx”中将“我性格开朗、自信、为人真诚…”段落中的首字下沉两行，字体为楷体，具体操作步骤如下。

（1）光标定位于要首字下沉段落中的任意位置。

（2）单击“插入”选项卡，在“文本”组中单击“首字下沉”按钮中的下三角，选择“首字下沉选项”命令，弹出“首字下沉”对话框，如图3－16所示。

（3）选择“下沉”选项卡，依次设置字体、下沉行数等。

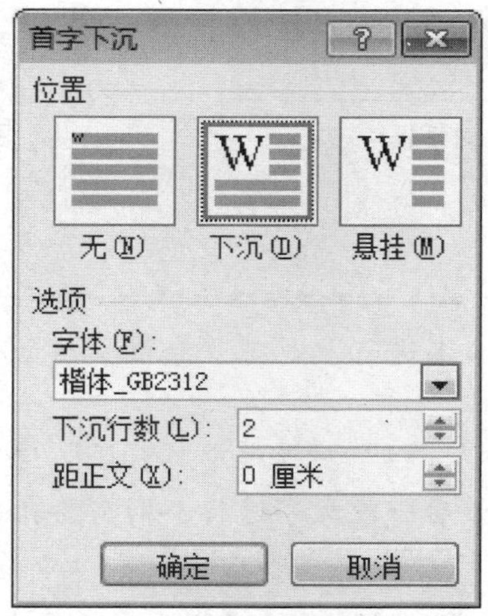

图3－16 “首字下沉”对话框

效果图如图3－17所示。

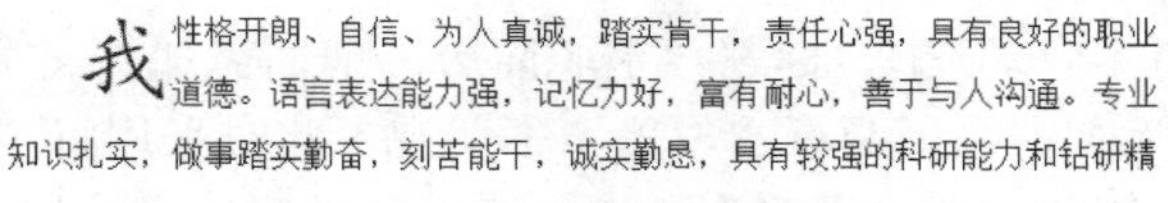

我性格开朗、自信、为人真诚，踏实肯干，责任心强，具有良好的职业道德。语言表达能力强，记忆力好，富有耐心，善于与人沟通。专业知识扎实，做事踏实勤奋，刻苦能干，诚实勤恳，具有较强的科研能力和钻研精

图3－17 “首字下沉”效果

4. 分栏

分栏排版可以减少版面空白，使版面显得生动、活泼，增强可读性。分栏排版被广泛应用于报纸、杂志等媒体中。

在文档“求职简历.docx”中，“个人情况”对应的文字每个段落内容都较简短，所占版面留的空白较多，不太美观，此时考虑将该部分文本分为两栏，栏宽相等，不加分隔线，具体操作步骤如下。

(1) 选中“个人情况”对应的所有文本内容。

(2) 单击“页面布局”选项卡，在“页面设置”组中单击“分栏”按钮中的下三角，选择“更多分栏”命令，弹出“分栏”对话框，如图3－18所示。

(3) 在“分栏”对话框中进行“预设、宽度和间距、分隔线、应用于”等的设置。

效果图如图3－19所示。

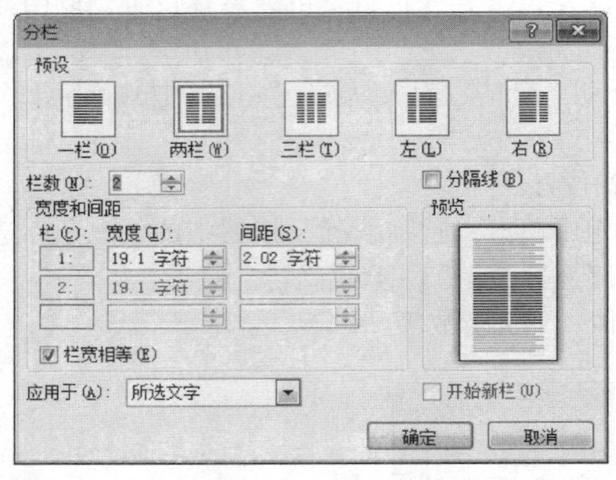

图3－18 “分栏”对话框

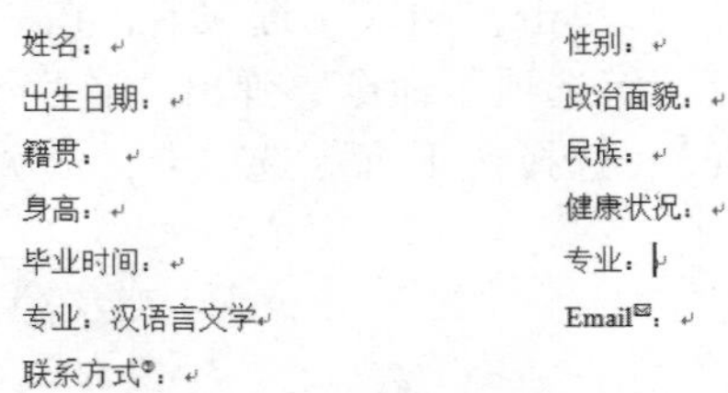

图3－19 “分栏”效果

提示：

● 如果分栏只对选中的文本进行，则在“分栏”对话框中“应用于”下拉列表框中应选择“所选文字”。

● 如果要取消分栏，在“分栏”对话框中“预设”选项组中选择“一栏”即可。

● 如果分栏只对文档的最后一段文字进行，则需要在文档末尾再多加一个段落标记。

5. 中文版式设置

Word 2010中提供了中文版式设置，包括纵横混排、合并字符、双行合一等，使用这些设置，可以制作特殊的中文版式效果。

在文档“求职简历.docx”中，标题“求职简历”前面需加入文字“＊＊大学汉语言文学专业”，但加入文字后却占据了两行的位置，不美观。此时采用将“＊＊大学汉语言文学专业”几个字进行中文版式设置，设置为“双行合一”效果，具体操作步骤如下。

(1) 选中“＊＊大学汉语言文学专业”文本内容。

（2）单击“开始”选项卡，在“段落”组中单击“中文版式”按钮中的下三角，选择“双行合一”命令，弹出“双行合一”对话框，如图 3－20 所示。

（3）在“双行合一”对话框中进行“带括号、括号样式”等的设置。

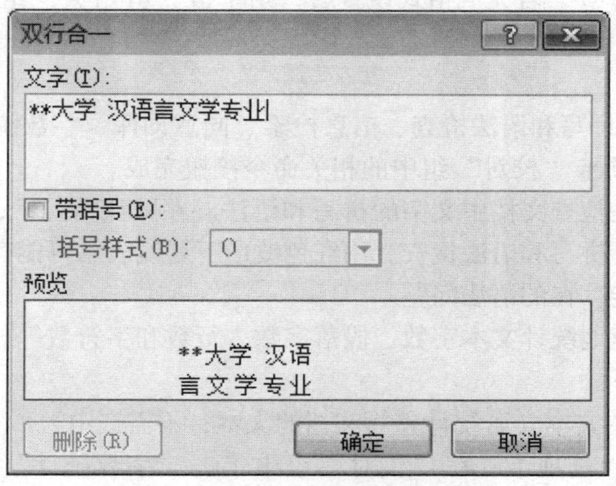

图 3－20　“双行合一”对话框

效果图如图 3－21 所示。

[**大学 汉语言文学专业]求职简历

图 3－21　“双行合一”效果

3.2.8　知识拓展

1. 格式刷

在对文档中的字符或段落进行格式设置的时候，经常会进行重复格式的设置。Word 2010 中的格式刷的主要作用是复制一个位置的格式，然后将其应用到另一个位置，即格式刷的功能是复制格式，以减少重复性的操作，使文档的风格统一。

格式刷的使用分为一次使用和重复使用，下面分别介绍两种方式的使用步骤。

1）将选定格式复制到一个位置

具体操作步骤如下。

（1）光标定位在需复制格式的段落中或选中需复制格式的文本。

（2）单击“文件”选项卡，在“剪贴板”组中单击“格式刷”按钮 格式刷，鼠标即由“I”型变为一个“刷I”型。

（3）选中需要应用所复制格式的文本即可。

此种方法只能将选定的格式复制到一个位置。

2）将选定格式复制到多个位置

具体操作步骤如下。

（1）光标定位在需复制格式的段落中或选中需复制格式的文本。

（2）单击“文件”选项卡，在“剪贴板”组中双击“格式刷”按钮。

（3）选中需要应用所复制格式的文本。

（4）反复执行操作③，若完成格式设置后，则单击“剪贴板”组中的“格式刷”或按下 Esc 键即可。

2. 校对

Word 2010 中具有拼写和语法检查、信息检索、同意词库、字数统计等功能。这些功能均可通过“审阅”选项卡“校对”组中的相关命令按钮完成。

拼写和语法功能是检查文档中文字的拼写和语法。在默认情况下，Word 2010 在用户输入文本的同时自动进行拼写和语法检查。用红色波形下划线表示可能存在的拼写问题，用绿色波形下划线表示可能存在的语法问题。

字数统计可以快速地统计文本字数、段落字数、行数和字符数等。

具体操作步骤如下。

（1）选中需统计的文本（若统计整篇文档的文本，不需选中）。

（2）单击“审阅”选项卡，在“校对”组中单击“字数统计”按钮，弹出“字数统计”对话框，如图 3－22 所示。

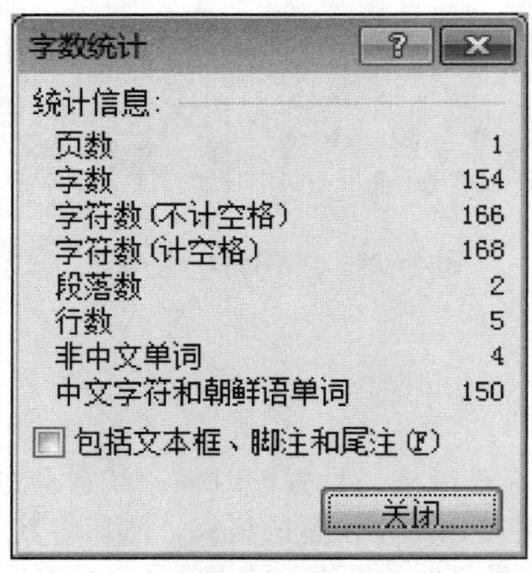

图 3－22　“字数统计”对话框

3.3　任务总结

本章通过完成“求职简历”任务，讲述了基于 Word 2010 的文档的建立与保存、文本的输入与编辑、文档的排版等内容，要求学生了解 Word 2010 的优点，理解 Word 的作用，掌握文档的建立与保存、文本的输入与编辑、字符格式设置、段落格式设置、项目符号与编号、首字下沉、边框与底纹、分栏等的应用，具备基本的文档制作与排版能力。

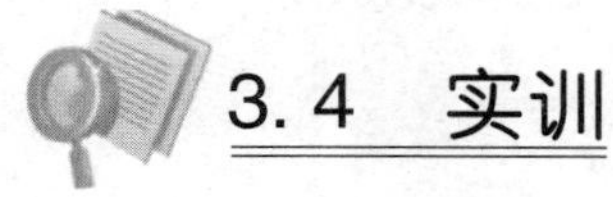

3.4　实训

实训1　文档的输入与排版

3. 实训目的

(1) 掌握文档的输入、编辑和保存。

(2) 掌握文档的字符格式设置。

(3) 掌握文档的段落的格式设置。

4. 实训要求及步骤

(1) 打开“3章实训1.docx”文档，在所给正文的最前面另起一段，输入以下文字：

人工智能

艾伦·麦席森·图灵（Alan Mathison Turing）是人工智能研究的先驱者之一，实际上，图灵机，尤其是通用图灵机作为一种非数值符号计算的模型，就蕴含了构造某种具有一定的智能行为的人工系统以实现脑力劳动部分自动化的思想，这正是人工智能的研究目标。

(2)“人工智能”为标题，以下对正文分段：使“艾伦·麦席森·图灵……研究目标。”为第一段。

(3)“在第二次世界大战……初步研究工作”为第二段；“1947年……想象力。”为第三段。

(4)“1959年……开创性意义。”为第四段；余下的为第五段。

(5) 在正文最后另起段落，输入文字：

图灵在计算机科学方面的主要贡献：

建立图灵机模型。

提出图灵测试。

(6) 将“机械”替换为“机器”，加粗，倾斜，字下加下划线；将所有的英文字母更改为红色的字母并加着重号。

(7) 标题文字“人工智能”设置为二号、华文彩云、粗体、红色、文字动态效果为“填充－橙色”、字符间距加宽5磅，居中。

(8) 所有正文文字的字号为四号字；中文字符的字体为楷体，西文字符的字体为Arial Black。

(9) 设置文字的字体效果：“非数值符号”：字符位置提升10磅，突出显示为黄色；“当前自动……课题之一”：蓝色，删除线，空心，加粗。

(10) 正文第一段的文字“通用图灵机”添加拼音，拼音字体为华文隶书、字号为16磅；文字“自动化”分别设置为带圈字符“O”、“Δ”、“□”，“增大圈号”样式。

(11) 正文第一段的文字“研究目标”设置为黑体，加框，加字符底纹，字符放大到200%，字体颜色为红色。

(12) 设置页面边框，三色气球艺术型，宽度为15磅，应用范围是整篇文档。

最终效果见效果图3－23所示。

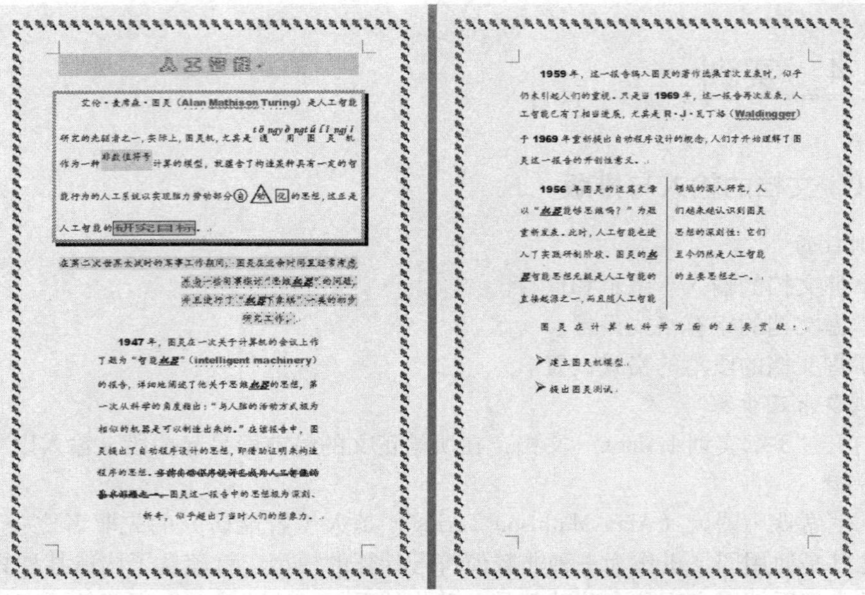

艾伦・麦席森・图灵（Alan Mathison Turing）是人工智能研究的先驱者之一，实际上，图灵机，尤其是通用图灵机作为一种非数值符号计算的模型，就蕴含了构造某种具有一定的智能行为的人工系统以实现脑力劳动部分自动化的思想，这正是人工智能的研究目标。

在第二次世界大战时的军事工作期间，图灵在业余时间里经常考虑并参与一些有事探讨"思维机器"的问题，并且进行了"机器下象棋"一类的初步研究工作。

1947年，图灵在一次关于计算机的会议上作了题为"智能机器"（intelligent machinery）的报告，详细地阐述了他关于思维机器的思想，第一次从科学的角度指出："与人脑的活动方式极为相似的机器是可以制造出来的。"在该报告中，图灵提出了自动程序设计的思想，即借助证明来构造程序的思想。[illegible]图灵这一报告中的思想极为深刻、新奇，似乎超出了当时人们的想象力。

1959年，这一报告编入图灵的著作选集首次发表时，似乎仍未引起人们的重视。只是当1969年，这一报告再次发表，人工智能已有了相当进展，尤其是R・J・瓦丁格（Waldingger）于1969年重新提出自动程序设计的概念，人们才开始理解了图灵这一报告的开创性意义。

1956年图灵的这篇文章以"机器能够思维吗？"为题重新发表。此时，人工智能已进入了实践研制阶段。图灵的机器智能思想无疑是人工智能的直接起源之一，而且随人工智能领域的深入研究，人们越来越认识到图灵思想的深刻性：它们至今仍然是人工智能的主要思想之一。

图灵在计算机科学方面的主要贡献：

➤ 建立图灵机模型。

➤ 提出图灵测试。

图 3－23　“实训 1”样例

实训 2　唐诗欣赏

打开“3 章实训 2. docx”文档，请参考给出的样例图对“3 章实训 2. docx”文档进行排版。如图 3－24 所示。

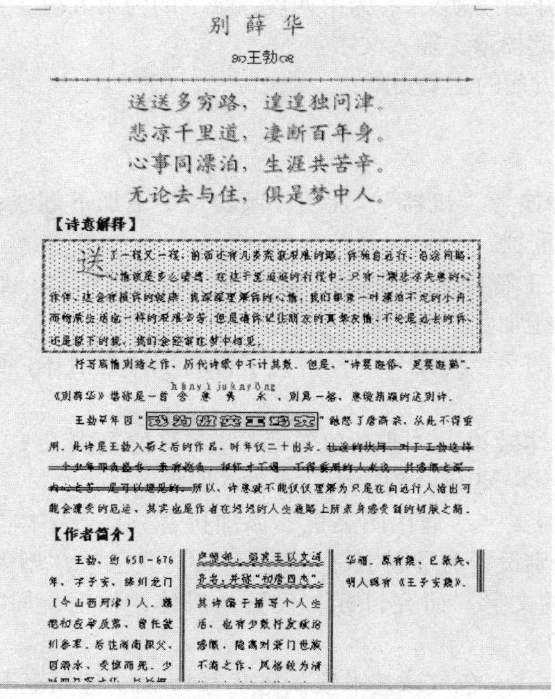

别薛华

王勃

送送多穷路，遑遑独问津。
悲凉千里道，凄断百年身。
心事同漂泊，生涯共苦辛。
无论去与住，俱是梦中人。

【诗意解释】

送了一程又一程，前面还有几多荒寂艰难的路。你独自远行，沿途问路，心情该是多么凄惶。在这千里遥遥的行程中，只有一颗悲凉失意的心作伴，这会有损你的健康。我深深理解你的心情，我们都像一叶漂泊不定的小舟，而ću所生活也一样的艰难辛苦。但是请你记住朋友的真挚友情，不论是远去的你，还是留下的我，我们会经常在梦中相见。

【作者简介】

王勃，约650－676年

图 3－24　“实训 2”效果图

第 4 章　Word 综合应用——制作班级电子板报

Word 2010 作为一款优秀的文字处理软件，不仅具有文字各种格式设置功能，还具有完善的图、文、表格排版功能。本章通过“制作班级板报”任务，介绍 Word 2010 中图文混排的方法。

4.1　任务分析

4.1.1　任务描述

本月是学校的“班级宣传月”，学校组织各班创建班级板报，要求“主题明确，内容积极向上，图文并茂”。杨晓燕是文学院汉语言文学专业 2012 级 3 班的宣传委员，接到这个任务，她就组织班内的几名宣传员围绕学校的板报设计要求展开讨论，最终确定制作一个“计算机专刊”班级板报，主要包括“冯·诺依曼介绍、计算机分代、计算机发展趋势”等一系列的内容。但究竟如何利用 Word 2010 设计出“计算机专刊”，他们没有太大的把握，为此，咨询了辅导员及美术系、计算机专业的老乡和同学，将任务进行了详细的分解，得出了完成任务的设计思路。

4.1.2　任务分解

班级板报是班级的一种独特的文化，既能够传播文化知识、激发学生的学习兴趣，还能够拓展学生的视野、增加学生之间的沟通与交流。由于要利用 Word 2010 制作班级板报，因此要充分了解 Word 2010 具有的功能，尤其掌握 Word 2010 中图文混排的相关操作。经过几天的咨询与讨论，杨晓燕等几位同学得出制作班级板报的设计思路如下。

（1）确定班级板报主题，收集板报主题相关资料。

（2）对板报进行版面布局，包括各版面的具体布局，每版块中放置的具体内容，采用 Word 2010 中的什么功能完成。

（3）对各版面进行页面设计。

（4）完成各版面的编排，主要包括对文字、图片、艺术字、表格、文本框的相应操作。最终结果如图 4－1 所示。

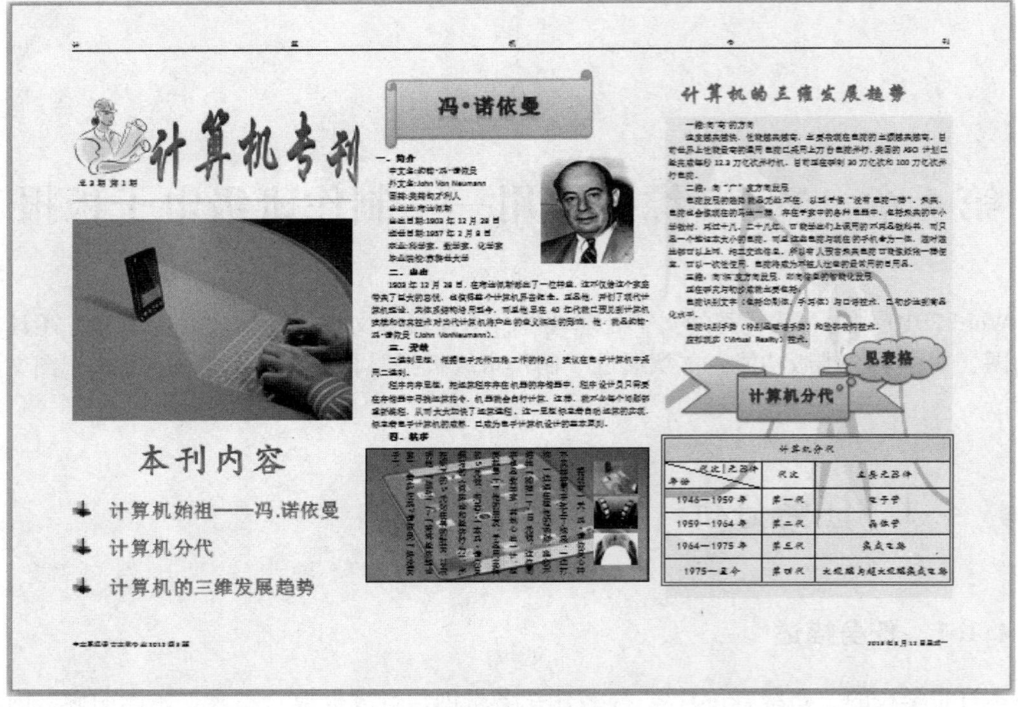
计算机专刊

冯·诺依曼

计算机的三维发展趋势

本刊内容

- 计算机始祖——冯.诺依曼
- 计算机分代
- 计算机的三维发展趋势

计算机分代

见表格

计算机分代		
代次|元器件 / 年份	代次	主要元器件
1946—1959 年	第一代	电子管
1959—1964 年	第二代	晶体管
1964—1975 年	第三代	集成电路
1975—至今	第四代	大规模与超大规模集成电路

图 4－1　班级板报样张

4.2　任务完成

4.2.1　版面布局

班级板报的版面设计是很重要的，原则是美观大方、主题突出、内容完整。班级板报“计算机专刊”共划分为三个版面，整体的版面布局如图 4－2 所示。

<table>
<tr><td>第一版（报头）</td><td rowspan="3">第二版（人物介绍）</td><td rowspan="1">第三版（计算机的发展趋势）</td></tr>
<tr><td>第一版（主题图片）</td><td rowspan="2">第三版（计算机的分代）</td></tr>
<tr><td>第一版（板报目录）</td></tr>
</table>

图 4－2　“计算机专刊”版面布局

4.2.2　版面设置

对版面布局完成之后，要对版面进行相应的设置，主要包括纸张大小的选择、页面边距

的设置、版面的添加、页眉页脚的设置等。

1. 页面设置

页面设置主要是指根据文档的打印或排版要求对文档进行页面版式、页边距、文档风格等格式的设置。由于页面设置直接影响文档打印及排版的效果，因此，一般在制作文档前应先进行页面设置。

班级板报“计算机专刊”页面设置的具体操作步骤如下。

（1）新建一空白文档，命名为“班级板报 - 计算机专刊 . docx”。

（2）选择“文件”→“打印”→“页面设置”命令，弹出“页面设置”对话框，如图 4 - 3 所示。

（3）选择“纸张”选项卡，纸张大小选择 A3。

（4）选择“页边距”选项卡，“纸张方向”设置为“横向”，上、下页边距分别设置为 3. 17 厘米和 3. 17 厘米。

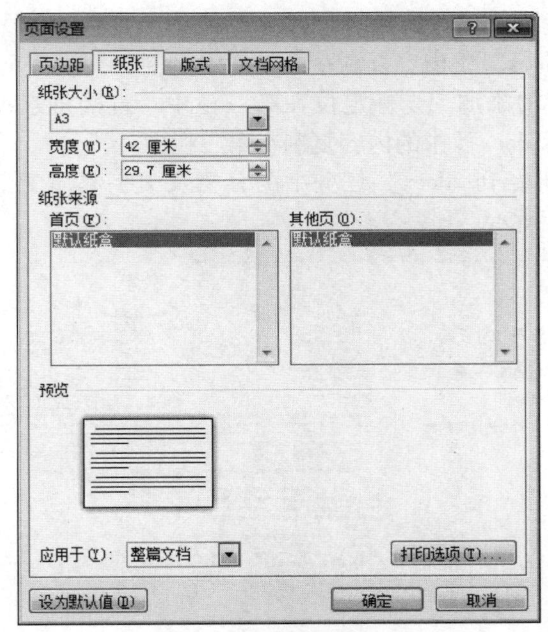

图 4 - 3 “页面设置”对话框

提 示：

在“页面设置”对话框中，还可以在“版式”选项卡中设置页眉和页脚的格式、对齐方式、行号、边框等，在“文档网络”选项卡中设置相应的参数。

2. 添加版面

如图 4 - 3 所示，板报设计虽然在一张纸上，但板报被划分为三个版面，分别是板报封面、人物介绍、计算机的发展与分代。在该任务中，在同一页面中划分三版可通过分栏来完成，具体操作步骤如下。

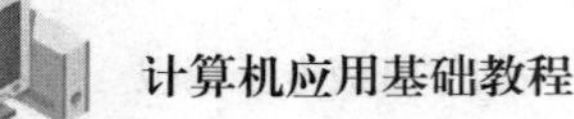

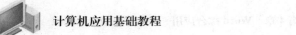

（1）分栏。单击“页面布局”选项卡，在“页面设置”组单击“分栏”按钮，选择“更多分栏”，将页面分为“三栏”。

（2）插入分栏符。文档在分栏后，当第一栏中的内容填满后，再输入的内容会自动放入下一栏。但是，如果需要将不同版面的内容分别放入不同的栏中，便于编辑与排版，则需要执行插入分栏符操作。在“页面设置”组中单击“分隔符”按钮 分隔符，在“分页符”列表中选择“分栏符”，如图 4－4 所示。

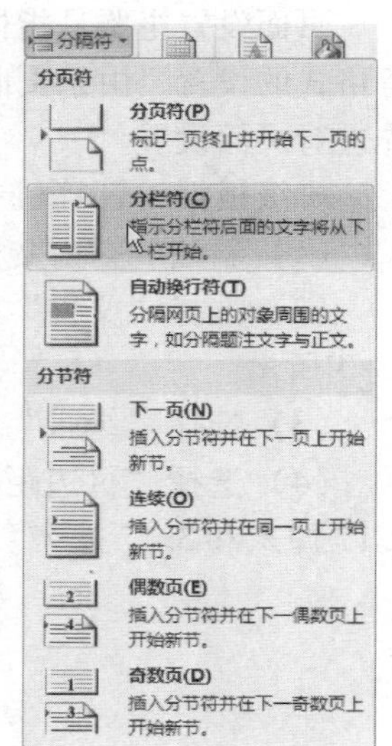

图 4－4　“分隔符”列表

（3）第一栏中文字的添加。在第一栏中输入如样张所示的文字，将“本刊内容”设置为“楷体，初号，文字效果为：渐变填充－橙色，居中，段前、段后 1 行”，其余文字设置为“宋体，小一，渐变填充－橙色，段前、段后均设置为 1 行”，并添加如样张所示的项目符号。

（4）第二栏中文字的添加。光标定位在第二栏中，直接将素材中“冯诺依曼简介 . docx”中内容复制在第二栏中。

（5）第三栏中文字的添加。光标定位在第三栏中，直接将素材“计算机的发展趋势 . docx”中的内容复制在第三栏中。

“班级板报－计算机专刊 . docx”任务中的分栏及文字添加工作完成。效果如图 4－5 所示。

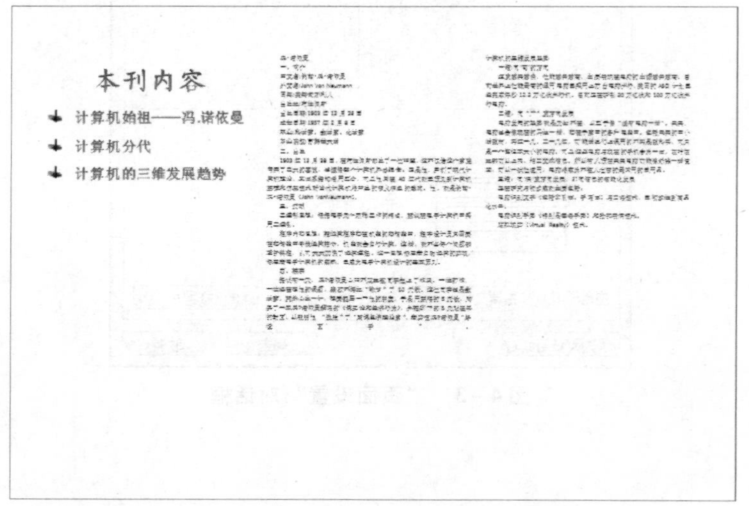

图 4－5　分栏及添加文字后的效果图

 **提示：**

与插入分栏符相似，在图 4－4 中，若单击“分页符”命令，则可添加新的一页。

3. 设置页眉页脚

页眉和页脚位于文档中每个页面的顶部和底部区域，通常用于显示文档的附加或注释信息，例如页码、日期、作者名称等，还可以根据需要在页眉和页脚中插入文本或图形。

在“班级板报－计算机专刊”任务中，页眉内容为“计算机专刊”，设置为分散对齐，页脚为“文学院汉语言文学专业 2012 级 3 班、2013 年 8 月 12 日星期一”，分别位于页脚的左右两边。具体操作步骤如下。

（1）单击“插入”选项卡，在“页眉页脚”组单击“页眉”按钮，选择“编辑页眉”命令，如图 4－6 所示。

（2）在页眉中输入“计算机专刊”，并将其设置为“分散对齐”。

（3）页眉设置完成之后，单击“页眉页脚工具设计”选项卡，在“关闭”组中单击“关闭页眉页脚”按钮，回到文档编辑页面。

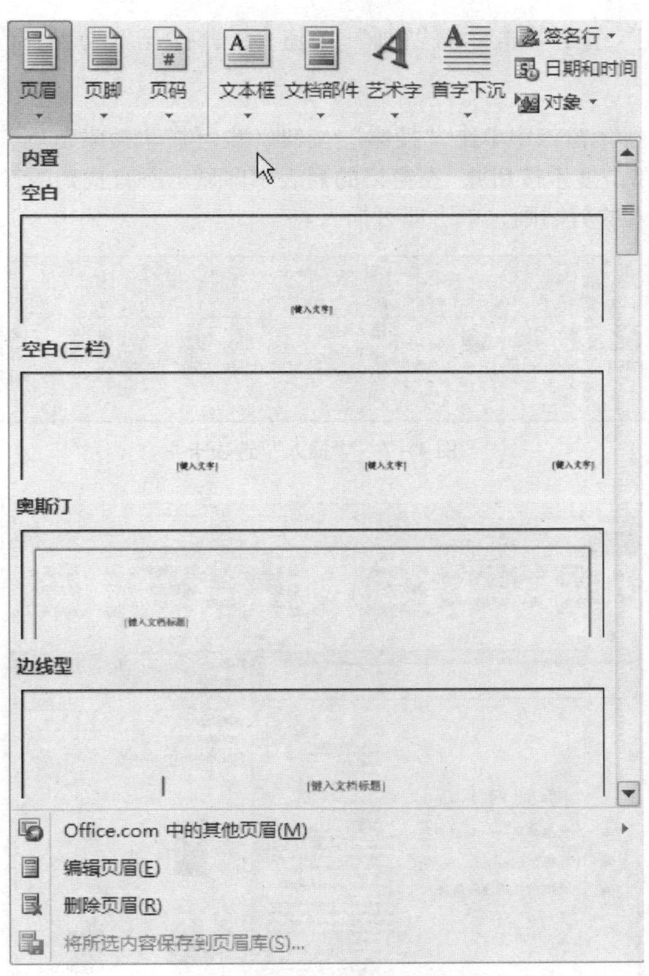

图 4－6　“页眉”选择界面

页脚的设置与页眉相似，在本任务中，页脚的设置直接单击“页脚”按钮，选择“内置”中的“空白（三栏）”进行编辑。

4.2.3 插入剪贴画

剪贴画是 Office 2010 提供的图片，这些图片一般是 WMF、EPS 或 GIF 格式。Office 将剪贴画放置在剪辑库中，剪辑库中包含的文档类型很多，可以包含图片、声音、动画或影视文件等各种媒体文件。

1. 第一版中剪贴画的插入

文档“班级板报 - 计算机专刊 . docx”中的第一版中，需要在报头部分的左侧插入一幅剪贴画，具体操作步骤如下。

（1）将插入点定位到第一版中的最前面。

（2）单击“插入”选项卡，如图 4 - 7 所示，在该功能区，可以插入剪贴画、图片、形状、艺术字、表格等对象。

（3）在“插图”组中单击“剪贴画”按钮，打开“剪贴画”窗格，如图 4 - 8 所示。

（4）在“剪贴画”窗格中单击“搜索”按钮（也可在“搜索范围”内输入搜索的主题或剪贴画名称，再单击搜索按钮），在窗格的列表中即显示所有找到的符合条件的剪贴画。

（5）选中要插入的剪贴画，单击即可插入。

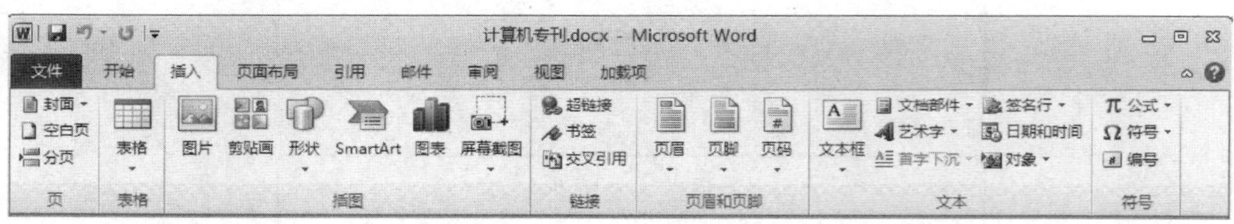

图 4 - 7 “插入”选项卡

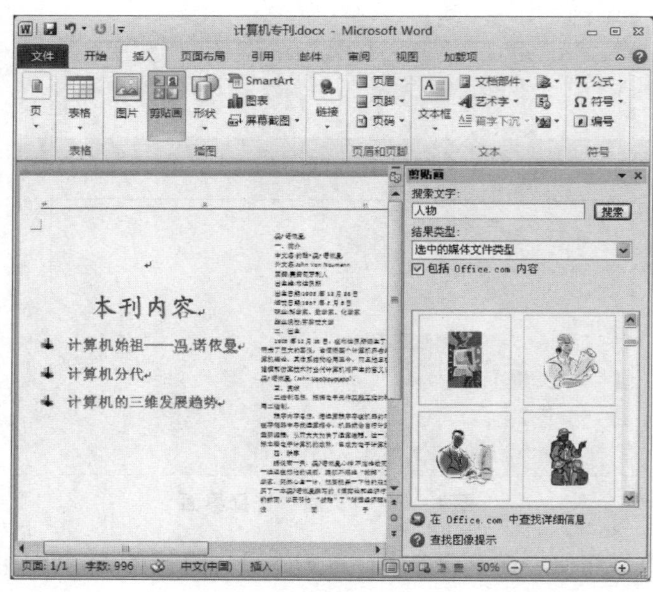

图 4 - 8 “剪贴画”窗格

插入剪贴画之后，剪贴画的大小或位置等有时需要调整。此时，选中剪贴画，功能区中显示“图片工具 | 格式”选项卡，单击此选项卡，可对剪贴画格式进行相应的设置，如图 4 – 9 所示。

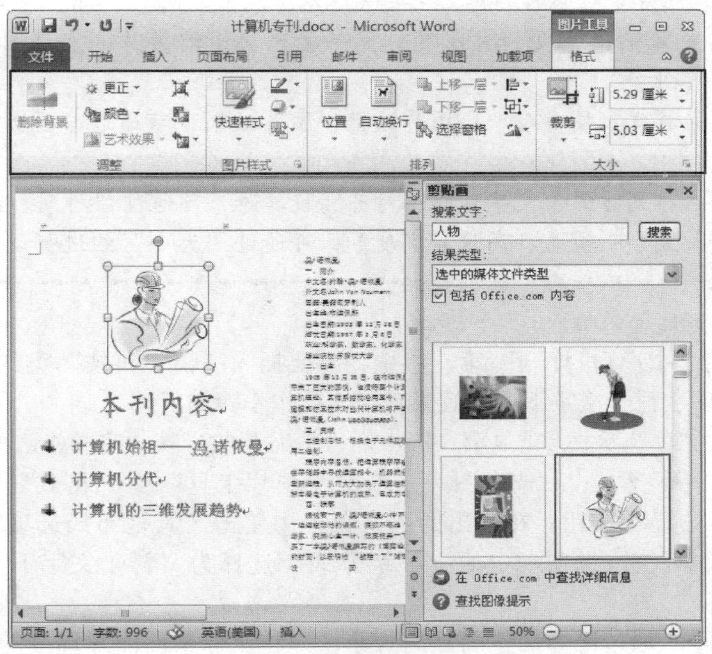

图 4 – 9　“图片工具 | 格式”选项卡

此时，在“图片工具 | 格式”选项卡中，单击“大小”组中的按钮，在弹出的“布局”对话框中进行设置，在本任务中，将大小缩放为 66%。如图 4 – 10 所示。

布局
位置　文字环绕　大小
高度
绝对值(E) 3.51 厘米
相对值(L)　　相对于(T) 页面
宽度
绝对值(B) 3.32 厘米
相对值(I)　　相对于(E) 页面
旋转
旋转(T): 0°
缩放
高度(H): 66 %　　宽度(W): 66 %
锁定纵横比(A)
相对原始图片大小(R)
原始尺寸
高度: 5.32 厘米　　宽度: 5.02 厘米
重置(S)
确定　取消

图 4 – 10　“布局”对话框

提示：

对剪贴画或图片等对象的编辑，主要考虑以下几个方面。

- 设置图片效果：亮度和对比度、重新着色、压缩图片、重设图片等，可通过“调整”组进行设置。
- 设置图片样式：图片形状、图片边框、图片效果，可通过“图片样式”组进行设置。
- 设置图片排列方式：文字环绕、对齐、旋转等，可通过“排列”组进行设置。
- 设置图片大小：剪裁、高度和宽度等，可通过“大小”组进行设置。

2. 第三版中剪贴画的插入

在“班级板报－计算机样刊”第三版中，需要插入一幅“科技”类的剪贴画，并做成如样张所示的水印、衬于文字下方的效果。具体操作步骤如下。

（1）光标停在第三版中，重复第一版中插入剪贴画的步骤，完成剪贴画的插入。

（2）调整文字环绕方式。选中图片，单击“图片工具”→“格式”选项卡，在“排列”组中单击“位置”按钮，在弹出的下拉菜单中单击“其他布局选项”，弹出“布局”对话框，在“文字环绕”选项卡中的“环绕方式”选择为“衬于文字下方”，如图 4－11 所示。

（3）调整大小。通过鼠标调整图片的大小，即将鼠标指向图片周围的方形控点上，鼠标变成双向箭头时拖动控制点即可。

（4）调整颜色。选中图片，在“调整”组中单击“颜色”按钮 颜色，选择“冲蚀”，如图 4－12 所示。

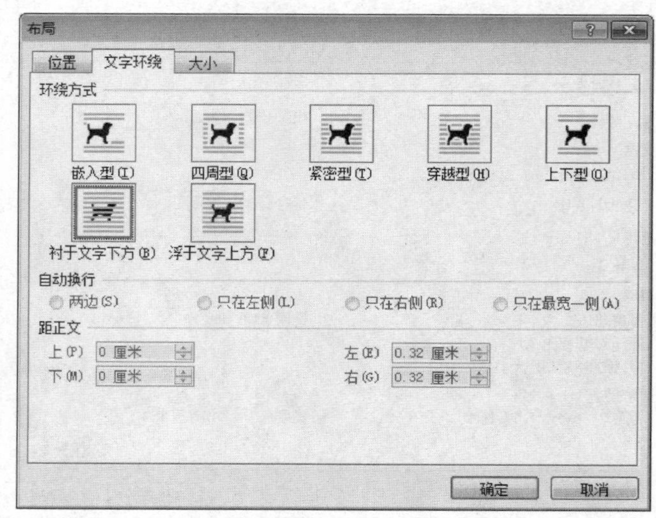

图 4－11　“文字环绕”设置

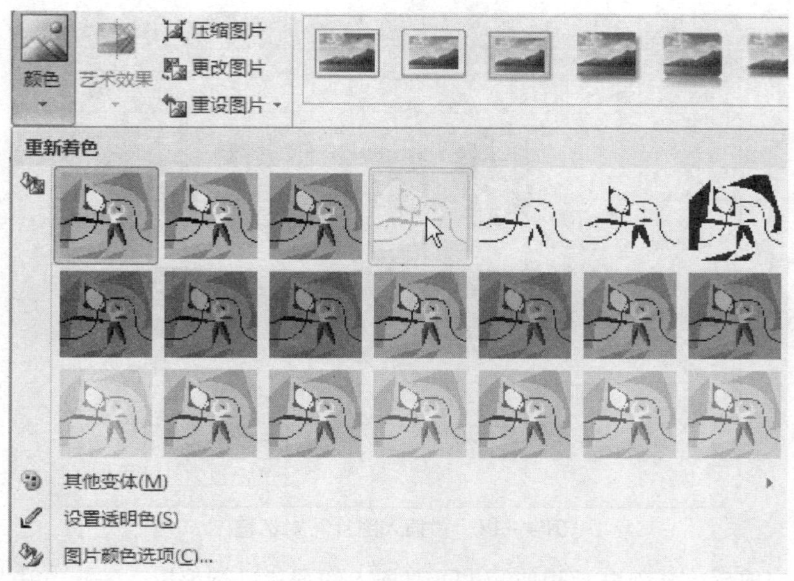

图 4－12　“颜色”调整界面

效果图如图 4－13 所示。

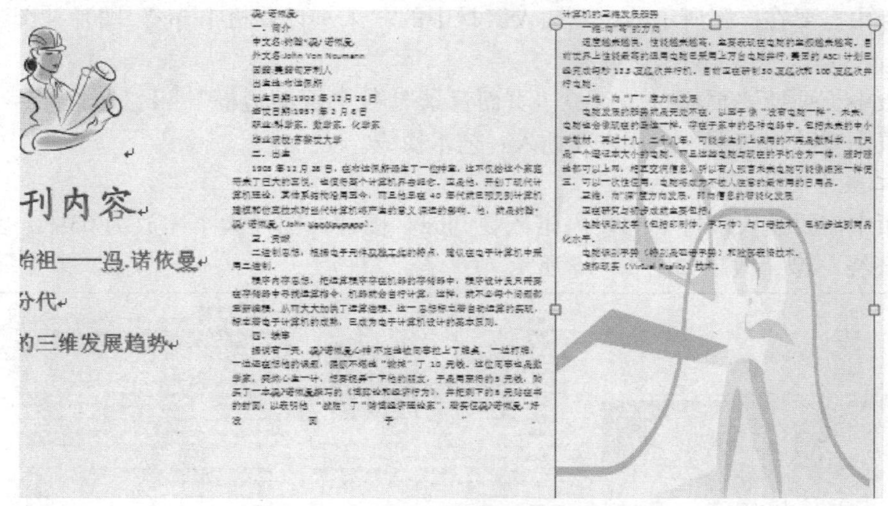

图 4－13　第三版插入剪贴画后的效果图

4.2.4　插入图片

Word 2010 中可以插入的图片有 JPG、GIF、BMP 等格式。Word 2010 中插入图片与插入剪贴画的方法非常相似，方法是单击“插入”选项卡，在“插图”组单击“图片”按钮图片，弹出“插入图片”对话框（如图 4－14 所示），选择图片位置与图片类型，单击“插入”按钮即可完成插入。

图 4-14 “插入图片”对话框

图片插入完成后，和剪贴画相似，也可对插入的图片进行编辑，编辑方法与剪贴画的编辑方法相同，在此不再叙述。

1. 第一版中图片的插入

第一版中需要在样张所示的位置插入素材中的“未来计算机 1. jpg”图片，图片大小缩放为 67%。

第一版中，选择“页面布局”→“页面背景”→“页面边框”→“边框”→“横线”命令，在报头剪贴画与主题图片之间插入一艺术横线。

2. 第二版中图片的插入

第二版中需要插入素材中的“冯诺依曼 . jpg”图片，图片大小缩放为 63%，文字环绕为“四周环绕”型，效果如图 4-15 所示。

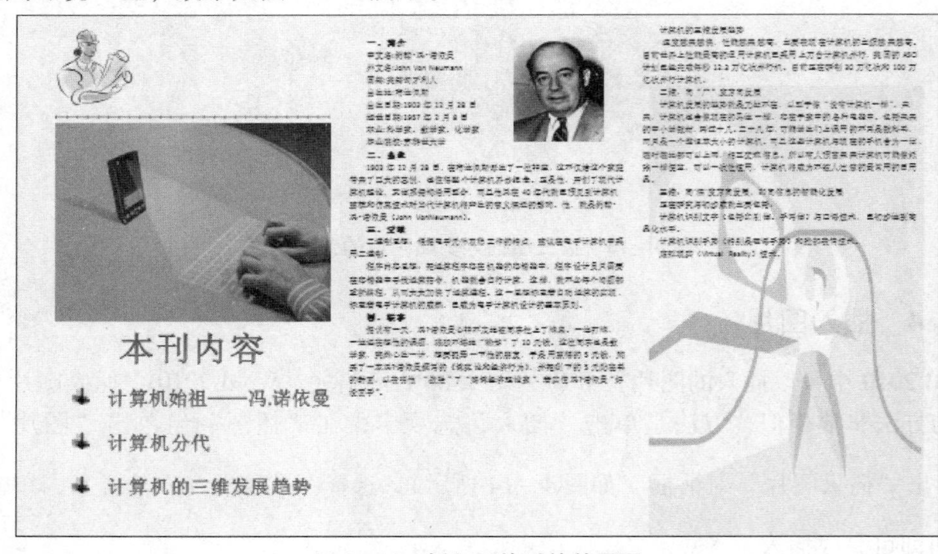

图 4-15 插入图片后的效果图

4.2.5 插入艺术字

艺术字是可添加到文档中的装饰性文本。在Word 2010中可以创建出各种各样的艺术字效果，如三维旋转、弯曲等。在文档中恰当地使用艺术字，可以给文档增添强烈的视觉效果。

1. 第一版中艺术字的插入

文档“班级板报-计算机专刊.docx”中的第一版中，需要在报头图片的右侧插入艺术字，具体操作步骤如下。

（1）将插入点定位到报头图片右侧。

（2）单击“插入”选项卡，在“文本”组单击“艺术字”按钮（艺术字），弹出列表，如图4-16所示。

（3）单击“渐变填充-橙色”样式，输入“计算机专刊”。

（4）改变字体。选中艺术字，将字体改为“华文行楷，50”。

（5）设置文本效果。选择“绘图工具”→“格式”→“艺术字样式”→“文本效果”→“转换”命令，弹出“转换”菜单，如图4-17所示。在“弯曲”中选择“两端近”效果。

最终效果见样张所示。

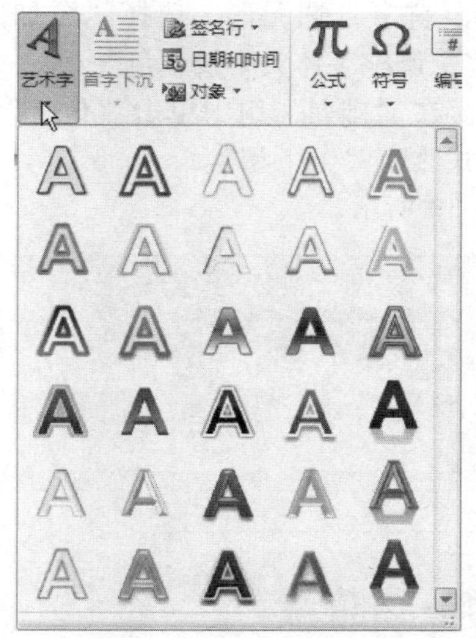

图4-16 “艺术字”选择列表

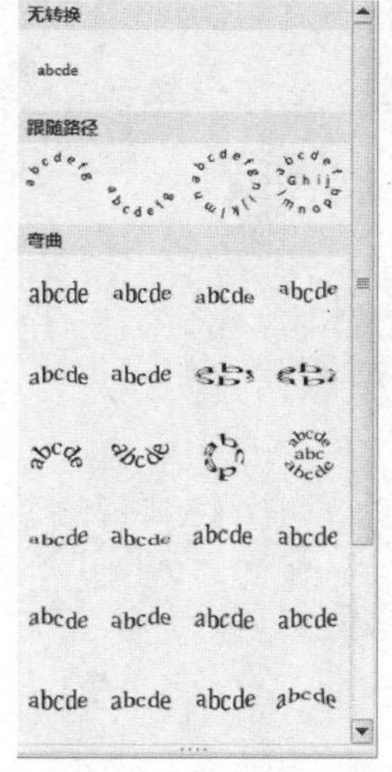

图4-17 艺术字——文字转换效果

2. 第三版中艺术字的插入

第三版中需要将已存在的文本“计算机的三维发展趋势”做成艺术字效果，具体操作步骤如下。

（1）选中第三版中的标题文字“计算机的三维发展趋势”。

（2）选择“插入”→“文本”→“艺术字”，选择“渐变填充-橙色”样式，即将选中的文字转换为所需的艺术字。

（3）改变字体。选中艺术字，将字体改为“华文行楷，一号”。

（4）设置位置。选择“绘图工具”→“格式”→“排列”→“位置”→“其他布局选项”→“文字环绕”→“上下型”命令。

最终效果如样张所示。

4.2.6 绘制自选图形

Word 2010 中可以方便地绘制各种自选图形，包括线条、基本形状、箭头总汇、流程图、标注、星与旗帜6种。

1. 第二版中自选图形的绘制

第二版中，标题部分采用自选图形来对文档进行美化、突出标题，具体操作步骤如下。

（1）将插入点定位到第二版中的最前面。

（2）插入自选图形。单击“插入”选项卡，在“插图”组单击“形状”按钮（形状），弹出下拉列表，如图4－18所示，然后在“星与旗帜”中选择“横卷形”，此时光标变为“＋”，拖动鼠标，绘制一个横卷形。

（3）调整填充颜色。选中自选图形，在“形状样式”组中，单击“其他”按钮，选择“细微效果－橙色”。

（4）添加文字。右击自选图形，选择“添加文字”，输入“冯·诺依曼”，调整字体大小及颜色。

（5）调整位置。在“排列”组中单击“位置”按钮，将“文字环绕”方式改为“上下型”。

效果图如图4－19所示。

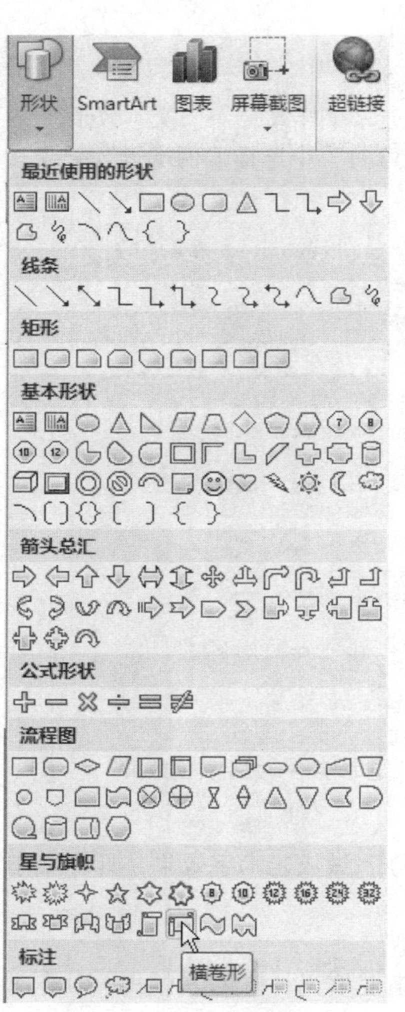

图4－18　自选图形选择列表

图4－19　第二版中插入自选图形的效果图

2. 第三版中自选图形的插入

在第三版中需要插入两个自选图形，其中“前凸带形”要求形状样式为“细微效果－蓝色”、并添加“计算机分代”文字，“云形标注”要求形状样式为“细微效果－蓝色”、添加“见表格”文字。方法与第二版中自选图形的方法相同。

多个自选图形组合：该任务中选中两个自选图形，右击，在弹出的菜单中选择“组合”→“组合”，此时这两个对象即成为一个对象，可以很方便地移动和旋转。

效果图如图4－20所示。

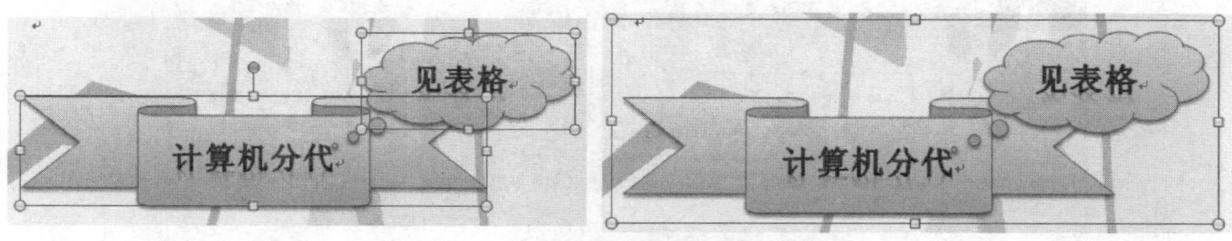

图4－20 多个自选图形组合效果图

4.2.7 插入文本框

文本框是一种可以容纳文本或图片等内容的图形对象，文本框可以放置在页面的任何位置，而且还可以进行更改文字方向、设置文字环绕、创建文本框链接等一些特殊的处理。Word 2010中的文本框分为横排文本框和竖排文本框两种。

1. 第一版中文本框的插入

第一版中，报头左侧剪贴画下方需要插入一个文本框，文本框中的文本内容为“总3期第1期”，具体操作步骤如下。

（1）绘制文本框。单击“插入”选项卡，在“文本”组单击“文本框”按钮 文本框，弹出文本样式列表，如图4－21所示；选择“绘制文本框”，此时光标变为“＋”，在所需位置拖动鼠标，绘制一个横排的文本框。

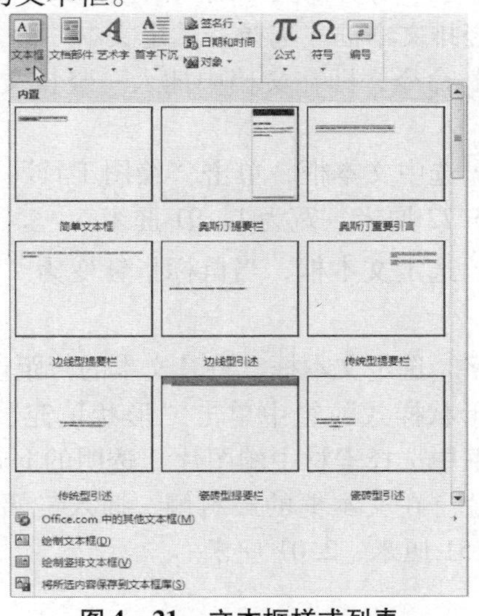

图4－21 文本框样式列表

（2）输入文本。光标定位在文本框中，在文本框中输入文字“总3期　第1期”。

（3）设置填充色与边框。单击“绘图工具”→“格式”选项卡，可对文本框进行编辑。此处在“形状样式”组中单击“形状填充”按钮，设置为“无填充色”，单击“形状轮廓”按钮，设置为“无轮廓”。

效果图如图4－22所示。

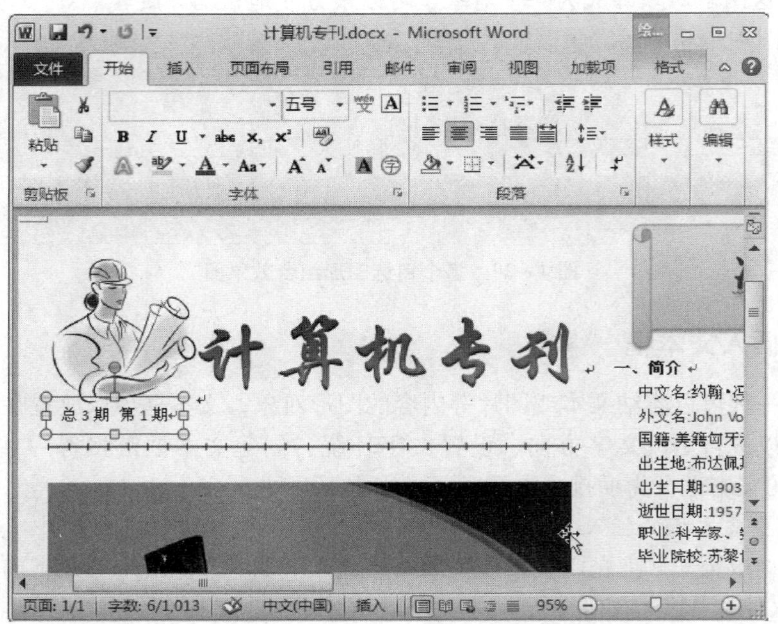

图4－22　第一版中插入文本框后效果图

2. 第二版中文本框的插入

第二版中需要将“四、轶事”部分的文本纳入到竖排文本框中，具体操作步骤如下。

（1）将已有的文字纳入竖排文本框。选择“选定文本”→“插入”→“文本”→“文本框”→“绘制竖排文本框”命令，即在文档中插入一竖排文本框，且选中的文本也已纳入该文本框中。

（2）调整文本框的大小。选中文本框，单击“绘图工具”→“格式”选项卡，在“大小”组中设置文本框的高为5.72厘米，宽为11.91厘米。

（3）调整文本框的位置。选定文本框，当鼠标指针变为“✥”时，拖动文本框至所需位置。

（4）调整文本框内的文字。选定文本框，将其文本的行距设置为1.3倍行距。

（5）设置填充色。在“形状样式”组中单击“形状填充”按钮，选择“图片”命令，在弹出的“插入图片”对话框中选择素材中的图片“透明的ipad.jpg”插入。

（6）在文本框中插入图片。在文本框的最右侧，插入三幅图片（具体操作与4.2.4节中相同），图片大小设置为1.51厘米、2.01厘米。

效果图如图4－23所示。

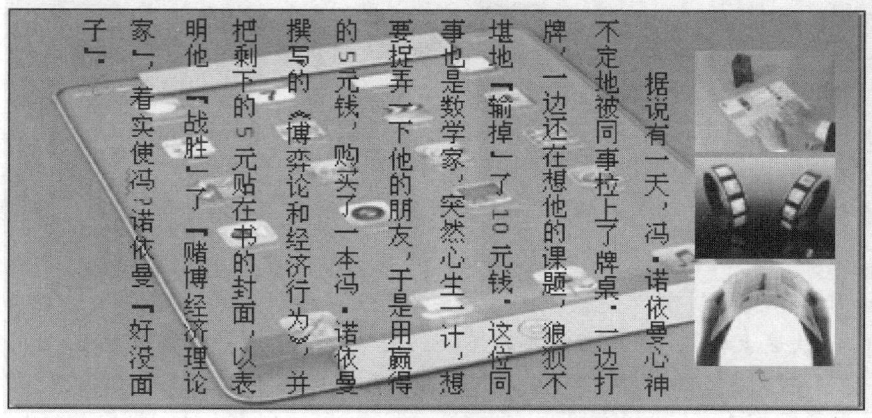

图 4－23　第二版中插入文本框效果图

4.2.8　表格

文档中不仅可以插入图片、艺术字等对象实现图文混排的效果，而且可以插入表格，使文档的内容表现形式更加丰富、直观、简明。

1. 创建表格

第三版中在自选图形的后面需要创建一个 6 行 3 列的表格，下面采用“插入表格”对话框创建该表格，具体操作步骤如下。

（1）将插入点定位到第三版中需要插入表格的位置。

（2）单击“插入”选项卡，在“表格”组中单击“表格”按钮 表格，弹出如图 4－24 所示的下拉菜单，单击“插入表格”命令，弹出“插入表格”对话框，如图 4－25 所示。

（3）在“列数”对应的微调框中输入 3，在“行数”对应的微调框中输入 6。

（4）单击“确定”按钮，即可插入一个 6 行 3 列的表格。

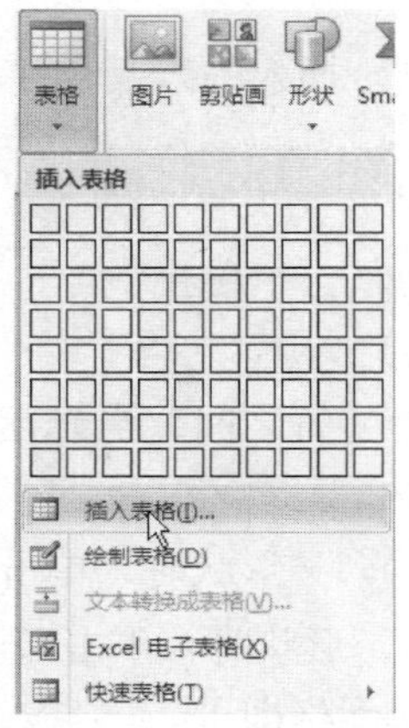

图 4－24　“插入表格”下拉菜单

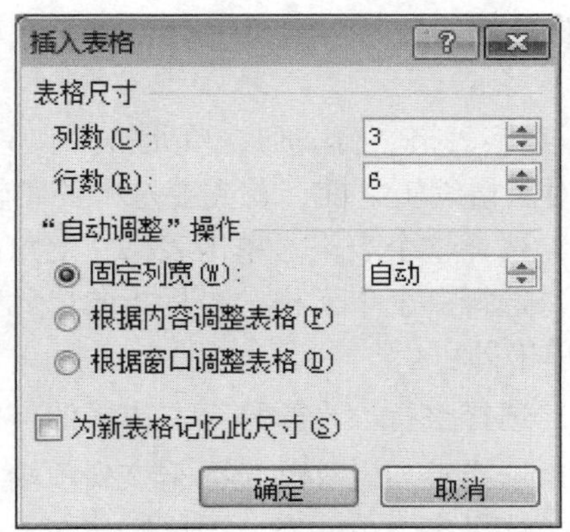

图 4－25　“插入表格”对话框

提示：

插入表格的方法有多种，上述任务中采用的是利用“插入表格”对话框来实现的，除此之外，还有下面几种方法。

- 使用“表格”菜单：在“插入表格”下拉菜单中（如图 4－24 所示），在“插入表格”对应的虚拟表格区，移动鼠标，选择相应行、列的表格，单击鼠标即可。
- 绘制表格：在“插入表格”下拉菜单中（如图 4－24 所示），单击“绘制表格”命令，鼠标变为铅笔状“✎”，拖动鼠标绘制即可。
- 使用表格模板创建“快速表格”：在“插入表格”下拉菜单中（如图 4－24 所示），指向“快速表格”，再单击需要的模板，文档中即插入一个模板表格。

2. 表格内容的输入

表格创建好之后就要向表格中输入内容。表格中的每个单元格中都有一个段落标记，输入表格内容的方法即将插入点定位到所需输入内容的单元格中输入即可，按 Tab 键可快速定位到下一个单元格中。若在表格的最后一个单元格中按 Tab 键，则表格会自动增加一行。

本任务中输入表格内容后的效果图如图 4－26 所示。

	代次	主要元器件
1946～1959 年	第一代	电子管
1959～1964 年	第二代	晶体管
1964～1975 年	第三代	集成电路
1975～至今	第四代	大规模与超大规模集成电路

图 4－26　输入内容后的表格效果图

3. 表格的编辑

表格的编辑包括对表格、行、列、单元格的删除、复制、插入，以及合并、拆分单元格等操作。

1）选定表格、行、列、单元格

在对表格编辑之前，首先要选中要编辑的对象，主要包括以下操作。

（1）选择整个表格。单击表格左上角的按钮⊞即可。

（2）选择一个单元格。光标指向单元格左边界与第一个字符之间，当光标变为“➚”形状时，单击即可。

（3）选择整行。光标移至左边界的外侧，当光标变为“⇗”形状时，单击即可。

（4）选择整列。移动光标至该列顶端，待光标变为“⬇”形状时，单击即可。

（5）选择多个单元格。把鼠标从左上角拖动至右下角单元格即可。

2）插入单元格、行、列

（1）插入行、列。将光标定位到需要插入行或列的单元格，单击“表格工具｜布局”选项卡，选择“行和列”组中的相应按钮即可，如图 4－27 所示。

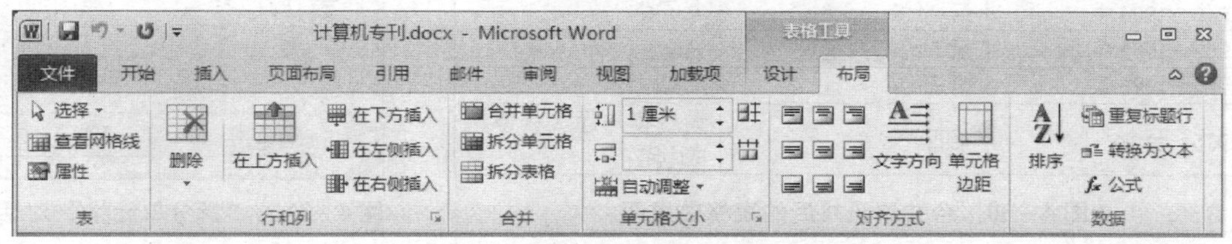

图 4－27　“表格工具”→“布局”选项卡

（2）插入单元格。在图 4－27 中，单击“行和列”组右下角的“”按钮，在弹出的“插入单元格”对话框中进行选择，如图 4－28 所示。

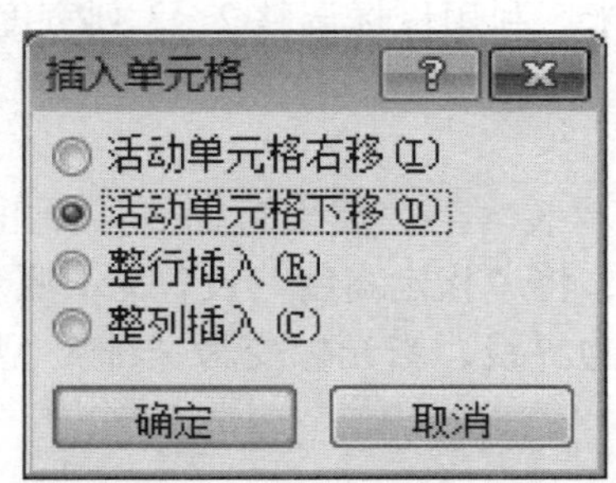

图 4－28　“插入单元格”对话框

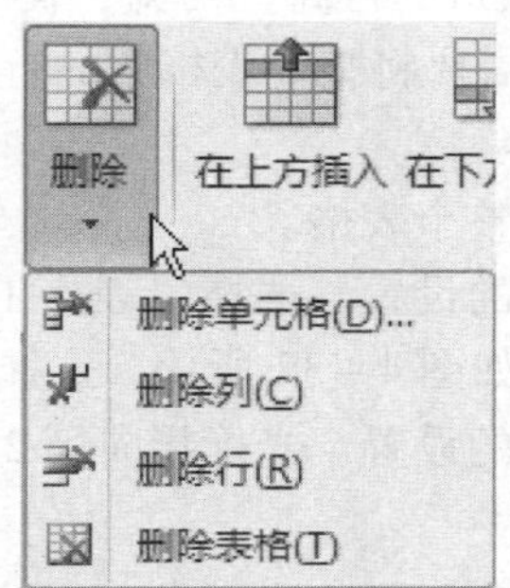

图 4－29　“删除”下拉菜单

3）删除单元格、行、列和表格

将光标定位到需要删除行或列的单元格，在图 4－27 中单击“删除”按钮，在弹出的“删除”下拉菜单中进行选择操作即可，如图 4－29 所示。

另外，在删除整个表格时，也可以选中整个表格后，按键盘上的 BackSpace 键进行删除。

4）合并和拆分单元格

（1）合并单元格。选择要合并的单元格，单击“表格工具｜布局”选项卡，在“合并”组中单击“合并单元格”按钮，如图 4－27 所示。

第三版中需要将第一行合并为一个单元格，具体操作步骤如下。

① 选定表格中的第一行。

② 选择“表格工具”→“布局”→“合并”→“合并单元格”命令，即将该表格的第一行合并为一个单元格，输入内容“计算机分代”。

合并单元格后的效果图如图 4－30 所示。

（2）拆分单元格。光标定位到要拆分的单元格中，单击“表格工具｜布局”选项卡，在“合并”组中单击“拆分单元格”按钮，弹出“拆分单元格”对话框，如图 4－31 所示，输入拆分的行、列数即可。

计算机分代		
	代次	主要元器件
1946～1959 年	第一代	电子管
1959～1964 年	第二代	晶体管
1964～1975 年	第三代	集成电路
1975～至今	第四代	大规模与超大规模集成电路

图 4－30　合并单元格后的表格效果图

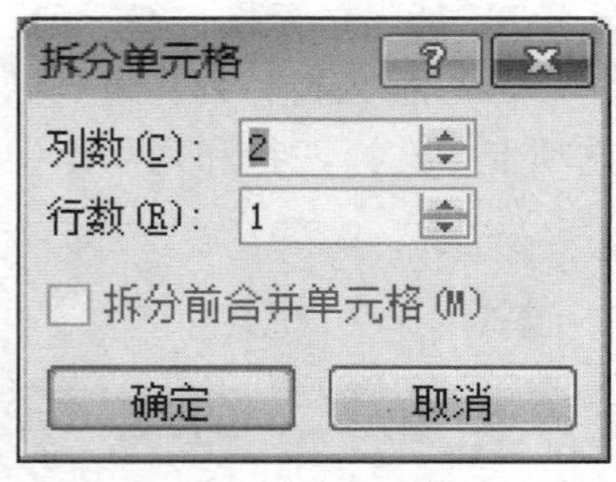

图 4－31　“拆分单元格”对话框

4. 表格的格式化

表格的格式化主要包括表格外观的格式化（行高、列宽的设置、表格对齐方式、表格边框与底纹的设置等）与表格内容的格式化（表格字体的设置、表格内容的对齐方式等）。

1）设置表格的行高、列宽、表格对齐方式

第三版中需要将整个表格中的行高设置为 1 厘米，利用鼠标调整 2、3 列宽度，具体操作步骤如下。

（1）选定整个表格。

（2）行高的设置。选择“表格工具｜布局”→“表”→“属性”命令，弹出“表格属性”对话框，如图 4－32 所示，选择“行”选项卡，将“指定高度”设置为 1 厘米。

（3）列宽的设置。光标指向第 2 列与第 3 列的边界线，当光标变为“+||+”型时拖动鼠标进行调整。

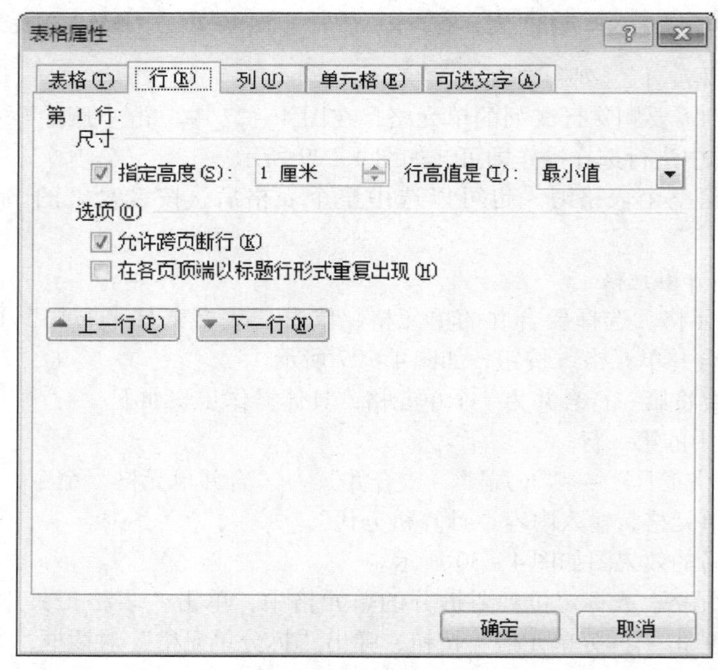

图 4－32　“表格属性”对话框

提示：

> 表格的对齐方式指表格在页面中的对齐方式，包括左对齐、居中、右对齐等，表格环绕方式是指表格与文档中文字是否使用环绕方式。上述操作均可在选中表格后，选择"执行表格工具｜布局"→"表"→"属性"命令，在弹出的"表格属性"对话框中选择"表格"选项卡进行设置。

2）设置表格内容对齐方式

表格内容对齐方式是指单元格中内容的对齐方式，包括对齐方式、文字方向、单元格边距等。

第三版中需要将表格中的文字设置为"水平居中"，具体操作步骤如下。

（1）选定整个表格。

（2）执行"表格工具｜布局"→"对齐方式"，如图 4－27 所示，单击"水平居中"按钮即可。

3）设置表格边框与底纹

表格边框是表格中的横竖线条，底纹是显示表格中的背景颜色与图案。通过设置表格的边框与底纹，可以增加表格的美观性与可视性。

第三版的表格需要将整个表格的外框线设置为双线，第一行设置为黄色底纹。具体操作步骤如下。

（1）选定整个表格。

（2）单击"表格工具｜设计"选项卡，选择"绘图边框"组"笔样式"为双线，"笔画粗线"为 1.5 磅，笔的颜色为蓝色，如图 4－33 所示。

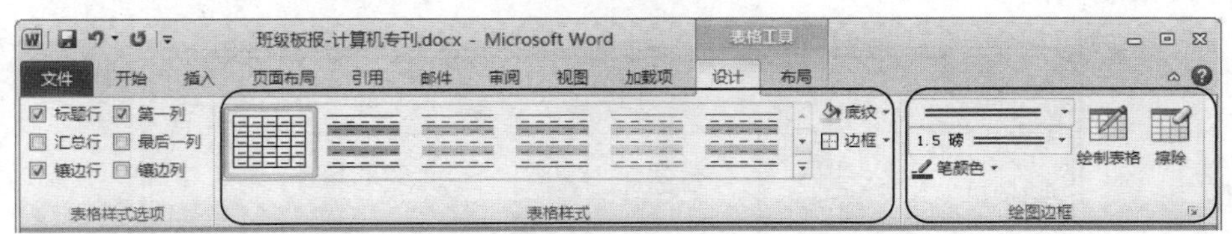

图 4－33　"表格工具"｜"设计"选项卡

（3）选择"表格样式"组中的边框为"外框"。

（4）光标定位到第一行合并的单元格中，选择"表格样式"组中的底纹颜色为"黄色"。

效果图如图 4－34 所示。

计算机分代		
	代次	主要元器件
1946～1959 年	第一代	电子管
1959～1964 年	第二代	晶体管
1964～1975 年	第三代	集成电路
1975～至今	第四代	大规模与超大规模集成电路

图 4－34　应用边框与底纹后的表格效果图

4）应用表格样式

Word 2010 为用户提供了 98 种内置表格样式，用户可以直接应用这些样式对表格进行格式设置。应用内置表格样式的基本操作步骤如下。

（1）选定需应用内置表格样式的表格。

（2）单击“表格工具｜设计”选项卡（如图 4－33 所示），在“表格样式”组单击“其它”按钮▾，在弹出的菜单中利用鼠标指向其中的一个内置样式单击即可。

提示：

表格应用内置样式后，还可以对表格再进行格式化，如进行表格字体、表格内容对齐方式、表格外框线等设置。

在表格内置样式菜单中，还可以对内置样式进行修改，或新建一种样式。

5. 绘制斜线表头

在实际应用中，经常需要使用带斜线表头的表格。第三版中表格第二行的第一个单元格即需要绘制如样张所示的斜线表头，具体操作步骤如下。

（1）光标定位于第二行的第一个单元格中。

（2）单击“表格工具｜设计”选项卡，在“绘图边框”组中单击“绘制表格”按钮，如图 4－33 所示，鼠标变为铅笔状“🖉”，在选中的单元格中依对角线画一条斜线即可。

（3）在单元格中输入“代次｜元器件”，另起一段后再输入“年份”，设置两个段落分别为右对齐、左对齐。

最终效果图如图 4－35 所示。

计算机分代		
代次|元器件 年份	代次	主要元器件
1946～1959 年	第一代	电子管
1959～1964 年	第二代	晶体管
1964～1975 年	第三代	集成电路
1975～至今	第四代	大规模与超大规模集成电路

图 4－35　表格最终效果图

6. 文本转换为表格

在文档编辑的过程中，可以直接将编辑好的文本转换为表格，这里的文本包括带有段落标记的文本段落、以制表符或空格分隔的文本等。将文本转换为表格的具体操作步骤如下。

（1）选定需转换为表格的文本。

（2）单击“插入”选项卡，在“表格”组中单击“表格”按钮表格，在弹出的菜单中选择“文本转换为表格”命令，弹出“将文字转换成表格”对话框，如图4－36所示。

（3）输入表格的列数、选择“文字分隔位置”，单击“确定”按钮即可。

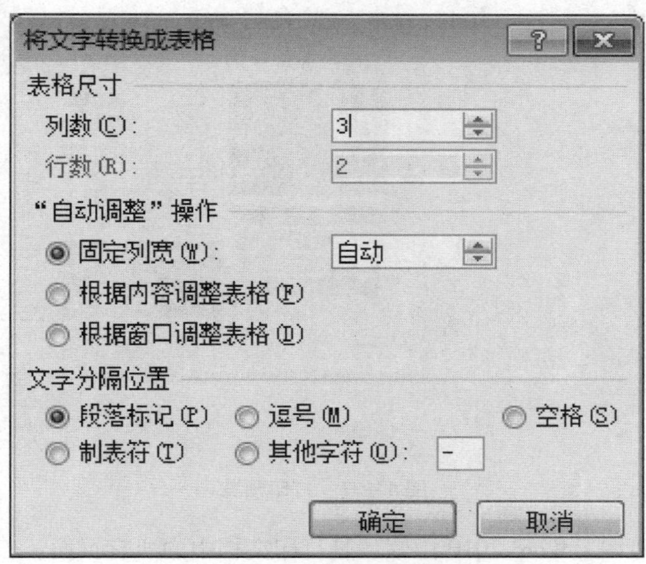

图4－36　“将文字转换成表格”对话框

4.2.9　打印文档

编排完成的文档，通常需要将其打印出来。打印文档，一般分为页面设置、打印预览、打印文档几个步骤。其中，页面设置在本章中已经介绍，此处仅对打印预览与打印文档的方法进行介绍。

1. 打印预览

在打印文档之前，一般先对打印的文档进行打印预览。该功能可以模拟文档被打印在纸张上的效果。在打印文档之前进行打印预览，可以及时发现文档中的版式错误，以便对文档进行修改和调整，避免打印纸张的浪费。

本章中制作的班级板报需要打印出来，在打印之前，打印预览的具体操作步骤如下。

（1）单击“文件”选项卡，单击“打印”命令，出现如图4－37所示的界面。

（2）拖动“显示比例”滚动条上的滑块能够调整文档的显示大小，若文档中有多页，单击“下一页”与“上一页”按钮，能够进行预览的翻页操作。

2. 打印文档

对打印的预览效果满意后，即可对文档进行打印。此处打印5份班级板报，具体操作步骤如下。

（1）单击“文件”选项卡，单击“打印”命令，出现如图4－37所示的界面。

（2）输入打印份数。在份数中输入5。

（3）选择打印机。在“打印机”处，选择本机所使用的打印机型号。

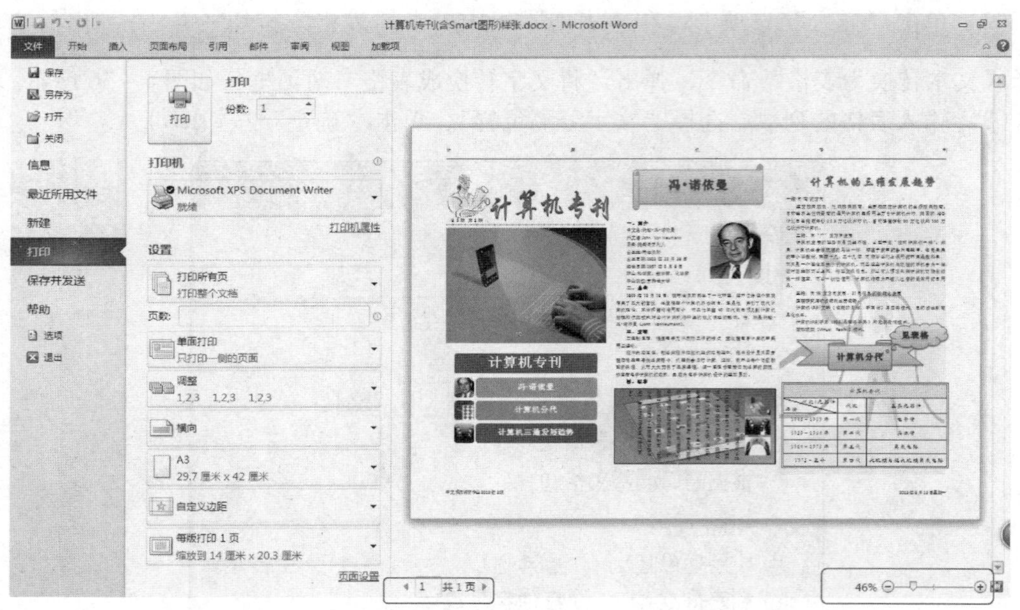

图 4－37　打印预览

（4）设置打印范围。Word 2010 中默认是打印文档中的所有页面。若文档中的页比较多时，仅需要打印当前页，则需要进行设置，选择“打印当前页面”。

（5）页面设置。如果需要进行进一步的页面设置，可以单击“页面设置”命令，打开“页面设置”对话框进行设置，见 4. 2. 2 节。

4. 2. 10　知识拓展

1. 插入 SmartArt 图形

Word 2010 中不仅可以插入图片、剪贴画、形状等，还可以插入 SmartArt 图形。SmartArt 图形是信息和观点的视觉表示形式，经常用于专业文档中的插图。可以通过从多种不同布局中进行选择来创建 SmartArt 图形，从而快速、轻松、有效地传达信息。使用 SmartArt 图形，只需单击几下鼠标，即可创建具有设计师水准的插图。

下面，以完成“班级板报－计算机专刊 . docx”第一版中“板报目录”部分的文本以 SmartArt 图形的效果展示为例，讲解文档中 SamrtArt 图形的插入与编辑步骤。

（1）插入 SmartArt 图形：单击“插入”选项卡，在“插图”组单击 SmartArt 按钮，弹出“选择 SmartArt 图形”对话框，如图 4－38 所示，在左侧窗格中选择 SmartArt 图形的类型，包括列表、流程、层次结构、图片等，本例中选择“图片”类型中的“图片重点列表”样式，在文档中即插入一个 SmartArt 图形，效果图如图 4－39 所示；此时 Word 窗口中的功能区中会出现“SmartArt 工具”选项卡，包括“设计”与“格式”，如图 4－40 所示。

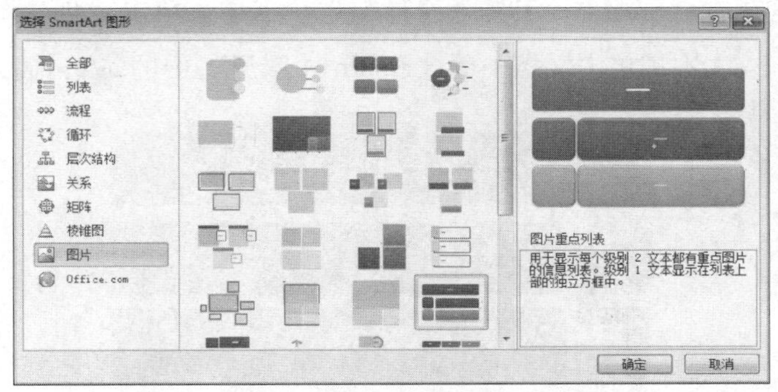

图 4－38　“选择 SmartArt 图形”对话框

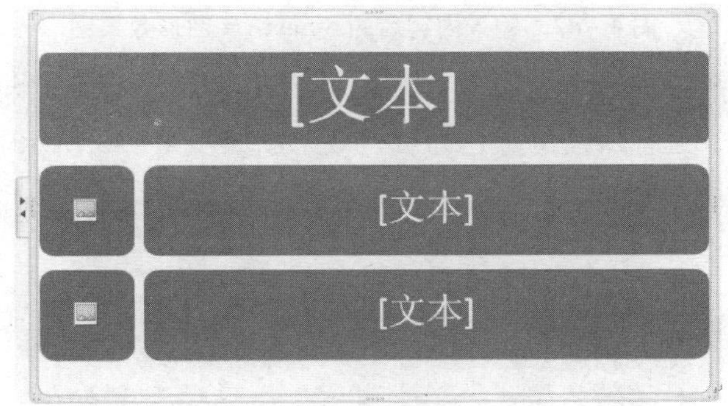

图 4－39　插入 SamrtArt 图形效果图

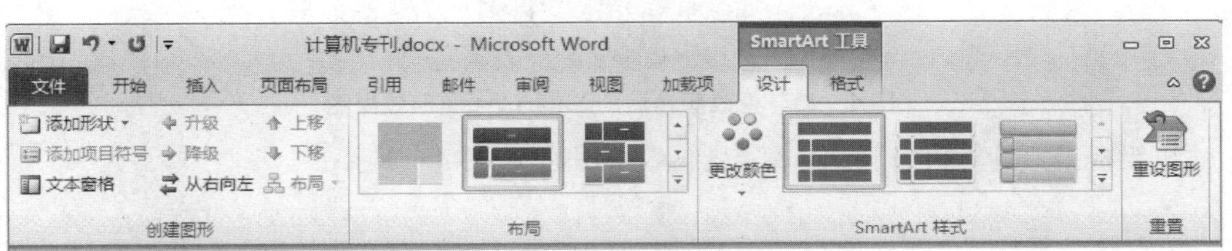

图 4－40　“SmartArt 工具 | 设计”选项卡

（2）添加形状。选择文档中的“SmartArt 图形”中最下方的“ ”，选择“SmartArt 工具”→“设计”→“创建图形”→“添加形状”→“在后面添加形状”命令，效果图如图 4－41 所示。

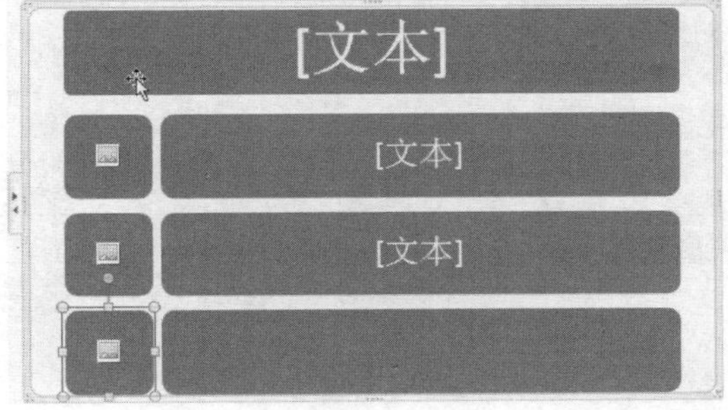

图 4－41　添加形状后的 SmartArt 图形效果图

（3）输入内容。在“SmartArt 工具｜设计”选项卡中，单击“创建图形”组中的“文本空格”按钮，输入文本；单击文档中的“SmartArt 图形”中的▣，插入图片，效果图如图 4－42 所示。

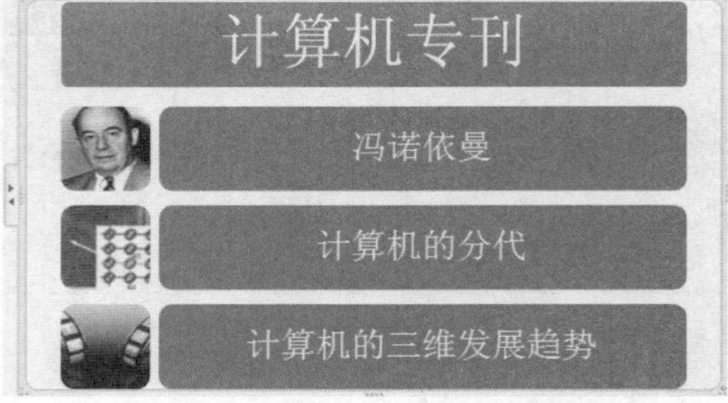

图 4－42　输入内容后的 SmartArt 图形效果图

（4）更改颜色。在“SmartArt 工具｜设计”选项卡中，单击“SmartArt 样式”组中的“更改颜色”按钮，选择所需的颜色即可，效果图如图 4－43 所示。

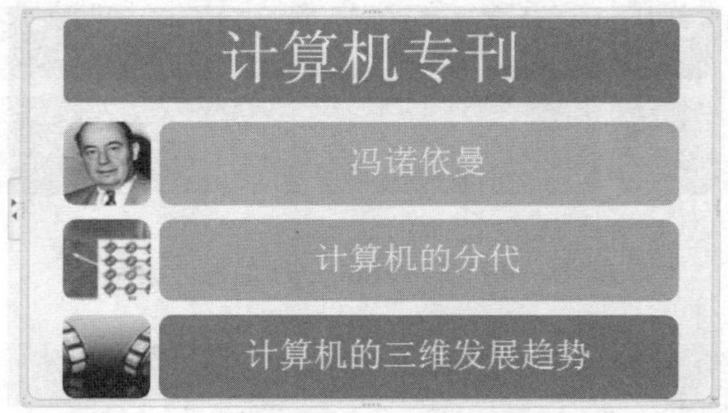

图 4－43　更改颜色后的 SmartArt 图形效果图

“班级板报－计算机专刊 . docx”最终效果图如图 4－44 所示。

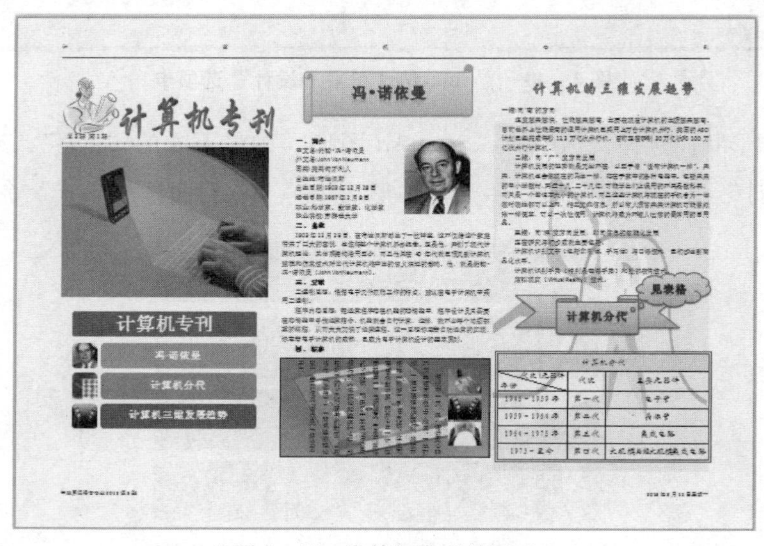

图 4－44　计算机专刊效果图

提示：

SmartArt 图形包括多种类型，下表给出每种类型经常对应执行的相应操作，方便用户进行选择。

- 列表：显示无序信息。
- 流程：在流程或时间线中显示步骤。
- 循环：显示连续的流程。
- 层次结构：创建组织结构图。
- 层次结构：显示决策树。
- 关系：对连接进行图解。
- 矩阵：显示各部分如何与整体关联。
- 图片：使用图片传达或强调内容。
- 棱锥图：显示与顶部或底部最大一部分之间的比例关系。

2. 公式

Microsoft Word 2010 包括编写和编辑公式的内置支持。

1）插入内置公式

具体操作步骤如下。

（1）单击“插入”选项卡，在“符号”组中单击“公式”按钮π，弹出公式下拉列表，如图 4－45 所示。

（2）Word 2010 中内置了常用的数学公式，用户可以直接选择，如果用户需要插入二次公式，可以直接单击对应公式即可，如图 4－46 所示。

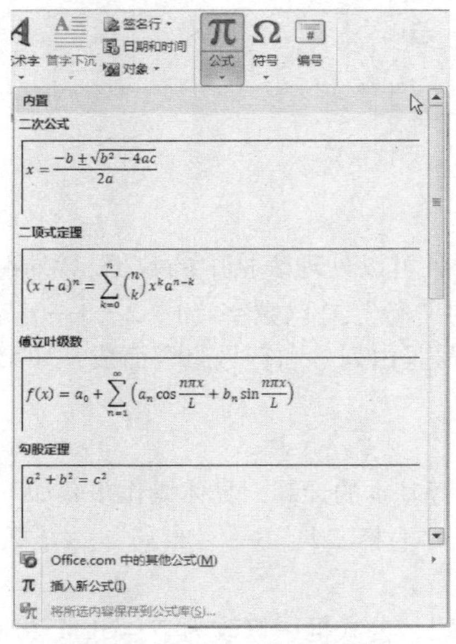

图 4－45 “公式”下拉列表

$$x=\frac{-b\pm\sqrt{b^2-4ac}}{2a}$$

图 4－46 “二次公式”效果图

2）编写公式

若一些公式在内置公式中没有，则需要用户进行编写，具体操作步骤如下。

（1）与“插入内置公式”的步骤①相同。

（2）在“公式”下拉列表（见图4－45）中单击“插入新公式”命令，文档中插入公式编辑框，Word窗口中的功能区中会出现“公式工具｜设计”选项卡，如图4－47所示。

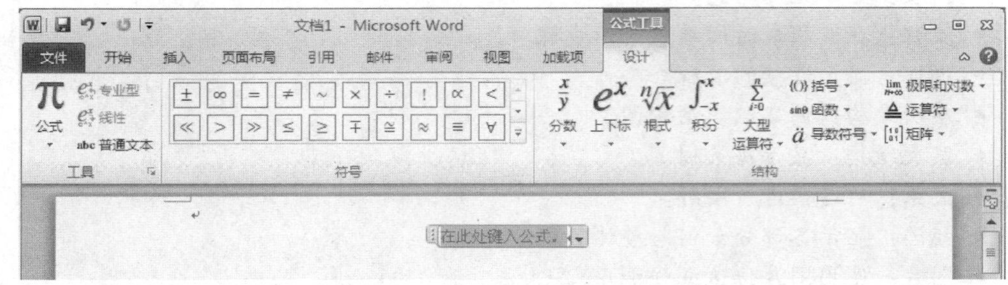

图4－47 “公式工具｜设计”选项卡

（3）借助该选项卡中提供的各功能区，输入公式即可。

（4）输入的公式若经常使用，可以保存为新公式，如图4－48所示，保存公式之后，再插入公式时，该公式已在“公式”下拉菜单中存在，直接插入即可。

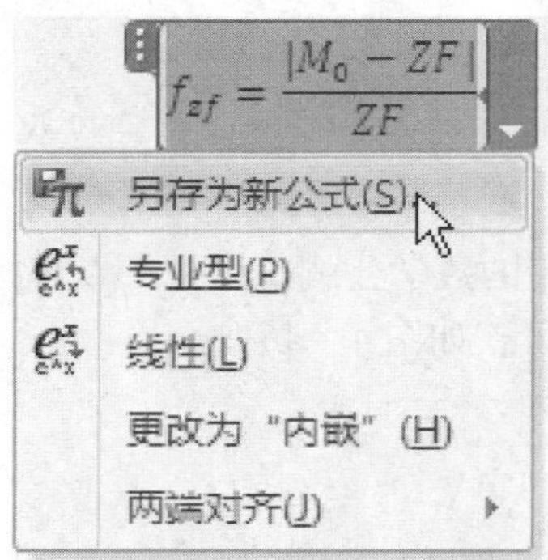

图4－48 “保存公式”下拉菜单

3. 表格中数据的计算与排序

在Word 2010中不仅可以插入与绘制表格，而且可以处理表格中的数据。Word中对表格的单元格描述时需要对表格进行编号，表格中的“行”是以数字（1、2、3…）表示的，“列”是以字母（A、B、C…）表示的，单元格编号是由列号和行号组合而成，如第一行第一列即A1，第一行第二列即B1。

1）表格中数据的计算

可以对表格中的数据执行数据求和、求平均数等基本的计算，具体操作步骤如下。

（1）光标停在存放计算结果的单元格中，执行“表格工具”→“布局”→“数据”→“f_x公式”，弹出公式对话框，如图4－49所示。

（2）在“粘贴函数”下拉列表框中选择“SUM”，公式框中修改为“＝SUM（LEFT）”，或“＝SUM（B2：C2）”，如图4－50所示，单击“确定”按钮。

（3）采用上述同样的方法，计算其他总分成绩。

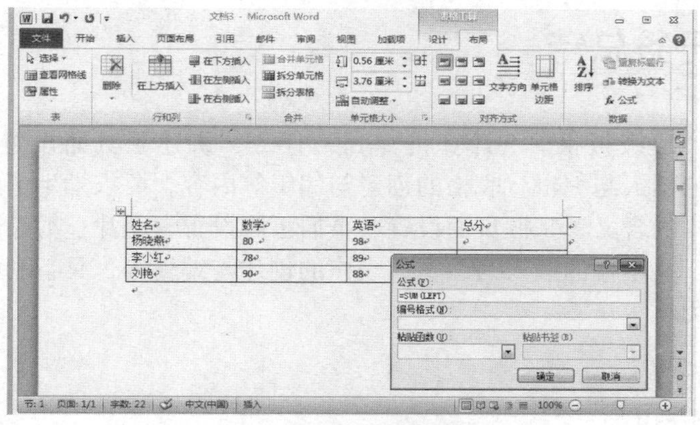

图 4－49　表格计算窗口

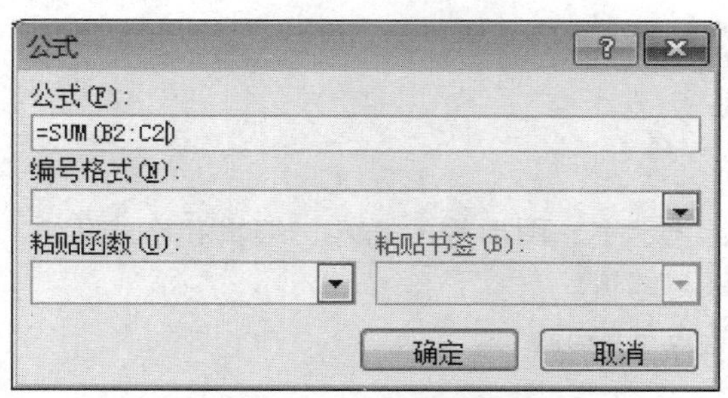

图 4－50　“公式”对话框

2）表格数据的排序

表格中的数据排序即是按照数字大小、字母顺序、汉字拼音顺序、日期先后等对表中的数据进行升序或降序排列。

具体操作步骤如下。

（1）光标停在需排序的表格中，选择“表格工具｜布局”→“数据”→“排序”命令，弹出“排序”对话框，如图 4－51 所示；

（2）对“主要关键字”，“类型”、“升序或降序”等进行设置，若有多个关键字，依次设置，单击“确定”按钮即可。

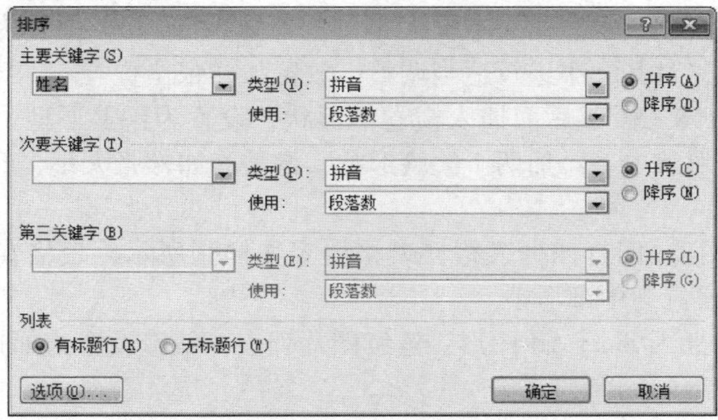

图 4－51　“排序”对话框

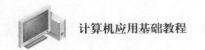

4.3 任务总结

本章通过完成“班级板报——计算机专刊”任务，讲述了页面设置、页眉页脚设置、图文混排、文本框的插入与编辑、表格的创建与编辑等内容，要求学生了解板报版面布局的方法，理解图文混排的含义，掌握页面设置、页眉页脚设置、图片、剪贴画、艺术字、自选图形的插入与编辑、文本框的插入与编辑、表格的创建与编辑等，具备利用 Word 2010 对文档进行图文混排能力。

4.4 实训

实训 1　美丽丽江

1. 实训目的

（1）熟练掌握图片、艺术字、图形等的插入、编辑和格式化。

（2）掌握表格的插入与编辑。

（3）掌握文本框的插入与编辑。

2. 实训要求及步骤

（1）打开“4 章实训 1. docx”文档，进行设置。正文标题“丽江大研镇”为艺术字，艺术字样式为：填充 - 红色，强调文字颜色 2，字体为：华文琥珀，初号。将艺术字形状设置为：倒三角。位置：上下型。效果如样张所示。

（2）在“简介”部分文本处插入图片：丽江大研镇 . jpg，适当调整大小，设置为四周环绕型，放置在如样张所示的位置。

（3）在“丽江古城始建…. ”段落插入图片，适当调整大小，衬于文字下方，并将原来文字颜色更改为黄颜色。

（4）在第二页起始位置插入一竖排文本框，输入文本：丽江古城以四方街为代表的大研镇，已有近 800 年的历史，位于丽江纳西族自治县中部，是一个以纳西族民为主的古老城镇。文本框填充为：纹理，水滴；文本框大小设置为 6. 8，6. 22，位置为：上下型。在文本框右侧插入图片窗口，对其大小进行适当调整，放置如样张位置。

（5）在“古城布局”段落后面插入横卷形形状，设置为：上下型，蓝色填充，并将后面两段的文本放入该形状中。添加两个笑脸形状，调整为如样张大小、颜色，并将其与横卷形状组合。

（6）在文档结尾插入四行四列表格，表格内容如样张所示，表格套用：浅色列表 - 强调文字颜色 3，内容设置为中部居中。

（7）在文档最后插入 SmartArt 图形：连续图片列表。编辑设置为如样张所示效果。（该部分选做）

最终效果如图 4 - 52 所示。

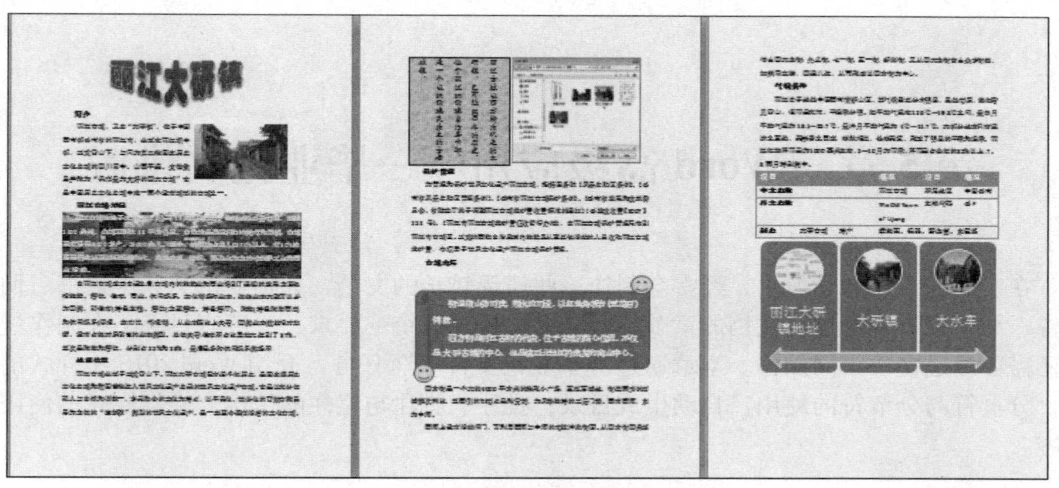

图 4－52　“实训 1”样例

实训 2　制作个人简历表格

新建一个文档“个人简历 . docx”文档，制作个人简历表格，效果图可参考图 4－53 样例。

个 人 简 历

姓名		性别		出生年月		
籍贯		民族		政治面貌		
学历		学制		培养方式		
身体状况		毕业院校		毕业时间		
专业			家庭住址			
个人简历						
家庭成员及社会关系						

图 4－53　个人简历表格样例

第 5 章　Word 高级应用——毕业论文排版

在实际的工作和学习中，经常会制作一些篇幅较长的文档，如毕业论文、申请书、调查报告、结项报告等，这些文档的章节层次较多，样式有统一要求，一般有目录，在制作过程中还需要经过多次审阅操作。本章通过“毕业论文排版”任务，介绍 Word 2010 中样式的使用，分页符与分节符的使用，自动生成目录、批注、脚注与尾注的使用，修订模式的使用等内容。

5.1　任务分析

5.1.1　任务描述

刘海是新闻系的一名大四的学生，毕业设计完成之后就要毕业了。经过两个月的不懈努力，刘海已经撰写了毕业论文的初稿，他拿着毕业论文初稿去找指导老师，指导老师提出了论文结构、论文内容方面的修改意见，最后强调，刘海毕业论文的主要问题在排版格式上，要求毕业论文一定要按学校所给的毕业论文排版格式进行排版。学校关于毕业论文的格式版面要求如下。

＊＊大学毕业论文格式要求

【封面、作者声明】

注：封面部分由模板提供，不需修改

作者声明部分页眉设置为：＊＊大学毕业论文

【目录】

目（空四格）录（黑体、三号字、加粗、居中）

（空 1 行）

（以下内容行间距设为 1.5 倍行距）

摘　要（宋体四号字） ………………………………………………………… 页号

Abstract（Times New Roman 四号字） ……………………………………… 页号

一、章名（宋体四号字） ……………………………………………………… 页号

（一）节名（宋体小四号字） ………………………………………………… 页号

（二）节名（宋体小四号字） ………………………………………………… 页号

·

·

·

参考文献（宋体四号字） …………………………………………………………… 页号
致谢（宋体四号字） ……………………………………………………………… 页号

此部分页眉设置为：所写论文题目，页码为Ⅰ、Ⅱ、Ⅲ格式，居中。

【摘要等】

论文题目：宋体、三号字、加粗、居中。

摘要：黑体、小四号字、首行缩进两个字符。

关键词：黑体、小四号字、首行缩进两个字符。

Abstract：Times New Roman、小四号字、加粗。

Key words：Times New Roman、小四号字、加粗。

【正文】

标题XXXXXXXXXXXXXX：宋体三号字加粗，居中。

前言：一级标题、宋体、四号字、加粗、1.5倍行距。

一、章名：一级标题、宋体、四号字、加粗、1.5倍行距。

（一）节名：二级标题、仿宋、小四号字、加粗。

1. 小节名：三级标题、宋体、小四号字。

正文内容：宋体、小四号字、不加粗、首行缩进两个字符。

表1　表名：五号、宋体、居中（表格顶线和底线均为1.5磅，或者加粗）

文字（5号宋体）				
	数字（5号Times New Roman）			

【参考文献与致谢】

参考文献：一级标题、宋体、四号字、加粗、1.5倍行距、居中。注：此部分单独占一页。

致谢：一级标题、宋体、四号字、加粗、1.5倍行距、居中。注：此部分单独占一页。

注意：“摘要”至“致谢”部分页眉设置为“论文题目——＊＊大学毕业论文”，页脚设置页码，为1、2、3。

【其他要求】

论文中应有必要的脚注与尾注。

从上述格式要求可以看出，学校所给的毕业论文排版要求，有封面要求、目录要求、正文要求，各部分的页眉与页码也不相同。刘海看着长达十几页的文档，先尝试着排版了几页，发现效率很低，且不知如何生成目录，他决定去请教计算机专业的一名同学，将毕业论文排版这项任务进行了详细的分解，得出了完成任务的设计思路。

5.1.2 任务分解

刘海计算机系的同学查看了毕业论文排版格式要求，指出毕业论文的特点是章节层次较多，各部分样式有统一的要求，需要生成目录便于查看等，毕业论文的排版主要包括页面设置、分节符的使用、每节设置各自的页眉与页脚、自动生成目录等操作。完成任务的具体思路如下。

（1）应用样式，使文档风格统一，且便于生成目录。

（2）生成目录，并对目录样式进行修改。

（3）插入分节符，对文档进行分节，使封面、目录、正文等位于不同的节中，便于进行各部分不同的页眉页脚设置。

（4）不同节页眉页脚的设置。

（5）修订模式的使用。

（6）根据需要插入脚注、尾注。

最终结果如图 5－1 所示。

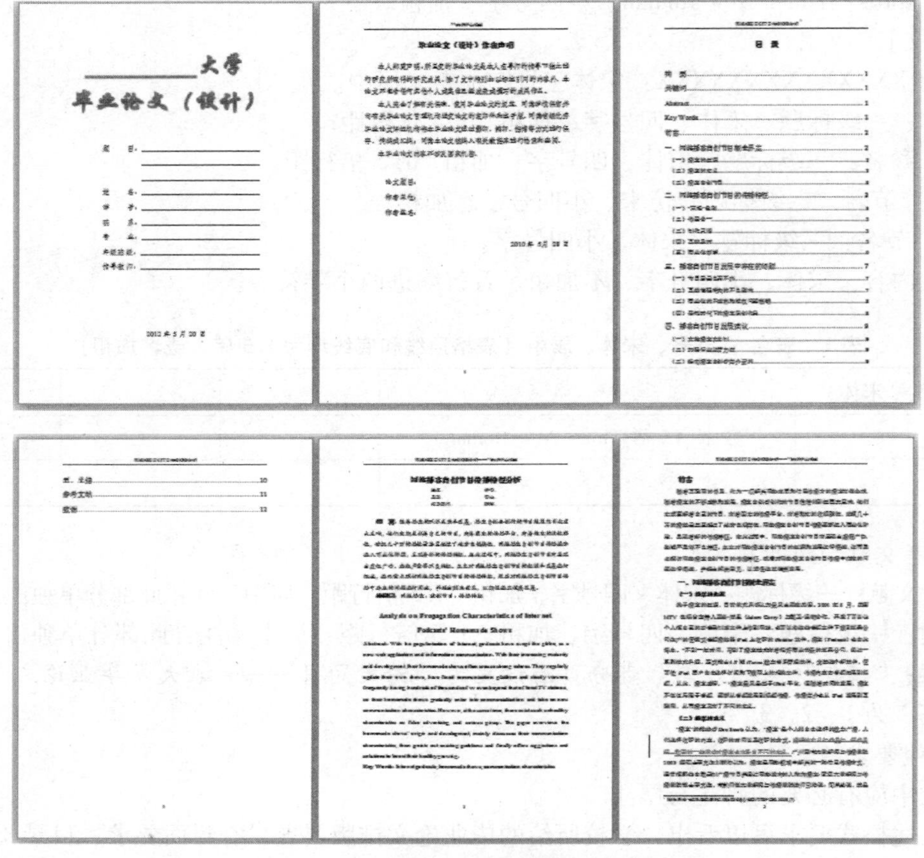

图 5－1　毕业论文排版完成后样张

5.2　任务完成

5.2.1　使用样式

在上述论文排版任务中，【摘要等】部分的“论文题目”利用前面讲的文档排版中的方

法进行格式设置，而“摘要：黑体、小四号字、首行缩进两个字符”等排版格式，虽然可以直接设置其格式，但生成目录时无法自动生成。【正文】部分中，正文内容可以直接排版，而“前言”、“一、章名”、“二、章名”等部分的排版格式要求是统一的，且最终要生成目录。除此之外，还有多处的排版要求格式是统一的。在诸如此类的篇幅长、格式多的长文档中，虽然可以使用前面章节中所讲的文档排版的方法进行格式设置，但却费时费力。

Word 2010 中的样式具有高效排版的功能。样式是一组已命名的字符和段落格式的组合。使用样式有如下优点：可以减少重复性的操作，可以快速地格式化文档，确保文本格式的统一；若文档中多个段落使用了某个样式，当修改样式后，即可改变文档中带有此样式的文本格式；对于长文档可以构造大纲和目录等。

1. 使用内置样式

Word 2010 内置的样式有多种，包括正文、无间隔、标题 1、标题 2、标题、副标题、不明显强调等多种内置样式。使用内置样式的方法很简单，只需插入点定位到要使用该样式的段落中，单击“开始”选项卡，在“样式”组中单击所需应用的样式即可。样式组如图 5－2 所示。新建的文档，在输入文字时，默认使用的是“正文”样式。

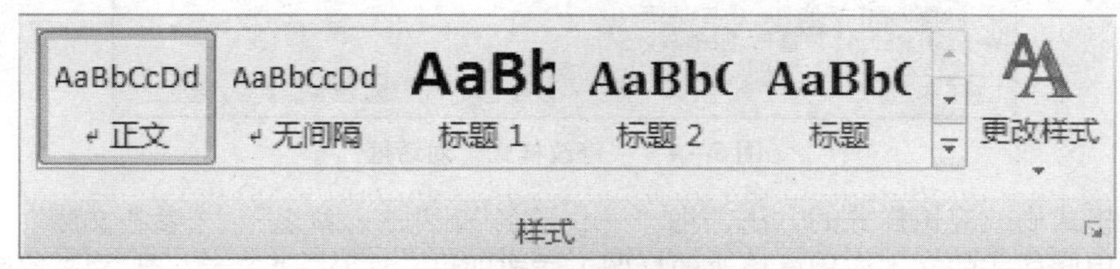

图 5－2　“样式”组界面图

2. 修改样式

Word 2010 中内置的样式有时候不一定符合文档排版要求，如毕业论文排版任务中，“前言：一级标题、宋体、四号字、加粗、1.5 倍行距”，而内置样式中的标题 1 样式为“宋体、二号字、加粗、多倍行距 2.41”。因此，此处有必要对内置样式做修改，具体操作步骤如下。

（1）插入点定位到“前言”。

（2）应用内置样式：单击“开始”选项卡，在“样式”组（见图 5－2）中单击“标题 1”样式。

（3）修改样式：单击“样式”按钮，弹出“样式”窗格，单击“标题 1”样式右侧的按钮，在下拉列表中选择“修改”选项，如图 5－3 所示。

（4）弹出“修改样式”对话框，如图 5－4 所示，在该对话框中设置为“宋体、四号字、加粗、首行缩进两个字符、1.5 倍行距、段前段后 0 行”。

（5）此时，“前言”所应用的标题 1 样式已经发生改变。关闭“样式”窗格即可。

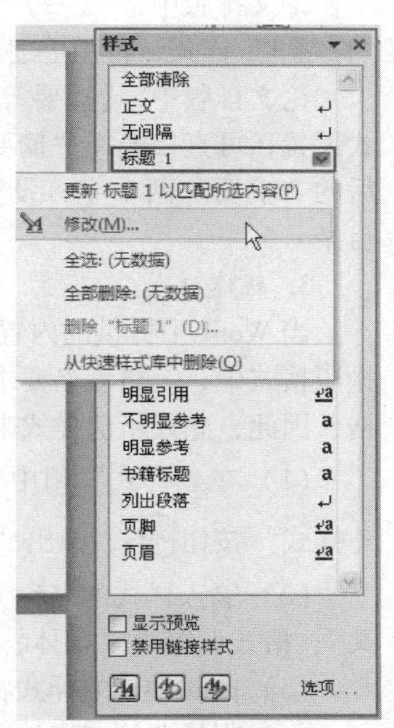

图 5－3　单击“修改”选项

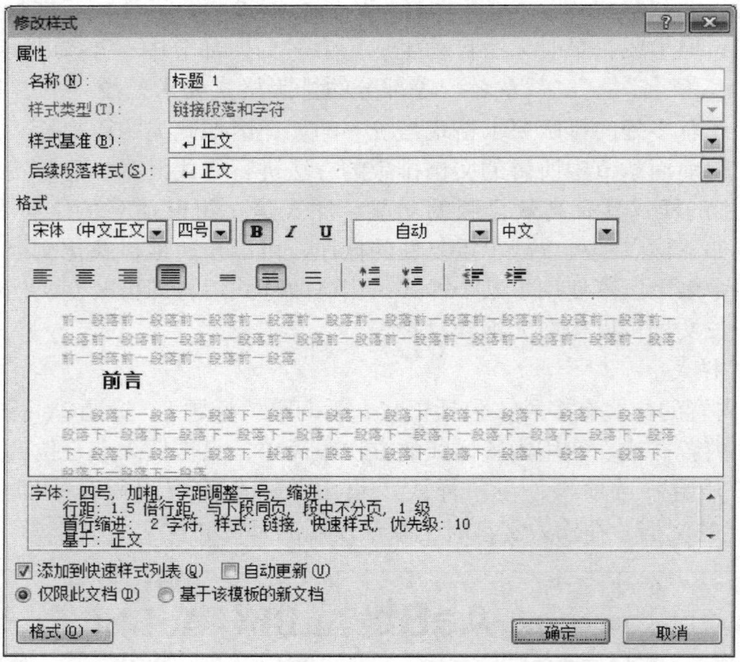

图 5－4 “修改样式”对话框

采用格式刷或应用样式的方法，将“一、章名”、“二、章名”、“参考文献”、“致谢”等需要应用此样式的文本应用已修改的标题 1 样式即可。注意，“参考文献”、“致谢”在应用完样式后，再设置为居中。

论文排版中，“（一）节名、（二）节名”等采用“标题 2”样式，“1. 小节名”等采用“标题 3”样式，再用上述修改样式的步骤将其修改为所需格式。

论文排版中，【摘要等】部分中的“摘要：黑体、小四号字、首行缩进两个字符”等格式设置，可直接选择“摘要”两个字，应用已经修改的标题 1 样式，然后再将应用完样式后的“摘要”两个字，设置为“黑体、小四号字”即可，这样设置的好处在于便于生成目录。

3. 新建样式

当 Word 中提供的内置样式不能满足工作需要的时候，就可以新建样式。如在毕业论文排版格式中，表格表名要求“表 1 表名 ：五号、宋体、居中”。由于论文中可能存在多个表格，因此，此处新建样式来完成排版，具体操作步骤如下。

（1）在“样式”组中单击“样式”按钮，弹出“样式”窗格，在该空格中单击“新建样式”按钮，弹出“根据格式设置创建新样式”对话框，如图 5－5 所示。

（2）输入样式的名称为“论文表格标题样式”，样式类型为“段落”，样式基准为“正文”，格式设置为“宋体、五号、居中”，单击“确定”按钮。

（3）此时创建的样式将添加到“样式”窗格中，如图 5－6 所示。

（4）将毕业论文文档中表格的标题应用新建的样式即可。

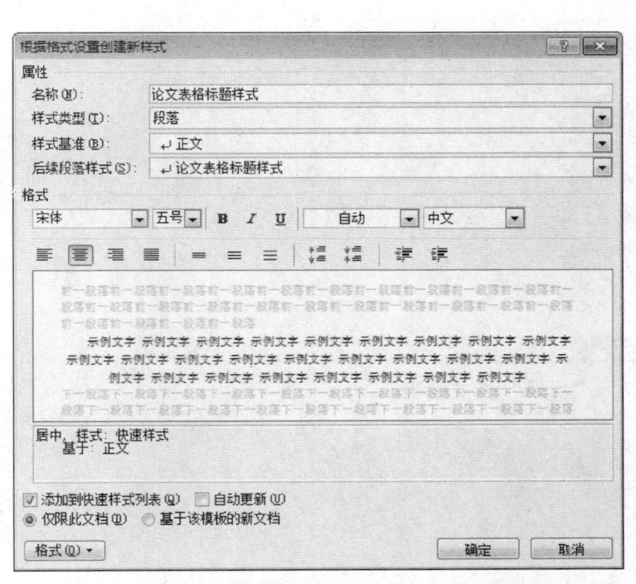

图 5－5　“根据格式设置创建新样式”对话框

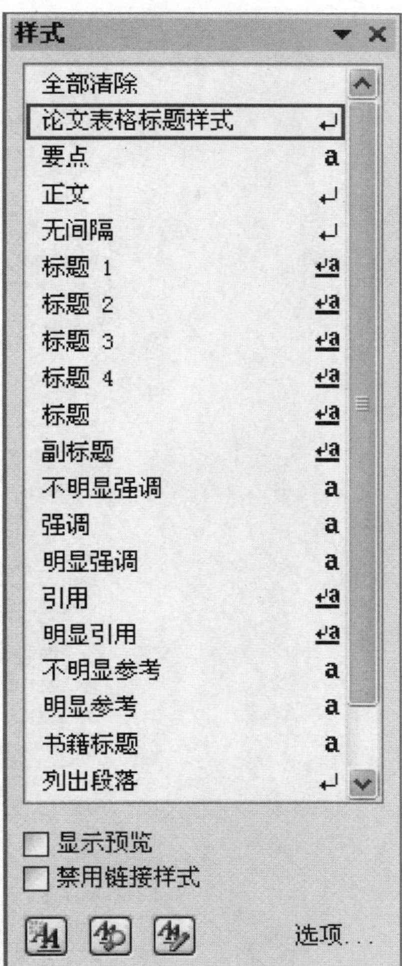

图5－6　新建样式添加到“样式”窗格中

5.2.2　创建目录

当编写书籍、论文、报告等长文档时，一般都应有目录，以便全貌反映文档的内容和层次结构，便于阅读。Word 2010 中可以手动创建目录，也可以自动创建目录，还可以对目录的样式进行修改。

1. 手动创建目录

手动创建目录的具体操作步骤如下。

（1）单击“引用”选项卡，在“目录”组中单击“目录”下面的按钮，弹出“目录”样式列表，如图 5－7 所示。

（2）单击“手动目录”，在文档中即产生默认目录，如图 5－8 所示，用户即可根据实际内容手动填写标题，不受文档内容的影响。

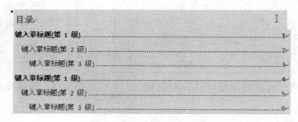

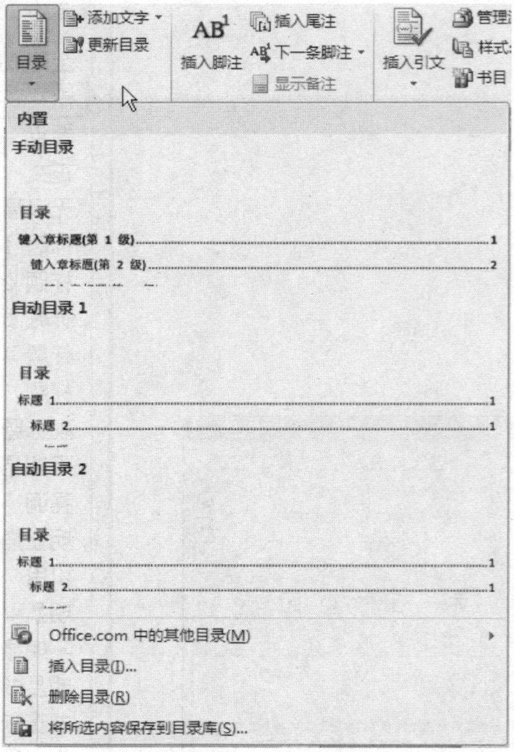

图 5－7　“目录”样式列表

图 5－8　手动创建目录

2. 自动创建目录

手动创建目录虽然不受章节内容的影响，但效率很低。Word 2010 提供了自动创建目录的功能，可以将文档中的标题抽取出来，自动生成目录。

毕业论文排版中，要求生成目录，见 5.1.1 节。自动创建目录一般需要对文档的各级标题进行格式化。5.2.1 节中已利用样式对标题进行格式化，在此基础上，自动创建目录的具体操作步骤如下。

（1）插入点定位在正文中文档标题最前面，另起一行，输入“目录”，将其设置为“目（空四格）录（黑体、三号字、加粗、居中）”。

（2）单击“引用”选项卡，在“目录”组中单击“目录”下面的按钮，弹出“目录”样式列表，如图 5－7 所示。

(3) 单击“插入目录”，弹出“目录”对话框，根据毕业论文排版格式要求，将显示级别更改为2，如图 5－9 所示。

(4) 单击“确定”按钮，生成目录。

毕业论文文档自动生成目录后的效果图如图 5－10 所示。

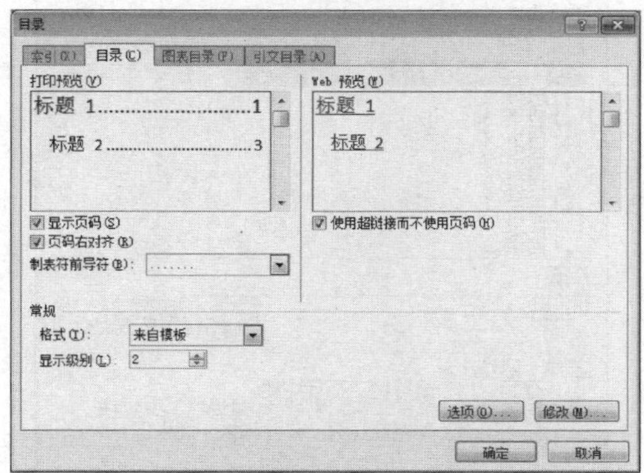

图 5－9　“目录”对话框

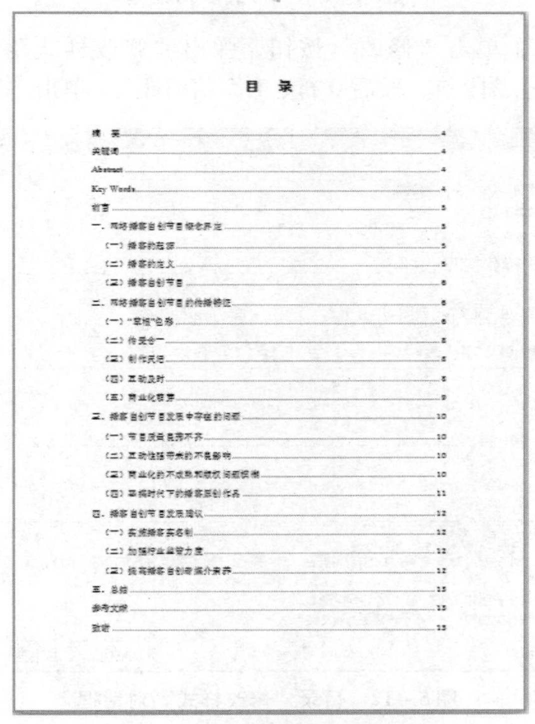

目　录

图 5－10　论文自动生成目录效果

3. 修改目录样式

利用 Word 自动创建目录功能创建的目录格式不一定符合要求，可以根据需要修改目录样式。具体操作步骤如下。

(1) 插入点定位于目录中的任意位置。

（2）在如图 5－7 所示的“目录”下拉菜单中，单击“插入目录”，在弹出的“目录”对话框（如图 5－9 所示）中单击“修改”按钮，弹出“样式”对话框，如图 5－11 所示。

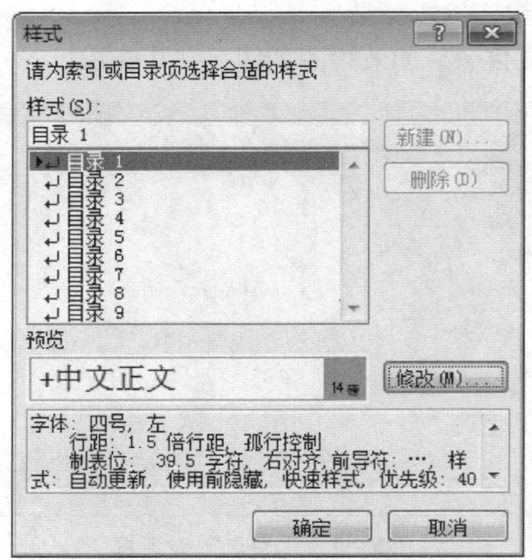

图 5－11　“样式”对话框

（3）选择“目录 1”，单击“修改”按钮，弹出“修改样式”对话框，如图 5－12 所示，修改为“宋体、四号、段前、段后 0 行、1.5 倍行距”，单击“确定”按钮。

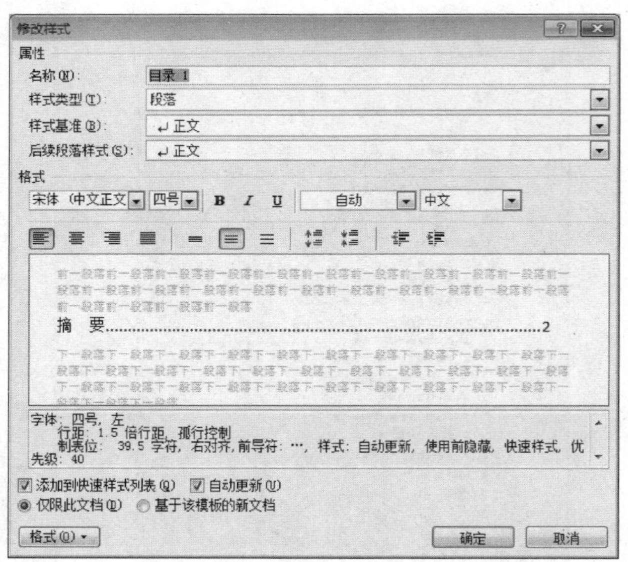

图 5－12　目录“修改样式”对话框

（4）选择“目录 2”，重复步骤③，修改为“宋体、小四、段前、段后 0 行，1.5 倍行距”。

（5）修改完成后，单击“目录”对话框中的“确定”按钮，弹出“Microsoft Word”对话框，如图 5－13 所示，单击“确定”即可。

图 5－13　"Microsoft Word"对话框

4. 更新目录

创建文档目录之后，当用户对文档进行编辑时，有可能页码、标题内容等会发生变化，此时目录需要进行更新。Word 2010 中提供了更新目录功能，具体操作为：插入点定位于目录中的任意位置，单击"引用"选项卡，在"目录"组中单击"更新目录"按钮，弹出"更新目录"对话框，如图 5－14 所示，选择更新选项后，单击"确定"按钮即可。

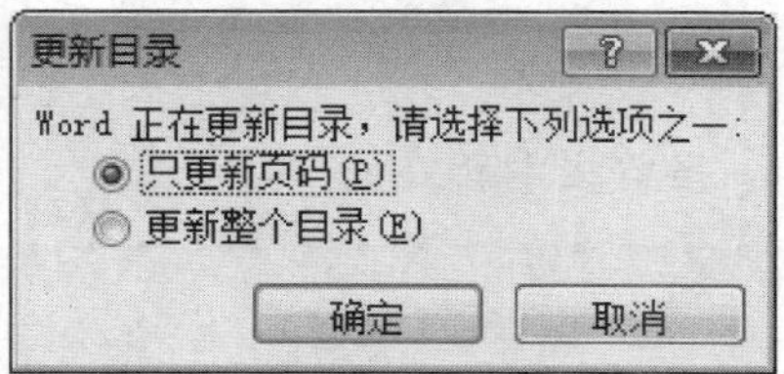

图 5－14　"更新目录"对话框

5.2.3　分节与分页

1. 分节

毕业论文格式要求，【封面、作者声明】、【目录】、【摘要、正文等】各部分的页眉与页脚都不相同，如果直接采用 4.2.2 节中"设置页眉页脚"的方法进行设置，则所有页的页眉与页脚都是一样的。Word 中可以采用分节将文档分为多个节，根据需要，每个节都可以设置各自的页面版式、页眉、页脚等。

根据毕业论文格式要求，全文共分为 3 节，论文的封面、作者声明为 1 节、目录为 1 节、剩余文本为 1 节。具体操作步骤如下。

（1）插入点定位于"目录"之前。

（2）单击"页面布局"选项卡，在"页面设置"组中单击"分隔符"按钮，弹出下拉菜单，如图 5－15 所示，单击分节符中的"下一页"，即将光标后的文档放置在第 2 节中。

（3）插入点定位于毕业论文标题"网络播客自创节目传播特征分析"之前，重复步骤②，即将光标后的文档放置在第 3 节中。

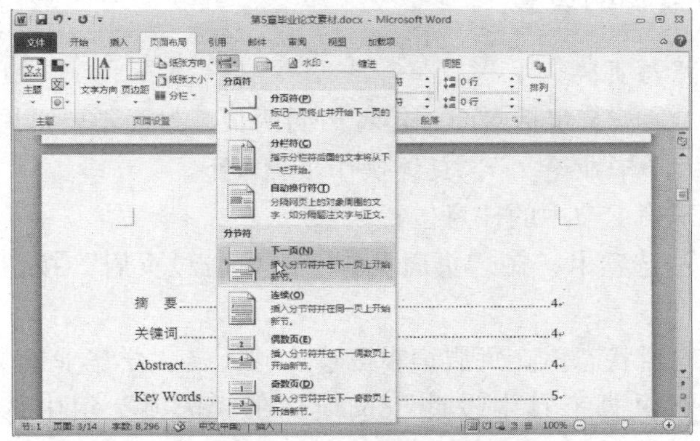

图 5－15　插入"分节符"界面

提示：

分节符中，包括下一页、连续、偶数页、奇数页4种类型，每种类型的功能如下。

- 下一页：用于插入一个分节符，并在下一页开始新的节。
- 连续：用于插入一个分节符，并在同一页开始新节。
- 偶数页：表示分节之后的文本在下一偶数页上进行显示。
- 奇数页：表示分节之后的文本在下一奇数页上进行显示。

另外，在状态栏上右击，在“自定义状态栏上”勾选“节”，即可在状态栏上显示当前文本所在的节。

2. 分页

Word 具有自动分页的功能，如输入的文本等满一页时，Word 会自动分页。同时，Word 还可以根据需要手动分页。

毕业论文排版中，参考文献、致谢各占一页，可以通过插入分页符来强制分页，具体操作步骤如下。

（1）插入点定位于“参考文献”之前。

（2）单击“页面布局”选项卡，在“页面设置”组中单击“分隔符”按钮，弹出下拉菜单，如图5－15所示，单击分页符中的“分页符”，即完成参考文献分页。

（3）插入点定位于“致谢”之前，重复步骤②，即完成致谢分页。

提示：

分页符中，包括分页符、分栏符、自动换行符3种类型，每种类型的功能如下。

- 分页符：光标之后的文档将从新的一页开始。
- 分栏符：光标之后的文档将从下一栏开始显示。
- 自动换行符：以光标为基准进行分行。

5.2.4 页眉与页脚的设置

1. 设置第1节页眉与页脚

毕业论文文档中，第1节包括封面、作者声明两页，封面不要页眉页脚，作者声明需要将页眉设置为“＊＊大学毕业论文”，具体操作步骤如下。

（1）插入点定位于第1节中的任意位置。

（2）单击“插入”选项卡，在“页眉页脚”组单击“页眉”按钮，在弹出的下拉菜单中选择“空白”。

（3）在页眉页脚编辑状态，在页眉编辑区输入“＊＊大学毕业论文”。

（4）单击“页眉和页脚工具｜设计”选项，在“选项”组中选中“首页不同”，在“关闭”组中单击“关闭页眉和页脚”，即完成第1节页眉和页脚的设置。

2. 设置第 2 节页眉与页脚

设置完第 1 节的页眉后，整篇文档中的页眉均为“ * * 大学毕业论文”，而在毕业论文文档中，要求目录部分的页眉与页脚为“所写论文题目，页码为Ⅰ、Ⅱ、Ⅲ格式，居中”，文档中已经进行了分节，第 2 节而眉与页脚的具体操作步骤如下。

(1) 插入点定位于第 2 节中的任意位置。

(2) 单击“插入”选项卡，在“页眉页脚”组中单击“页眉”按钮，在弹出的页眉样式列表中选择“空白”，进入页眉编辑状态，如图 5 – 16 所示。

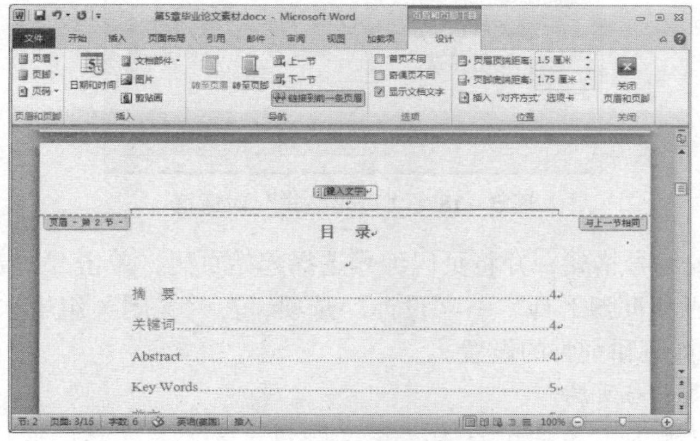

图 5 – 16　第 2 节页眉编辑界面

(3) 单击“页眉和页脚工具 | 设计”选项，在“导航”组中单击“链接到前一条页眉”，页眉编辑界面变为如图 5 – 17 所示。

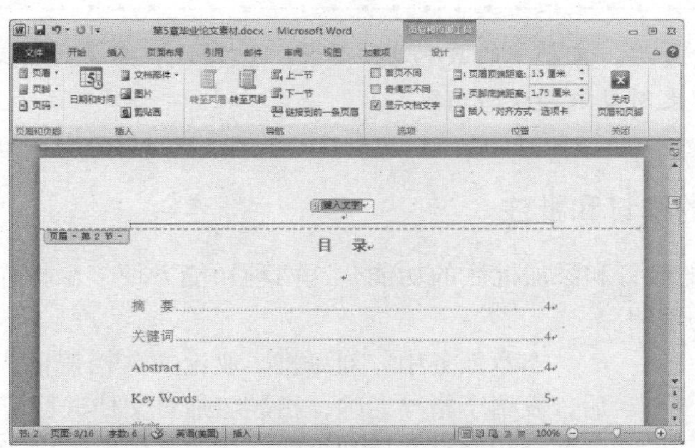

图 5 – 17　去除“链接到前一条页眉”编辑界面

(4) 输入页眉部分的文字“网络播客自创节目传播特征分析”，完成页眉的设置。

(5) 在“导航”组中单击“转至页脚”，即切换到页脚编辑状态。

(6) 在“页眉和页脚”组中单击“页码”按钮，单击“页面底端”，选择“普通数字 2”。

(7) 在“页眉和页脚”组中单击“页码”按钮，单击“页码格式”，弹出“页码格式”对话框，如图 5 – 18 所示。

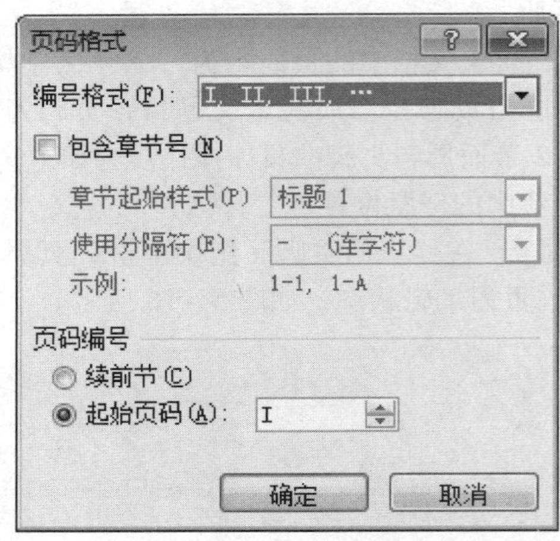

图 5－18 “页码格式”对话框

（8）选择所需的编号格式，并将页码编号选择起始页码，单击“确定”按钮。

（9）单击“页眉和页脚工具”→“设计”选项，在“关闭”组中单击“关闭页眉和页脚”，即完成第 2 节页眉和页脚的设置。

3. 设置第 3 节页眉与页脚

第 3 节页眉与页脚为“页眉设置为“论文题目——＊＊大学毕业论文”，页脚设置页码，为“1、2、3”，设置方法与第 2 节设置方法相同，此处不再描述。

 **提 示：**

在完成分节分页后，文档中的页码发生了变化，因此，需要进行更新目录，具体方法参照 5. 2. 2 节中更新目录部分的内容。

5. 2. 5 文档的修订和批注

Word 具有文档的修订和添加批注的功能，这两种功能方便多个操作者对文档进行协同处理，方便对文档的审阅。

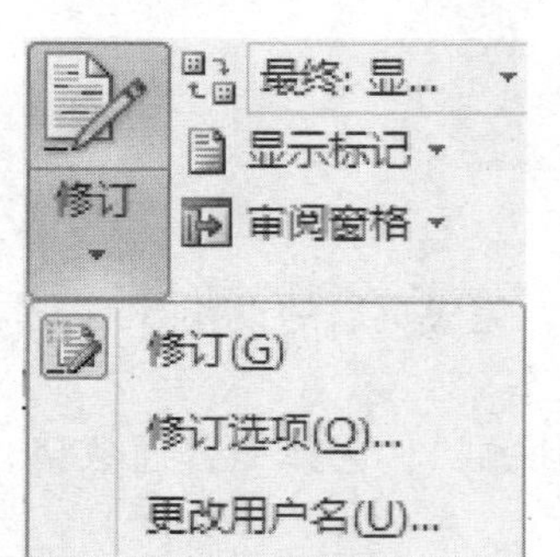

图 5－19 “修订”下拉菜单

本章任务中，刘海将毕业论文文档按格式排版要求进行排版后，发给了指导老师，指导老师对文档进行了修订，添加了批注，下面介绍修订文档和批注文档的具体方法。

1. 修订文档

修订文档的操作一般包括修订、接受修订、拒绝修订三种常用操作。

1）修订文档

修订文档的具体操作步骤如下。

（1）插入点定位于需要修订的文本位置。

（2）单击“审阅”选项卡，在“修订”组中单击“修订”

按钮。在弹出的下拉菜单（如图5－19所示）中选择“修订”，文档进入修订模式，此时对文档进行编辑，文档中被修改的内容以修订的方式显示，如图5－20所示。

（3）删除内容。在修订模式下，选中需删除的内容，按Delete键，正常模式下内容即被删除，而修订模式下，删除内容加入“删除线”进行显示。

（4）插入内容。在修订模式下，插入的内容加上单下划线的形式进行显示，并且为红色，如图5－20所示。

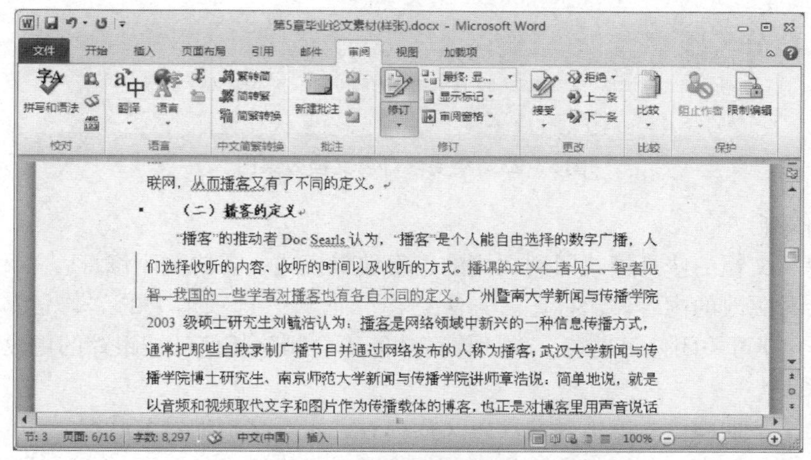

图5－20　修订的内容以修订方式显示

2）接受与拒绝修订

当审阅者对文档进行修订后，作者可以接受或拒绝修订，具体操作步骤如下。

（1）插入点定位于需要接受修订或拒绝修订的文本位置。

（2）单击“审阅”选项卡，在“更改”组单击“接受”按钮，在弹出的接受修订下拉菜单中选择接受方式，如图5－21所示。

（3）单击“审阅”选项卡，在“更改”组单击“拒绝”按钮，在弹出的拒绝修订下拉菜单中选择拒绝方式，如图5－22所示。

毕业论文文档中，选择“接受修订”，效果图如图5－23所示。

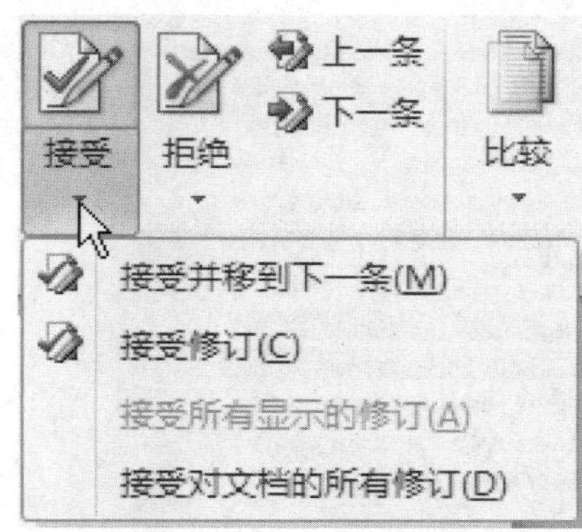

图5－21　“接受”修订下拉菜单

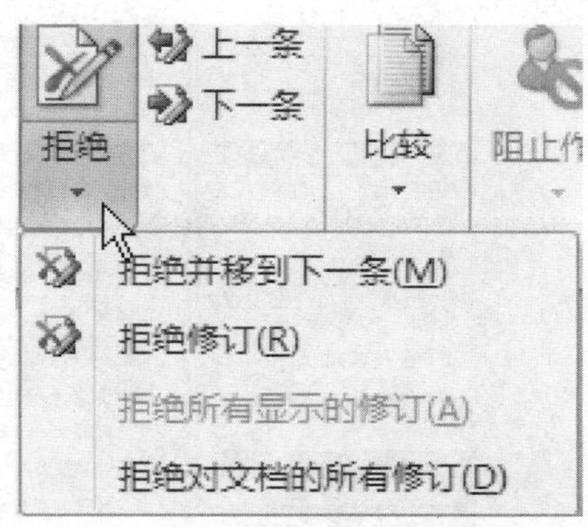

图5－22　“拒绝”修订下拉菜单

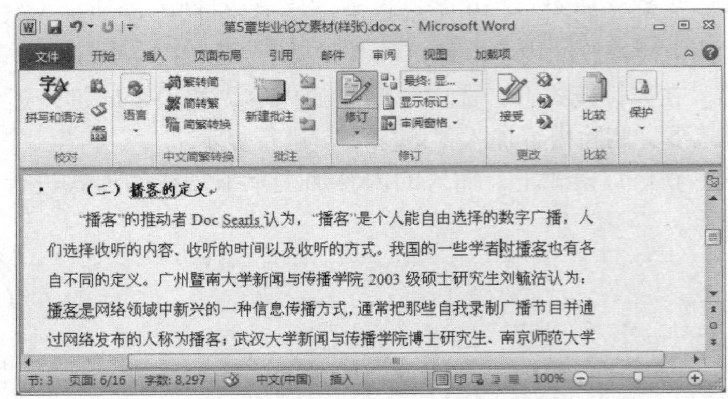

图 5－23　接受修订后文档效果图

3）关闭修订

如果需要从文档的修订模式回到文档的正常编辑模式，需要关闭修订。关闭修订后在修订文档时不会对更改的内容做出标记。方法是在“审阅”选项卡上的“修订”组中，单击“修订”图标，即可关闭修订功能。关闭修订功能不会删除任何已被跟踪的更改。

2. 批注文档

批注是为了帮助阅读者能更好地理解文档内容并跟踪文档的修改状况。

在毕业论文文档中，刘海发现论文中导师除了进行修订之外，还加入了适当的批注，在批注中给出了修改意见及建议。

1）插入批注

插入批注的具体操作步骤如下。

（1）选中需插入的批注文本。

（2）单击“审阅”选项卡，在“批注”组中单击“新建批注”按钮。

（3）在左侧的“审阅窗格”中输入批注的具体内容，效果图如图 5－24 所示。

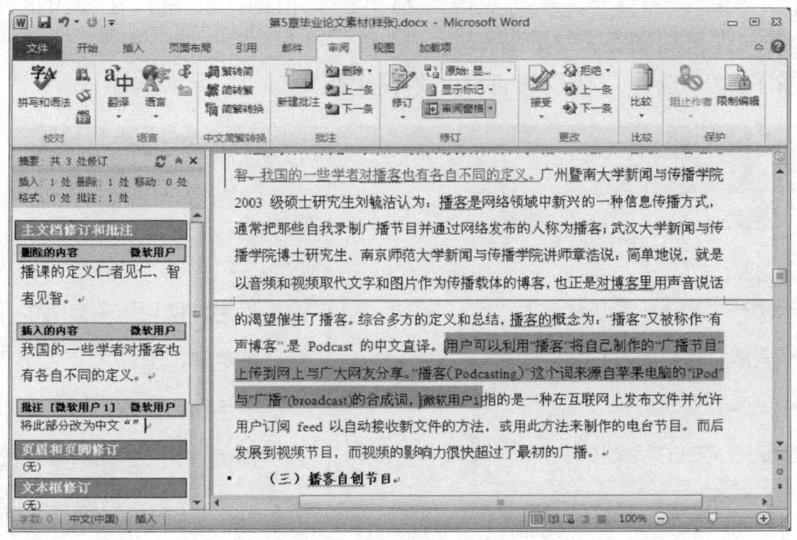

图 5－24　“批注”效果图

（4）更改批注的显示方式：除了在“审阅窗格”中显示批注，还可以在批注框中显示批注，即单击“修订”组中的“显示标记”，选择“仅在批注框中显示批注和格式”，如图 5－25 所示。

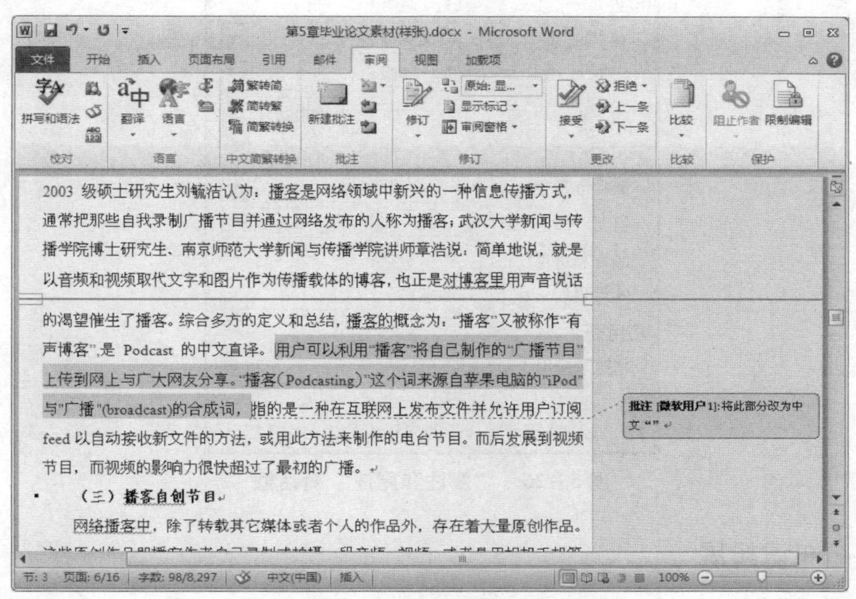

图 5－25　在批注框中显示批注

2）删除批注

修订者如果根据审阅者的批注意见修订了文档后，可以在批注中右击，选择“删除批注”，即可将批注删除。

提 示：

批注在文档打印时是随文档一起打印出来的。但如果在打印文档或编辑文档时，不想显示批注，可以单击“审阅”选项卡，在“修订”组中单击“显示标记”，将“批注”选项不选即可。

5.2.6　插入脚注和尾注

脚注和尾注是给文档加的注释性文字，脚注一般默认将注释内容放在文本所在页的底部，尾注一般放在文档的尾部。在毕业论文文档中，指导老师要求刘海对文档中引用性的语句或概念加入脚注，具体操作步骤如下。

（1）将插入点定位于需要插入脚注的位置。

（2）单击“引用”选项卡，在“脚注”组中单击“插入脚注”按钮。

（3）在该页的底部输入脚注内容。

插入尾注的方法与插入脚注的方法基本相同。可以修改脚注或尾注相关选项，即在

“脚注”组中单击按钮，在弹出的“脚注和尾注”对话框中进行设置，如图 5 – 26 所示。

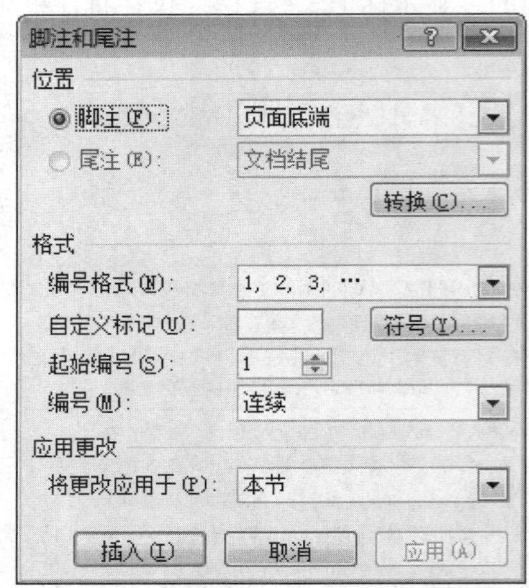

图 5 – 26 “脚注和尾注”对话框

5.2.7 知识拓展

1. 模板

模板是一种文档类型，打开时可为模板本身创建一个副本。Word 中提供的模板功能常用在某类具有固定格式并重复使用的文档中，如书法字帖、信件及信函、论文等。在创建文档时，可以使用系统提供的模板（具体步骤见第 3 章 3.2.2 节），也可以将已有文档保存为模板。此处介绍利用已有文档创建模板的方法。

毕业论文排版中，设置的格式较多，为便于其他同学使用，可以将其保存为模板，具体操作步骤如下。

（1）打开文档“毕业论文 . doc”。

（2）单击“文件”选项卡，然后单击“另存为”，弹出“另存为”对话框，在保存类型中选择“Word 模板 . dotx”。

在下次新建文档时，可以选择“文件”→“新建”→“可用模板”→“我的模板”命令，选择所需的模板即可。

2. 邮件合并

在实际工作中，经常会遇到这种情况：需要处理的文件主要内容基本相同，只是具体数据有变化。比如学生的录取通知书、成绩报告单、获奖证书、学生毕业论文中所填的各种表格等。Word 2010 中提供了邮件合并功能，来完成内容基本相同，只是具体数据有变化的文档的编辑。

邮件合并指的是在邮件文档的固定内容中合并并发送信息相关的变化信息，从而批量生成需要的邮件文档。因此，使用 Word 2010 的邮件合并功能，需要先建立两个文档，一个是邮件文档（主文档），一个是变化信息（数据源）。下面以制作录取通知书为例，介绍邮件合并的具体操作步骤。

（1）创建一个主文档，命名为“录取通知 . docx”，内容如图 5 – 27 所示。

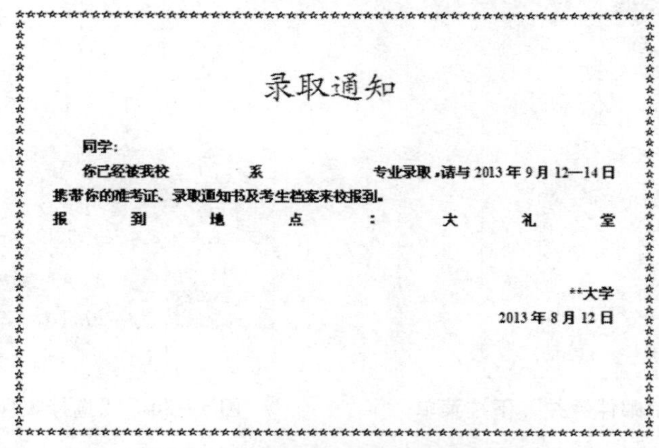

录取通知

同学：

你已经被我校　　　　系　　　　专业录取，请与 2013 年 9 月 12—14 日携带你的准考证、录取通知书及考生档案来校报到。

报　到　地　点　：　大　礼　堂

**大学

2013 年 8 月 12 日

图 5 – 27　邮件合并中主文档界面

（2）创建一个数据源，命名为“数据源 . docx”，内容如图 5 – 28 所示，保存并关闭。

姓名	系	专业
李平	计算机	计算机科学与技术
章小力	英语	英语教育
杨红	政法	国际政治
杨海燕	计算机	计算机应用与维护
陈非常	计算机	计算机科学与技术
程丽丽	计算机	计算机科学与技术
李乐	政法	国际政治
位东涛	政法	国际政治
曹梅杰	英语	英语教育
石文霞	英语	英语教育
陈海东	计算机	网络工程
贾文学	计算机	软件工程
姚云彩	计算机	动漫
李乐	经营	南方经济学
李可	政治	国际政治

图 5 – 28　邮件合并中数据源界面

（3）单击“邮件”选项卡，在“开始邮件合并”组中单击“开始邮件合并”按钮，在弹出的下拉菜单中选择“信函”选项，如图 5 – 29 所示。

（4）在“开始邮件合并”组中单击“选择收件人”按钮，在下拉菜单中选择“使用现有列表”选项，如图 5 – 30 所示。在弹出的“选择数据源”对话框中选择作为数据源的文件，此处选择“录取学生名单 . docx”文档，如图 5 – 31 所示。

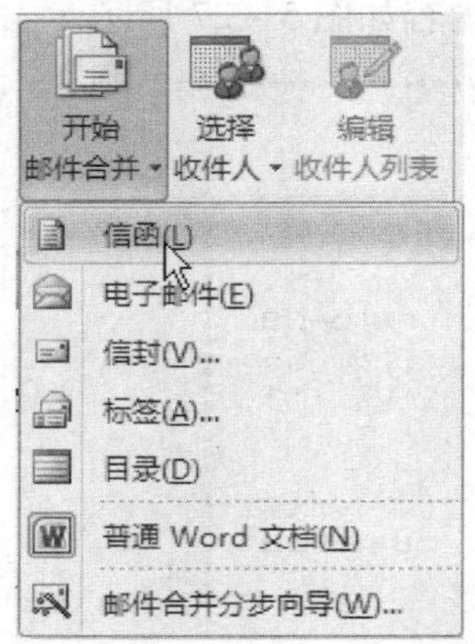

图 5－29　“开始邮件合并”下拉菜单

图 5－30　“选择收件人”下拉菜单

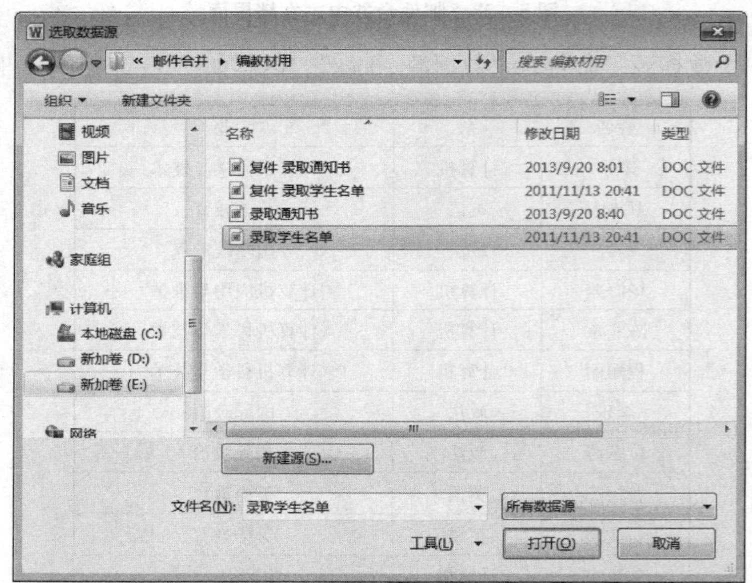

图 5－31　“选择数据源”对话框

（5）将插入点定位于“同学：”后面，在“编辑和插入域”组中单击“插入合并域”按钮上的下三角按钮，如图 5－32 所示，此时下拉菜单中有姓名、系、专业三个选项，此处单击“姓名”选项，插入点光标即被插入一个域，如图 5－33 所示。

图 5－32　“插入合并域”下拉菜单

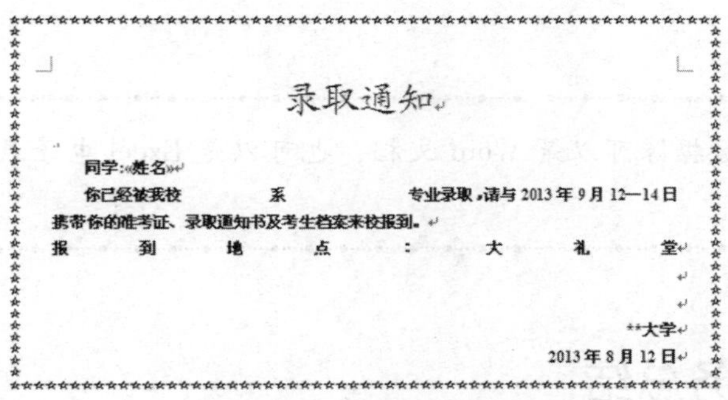

图 5－33　插入“姓名”域

（6）使用相同的方法，分别在“系”前、“专业”前插入“系”域与“专业”域。

（7）在“预览结果”组中单击“预览结果”按钮，可以看到效果。预览完成后再单击“预览结果”按钮结束预览。

（8）在“完成”组中单击“完成”按钮，在下拉菜单中选择“编辑单个文档”，在弹出的“合并到新文档”对话框中选择“全部”，单击“确定”按钮，如图 5－34 所示。此时，Word 创建一个新文档，效果图如图 5－35 所示。

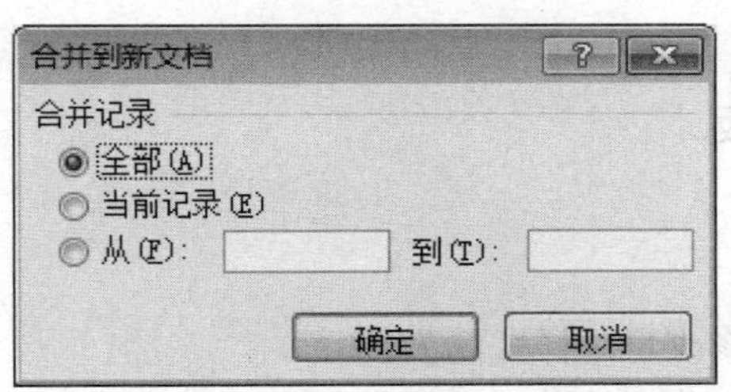

图 5－34　“合并到新文档”对话框

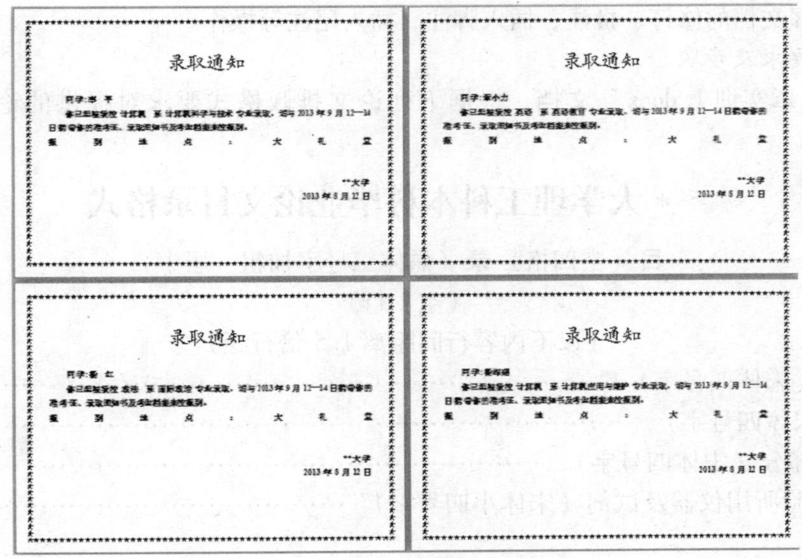

图 5－35　生成新文档效果图

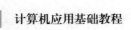

提示：

> 邮件合并中的数据源可以是Word文档，也可以是Excel电子表格，还可以是一些数据库等。

5.3 任务总结

本章通过完成“毕业论文排版”任务，讲述了样式、目录、分节与分页、审阅等内容，要求学生理解长文档排版的含义，掌握样式的使用、创建目录、分节与分页符的使用、文档的修订和批注等，具备利用Word 2010对长文档进行快速排版的能力。

5.4 实训

实训1　长文档排版

1. 实训目的

(1) 掌握样式的使用。

(2) 掌握创建目录、修改目录样式的方法。

(3) 掌握插入分节符与分页符。

(4) 掌握不同节中页眉与页脚的设置。

(5) 掌握文档的修订、批注、插入脚注、插入尾注等操作。

2. 实训要求及步骤

打开“5章实训1. docx”文档，根据下列论文排版格式要求对提供的论文素材进行排版。

＊＊大学理工科本科毕业论文目录格式

目（空四格）**录**（黑体三号字加粗　居中）

（空1行）

（以下内容行间距离1.5倍行距）

摘　要（宋体四号字）………………………………………… x

引言（宋体四号字）………………………………………… x

1. 实验部分（宋体四号字）………………………………… x

1.1　实验所用仪器及试剂（宋体小四号字）……………… x

……

2. 结果与讨论（宋体四号字）……………………………… x

理科类论文基本格式

标题 XXXXXXXXX（宋体三号字加粗，居中，1.5 倍行距）

（空两格）摘　要（黑体小四号字）：具体内容（楷体小四号字不加粗，1.5 倍行距）

（空两格）关键词（黑体小四号字）：＊＊；＊＊；＊＊（3~5 个，楷体小四号字不加粗，1.5 倍行距）

（空一行）

英文标题（四号 Times New Roman 加黑）题目中的首英文字母大写，介词除外。

Abstract（Times New Roman 小四号字加粗）：具体内容（Times New Roman 小四号字不加粗，1.5 倍行距）

Key Words（Times New Roman 小四号字加粗）：＊＊；＊＊；＊＊（Times New Roman 小四号字不加粗，1.5 倍行距，首英文字母大写）

（空两格）引言（宋体四号字加粗）

引言内容（宋体小四号字不加粗，1.5 倍行距）

1. XXXXX（一级标题宋体四号字加粗，1.5 倍行距，顶格）

1.1 XXXXX（二级标题宋体小四号字加粗，1.5 倍行距，顶格）

1.1.1 XXXXX（三级标题仿宋体小四号字，1.5 倍行距，顶格）

（空两格）正文内容（宋体小四号字不加粗 1.5 倍行距）

如出现表的话，可以参考下列格式。

表 1　（5 号宋体）标题（居中，5 号宋体）

文字（5 号宋体）				
	数字（5 号 Times New Roman）			

（空两格）注：XX（宋体小五号字）（对不需要说明解释的表格，这项可以不写。）

（顶线和底线均为 1.5 磅，或者加粗）

全文的表格统一编序，也可以逐章编序，不管采用哪种方式，表序必须连接。

“参考文献”为四号字粗体居中。

参考文献的具体条目用五号字楷体，靠左对齐，阿拉伯数字标引序号（行距 1.5 倍）。

致谢（四号、居中，1.5 倍行距）。

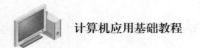

（空两格）（5 号宋体，1.5 倍行距）。

以上致谢部分单独占一页。

除了以上格式，要求封面与毕业论文作者声明作为封面部分，页眉设置为“封面部分”，显示页码，首页不显示；目录部分的页眉设置为“目录部分”，添加页码；其余部分为正文部分，页眉设置为“正文部分”，添加页码。

最终效果如图 5－36 所示。

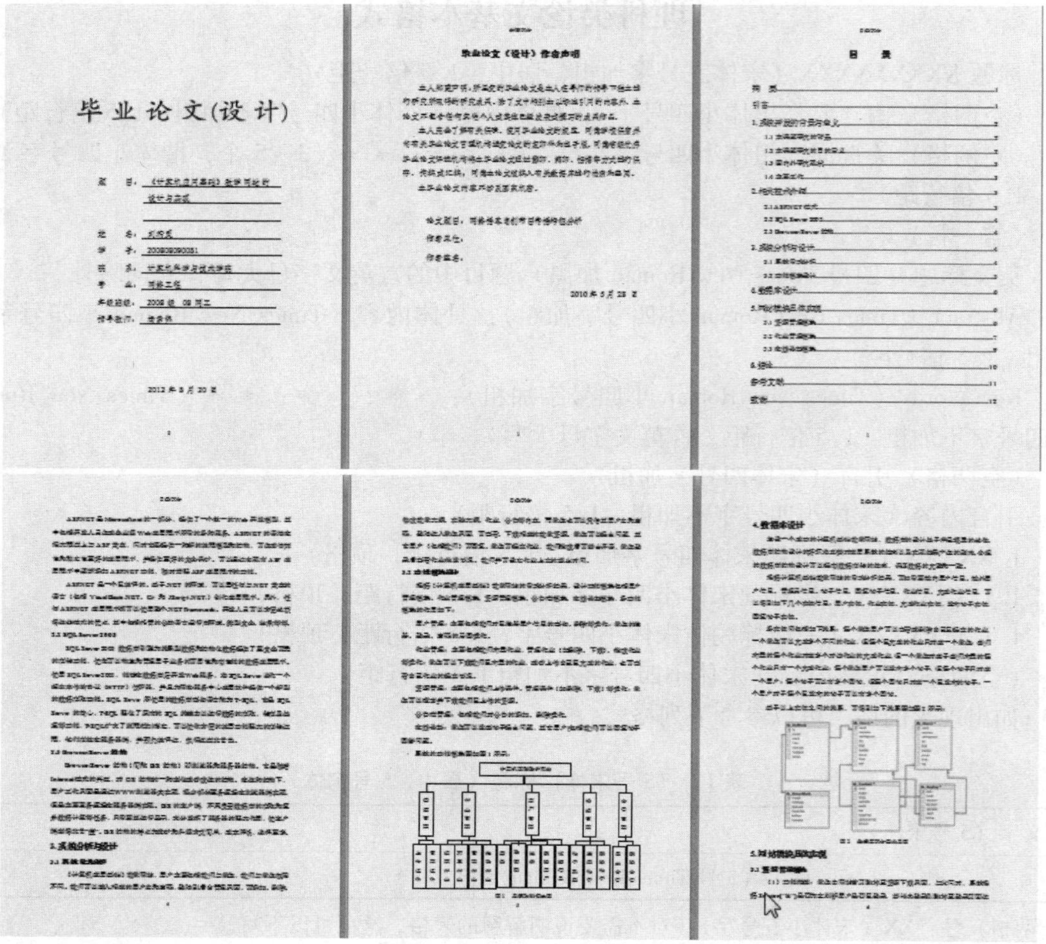

图 5－36　“实训 1”样例

实训 2　邮件合并

请下载第 5 章素材，根据素材“5 章实训 2 主文档 . docx，5 章实训 2 数据源 . xlsx”，要求利用邮件合并，根据数据源中的数据快速生成每位同学毕业答辩评审表表头信息。

第 6 章　Excel 基础应用——制作电子表格

Excel 2010 是 Office 2010 的组件之一，是专门用来制作电子表格的软件，具有强大的数据处理能力。在日常工作、生活中，会计人员利用电子表格对报表、工资单等进行统计和分析；教师利用电子表格登记学生信息，统计考试成绩；证券人员利用电子表格分析股票走势；家庭利用电子表格记录和统计家庭收入与支出。本章将学习工作簿、工作表的基本操作，以及简单的公式和计算，让用户能够快速掌握电子表格的制作方法。

6.1　任务分析

6.1.1　任务描述

小明利用暑假参与社会实践，帮助嘉诚物业管理公司统计各小区的水电使用情况。根据公司要求，需要使用 Excel 制作一个电子表格，用于记录各小区水电抄表数字，并能自动计算用水量、水费，用电量、电费，统计水电的总值、平均值等。并按规定的格式打印表格，张贴到各小区物业管理处，方便住户查看。

6.1.2　任务分解

采用 Excel 制作电子表格，要求表格内容简单明了，布局合理，重点突出，同时利用其数据处理功能，实现统计数据的自动计算，简化造表人员的工作。完成该项任务的设计思路如下。

（1）启动 Excel 2010，新建一个工作簿，保存为“水电费 . xlsx”。

（2）输入水电抄表数据。

（3）计算每户的用水量、水费、用电量、电费，统计水电的总值、平均值。

（4）单元格格式化和工作表美化。

（5）打印工作表。

最终结果如图 6 – 1 所示。

	A	B	C	D	E	F	G	H	I	J	K
1	抄表日期:	2013/8/7									
2					水电收费标准						
3				水费（元/吨）		电费（元/度）					
4				2.5		0.51					
5											
6	幸福花园5号楼7月份水电费										
7	门牌号	水上月数字	水本月数字	用水量（吨）	水费（元）	电上月数字	电本月数字	用电量（度）	电费（元）	水电费合计（元）	备注
8	001	956	980	24	60	8985	9099	114	58.14	118.14	
9	002	873	899	26	65	7893	7958	65	33.15	98.15	
10	003	789	797	8	20	6898	6956	58	29.58	49.58	
11	004	567	578	11	27.5	5946	5999	53	27.03	54.53	
12	006	598	611	13	32.5	6067	6113	46	23.46	55.96	
13	007	367	389	22	55	5023	5098	75	38.25	93.25	
14	008	479	505	26	65	5889	5934	45	22.95	87.95	
15	009	612	636	24	60	6981	7056	75	38.25	98.25	
16	010	615	637	22	55	7022	7236	214	109.14	164.14	
17											
18	水电总值			176	440			745	379.95	819.95	
19	水电平均值			19.6	48.9			82.8	42.2	91.1	

图 6-1　水电费样张

6.2　任务完成

6.2.1　认识 Excel

1. 启动与退出

系统提供了多种方式来启动和退出 Excel 2010，用户可以根据个人的习惯选择下列任何一种方式。

启动 Excel 2010 常用方法如下。

方法 1：利用“开始”菜单启动，选择“开始”→“所有程序”→“Microsoft Office”→“Microsoft Excel 2010”命令。

方法 2：通过桌面快捷方式快速启动，方法为：双击桌面上的 Excel 2010 快捷图标。

退出 Excel 2010 常用方法如下。

方法 1：单击 Excel 窗口中右上角“关闭”按钮，即可关闭当前文档。该方法仅关闭当前文档，不影响其他已经打开的 Excel 文档。

方法 2：单击 Excel 窗口左上角“文件”选项卡中的“退出”命令。该方法可退出Excel 2010 应用程序，而且会关闭所有打开的 Excel 文档。

2. Excel 2010 工作窗口

Excel 2010 窗口主要由标题栏、选项卡、功能区、编辑栏、工作区、工作表标签和状态栏等组成，如图 6-2 所示。

1）标题栏

主要用于显示当前窗口正在运行的应用程序和工作簿名称。左侧为快速访问工具栏，右侧为最小化、最大化/还原、关闭三个窗口控制按钮。

2）“文件”选项卡

包含对文件的打开、保存、打印、共享和管理文件等选项。

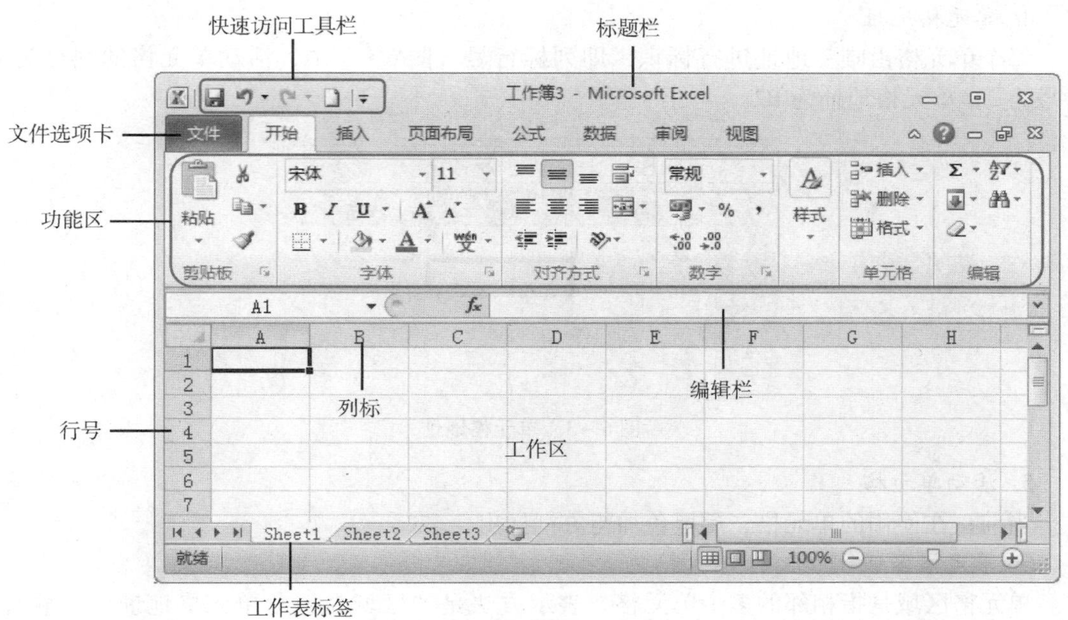

图 6－2　Excel 2010 工作窗口

3）编辑栏

用于显示、编辑活动单元格中的数据和公式。由单元格名称框、操作按钮和编辑区三部分组成。

4）列标

用于显示列标的字母，单击列标可选择整列。

5）行号

用于显示行号的数字，单击行号可选择整行。

6）工作表标签

用来显示工作表的名称，每个工作表标签代表一个工作表，单击标签名称，可激活对应的工作表。

6.2.2　Excel 2010 中常用术语

Excel 对数据的组织方式是一个“工作簿”可以包含多个“工作表”，一个“工作表”中有多个“单元格”。所以，为了方便叙述和理解，首先介绍 Excel 中的一些常用术语。

1. 工作簿

用户在启动 Excel 时，系统自动创建一个 Excel 文件，即“工作簿”，扩展名为 .xlsx。默认情况下一个工作簿中包含名称为 Sheet1、Sheet2、Sheet3 的三个工作表。

2. 工作表

Excel 窗口中由若干行、若干列组成的表格称为“工作表”，可用于输入、显示和分析数据。工作表左下角的工作表标签显示工作表的名称，单击工作表标签可切换工作表。

3. 单元格

工作表的行列交叉处小方格即“单元格”，是 Excel 中最小的单位，用于输入数据。

4. 单元格地址

每个单元格由唯一地址进行标识，即列标行号。图 6－3 中，活动单元格的列号为 B，行号为 2，单元格地址为 B2。

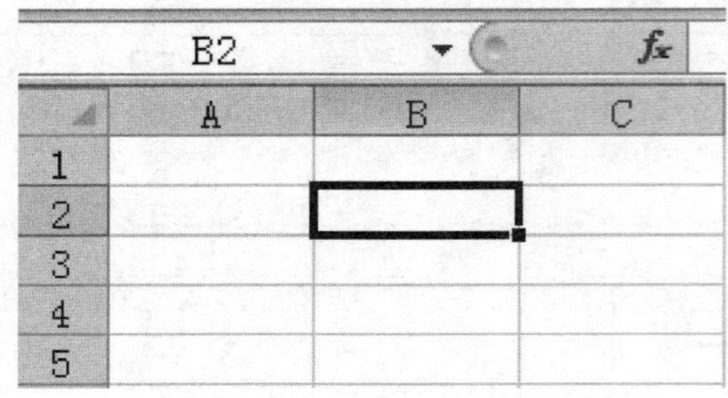

图 6－3　单元格地址

5. 活动单元格

当前正在使用的单元格，用黑色加粗方框标出。

6. 单元格区域

单元格区域是指相邻的多个单元格，表示方法是"区域左上角单元格地址：区域右下角单元格地址"，其中"："是西文状态下的冒号。图 6－4 中选中的区域为"B2：C5"。

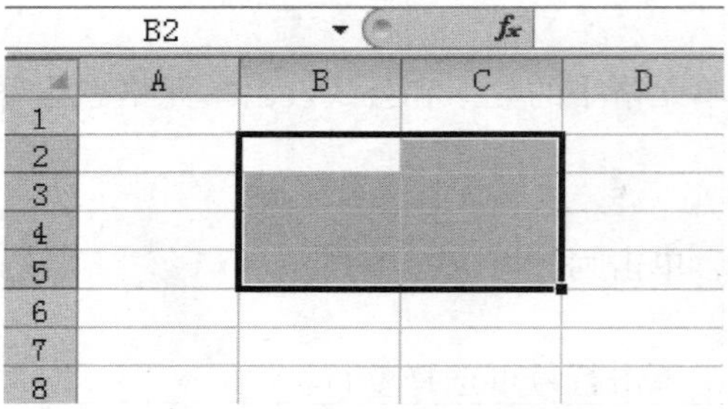

图 6－4　单元格区域

6.2.3　工作簿的建立与保存

1. 创建工作簿

使用 Excel 2010 制作电子表格，首先要新建一个工作簿。在 Excel 2010 中，有多种方法新建工作簿。

方法 1：启动 Excel 2010，自动创建新工作簿"工作簿 1"。

方法 2：在 Excel 窗口中单击"自定义快速访问工具栏"按钮中的"新建"命令，即可看到"快速访问工具栏"中"新建"按钮，如图 6－5 所示。单击该按钮即可新建一个工作簿。

方法 3：在 Excel 窗口可见时，按下组合键 Ctrl + N，即可快速创建一个空白工作簿。

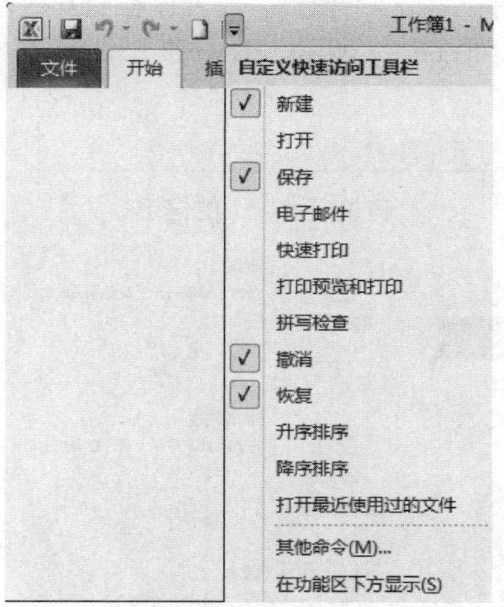

图 6－5　自定义快速访问工具栏

2. 保存工作簿

当用户创建并编辑完工作簿之后，需要将其保存在本地计算机中，方便以后查看和编辑。工作簿默认的文件扩展名为 . xlsx。

在 Excel 2010 中，有多种方法手动保存工作簿。

方法 1：单击 Excel 窗口左上角的“保存”按钮。

方法 2：按下组合键 Ctrl + S。

对于首次保存的工作簿，Excel 自动弹出“另存为”对话框，方便用户设置文件保存的位置和名称，如图 6－6 所示。以后对工作簿再有修改，需要再次保存，但是不会再弹出此对话框。

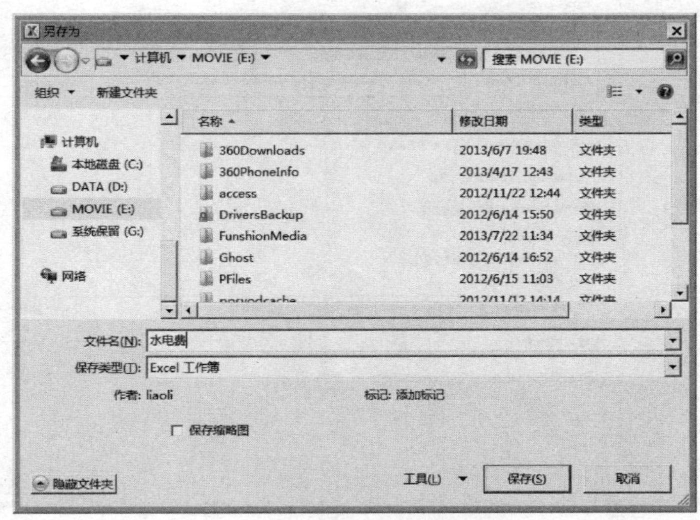

图 6－6　“另存为”对话框

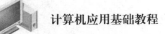

如果用户需要以新的文件名保存工作簿，或者保存到其他位置，可以执行“文件”选项卡中的“另存为”命令，如图6－7所示。Excel打开图6－6中“另存为”对话框，可重新设置文件名或保存位置。

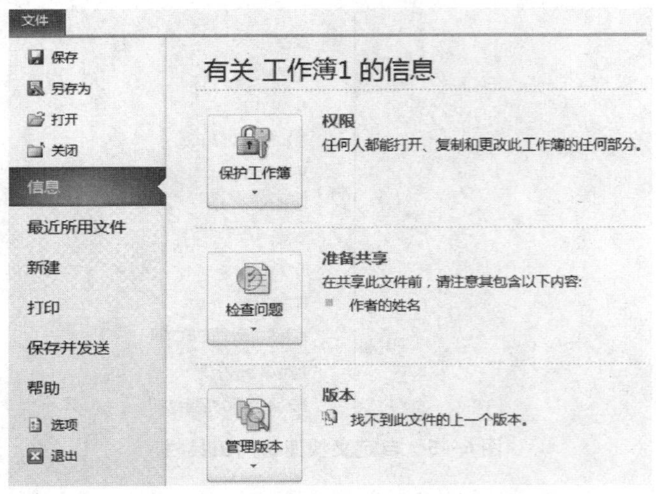

图6－7 “文件”选项卡

用户在使用Excel编辑工作簿时，往往会遇到计算机故障或意外断电的情况，此时，就要用到系统提供的自动保存和自动恢复功能。执行“文件”选项卡中“选项”命令，在打开的“Excel选项”对话框中选择“保存”选项卡，可设置自动恢复时间间隔、自动恢复文件位置等，如图6－8所示。

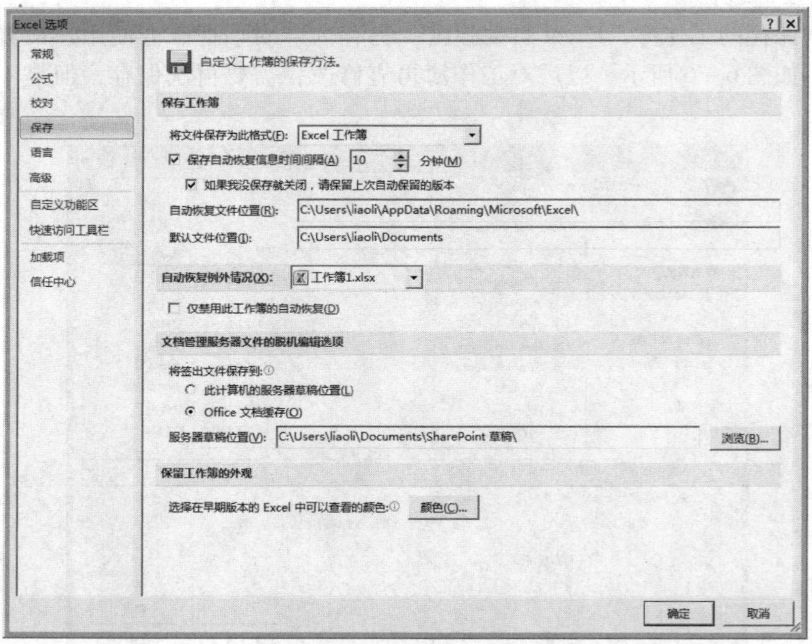

图6－8 “Excel选项”对话框

6.2.4　在工作表中输入数据

要在 Excel 工作表中对数据进行分析和处理，首先要在单元格中输入数据。Excel 工作表可以输入多种类型的数据，不同类型的数据输入方法不完全一样，下面介绍 Excel 各种数据类型和输入方法。

1. 数据类型

在 Excel 中，把数据分为三类，即标签、数值和公式。

标签数据是指表格中的文字，不能计算；数值数据是指阿拉伯数字和小数点组成的数字，可以计算，日期和时间也是数值数据；公式是指以等号“=”开头，由单元格、运算符和数组成的字符串。

2. 输入数据的方法

在 Excel 中，可以为单个单元格输入数据，也可以利用自动填充功能快速输入有序数据。

1）单个单元格数据的输入

方法是：单击选中单元格→直接输入数据→按 Enter 键或 Tab 键。

输入文本之后，可以通过按钮或快捷键完成或取消文本的输入，对应操作如表 6－1 所示。

表 6－1　常用按钮或快捷键操作

操　作	功　能
Enter 键	确认输入，并将光标转移到下一个活动单元格
Tab 键	确认输入，并将光标转移到右侧活动单元格
Esc 键	取消输入的文本
Back Space 键	删除插入点前一个字符
Delete 键	删除插入点后一个字符
✕ ✓	编辑栏取消和确认输入按钮

2）快速填充数据

利用自动填充功能可以快速输入相同数据或有序数据，下面介绍具体的操作方法。

方法 1：选择单元格或单元格区域→鼠标指向右下角，光标变成“+”形状时→按住左键拖拽，可实现复制数据，或按序列填充数据。

在图 6－9 所示水电费工作表中，门牌号要求从上到下依次输入 001，002，…的有序数据。

	A	B	C	D	E	F	G	H	I	J	K
1	抄表日期：	2013/8/7									
2					水电收费标准						
3				水费（元/吨）		电费（元/度）					
4				1.5		0.51					
5											
6											
7	门牌号	水本月数字	水上月数字	用水量（吨）	水费（元）	电上月数字	电本月数字	用电量（度）	电费（元）	水电费合计（元）	备注
8		980	956			8985	9099				
9		899	873			7893	7958				
10		797	789			6898	6956				
11		578	567			5946	5999				
12		866	834			9112	9224				
13		611	598			6067	6113				
14		389	367			5023	5098				
15		505	479			5889	5934				
16		636	612			6981	7056				
17		637	615			7022	7236				

图 6－9　水电费

具体操作步骤如下。

在 A8 单元格输入“´001”，按 Enter 键，工作表中单击 A8，鼠标指向右下角，注意形状 +，按住左键拖拽到 A17，放开鼠标。如图 6－10 所示。

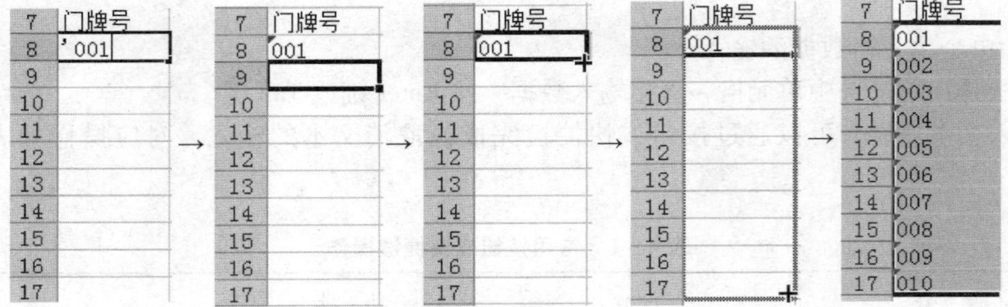

图 6－10　自动填充门牌号

方法 2：选择要填充的区域，选择“开始”选项卡中“编辑”组中的“填充”命令，选择所需的命令。如图 6－11 所示。

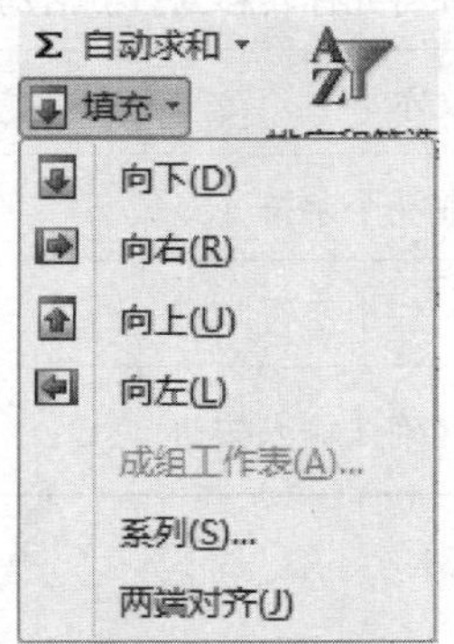

图 6－11　“填充”命令

 **提示：**

> 如图 6－12 所示的“序列”对话框中，“步长值”表示相邻两个单元格之间数据递增或递减的幅度，其默认值为 1；“终止值”表示填充的序列最大或最小（递增或递减）不超过终止值。

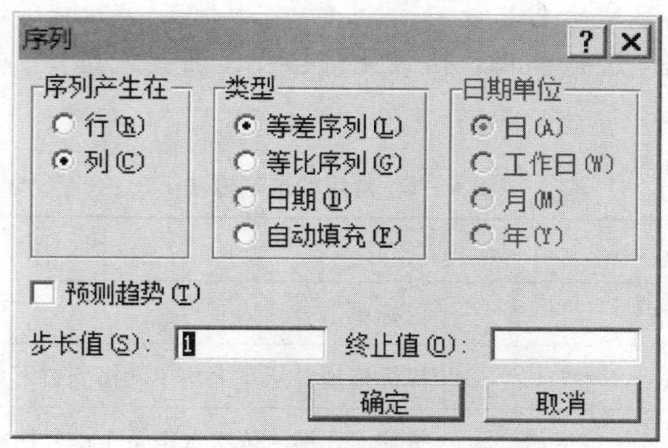

图6－12　“序列”对话框

3. 各种类型数据的输入

不同类型数据的输入方法不完全一样。下面介绍标签数据和数值数据中的特殊输入方法，输入公式将在6.2.7节专门介绍。

1）输入标签数据

标签数据默认左对齐。

对于全部由数字组成的字符串，如邮政编码、电话号码、身份证号等的输入，为了避免被Excel认为是数值，可以先输入一个西文单引号“’”，再输入数据；或者先将单元格的数字格式设置为“文本”，然后再输入数据。

2）输入数值型数据

数值型数据默认右对齐。

当输入的数值型数据超过单元格默认数值的宽度时，Excel会自动用科学计数法显示，例如“1.5E＋10”。

输入分数时，1/3的输入方法是“0 1/3”（注意0后有一个空格）。

输入日期时，用斜杠“/”或“－”作为年月日的分隔符，例如“2013/5/1”或“2013－5－1”。输入当前日期可用组合键“Ctrl＋；”。

输入时间时，用冒号“：”作为小时分钟秒的分隔符，例如“8：30”、“9：30 am”或“5 pm”。

提示：

注意输入的时间在编辑栏的显示。
输入当前时间可用组合键“Ctrl＋Shift＋；”。

6.2.5　单元格的编辑

1. 单元格的单击和双击

单击单元格可选中单元格，此时输入的数据将覆盖原有数据；双击单元格使单元格处于编辑状态，可局部修改单元格数据。

2. 单元格和单元格区域的选定

如果要对单元格数据进行编辑、格式化等操作，需要先选定，常用的选定方法如表 6－2 所示。

表 6－2 常用的选定方法

操　作	方　法
选定单元格	鼠标单击
选定区域	鼠标拖拽，从左上角单元格到右下角单元格
选定不连续的多个单元格或区域	按住 Ctrl 键 + 依次选定每个单元格或区域
选定整行或整列	鼠标单击行号或列标
选定多行或多列	鼠标指向行号或列标，拖拽

3. 移动、复制数据

移动、复制数据一般可用下面两种操作方法。

1）用鼠标操作

（1）移动方法。选定单元格或区域，鼠标指向边框线，变成如图 6－13 所示形状时，拖拽到目标位置放开。

（2）复制方法。选定单元格或区域，按住 Ctrl 键不放，同时鼠标指向边框线，变成如图 6－14 所示形状时，拖拽到目标位置放开。

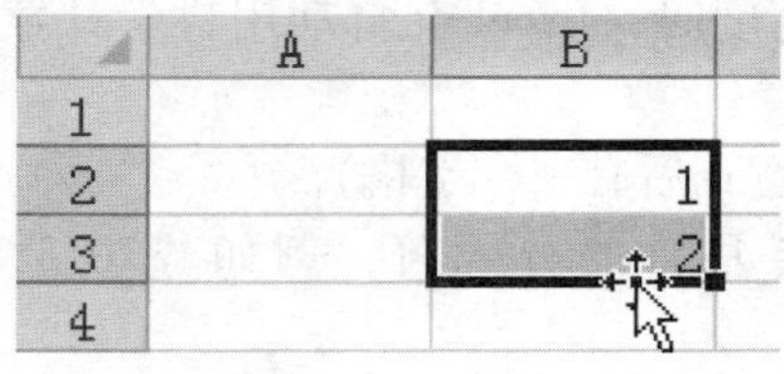

图 6－13 移动

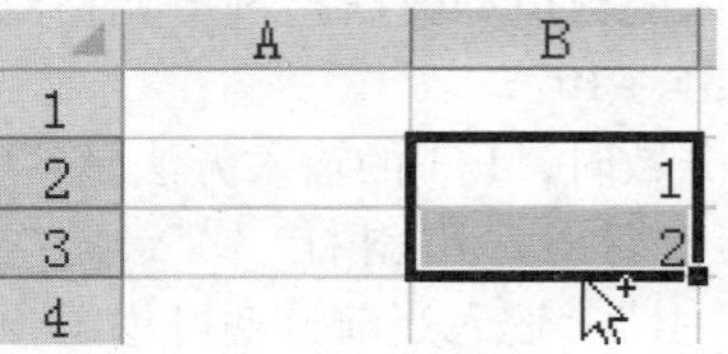

图 6－14 复制

在水电费工作表中，小明不小心将“水本月数字”和“水上月数字”两列先后顺序输错了，现在需要交换这两列的位置，方法是：可将其中一列移动到其他空白位置，将另一列移动到正确位置，然后将移走的一列移动到正确的位置即可。

2）用命令完成

（1）移动方法。选定单元格或区域，单击“开始”选项卡中“剪切”按钮，鼠标单击目标单元格，单击“开始”选项卡中“粘贴”按钮。

（2）复制方法。选定单元格或区域，单击“开始”选项卡中“复制”按钮，鼠标单击目标单元格，单击“开始”选项卡中“粘贴”按钮。

一般在同一页面内完成的移动或复制，可采用鼠标操作；在不同页面的移动或复制，采用命令完成。

提示：

单击“粘贴”按钮下部，展开多种粘贴选项，鼠标移动到某选项时，可预览粘贴结果；单击某选项，可应用该选项，如图6-15所示。

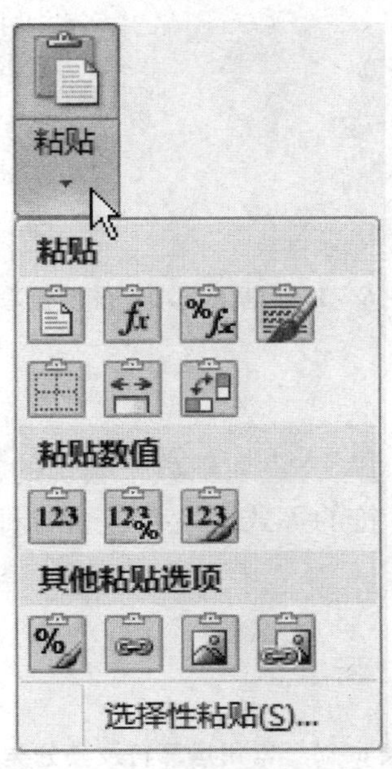

图6-15　粘贴选项

4. 清除数据

选中要清除数据的单元格或单元格区域，按Delete键；或者单击“开始”选项卡中“清除”按钮，选择相应命令，如图6-16所示。

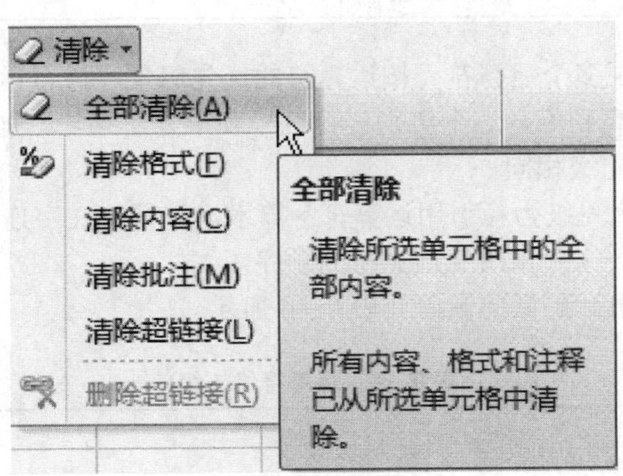

图6-16　清除选项

5. 插入或删除单元格、行、列、工作表

在 Excel 中，单元格、行、列、工作表都可以自由插入或删除。方法是：选定目标位置，单击“开始”选项卡中“插入”按钮或“删除”按钮中相应命令，如图 6－17 所示。

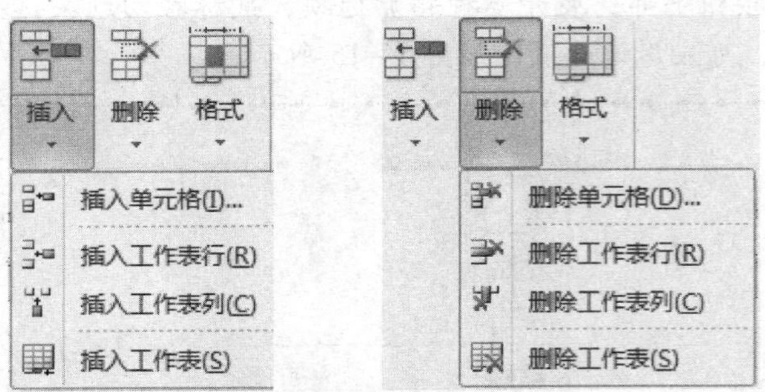

图 6－17　插入选项、删除选项

6.2.6　使用公式

Excel 强大的数据计算功能是通过公式和函数来实现的，本节将学习 Excel 公式的使用。

公式是一个包含了数据和运算符的等式，主要包含各种运算符、常量、函数和单元格的引用等元素。

1. 运算符

常用运算符及其分类如表 6－3 所示。

表 6－3　常用运算符及其分类

算术运算符	+（加）、-（减）、*（乘）、/（除）、%（百分号）、^（乘方）
文字连接符	&（字符串连接）
关系运算符	=、>、<、>=、<=、<>（不等于）
引用运算符	:（冒号）、,（逗号）、（空格）

如果一个公式中出现多个运算符，按运算符的优先级顺序进行运算。

（1）算术运算符从高到低分三个级别：百分号和乘方、乘除、加减。

（2）关系运算符优先级相同。

（3）4 类运算符的优先级为：引用运算符 > 算术运算符 > 文字连接符 > 关系运算符。

（4）可通过增加“（）”来改变运算符的顺序。

所有运算符优先级由高到低的顺序如表 6－4 所示。

表 6－4　运算符优先级

引用运算符： :（冒号）（单个空格），（逗号）
- 负号

续表

% 百分比
^ 乘方
＊ 和 / 乘和除
+ 和 - 加和减
& 连接两个文本字符串（串连）
比较运算符： = < > <= >= <>

2. 创建公式

输入公式的方法为：选定单元格→先输入“=”号，然后输入公式→按 Enter 键确认，Excel 会自动显示计算结果，如图 6-18 所示。

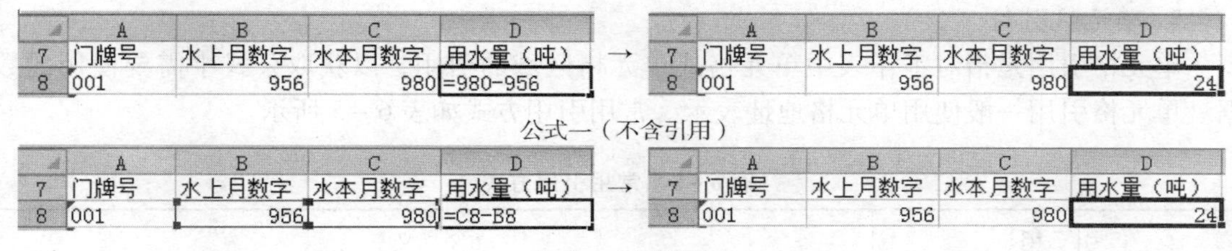

	A	B	C	D
7	门牌号	水上月数字	水本月数字	用水量（吨）
8	001	956	980	=980-956

→

	A	B	C	D
7	门牌号	水上月数字	水本月数字	用水量（吨）
8	001	956	980	24

公式一（不含引用）

	A	B	C	D
7	门牌号	水上月数字	水本月数字	用水量（吨）
8	001	956	980	=C8-B8

→

	A	B	C	D
7	门牌号	水上月数字	水本月数字	用水量（吨）
8	001	956	980	24

公式二（含引用）

图 6-18　输入公式

提 示：

公式“=C8-B8”中，C8 和 B8 是单元格的引用，可以通过单击对应单元格实现输入。

3. 编辑公式

选择含有公式的单元格，在编辑栏修改；或者双击单元格，直接修改公式，然后按 Enter 键确认。

4. 复制公式

如果多个单元格使用相同的公式，可以通过复制公式的方法实现快速输入。水电费中计算用水量=水本月数字-水上月数字，计算方式是：在 D8 单元格输入公式，如图 6-19 所示。

	A	B	C	D
7	门牌号	水上月数字	水本月数字	用水量（吨）
8	001	956	980	=C8-B8
9	002	873	899	
10	003	789	797	
11	004	567	578	
12	006	598	611	
13	007	367	389	
14	008	479	505	
15	009	612	636	
16	010	615	637	

图 6-19　输入公式

D9：D16 单元格可以使用与 D2 单元格相同的公式计算用水量，利用前面学习的自动填充方法可以简化该操作，如图 6－20 所示。

	A	B	C	D
7	门牌号	水上月数字	水本月数字	用水量（吨）
8	001	956	980	24
9	002	873	899	
10	003	789	797	
11	004	567	578	
12	006	598	611	
13	007	367	389	
14	008	479	505	
15	009	612	636	
16	010	615	637	

图 6－20　复制公式

也可以用“复制”、“粘贴”命令复制公式。

5. 单元格引用

单元格引用是指对工作表中单元格或单元格区域的引用，以获取公式中需要使用的数据。单元格引用一般使用单元格地址表示。常用引用方式如表 6－5 所示。

表 6－5　常用引用方式

引　用	含　义
A2	A 列和第 2 行交叉处单元格
A1：A10	A 列第 1 行到第 10 行的单元格区域
B5：E5	第 5 行的 B 列到 E 列的单元格区域
15：15	第 15 行的全部单元格
15：16	第 15 行到第 16 行的全部单元格
A：A	A 列的全部单元格
A：D	A 列到 D 列的全部单元格
A3：D5	A 列到 D 列和第 3 行到第 5 行之间的单元格区域

单元格引用有三种方式：相对引用、绝对引用和混合引用。

（1）相对引用。默认引用方式，上表中列出的引用都是相对引用。其特点是复制或移动公式时，相对引用会根据相对位移自动调节公式中引用的单元格地址。

（2）绝对引用。在单元格引用的行号和列号前都加上“＄”符号，如 $A $1、$B $5，就是绝对引用。其特点是复制或移动公式时，绝对引用单元格不会随公式位置的变化而变化。

（3）混合引用。在单元格引用的行号或列号前加上“＄”符号，如 $A1、B $5，就是混合引用。其特点是复制或移动公式时，引用单元格的变化是上述两者的结合。

提示：

Excel 中默认为相对引用，鼠标定位在单元格引用处，按 F4 键，可在三种引用间转换。

6.2.7　单元格格式化

小明在完成水电费的计算工作后，打印前检查工作表，发觉表格不是很美观，重点内容不够突出，打印的表格也没有边框线。为了更好地完成任务，使这个表格看上去更加美观，小明决定利用单元格格式化给这个表格美化一下。

单元格格式化主要包括对单元格文本、数字的格式化，设置对齐方式，设置样式等操作，达到美化工作表和突出特殊数据的效果。

单击“开始”选项卡中字体、对齐方式等选项组可以设置单元格格式，如图 6－21 所示。

图 6－21　“开始”选项卡

1. “字体”选项组

在图 6－22 所示的“字体”选项组中可设置字体、字号、增大字号、缩小字号、加粗、倾斜、下划线、边框线、填充颜色、字体颜色和拼音字段。单击右下角按钮，可打开“设置单元格格式”对话框中的“字体”选项卡，如图6－23所示。

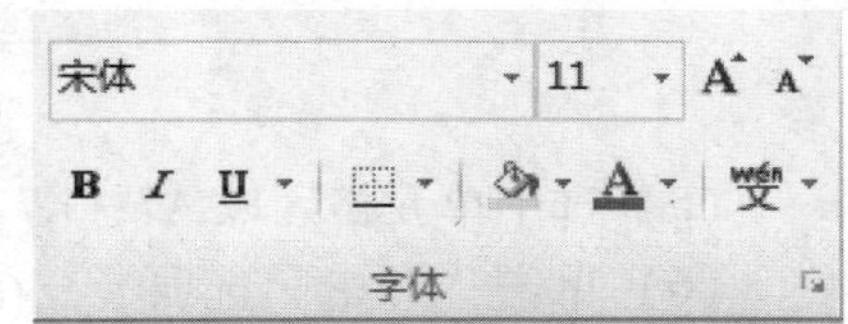

图 6－22　“字体”选项组

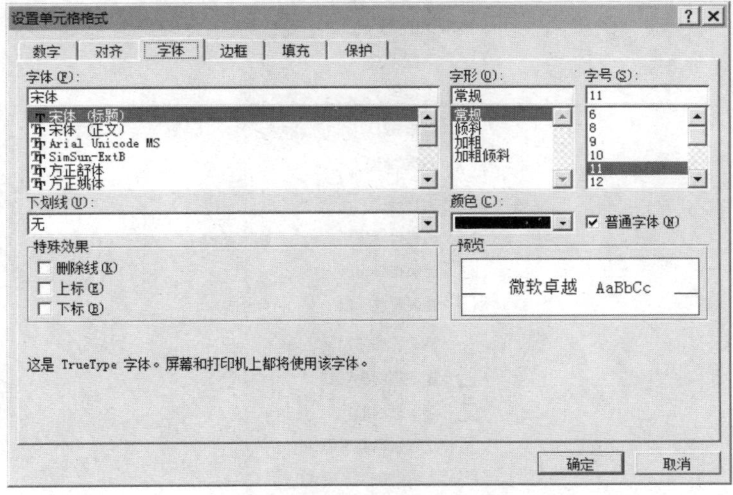

图 6－23　“字体”选项卡

水电费.xlsx 中需要将水电总值和水电平均值两行突出显示，填充颜色为“茶色，背景2，深色25%”；需要设置边框线，要求最粗单线外边框，最细单线内边框，表格列标题下边框为双线。具体操作步骤如下。

（1）选中单元格区域 A18：K19。

（2）单击“开始”选项卡，在“字体”组单击“填充颜色”按钮，选择“茶色，背景2，深色25%”。

（3）选中单元格区域 A7：K19。

（4）单击“开始”选项卡中“字体”组右下角按钮，打开“设置单元格格式”对话框，在“边框”选项卡中设置最粗单线外边框，最细单线内边框，如图6-24所示。

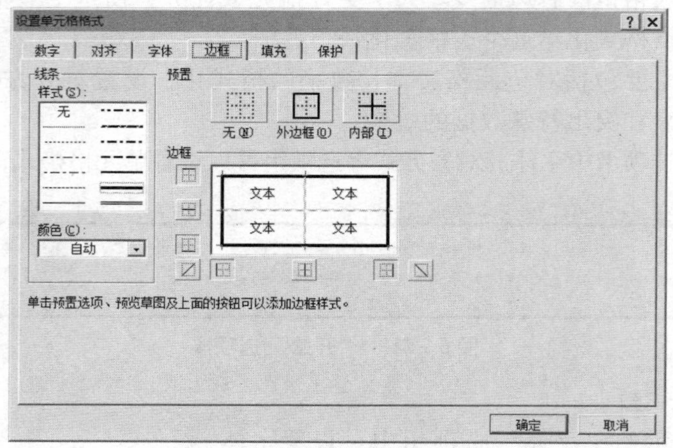

图6-24 “边框”选项卡

（5）选中单元格区域 A7：K7。

（6）单击“开始”选项卡，在“字体”组中单击“边框”按钮，选择“双底框线”选项，如图6-25所示。

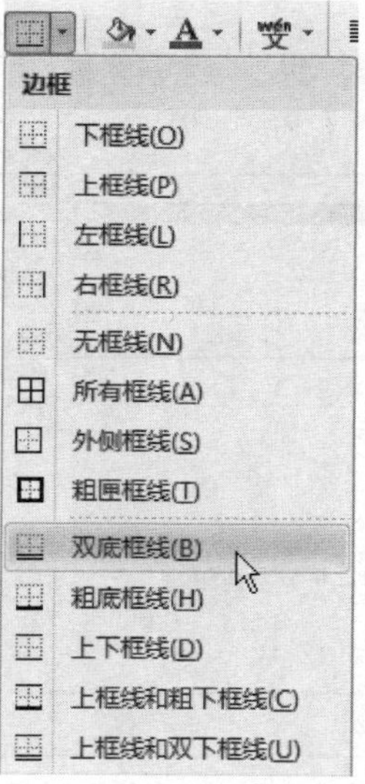

图6-25 边框选项

2. “对齐方式”选项组

在图6－26所示的“对齐方式”选项组中可设置顶端对齐、垂直居中、底端对齐，左对齐、居中、右对齐，文字方向、自动换行、减少缩进量、增加缩进量、合并后居中。单击“合并后居中”右边向下按钮，可展开如图6－27所示选项。单击右下角按钮，可打开“设置单元格格式”对话框中的“对齐”选项卡，如图6－28所示。

图6－26　“对齐方式”选项组

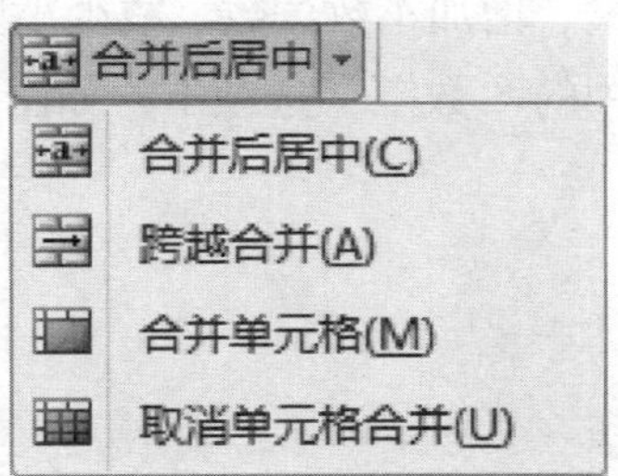

图6－27　“合并后居中”选项

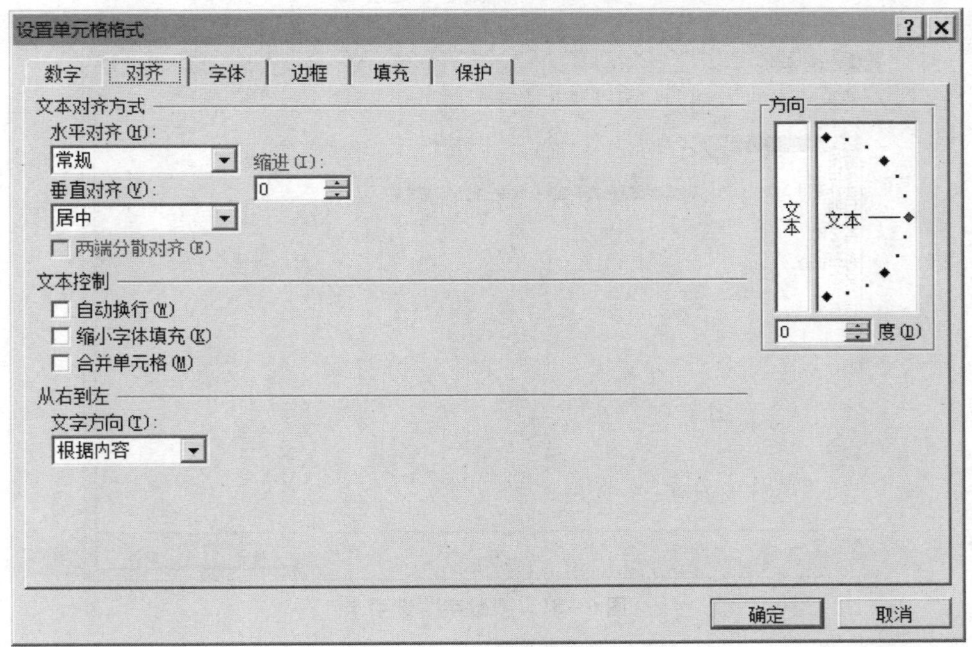

图6－28　“对齐”选项卡

水电费.xlsx中需要添加如图6－29所示的表格标题行，要求将单元格区域A6：K6合并后居中，然后输入标题“幸福花园5号楼7月份水电费”，设置字体为“隶书”，字号为24。具体操作步骤如下。

幸福花园5号楼7月份水电费

图6－29　表格标题行

（1）选中单元格区域A6：K6。

（2）单击“开始”选项卡，在“对齐方式”组中单击“合并后居中”按钮。

（3）在A6单元格中输入“幸福花园5号楼7月份水电费”。

（4）单击“开始”选项卡，在“字体”组中设置隶书，24号字。

3. “数字”选项组

在图6－30所示的“数字”选项组中可设置数字格式、货币样式、百分比样式、千位分隔样式、增加小数位数、减少小数位数。单击右下角按钮，可打开“设置单元格格式”对话框中的“数字”选项卡，如图6－31所示。

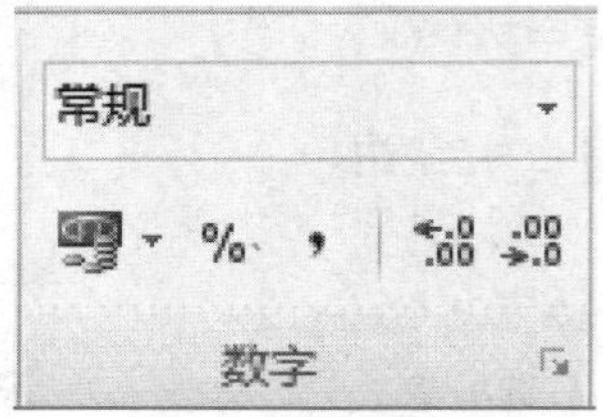

图6－30　“数字”选项组

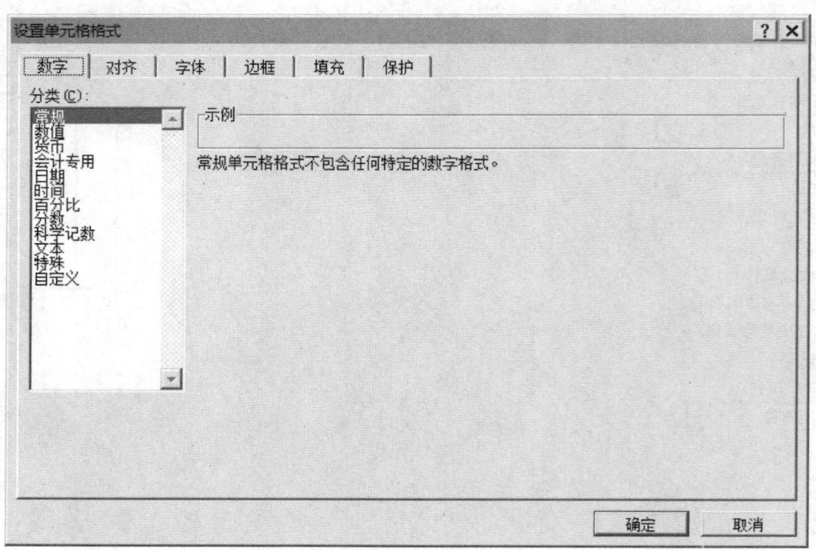

图6－31　“数字”选项卡

水电费.xlsx中求出的水电平均值小数位数没必要太长，一位小数即可。具体操作步骤为：选定区域D19：J19，打开如图6－31所示的“设置单元格格式”对话框，在“数字”选项卡中选择分类“数值”，设置一位小数。

4. “样式”选项组

在图6－32所示的“样式”选项组中可设置条件格式、套用表格格式、单元格样式。

条件格式是基于条件更改单元格区域的外观，如果条件为True，则应用基于该条件的格式；如果条件为False，则不应用该格式。在水电费工作表中，为突出显示用水量、用电量和水电费合计，要求使用数据条、颜色刻度或图标集来显示相应区域数据，具体操作步骤如下。

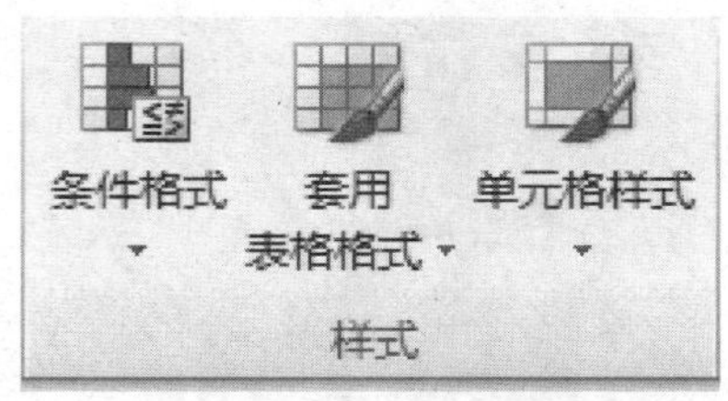

图6-32　“样式”选项组

(1) 选择单元格区域D8：D16。

(2) 单击“开始”选项卡中“条件格式”数据条绿色渐变填充，如图6-33所示。

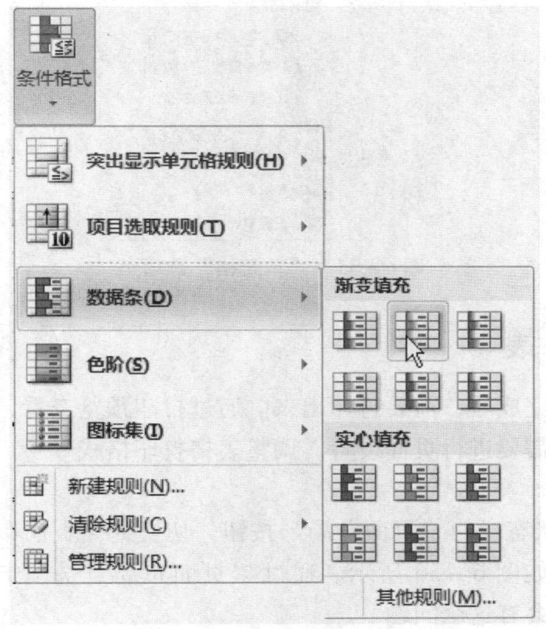

图6-33　“条件格式”选项

(3) 同样方法，设置H8：H16数据条为红色渐变填充；设置J8：J16大于合计平均值的“浅红填充色深红色文本”，如图6-34所示。

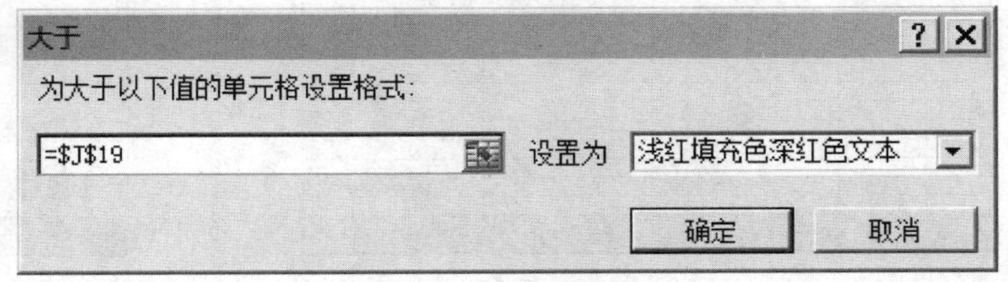

图6-34　条件设置

5. “单元格”选项组

在图6-35所示的“单元格”选项组中可设置单元格行高、列宽等。

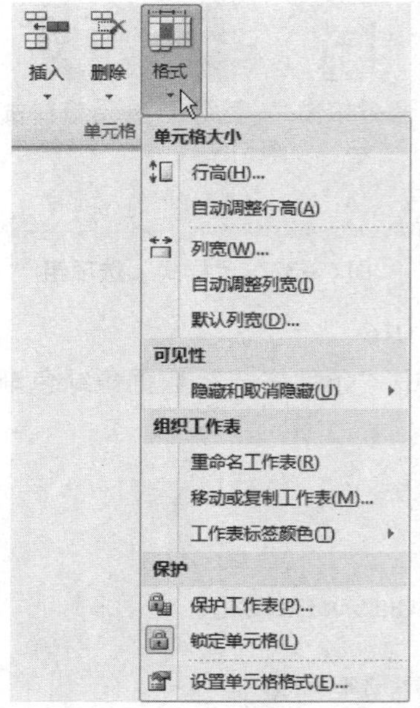

图 6－35　“单元格”选项组

6.2.8　打印工作表

水电费工作表制作完成后，需要打印出来。通过打印预览查看，发现表格太宽，不能在一页中打印完成，所以需要进行页面设置，调整表格打印格式。

1. 页面设置

单击 Excel 右下角状态栏的“页面布局”按钮，切换到“页面布局”视图，观察到水电费表格分成两页打印，如图 6－36 所示。通过“页面布局”选项卡的“纸张方向”按钮，设置成横向打印，就不会有这个问题。

幸福花园5号楼7月份水电费

门牌号	水上月数字	水本月数字	用水量（吨）	水费（元）	电上月数字	电本月数字	用电量（度）	电费（元）	水电费合计（元）	备注
			2.5		0.51					
001	956	980	24	60	8985	9099	114	58.14	118.14	
002	873	899	26	65	7893	7958	65	33.15	98.15	
003	789	797	8	20	6898	6956	58	29.58	49.58	
004	567	578	11	27.5	5946	5999	53	27.03	54.53	
006	598	611	13	32.5	6067	6113	46	23.46	55.96	
007	367	389	22	55	5023	5098	75	38.25	93.25	
008	479	505	26	65	5889	5934	45	22.95	87.95	
009	612	636	24	60	6981	7056	75	38.25	98.25	
010	615	637	22	55	7022	7236	214	109.14	164.14	
水电总值			176	440			745	379.95	819.95	
水电平均值			19.6	48.9			82.8	42.2	91.1	

图 6－36　“页面布局”视图

在图 6－37 所示的“页面布局”选项卡中还可以设置页边距、纸张方向、纸张大小、打印区域等，也可以单击 按钮，在打开的“页面设置”对话框中进行相关页面设置，如图 6－38 所示。

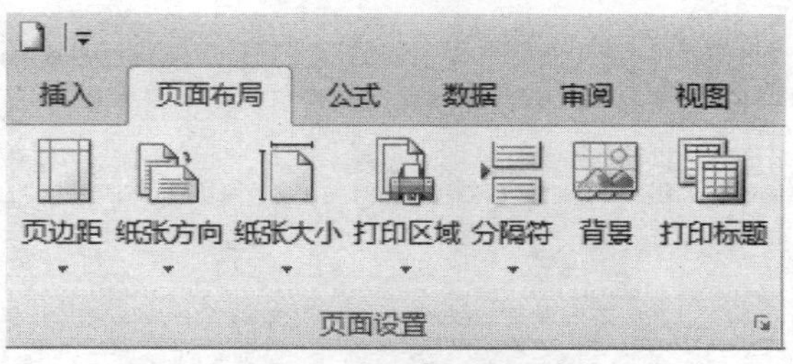

图 6－37　“页面布局”选项卡

图 6－38　“页面设置”对话框

在“页面布局”视图顶端，会有左、中、右三个区域可设置页眉，单击其中某区域，可以进入页眉/页脚编辑状态，然后单击“页眉和页脚工具｜设计”选项卡，可插入页眉和页脚元素，如图 6－39 所示。

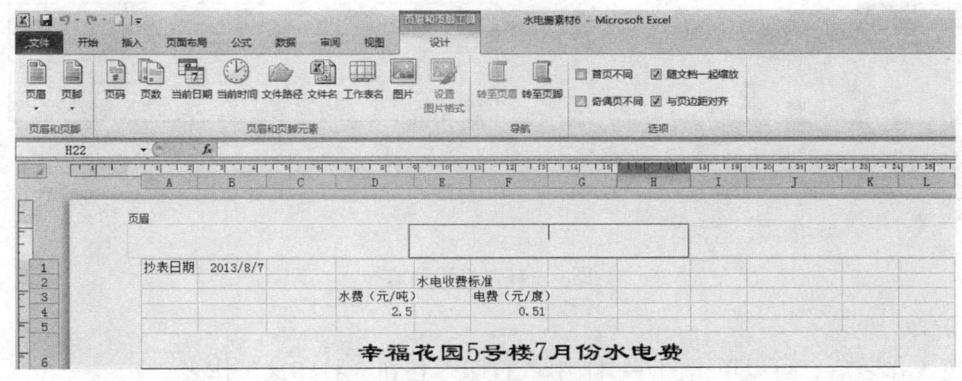

图 6－39　编辑页眉

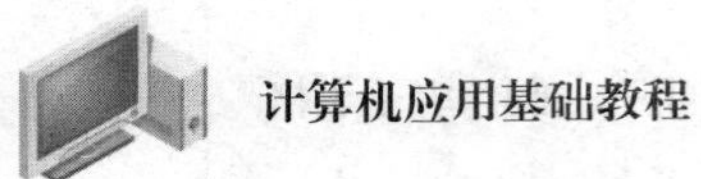

在打印水电费工作表时，要求打印页脚设置为“第×页，共×页”，具体操作步骤为：单击“转至页脚”按钮，然后单击“页脚”按钮，选择“第 1 页，共? 页”，结果如图 6-40 所示。

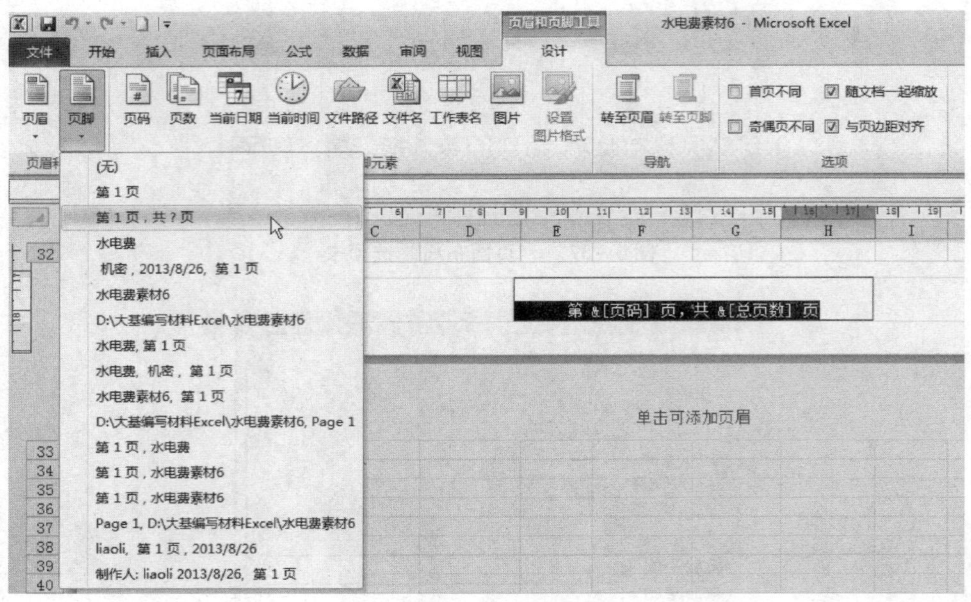

图 6-40　编辑页脚

2. 打印预览

单击“文件”选项卡“打印”命令，可查看打印预览效果，如图 6-41 所示。在“设置”任务窗格中，也可以完成一些最常用的页面设置。

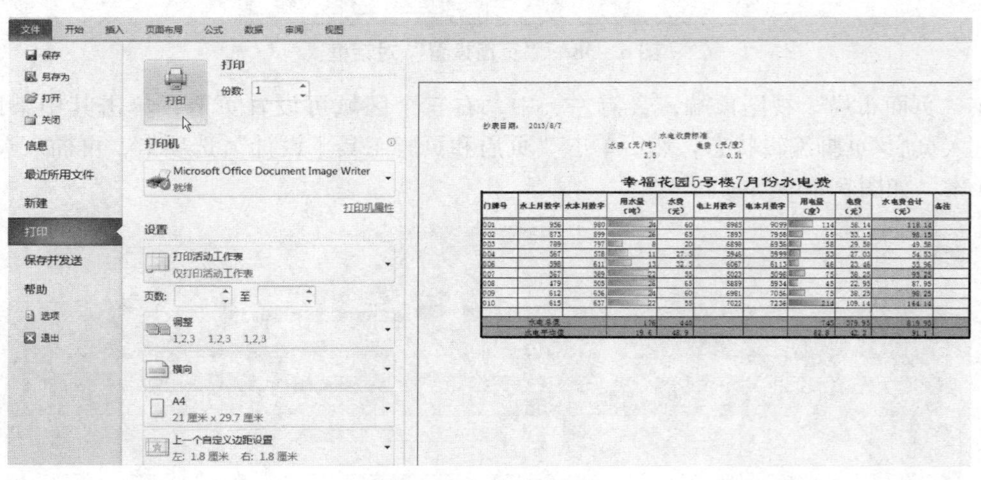

图 6-41　打印预览

3. 打印

预览工作表后，可以单击图 6-41 中“打印”按钮，打印该工作表。

6.2.9　知识拓展

1. 拆分工作表

对于一些较大的表格，有时需要将其按照横向或纵向进行拆分，以便于在程序窗口中能够对同一张表格的不同部分进行编辑。Excel 2010 程序窗口的垂直和水平滚动条上都有拆分框，能够实现工作表在垂直方向和水平方向的拆分。下面介绍拆分步骤。

（1）鼠标指向主界面右侧垂直滚动条上方的横向拆分框，拖动鼠标到满意的位置放开，如图 6－42 所示。

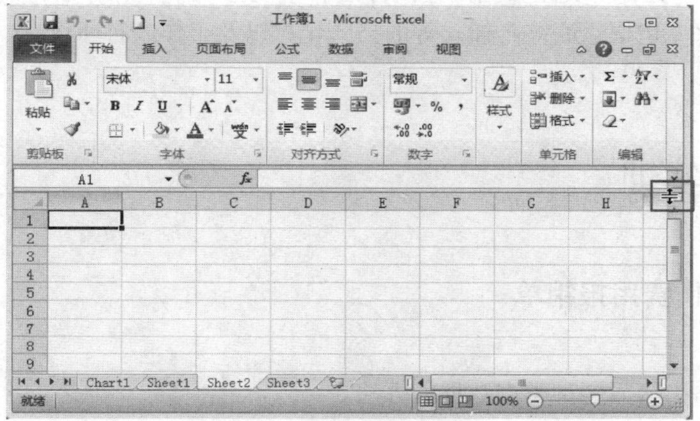

图 6－42　拆分工作表

（2）若要取消对工作表的拆分，只需将拆分窗格拖到工作表顶端即可。

2. 创建自定义序列

Excel 2010 已经定义了一些常用序列，除此以外，还可以建立自定义填充序列，进行个性化的设置。具体操作步骤如下。

（1）单击“文件”选项卡中“选项”命令，打开 Excel 选项对话框。

（2）单击“高级”选项卡中“常规”组的“编辑自定义列表”按钮，打开“自定义序列”对话框，如图 6－43 所示。

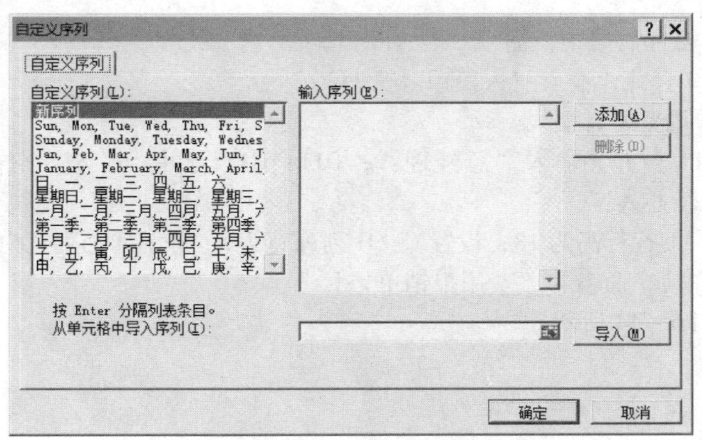

图 6－43　“自定义序列”对话框

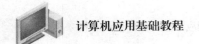

（3）输入序列，输入完成后单击“添加”按钮，即可添加到“自定义序列”列表中。

6.3 任务总结

本章通过制作电子表格“水电费.xlsx”，讲述了Excel 2010中工作簿、工作表、单元格的常见操作，以及利用公式实现简单计算等内容，要求学生了解Excel 2010的常用功能，理解Excel的作用，掌握各种类型数据的输入方法、单元格的编辑操作、使用简单公式进行计算、单元格的文字、边框、底纹、样式等的格式化，以及工作表打印设置，具备基本的制作电子表格的能力。

6.4 实训

实训1　制作费用报销单

1. 实训目的

掌握在单元格中输入各种类型数据的方法。

掌握简单公式的输入。

掌握单元格格式化操作。

2. 实训要求及步骤

（1）新建工作簿，将工作表sheet 1中单元格区域A1：I1合并后居中，然后输入“费用报销单”，文字加粗，16号字。

（2）A2：B2合并，左对齐，然后输入“部门:”；在I2中输入“第 号”，水平居中对齐。

（3）按照图6－44输入A3：I8单元格数据，其中序号可采用序列填充的方法输入，水平居中对齐。

（4）A9：B9合并后居中，输入“合 计”。

（5）A10：I10合并，输入“人民币（大写）:”。

（6）A3：I10设置所有框线。

（7）A11：C11合并，输入“总经理:”；D11：G11合并，输入“财务主管:”；H11：I11合并，输入“经办人:”。

（8）设置2：11行行高为18；设置C：H列列宽为5；设置I列列宽为14。

（9）保存工作簿，命名为“费用报销单.xlsx”。

最终效果如图6－44所示。

	A	B	C	D	E	F	G	H	I
1	费用报销单								
2	部门：								第　号
3	序号：	费用种类	千	佰	拾	元	角	分	备注
4	1								
5	2								
6	3								
7	4								
8	5								
9	合　计								
10	人民币（大写）：								
11	总经理：			财务主管：				经办人：	

图 6－44　费用报销单样张

实训 2　制作股票行情表

参考图 6－45 给出的样张制作电子表格，保存工作簿，命名为“朝阳集团股票行情 . xlsx”。

朝阳集团股票行情					
日期	开盘价	最高价	最低价	收盘价	幅度
6	15.35	16.17	15.12	15.5	0.98%
7	15.56	15.79	15.11	15.32	**-1.54%**
8	15.39	16.66	15.58	15.8	2.66%
9	15.85	16.85	15.63	16.2	2.21%
10	16.16	16.91	15.86	16.3	0.87%
13	16.55	16.76	16.2	16.53	**-0.12%**
14	16.62	16.99	16.25	16.85	1.38%
15	16.95	17.19	16.48	16.87	**-0.47%**
16	16.87	17.06	16.74	16.74	**-0.77%**
17	16.77	16.92	16.51	16.79	0.12%

图 6－45　股票行情表样张

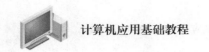

第 7 章　Excel 综合应用——制作学生成绩统计分析表

在学校的教学过程中，对学生成绩的分析和统计是必不可少的。本章通过对学生成绩表的综合处理过程，讲述 Excel 2010 中利用公式和函数完成表格计算，利用图表直观地反映数据的对比和变化规律，利用排序、筛选、分类汇总和数据透视表实现数据库管理功能。

7.1　任务分析

7.1.1　任务描述

辅导员张老师知道小明通过暑期实践对 Excel 软件有一定掌握，想让小明帮忙分析和统计各专业计算机基础课程的学习成绩情况。要求计算出每个学生的总分和平均分，笔试成绩、机试成绩、平时成绩的最高分和最低分，计算总评是否合格，学生成绩排名，合格率等；同时了解学生的年龄分布情况；为了更好地对比学生的学习情况，可利用图表展示学生成绩；并根据其他教师的需求，利用排序、筛选、分类汇总和数据透视表对成绩进行分析和汇总。在整个工作过程中，小明需要学习大量新知识，通过阅读相关书籍、上网查阅相关资料，并向计算机课程教师请教，小明不仅学习和掌握了 Excel 软件的使用，而且锻炼了自己的学习和工作能力，为以后的学习和工作奠定了使用计算机处理数据的基础。

7.1.2　任务分解

张老师给了小明如图 7 - 1 所示的学生计算机基础课程成绩表和学生个人信息表，小明与计算机老师和其他教师沟通后，确定首先制作工作表的整体结构，然后用公式和函数完成计算机基础课程成绩表和学生信息表中相关统计计算，最后根据各位教师的数据统计需要，制作相关工作表。

完成该项任务的设计思路如下。

（1）制作计算机基础成绩 . xlsx 的整体结构。

（2）用公式和函数计算计算机基础课程成绩表中需要统计的总分、平均分、最高分、最低分、总评、排名、合格人数、合格率等；计算学生个人信息表中出生日期和年龄，以及李姓学生年龄之和。

（3）制作前 5 个学生成绩的图表。

（4）根据其他教师的需求，利用排序、筛选、分类汇总和数据透视表对数据进行分析和汇总。

	A	B	C	D	E	F	G	H
1	姓名	所学专业	笔试成绩	机试成绩	平时成绩	总分	总评	排名
2	陈宝婷	英语	32	22	20			
3	龚宜静	语文教育	22	26	27			
4	董家良	音乐学	30	30	32			
5	顾桐雨	语文教育	17	19	20			
6	姜金良	英语	30	20	30			
7	金婷	语文教育	26	30	20			
8	李吉宇	音乐学	15	30	20			
9	李璐	英语	22	22	12			
10	李艺萌	音乐学	19	30	21			
11	刘雪雯	英语	19	2	7			
12	刘越佳	语文教育	21	26	27			
13	沐洋	音乐学	33	32	30			
14	沈丹	音乐学	27	22	19			
15	史俊博	语文教育	22	18	22			
16	苏畅	英语	17	23	20			
17		平均分:						
18		最高分:						
19		最低分:						
20		合格人数:						
21		合格率:						

	A	B	C	D
1	姓名	身份证号	出生日期	年龄
2	陈宝婷	430581198308221136		
3	龚宜静	510811198405101020		
4	董家良	370304198411069259		
5	顾桐雨	370304198208024351		
6	姜金良	430581198502250018		
7	金婷	620101197912120109		
8	李吉宇	620101198502111103		
9	李璐	411104198702101952		
10	李艺萌	510811198402251274		
11	刘雪雯	430581198008121112		
12	刘越佳	510811198105221020		
13	沐洋	620101198607212019		
14	沈丹	620101198901291109		
15	史俊博	411104198705182920		
16	苏畅	370304198409192591		

图 7－1　学生计算机基础课程成绩表和学生个人信息表

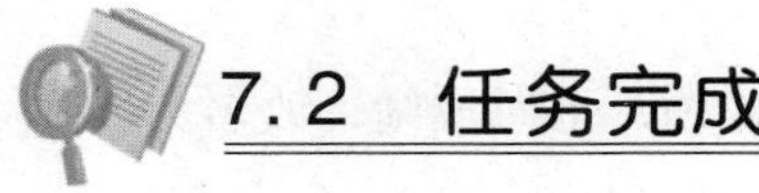

7.2　任务完成

7.2.1　制作工作表整体结构

小明打开“计算机基础成绩.xlsx”后，发现其中 Sheet1 和 Sheet2 工作表分别记录学生计算机基础课程成绩和学生相关个人信息，Sheet3 工作表是空白的。与其他教师进行沟通后，确定还需要更多工作表，并且每张工作表最好有更清楚的命名。最终确定工作表整体结构如图 7－2 所示。

计算机基础课程成绩表 / 学生信息表 / 图表 / 排序 / 自动筛选 / 高级筛选 / 分类汇总 / 数据透视表

图 7－2　工作表结构

默认情况下，一个新工作簿中有三个工作表 Sheet1、Sheet2、Sheet3，在实际情况中，可能需要对工作表进行增加或删除等操作。利用工作表标签的快捷菜单可以插入、删除、重命名、移动或复制工作表等，如图 7－3 所示。方法是：在相应工作表标签上右击，在打开的快捷菜单中选择相应命令。

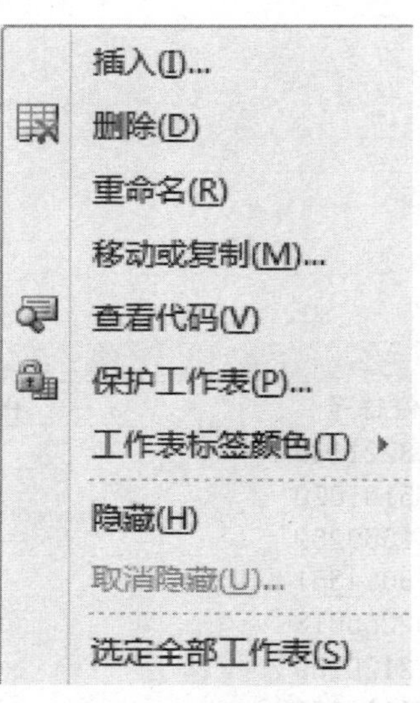

图 7－3　工作表标签快捷菜单

其他常用编辑工作表的方法如下。

- 双击工作表标签，使标签名进入编辑状态，然后修改名字，按 Enter 键确认。
- 单击工作表标签最右边“插入工作表”按钮，可以插入新工作表。
- 拖动工作表标签，可以移动工作表。
- 按住 Ctrl 键＋拖动工作表标签，可以复制工作表。

制作工作表整体结构的具体操作步骤如下。

（1）将 Sheet1 重命名为“计算机基础课程成绩表”。

（2）将 Sheet2 重命名为“学生信息表”。

（3）将 Sheet3 重命名为“排序”。

（4）插入新工作表，复制前 5 个学生的笔试成绩、机试成绩、平时成绩，改名为“图表”。

（5）复制工作表“排序”3 次，分别改名为“自动筛选”、“高级筛选”、“数据透视表”。

（6）插入新工作表，重命名为“分类汇总”。

（7）调整工作表顺序，结果如图 7－2 所示。

7.2.2　使用函数

1. 函数简介

函数是系统预定义的特殊公式，通过使用一些称为参数的特定数值按特定的顺序或结构执行计算。函数的结构一般为“函数名（参数 1，参数 2，…）”，其中函数名为函数的名称，是每个函数的唯一标识；参数规定了函数的运算对象、顺序和结构等，是函数中最复杂的组成部分。Excel 2010 为用户提供了几百个函数，分为财务、逻辑、文本、日期和时间、查找和引用、数学和三角函数等类别。

2. 常用函数

表 7－1 列出常用的一些函数，方便大家学习和理解。

表 7－1　Excel 常用函数

函　数	格　式	功　能
SUM（）	＝ SUM（number1，number2，…）	求和
AVERAGE（）	＝ AVERAGE（number1，number2，…）	求平均值
MAX（）	＝ MAX（number1，number2，…）	求最大值
MIN（）	＝ MIN（number1，number2，…）	求最小值
COUNT（）	＝ COUNT（value1，value2，…）	计算包含数字的单元格及参数列表中数字的个数
IF（）	IF（logical _test，[value _if _true]，[value _if _false]）	根据指定条件的计算结果返回不同值
COUNTIF（）	＝ COUNTIF（range，criteria）	对区域中满足指定条件的单元格进行计数
SUMIF（）	＝ SUMIF（range，criteria，[sum _range]）	对区域中符合指定条件的值求和
RANK（）	＝RANK（number，ref，[order]）	返回一个数字在数字列表中的排位
NOW（）	＝ NOW（）	返回当前日期和时间的序列号
YEAR（）	＝ YEAR（serial _number）	返回某日期对应的年份
MID（）	＝ MID（text，start _num，num _chars）	返回文本字符串中从指定位置开始的指定字符数目的子串

3. 输入函数

如图 7－4 所示计算机基础课程成绩表中，需要计算总分、平均分、最高分、最低分、总评、排名、合格人数、合格率等。小明查询了相关的函数及其输入方法，发现 Excel 中常用输入函数的方法有 4 种。

	A	B	C	D	E	F	G	H
1	姓名	所学专业	笔试成绩	机试成绩	平时成绩	总分	总评	排名
2	陈宝婷	英语	32	22	20			
3	糞宜静	语文教育	22	26	27			
4	董家良	音乐学	30	30	32			
5	顾桐雨	语文教育	17	19	20			
6	姜金良	英语	30	20	30			
7	金婷	语文教育	26	30	20			
8	李吉宇	音乐学	15	30	20			
9	李璐	英语	22	22	12			
10	李艺萌	音乐学	19	30	21			
11	刘雪雯	英语	19	2	7			
12	刘越佳	语文教育	21	26	27			
13	沐洋	音乐学	33	32	30			
14	沈丹	音乐学	27	22	19			
15	史俊博	语文教育	22	18	22			
16	苏畅	英语	17	23	20			
17		平均分：						
18		最高分：						
19		最低分：						
20		合格人数：						
21		合格率：						

图 7－4　计算机基础课程成绩表

方法 1：手动输入。

图 7－4 中计算总分列为笔试成绩、机试成绩、平时成绩之和，可以使用 SUM（）函数先求陈宝婷的总分，结果放在 F2 单元格，再复制公式求其他人的总分。手动输入函数的方法是：单击选定 F2 单元格，输入“＝SUM（C2：E2）”，按 Enter 键，系统自动计算结果，如图 7－5 所示。

	A	B	C	D	E	F	G	H
1	姓名	所学专业	笔试成绩	机试成绩	平时成绩	总分	总评	排名
2	陈宝婷	英语	32	22		=sum(C2:E2)		
3	龚宜静	语文教育	22	26	27	SUM(number1, [number2], ...)		

图 7－5　手动输入函数

提 示：

- 在输入过程中，下方给出参数工具提示。
- 公式和函数中的符号都是在英文状态下输入的。

计算合格率＝合格人数/总人数，其中求总人数使用 COUNT（）函数，结果放在 C21 单元格，百分比样式。计算公式和求出的结果如图 7－6 所示。

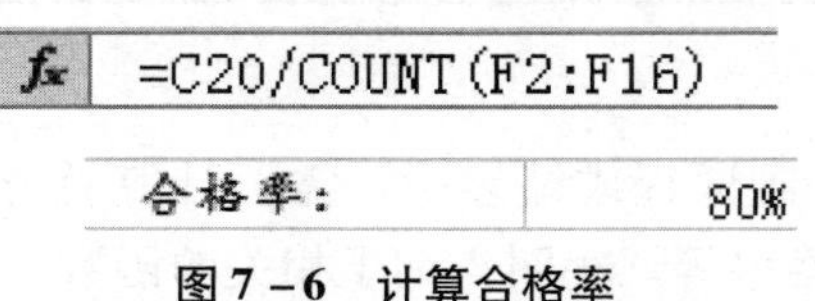

图 7－6　计算合格率

在图7－7所示的学生信息表中需要根据每个学生的身份证号计算其出生日期及年龄。

	A	B	C	D
1	姓名	身份证号	出生日期	年龄
2	陈宝婷	430581198308221136		
3	龔宜静	510811198405101020		
4	董家良	370304198411069259		
5	顾桐雨	370304198208024351		
6	姜金良	430581198502250018		
7	金婷	620101197912120109		
8	李吉宇	620101198502111103		
9	李璐	411104198702101952		
10	李艺萌	510811198402251274		
11	刘雪雯	430581198008121112		
12	刘越佳	510811198105221020		
13	沐洋	620101198607212019		
14	沈丹	620101198901291109		
15	史俊博	411104198705182920		
16	苏畅	370304198409192591		

图7－7　学生信息表

此计算很复杂，小明请教计算机老师才知道计算出生日期要使用MID（）函数。在C2单元格中输入如图7－8所示公式可计算陈宝婷的出生日期。

```
=MID(B2,7,4)&"年"&MID(B2,11,2)&"月"&MID(B2,13,2)&"日"
```

图7－8　计算出生日期

计算学生信息表中每个学生的年龄，要使用YEAR（）和NOW（）函数。在D2单元格中输入图7－9所示公式可计算陈宝婷的年龄。

```
=YEAR(NOW())-YEAR(C2)
```

图7－9　计算年龄

方法2：利用编辑栏“插入函数”按钮。

图7－4中计算学生成绩表中笔试成绩、机试成绩、平时成绩和总分的最高分，结果放在C18：F18单元格中，可使用求最大值的MAX（）函数。具体操作步骤如下。

（1）选择C18单元格。

（2）单击编辑栏“插入函数”按钮。

（3）在打开“插入函数”对话框中，依次选择“常用函数”类别，选择函数MAX，如图7－10所示。

（4）设置函数参数C2：C16，如图7－11所示。

（5）使C18单元格的公式为“＝MAX（C2：C16）”，按Enter键，系统给出计算结果。

（6）利用自动填充复制公式到F18单元格，如图7－12所示。

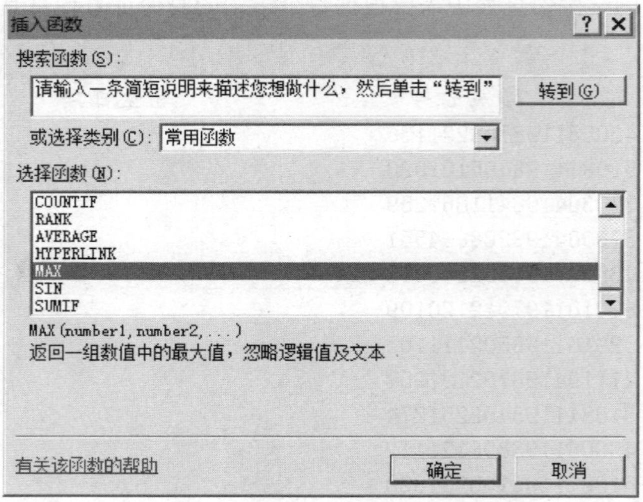

插入函数

搜索函数(S):

请输入一条简短说明来描述您想做什么，然后单击“转到”　转到(G)

或选择类别(C): 常用函数

选择函数(N):

COUNTIF
RANK
AVERAGE
HYPERLINK
MAX
SIN
SUMIF

MAX(number1,number2,...)

返回一组数值中的最大值，忽略逻辑值及文本

有关该函数的帮助　确定　取消

图 7－10　“插入函数”对话框

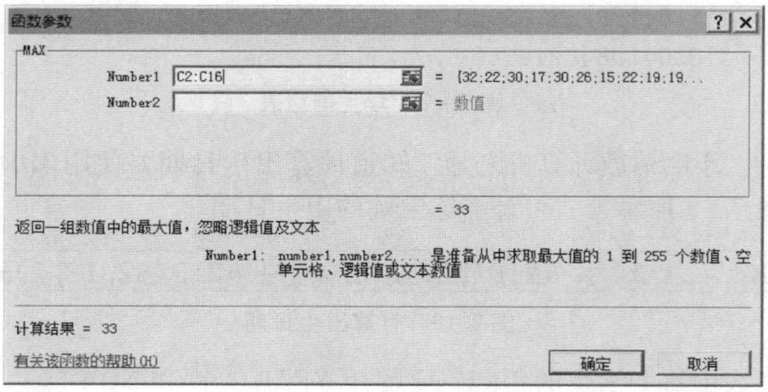

函数参数

MAX

Number1 C2:C16 = {32;22;30;17;30;26;15;22;19;19...

Number2 = 数值

= 33

返回一组数值中的最大值，忽略逻辑值及文本

Number1: number1,number2,... 是准备从中求取最大值的 1 到 255 个数值、空单元格、逻辑值或文本数值

计算结果 = 33

有关该函数的帮助(H)　确定　取消

图 7－11　函数参数

C18　=MAX(C2:C16)

	A	B	C	D	E	F
1	姓名	所学专业	笔试成绩	机试成绩	平时成绩	总分
2	陈宝婷	英语	32	22	20	74
3	龚宜静	语文教育	22	26	27	75
4	董家良	音乐学	30	30	32	92
5	顾桐雨	语文教育	17	19	20	56
6	姜金良	英语	30	20	30	80
7	金婷	语文教育	26	30	20	76
8	李吉宇	音乐学	15	30	20	65
9	李璐	英语	22	22	12	56
10	李艺萌	音乐学	19	30	21	70
11	刘雪雯	英语	19	2	7	28
12	刘越佳	语文教育	21	26	27	74
13	沐洋	音乐学	33	32	30	95
14	沈丹	音乐学	27	22	19	68
15	史俊博	语文教育	22	18	22	62
16	苏畅	英语	17	23	20	60
17	平均分:		23.466667	23.466667	21.8	68.733333
18	最高分:		33			

图 7－12　复制公式

图7-4中要求按从高到低的顺序计算每个学生的排名，需要使用RANK（）函数。计算陈宝婷的排名对应的参数设置如图7-13所示。

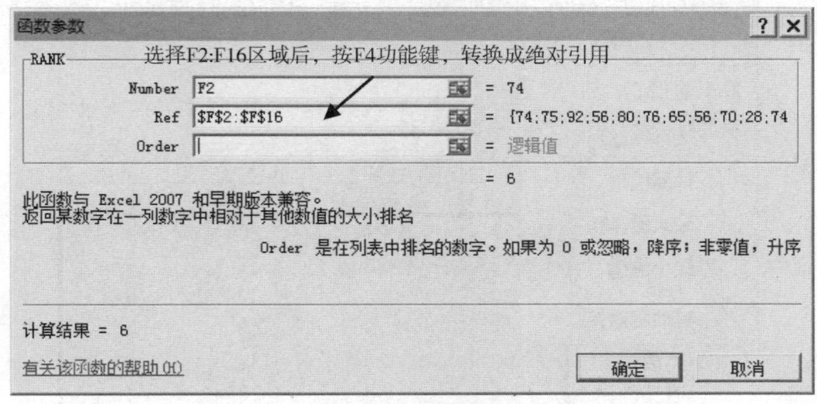

图7-13　函数参数

提示：

可以单击[折叠按钮]来暂时折叠对话框，在工作表上选择所需的单元格区域，然后单击[还原按钮]将对话框还原为正常大小。

方法3：利用“自动求和”按钮。

先选择计算区域和结果区域，然后单击“公式”选项卡中“自动求和”按钮，选择求和函数，即可计算对应的求和、平均值、计数、最大值或最小值。

图7-4中总分为笔试成绩、机试成绩和平时成绩之和，小明决定用“自动求和”按钮计算“总分”列。具体操作步骤如下。

（1）选择区域C2：F16。

（2）单击“公式”选项卡“自动求和”按钮，选择“求和”命令，即可计算出所有总分，如图7-14所示。

使用AVERAGE（）函数计算学生成绩表中笔试成绩、机试成绩、平时成绩和总分的平均值，结果放在C17：F17单元格中，用自动求和的操作步骤如图7-15所示。结果保留一位小数，在图7-16所示的“设置单元格格式”对话框中设置。

图7-14　用自动求和计算总分

自动求和 最近使用的函数 财务 逻辑 文本 日期和时间 查找与引用

函数库

Σ 求和(S)

平均值(A)

计数(C)

最大值(M)

最小值(I)

其他函数(F)...

f_x 32

		C	D	E	F
		试成绩	机试成绩	平时成绩	总分
		32	22	20	74
		22	26	27	75
		30	30	32	92
		17	19	20	56
良	英语	30	20	30	80
	语文教育	26	30	20	76
宇	音乐学	15	30	20	65
	英语	22	22	12	56
销	音乐学	19	30	21	70
雯	英语	19	2	7	28
佳	语文教育	21	26	27	74
	音乐学	33	32	30	95
	音乐学	27	22	19	68
博	语文教育	22	18	22	62
	英语	17	23	20	60
平均分：					

图 7－15　用自动求和计算平均分

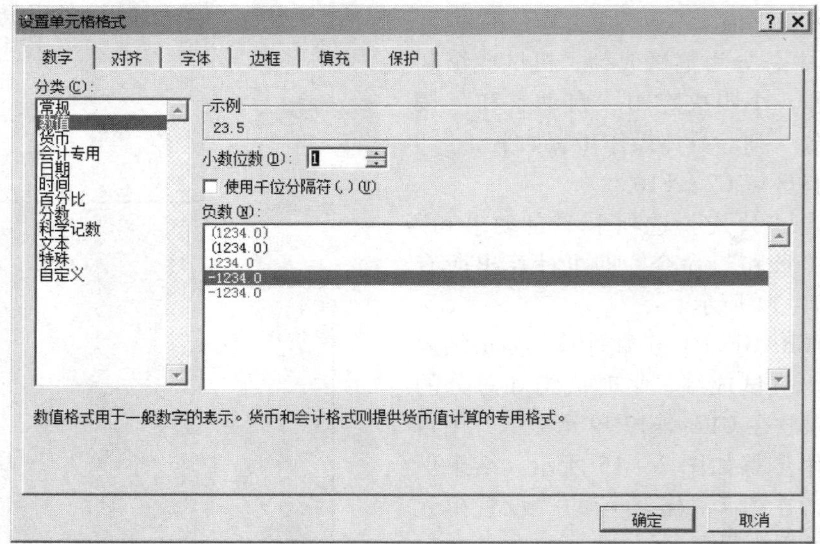

图 7－16　设置小数位数

使用 IF（）函数计算总评：总分高于（>=）60 分显示“合格”，否则显示“不合格”，结果放在 G2：G16 单元格中。求陈宝婷的总评使用的函数参数如图 7－17 所示，插入的函数如图 7－18 所示。

函数参数
IF
Logical_test F2>=60 = TRUE
Value_if_true "合格" = "合格"
Value_if_false "不合格" = "不合格"
= "合格"
判断是否满足某个条件，如果满足返回一个值，如果不满足则返回另一个值。
Value_if_true 是 Logical_test 为 TRUE 时的返回值。如果忽略，则返回 TRUE。IF 函数最多可嵌套七层。
计算结果 = 合格
有关该函数的帮助(H)　确定　取消

图 7－17　IF（）函数参数

=IF(F2>=60,"合格","不合格")

图 7－18　计算总评

方法 4：利用“公式”选项卡中“函数库”相应命令。

在图 7－19 所示的“公式”选项卡中单击“插入函数”按钮，可打开函数向导；单击“最近使用的函数”按钮，在最近使用的函数列表中选择需要的函数；单击财务、逻辑、文本、日期和时间、查找和引用、数学和三角函数或其他函数按钮，可从函数分类来选择函数。

图 7－19　“公式”选项卡

图 7－4 中计算合格人数需要使用“其他函数”的“统计”类别中 COUNTIF（）函数，结果放在 C20 单元格，计算公式如图 7－20 所示。

合格人数：	=COUNTIF(G2:G16,"合格")

图 7－20　计算合格人数

图 7－7 中所有姓李的学生的年龄之和是使用“数学和三角函数”中 SUMIF（）函数计算出来的，计算公式如图 7－21 所示。

姓李年龄之和	=SUMIF(A2:A16,"李*",D2:D16)

图 7－21　计算年龄之和

7.2.3 图表

Excel 2010 支持许多类型的图表，用户可以采用最有意义的图表类型来显示数据。通过图表分析表格中的数据，可以将表格以某种特殊的图形显示出来，从而使表格数据更具有层次性与条理性，并能及时反映数据之间的关系和变化趋势。

1. 认识图表

Excel 2010 为用户提供了 11 种标准的图表类型，每种图表类型的功能不一样，例如，Excel 默认的图表类型是柱形图，适用于比较和显示数据之间的差异；折线图适用于显示某段时间内数据的变化及变化趋势。图 7－22 显示的是一个三维簇状柱形图。

若要在 Excel 中创建图表，首先要在工作表中输入图表的数值数据，这些数值数据称为图表的数据源。若数据源发生变化，图表中的对应项会自动更新。

图表中有许多元素，例如，图 7－22 由图表区、绘图区、数据系列 、水平（类别）轴、垂直（值）轴、图例、图表标题等元素构成。

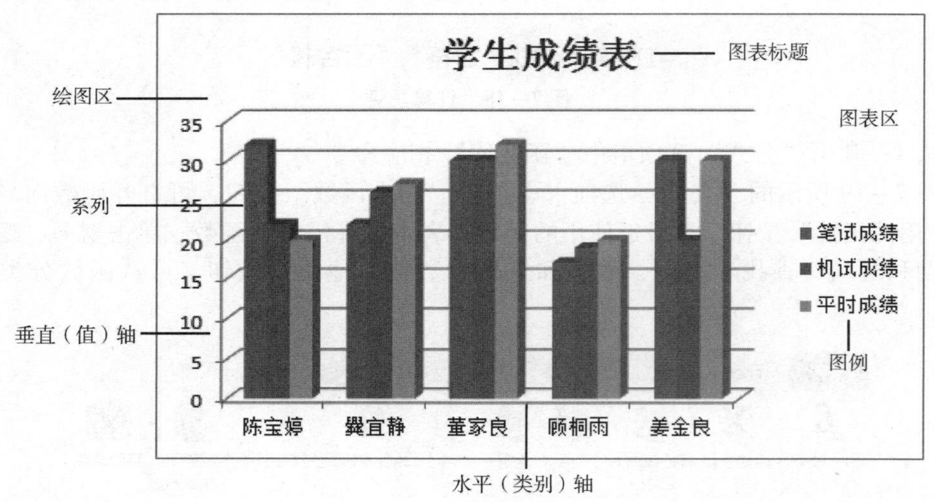

图 7－22 Excel 图表

2. 创建图表

输入数据源后，即可创建图表。

在如图 7－23 所示工作表“图表”中，以这 5 个学生的成绩为数据源创建三维簇状柱形图，具体操作步骤如下。

	A	B	C	D
1	姓名	笔试成绩	机试成绩	平时成绩
2	陈宝婷	32	22	20
3	冀宜静	22	26	27
4	董家良	30	30	32
5	顾桐雨	17	19	20
6	姜金良	30	20	30

图 7－23 图表数据源

（1）选中单元格区域 A1：D6。

（2）单击“插入”选项卡“图表”组“柱形图”中的“三维簇状柱形图”命令，即可创建一个柱形图，如图 7－24 所示。

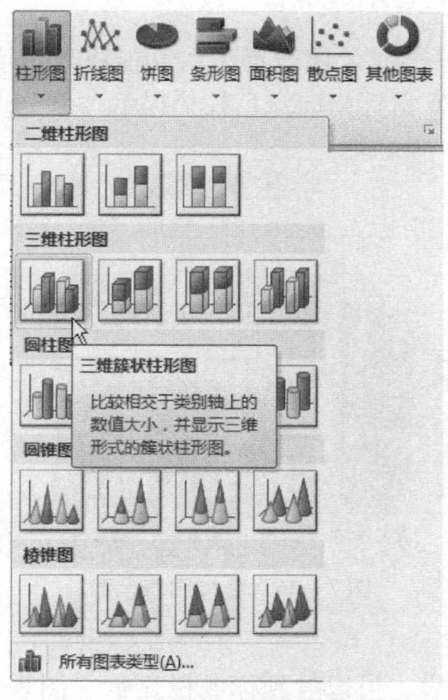

图 7－24　插入三维簇状柱形图

提示：

单击右下角按钮启动“插入图表”对话框，可以查看所有图表类型，如图 7－25 所示。

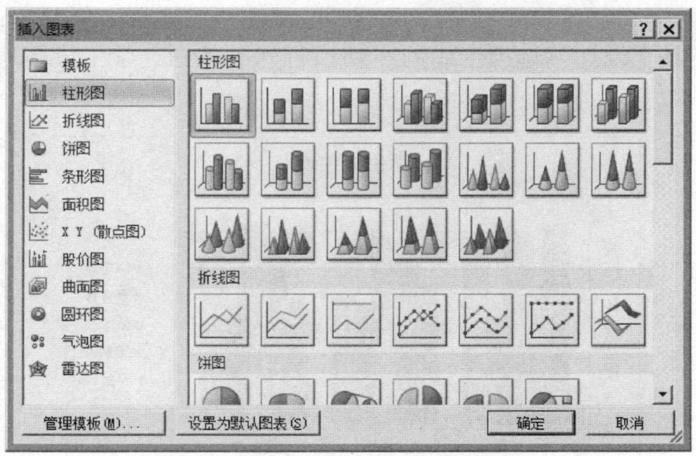

图 7－25　“插入图表”对话框

3. 编辑图表

创建完图表之后，为了使图表具有美观的效果，需要对图表进行编辑操作，例如，调整图表大小，添加/删除图表数据，更改对象格式等。

1）选择对象

鼠标指向图表元素上停留一会，“图表提示”功能将显示该图表元素名称，单击鼠标即可选中该对象。例如，图 7－26 鼠标指向绿色柱形提示“系列‘平时成绩’”。

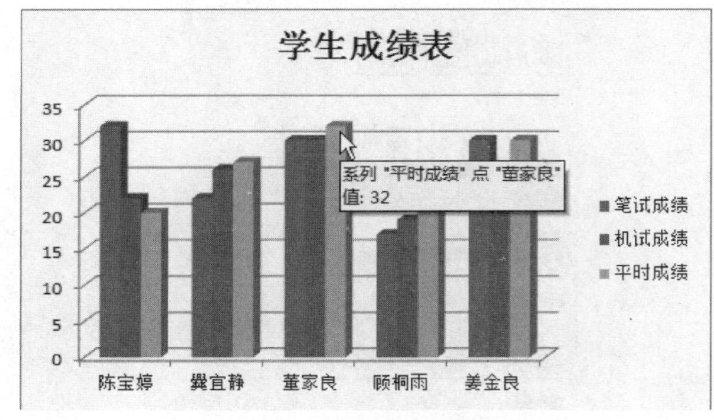

图 7－26　选择图表元素

2）更改图表类型

插入图表后，单击选中图表，可以看到标题栏显示“图表工具”，包括设计、布局、格式三个选项卡，如图 7－27 所示。单击“设计”选项卡中“更改图表类型”按钮，可以选择其他图表类型。

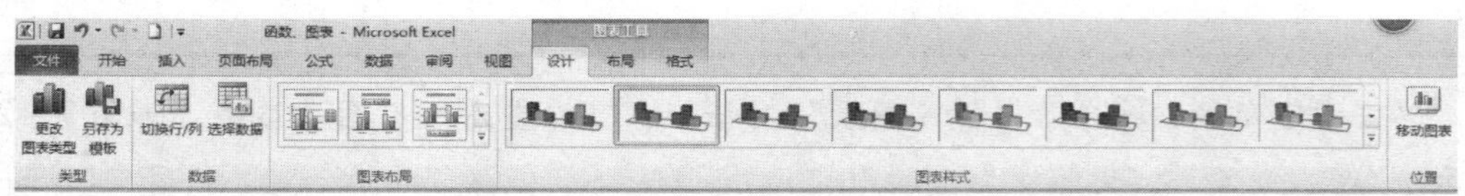

图 7－27　“设计”选项卡

3）更改数据

单击“图表工具｜设计”选项卡中的“切换行列”按钮，学生成绩表行列交换，结果如图 7－28 所示。

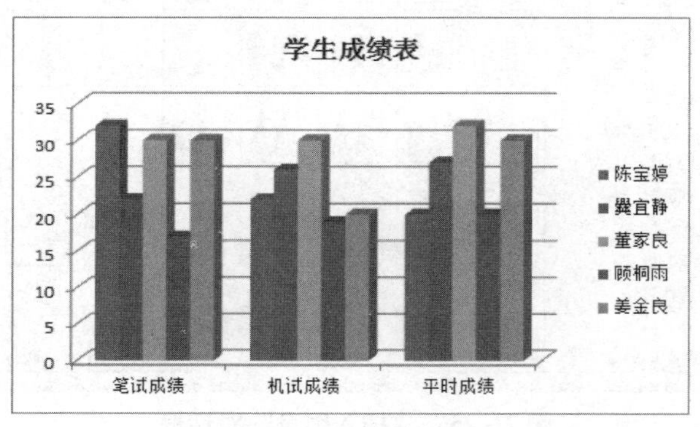

图 7－28　交换行列

单击“图表工具 | 设计”选项卡中的“选择数据”按钮，打开如图 7 – 29 所示“选择数据源”对话框，可以更改图表数据区域、图例项（系列）、水平（分类）轴标签的数据源。

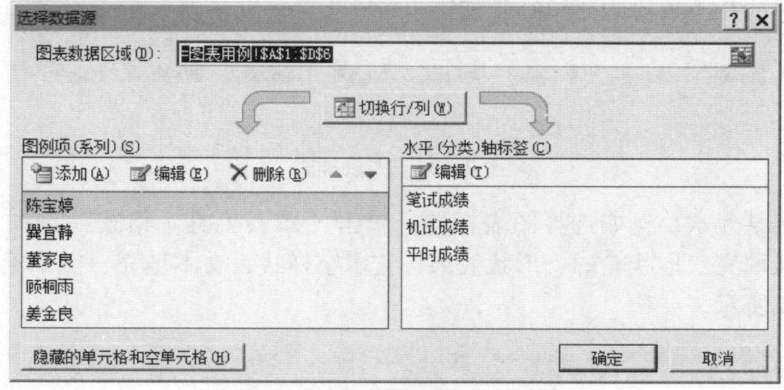

图 7 – 29　“选择数据源”对话框

4）更改图表布局

在“图表工具 | 设计”选项卡“图表布局”组中，选择 Excel 预定义的图表布局，如图 7 – 30 所示。

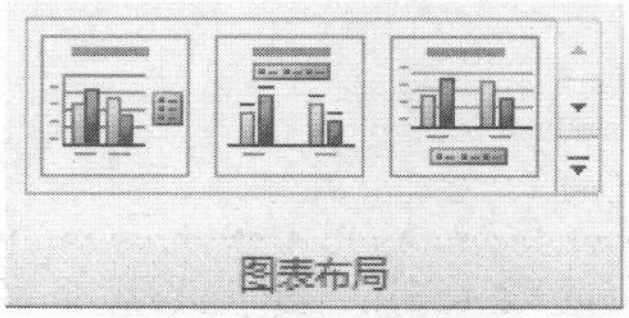

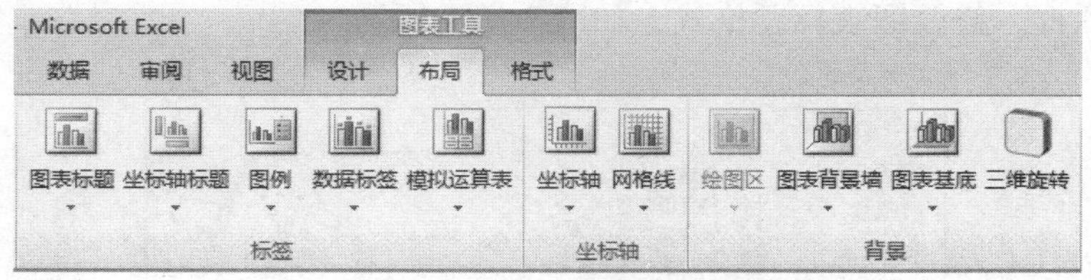

图 7 – 30　图表布局

单击“图表工具 | 布局”选项卡，可手动更改图表元素的布局，如图 7 – 31 所示。

图 7 – 31　“布局”选项卡

例如，单击“图表标题”，可以选择“无”，不显示图表标题；或者居中覆盖标题；或者在图表上方显示标题；或者其他标题选项，设置图表标题格式，如图 7 – 32 所示。其他元素操作类似。

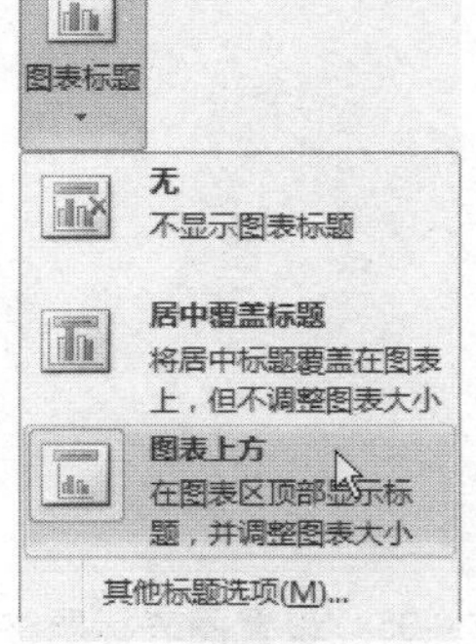

图 7 – 32　图表标题

5）更改图表格式

选中图表后，单击“图表工具｜设计”选项卡中的“图表样式”组中某样式，可以应用预定义的图表样式来更改图表格式，如图 7－33 所示。

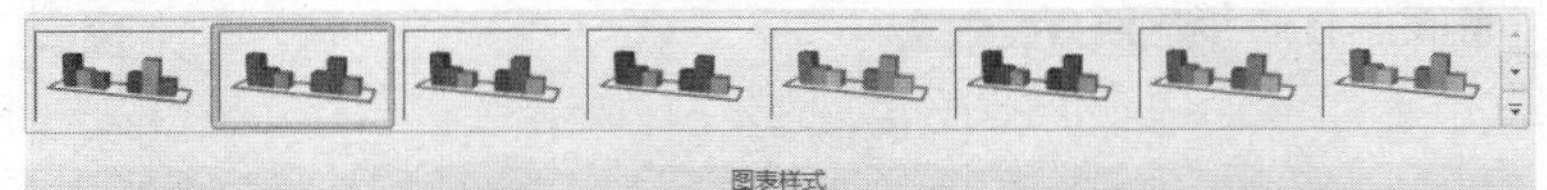

图 7－33　图表样式

选择图表中某元素，例如选择图表标题，单击“图表工具｜格式”选项卡，可以修改形状样式、形状填充、形状轮廓、形状效果、艺术字样式、文本填充、文本轮廓、文本效果等，如图 7－34 所示。

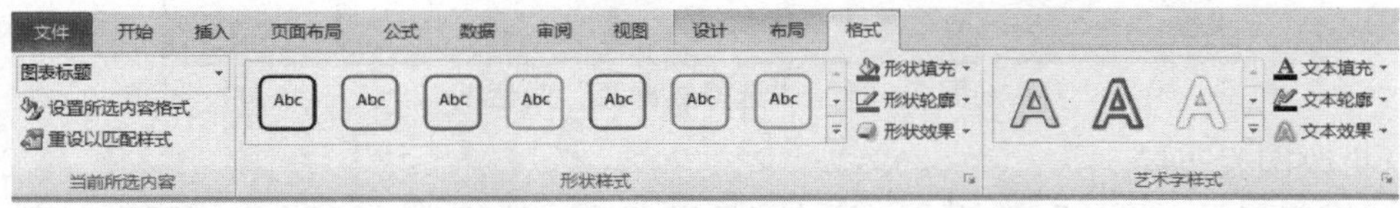

图 7－34　“格式”选项卡

提示：

操作过程中，注意鼠标指向某效果时，图表元素会显示预览效果。

单击“图表工具｜格式”选项卡中的“设置所选内容格式”按钮，可打开“设置图表标题格式”对话框，修改图表标题格式，如图 7－35 所示。

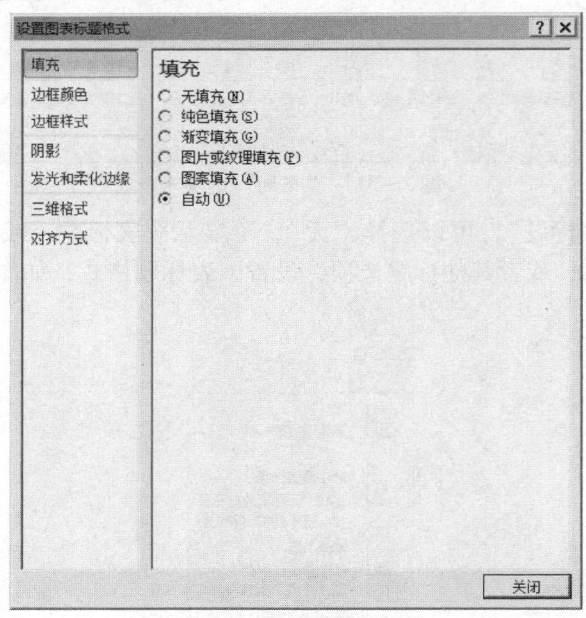

图 7－35　设置图表标题格式

6）更改图表位置

单击“图表工具｜设计”选项卡中的“移动图表”按钮，打开图7-36所示对话框。可选择“新工作表”，使图表显示在图表工作表中；或选择“对象位于”，使图表嵌入到某个工作表中。

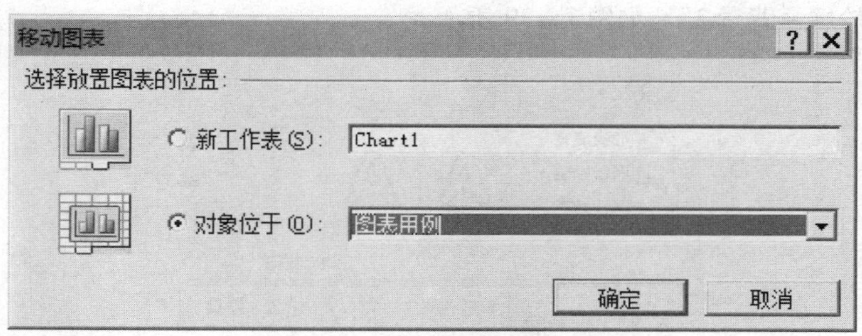

图7-36 “移动图表”对话框

7）移动或更改图表大小

直接拖动图表，可更改图表位置。

单击“图表工具｜设计”选项卡，在“大小”组中可设置图表的高度、宽度。

8）更改图表名称

Excel会自动为插入的图表指定一个名称，如“图表1”，单击“图表工具｜布局”选项卡，在“属性”组中可修改图表名称，如图7-37所示。

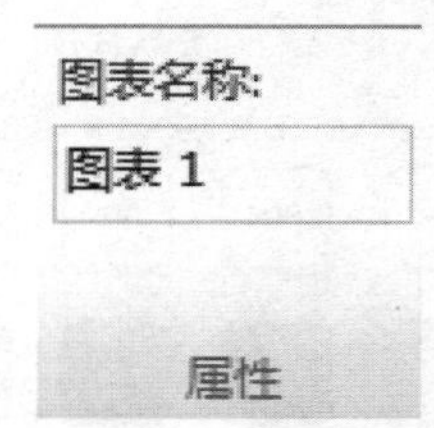

图7-37 图表名称

前面创建的图表过于简单，可以编辑图表格式，美化图表，结果如图7-38所示。

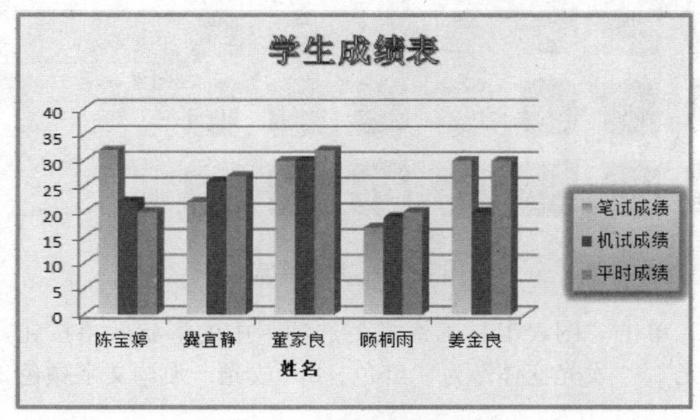

图7-38 学生成绩表样张

具体操作步骤如下。

（1）选定图表，单击“图表工具｜布局”选项卡，在图表上方添加图表标题“学生成绩表”，在横坐标轴下方添加标题“姓名”。

（2）选定图表标题，单击“图表工具｜格式”选项卡中艺术字样式，选择“填充－茶色，文本2，轮廓－背景2”，如图7－39所示。

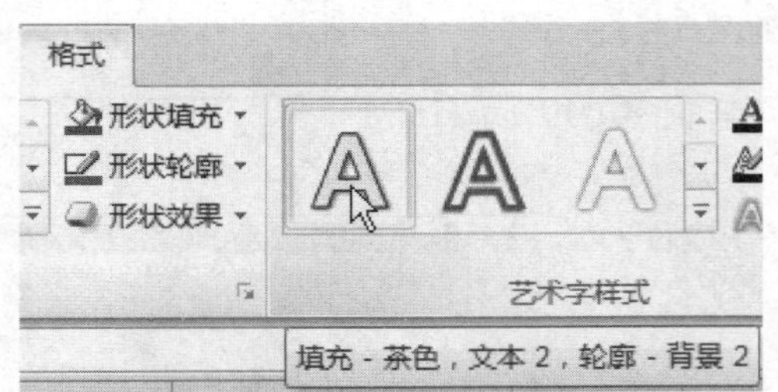

图7－39　艺术字样式

（3）选定图例，单击“图表工具｜格式”选项卡中形状样式下的按钮，展开所有形状样式，选择形状样式为“细微效果－橙色，强调颜色6”，如图7－40所示。

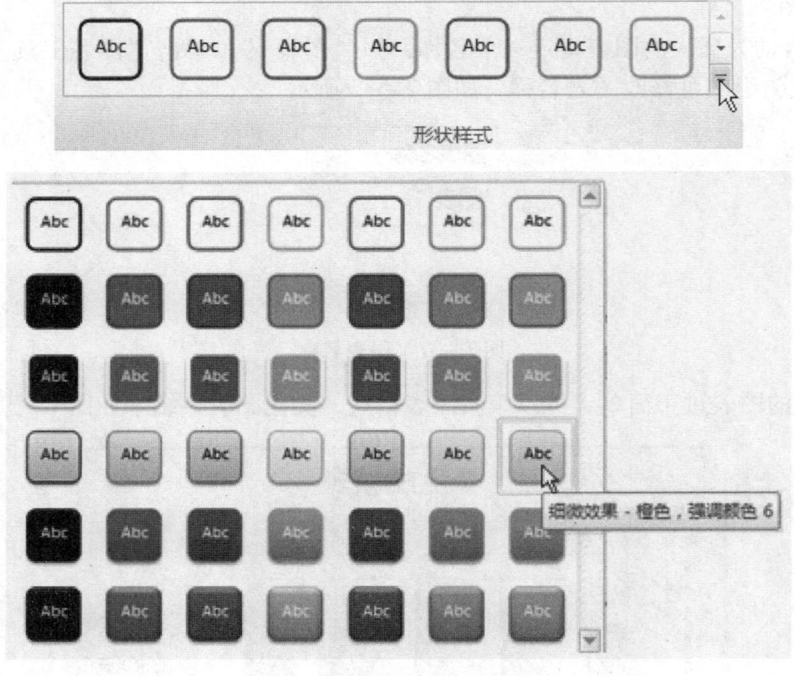

图7－40　形状样式

（4）选定图例，单击“图表工具｜格式”选项卡中的形状效果按钮，在展开的形状效果选项中选择“发光”，“发光变体”为“红色，8pt放光，强调文字颜色2”，如图7－41所示。

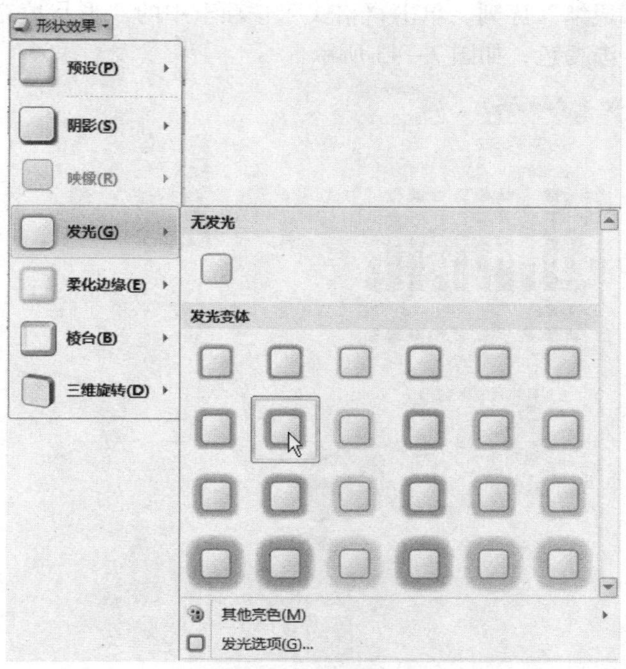

图 7－41　形状效果

（5）鼠标指向垂直轴，右击，在打开的快捷菜单中选择“设置坐标轴格式”命令，在打开的对话框中设置数值轴最小值 0，最大值 40，如图 7－42 所示。

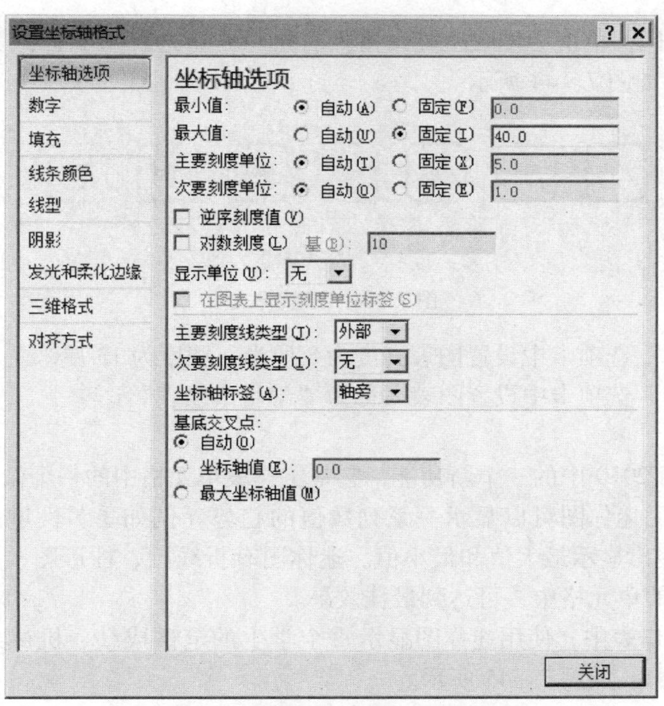

图 7－42　“设置坐标轴格式”对话框

（6）选择“笔试成绩”序列，单击“格式”选项卡中的“形状填充”按钮，选择“渐变”中“线性向下”渐变色，如图7-43所示。

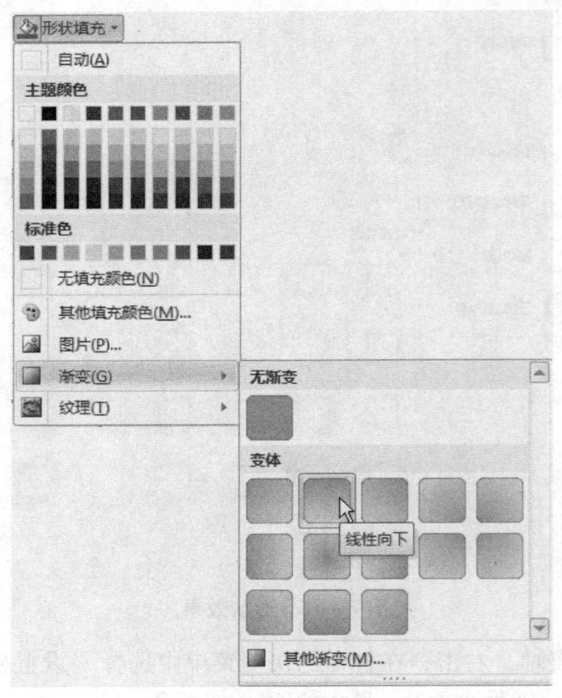

图7-43 形状填充

（7）选择图表区，单击“图表工具｜格式”选项卡，选择形状样式为“彩色轮廓-橙色，强调颜色6”，如图7-44所示。

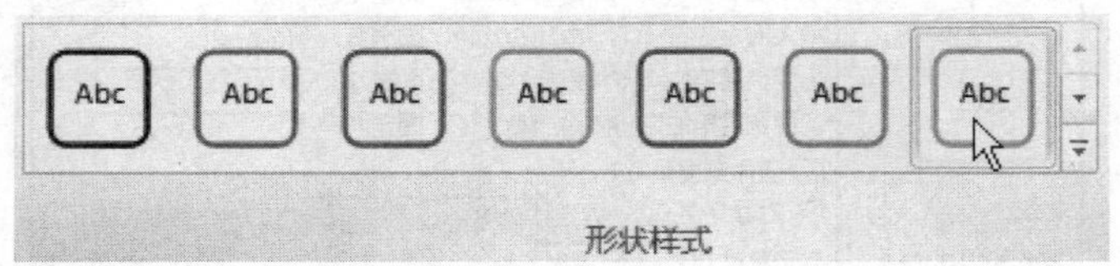

图7-44 形状样式

（8）在“格式”选项卡中设置图表高度为8厘米，宽度为13厘米。

（9）在“布局”选项卡中设置图表名称为“学生成绩表”。

4. 迷你图

迷你图是Excel 2010中的一个新功能，它是工作表单元格中的一个微型图表，可提供数据的直观表示。使用迷你图可以显示一系列数值的趋势（例如季节性增加或减少、经济周期等），或者可以突出显示最大值和最小值。迷你图有折线图、柱形图、盈亏三种类型，一般放置在数据旁边的单元格中，可达到最佳效果。

在“图表”工作表中，使用迷你图显示每个学生的笔试成绩、机试成绩、平时成绩的对比，使效果更突出，如图7-45所示。

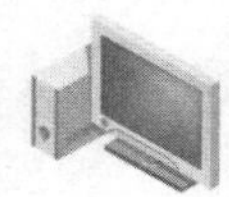

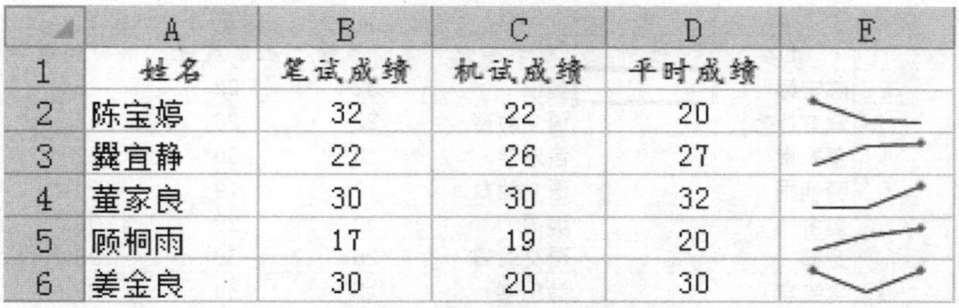

	A	B	C	D	E
1	姓名	笔试成绩	机试成绩	平时成绩	
2	陈宝婷	32	22	20	
3	巽宜静	22	26	27	
4	董家良	30	30	32	
5	顾桐雨	17	19	20	
6	姜金良	30	20	30	

图 7－45　迷你图

具体操作步骤如下。

（1）选定单元格 E2。

（2）单击“插入”选项卡中迷你图组“折线图”，打开图 7－46 所示对话框。

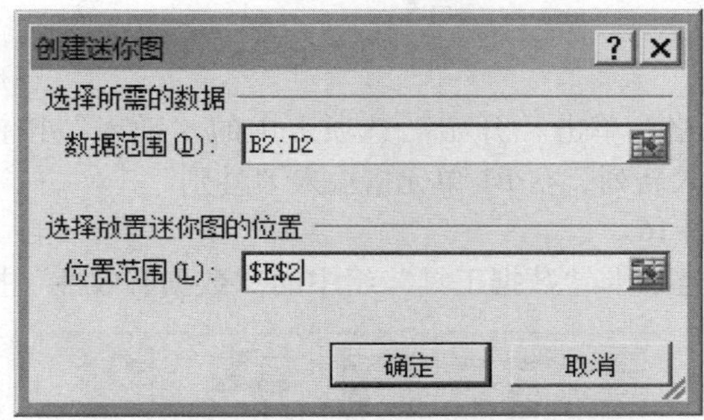

图 7－46　“创建迷你图”对话框

（3）选择数据范围 B2：D2，位置范围 $E $2，单击“确定”按钮。

（4）选择“高点”，突出显示最大值，如图 7－47 所示。

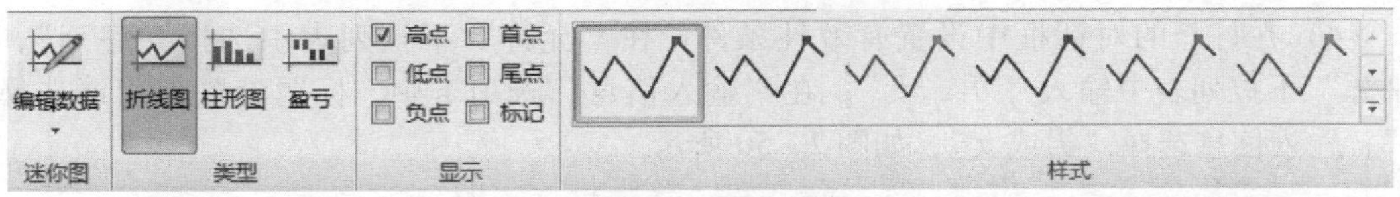

图 7－47　迷你图设置

7.2.4　数据有效性

在工作表中，对于某些特定的字段增加数据输入的有效性验证，不仅可以在很大程度上提高数据输入的效率，而且还可以最大限度地减少输入错误。

在计算机基础成绩 . xlsx 中的工作表“排序”中，要在姓名后面插入“性别”列，如图 7－48 所示。可以通过数据有效性，设置性别只能为“男”或“女”，减少输入工作量。具体操作步骤如下。

	A	B	C	D	E	F
1	姓名	性别	所学专业	笔试成绩	机试成绩	平时成绩
2	陈宝婷		英语	32	22	20
3	巽宜静		语文教育	22	26	27
4	董家良		音乐学	30	30	32
5	顾桐雨		语文教育	17	19	20
6	姜金良		英语	30	20	30
7	金婷		语文教育	26	30	20
8	李吉宇		音乐学	15	30	20
9	李璐		英语	22	22	12
10	李艺萌		音乐学	19	30	21
11	刘雪雯		英语	19	2	7
12	刘越佳		语文教育	21	26	27
13	沐洋		音乐学	33	32	30
14	沈丹		音乐学	27	22	19
15	史俊博		语文教育	22	18	22
16	苏畅		英语	17	23	20

图 7－48　排序

（1）选择 B1 单元格，单击“开始”选项卡中的“插入”按钮，选择“插入工作表列”命令，可在 B 列插入新列，在 B1 单元格输入“性别”。

（2）选定区域 B2：B16。

（3）单击“数据”选项卡“数据工具”组中的“数据有效性”按钮，如图 7－49 所示。

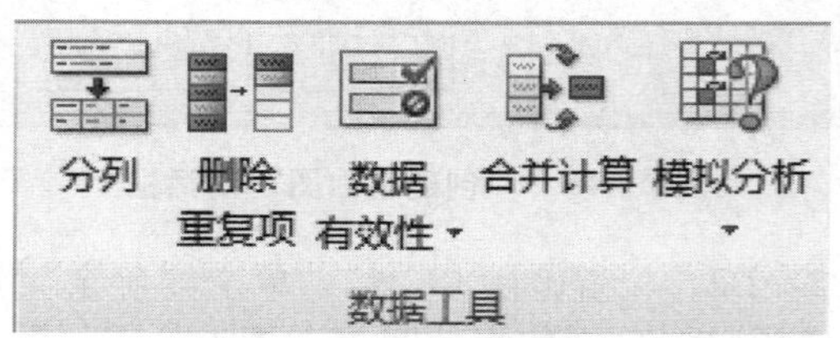

图 7－49　“数据工具”选项组

（4）在打开的对话框中设置有效性条件：在“允许”下拉列表中选择“序列”，在“来源”下拉列表中输入“男，女”；在“输入信息”选项卡中，标题设置为“请选择性别”，输入信息选择“男或女”，如图 7－50 所示。

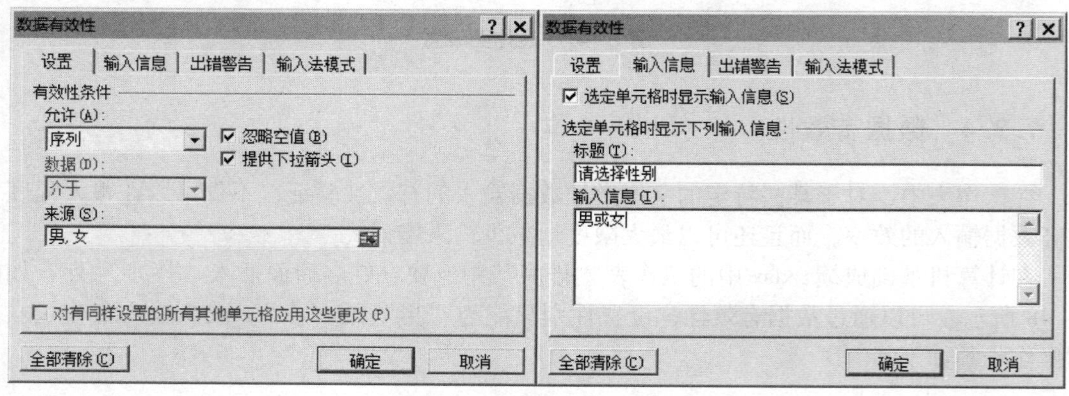

图 7－50　“数据有效性”对话框

（5）为每个学生选择性别，如图 7 – 51 所示。

	A	B	C	D	E	F
1	姓名	性别	所学专业	笔试成绩	机试成绩	平时成绩
2	陈宝婷	女	语	32	22	20
3	巽宜静	女		22	26	27
4	董家良	男		30	30	32
5	顾桐雨	女		17	19	20
6	姜金良	男	英语	30	20	30
7	金婷	女	语文教育	26	30	20
8	李吉宇	男	音乐学	15	30	20
9	李璐	女	英语	22	22	12
10	李艺萌	女	音乐学	19	30	21
11	刘雪雯	女	英语	19	2	7
12	刘越佳	男	语文教育	21	26	27
13	沐洋	男	音乐学	33	32	30
14	沈丹	女	音乐学	27	22	19
15	史俊博	男	语文教育	22	18	22
16	苏畅	男	英语	17	23	20

请选择性别
男或女

图 7 – 51　选择性别

7.2.5　排序

排序是将工作表中的数据按照一定的规律进行显示。在 Excel 2010 中用户可以使用默认的排序命令，对文本、数字、时间、日期等数据进行排序，也可以根据排序需要对数据进行自定义排序。

1. 简单排序

排序顺序有两种：升序和降序。升序是对单元格区域中的数据按照从小到大的顺序排列；降序则相反，按照从大到小的顺序排列。

如果希望在工作表“排序”中按笔试成绩从高到低的顺序查看学生成绩，具体操作步骤如下。

（1）选定 D 列中任意单元格，例如 D1。

（2）单击“开始”选项卡“编辑”组中的“排序和筛选”按钮，选择“降序”命令，如图 7 – 52 所示。

排序和筛选

升序(S)
降序(O)
自定义排序(U)...
筛选(F)
清除(C)
重新应用(Y)

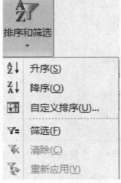

图 7 – 52　排序和筛选选项

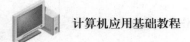

如果希望表格中数据先按“性别”升序排序，再按“笔试成绩”降序排序，具体操作步骤如下。

（1）选择单元格区域 A1：F16。

（2）单击“数据”选项卡“排序和筛选”组中的“排序”按钮，在打开的对话框中设置主要关键字为“性别”，升序；次要关键字为“笔试成绩”，降序，如图 7－53 所示。

（3）单击“确定”按钮。

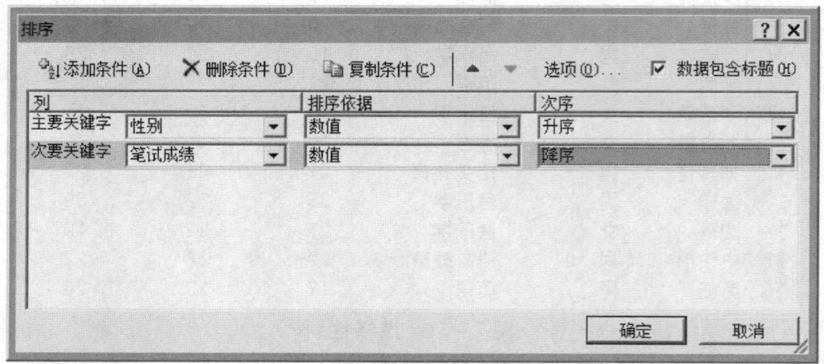

图 7－53　“排序”对话框

2. 自定义排序

在实际应用中，按照“升序”或“降序”并不能完全满足用户的需求，例如，将学生成绩按所学专业为英语、音乐学、语文教育的顺序排序，则可以采用自定义排序来实现。

具体操作步骤如下。

（1）选择单元格区域 A1：F16。

（2）单击“数据”选项卡“排序和筛选”组中的“排序”按钮，在打开的对话框中设置主要关键字为“所学专业”，次序为“自定义序列”，输入序列“英语　音乐学　语文教育”，单击“添加”按钮，添加到自定义序列中，如图 7－54 所示。

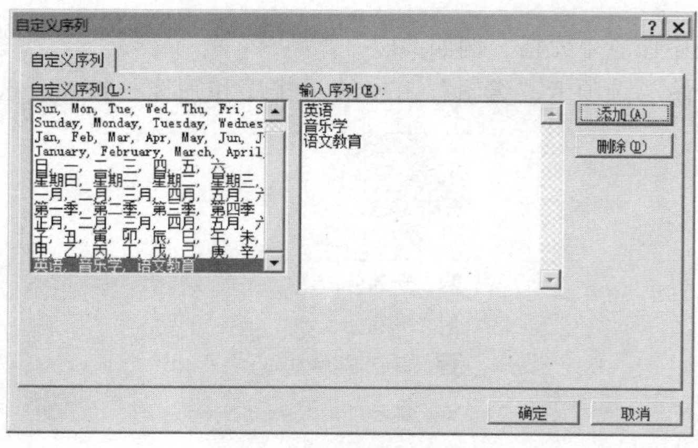

图 7－54　“自定义序列”对话框

（3）单击“确定”按钮，次序显示如图 7－55 所示。

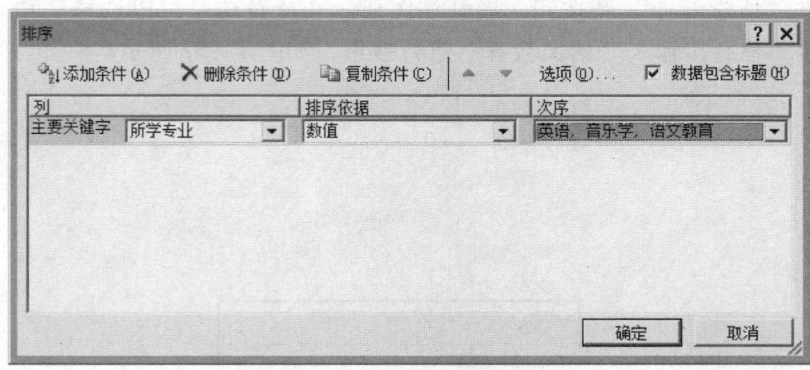

图 7－55　“排序”对话框

（4）单击“确定”按钮。

7.2.6　筛选

数据筛选能将数据清单中不符合条件的记录隐藏起来，只显示符合条件的记录，得到用户需要的记录的一个子集，从而帮助用户快速、准确地查找与显示有用数据。筛选结果不需要重新排列或移动就可以复制、查找、编辑、设置格式、制作图表和打印。

在 Excel 2010 中，用户可以使用自动筛选或高级筛选功能来处理数据表中复杂的数据。

1. 自动筛选

自动筛选是 Excel 2010 中最简单、最常用的筛选表格的方法，可以按列表值、按颜色或者按条件进行筛选，也可以排序。

文学院辅导员要求查看语文教育专业的学生记录，并按性别分组显示。小明决定在“自动筛选”工作表中完成，具体操作步骤如下。

（1）单击成绩表中任意单元格，例如 A1。

（2）单击“数据”选项卡中的“筛选”按钮，表格列标题旁出现按钮，如图 7－56 所示。

	A	B	C	D	E	F
1	姓名	性别	所学专	笔试成	机试成	平时成
2	陈宝婷	女	英语	32	22	20
3	巽宜静	女	语文教育	22	26	27
4	董家良	男	音乐学	30	30	32
5	顾桐雨	女	语文教育	17	19	20
6	姜金良	男	英语	30	20	30
7	金婷	女	语文教育	26	30	20
8	李吉宇	男	音乐学	15	30	20
9	李璐	女	英语	22	22	12
10	李艺萌	女	音乐学	19	30	21
11	刘雪雯	女	英语	19	2	7
12	刘越佳	男	语文教育	21	26	27
13	沐洋	男	音乐学	33	32	30
14	沈丹	女	音乐学	27	22	19
15	史俊博	男	语文教育	22	18	22
16	苏畅	男	英语	17	23	20

图 7－56　自动筛选

（3）单击“所学专业”旁按钮，展开如图所示快捷菜单，可以选择“语文教育”，也可以在“搜索”栏直接输入“语文教育”进行搜索，如图 7－57 所示。

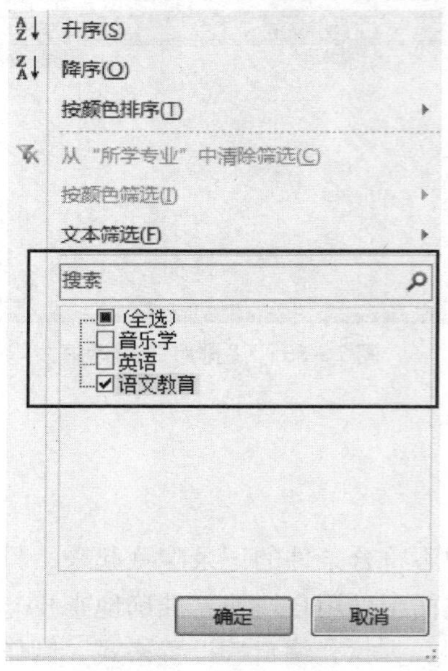

图 7－57　设置筛选条件

（4）单击“性别”旁按钮，在打开的快捷菜单中选择“升序”，结果如图 7－58 所示。

	A	B	C	D	E	F
1	姓名	性别	所学专	笔试成	机试成	平时成
3	刘越佳	男	语文教育	21	26	27
5	史俊博	男	语文教育	22	18	22
7	龚宜静	女	语文教育	22	26	27
12	顾桐雨	女	语文教育	17	19	20
15	金婷	女	语文教育	26	30	20

图 7－58　筛选结果

提示：

- 注意应用过筛选条件的按钮与未设置筛选条件的按钮的区别。
- 注意筛选结果行号为蓝色显示，其他不符合筛选条件的行隐藏起来。
- 在自动筛选中，按多个列进行筛选时，筛选器是累加的，即筛选条件间用“与”运算连接。
- 单击图 7－59 中的“清除”按钮，可以删除筛选条件；再次单击“筛选”按钮，可退出“自动筛选”；如果表中数据有变化，单击“重新应用”按钮更新筛选结果。

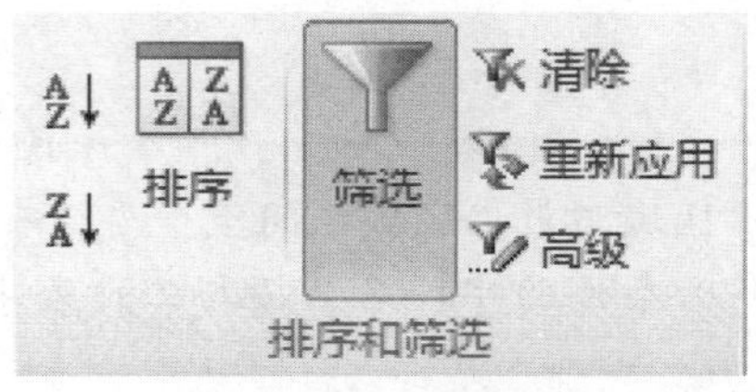

图 7－59　排序和筛选

2. 高级筛选

在实际应用中，如果筛选数据需要复杂的筛选条件，例如，音乐学专业辅导员要求查看姓李或者音乐学专业的学生记录，用自动筛选就无法实现，为此，可以采用高级筛选来实现。进行高级筛选时，首先要指定一个单元格区域放置筛选条件，然后以该区域的条件来进行筛选。

具体操作步骤如下。

（1）在工作表“高级筛选”中，复制标题行区域 A1：F1 到 A19 单元格处。

（2）在姓名下的单元格中输入“李＊”，条件表达式为：姓名 = “李＊”；在所学专业下第二行单元格中输入“音乐学”，条件表达式为：所学专业 = “音乐学”；两个条件不在同一行，表示这两个条件用“或”运算连接，如图 7－60 所示。

19	姓名	性别	所学专业	笔试成绩	机试成绩	平时成绩
20	李*					
21			音乐学			

图 7－60　条件区域

（3）单击成绩表中任意单元格，例如 A1。

（4）单击“数据”选项卡中的“高级”按钮，在打开的对话框中依次选择“在原有区域显示筛选结果”，列表区域为“＄A＄1：＄F＄16”，单击条件区域右侧按钮选择区域“＄A＄19：＄F＄21”，如图 7－61 所示。

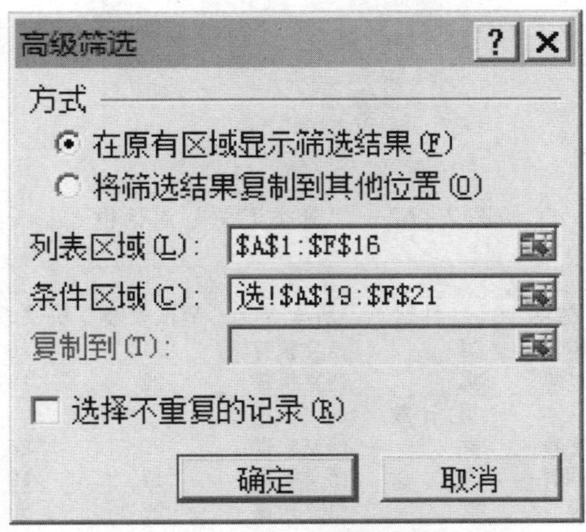

图 7－61　“高级筛选”对话框

提示:

- 放置筛选条件的条件区域与数据区域之间至少要留有1个空白行。
- 添加筛选条件时,作为条件的字段名必须与工作表中的字段名完全相同,可以采用复制的方法。
- 设置条件区域时,在同一行的两个条件之间是“与”运算,在不同行的两个条件之间是“或”运算。

7.2.7 分类汇总

分类汇总是对数据列表中的数据进行分析的一种方法。在创建分类汇总之前,需要按分类字段对数据进行排序,以便将同一组数据集中在一起,然后才能进行汇总计算。

在分类汇总工作表中,分别统计“语文教育”专业男、女生人数,其中分类字段为“性别”,所以要求按“性别”排序。可以直接利用“自动筛选”工作表中的数据。具体操作步骤如下。

(1)复制“自动筛选”工作表中的数据到“分类汇总”工作表中A1单元格起始处,注意观察,表中数据已经按性别排序。

(2)单击“数据”选项卡中的“分类汇总”按钮,在打开的对话框中设置分类字段为“性别”,汇总方式为“计数”,选定汇总项为“所学专业”,如图7-62所示。

(3)汇总结果如图7-63所示。

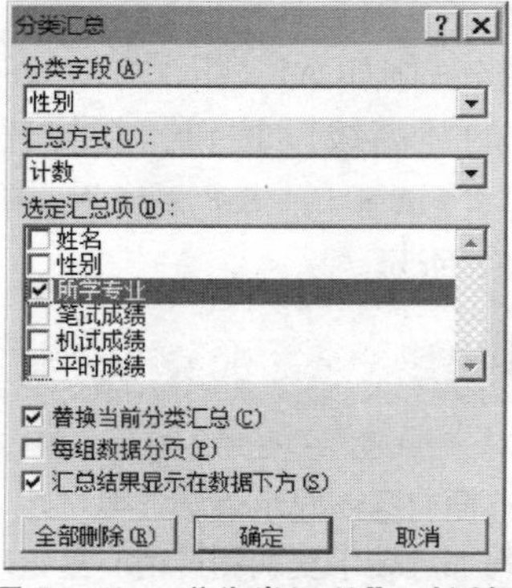

图7-62 “分类汇总”对话框

	A	B	C	D	E	F
1	姓名	性别	所学专业	笔试成绩	机试成绩	平时成绩
2	刘越佳	男	语文教育	21	26	27
3	史俊博	男	语文教育	22	18	22
4		**男 计数**	2			
5	龚宜静	女	语文教育	22	26	27
6	顾桐雨	女	语文教育	17	19	20
7	金婷	女	语文教育	26	30	20
8		**女 计数**	3			
9		**总计数**	5			

图7-63 汇总结果

提示：

在“分类汇总”对话框中单击“全部删除”按钮，可以删除分类汇总。

7.2.8　数据透视表

前面介绍的分类汇总适合于按一个字段进行分类汇总。如果要按多个字段进行分类并汇总，则需要使用数据透视表。数据透视表实际上是一种交互式表格，不仅能够通过转换行和列显示源数据的不同汇总结果，也能显示不同页面的筛选数据，同时还能根据用户的需要显示区域中的细节数据。

用数据透视表统计各专业男、女学生的笔试成绩、机试成绩、平时成绩的平均分，具体操作步骤如下。

（1）单击学生成绩表中任一单元格，例如 A1。

（2）单击“插入”选项卡中“表格”组“数据透视表”按钮，打开“创建数据透视表”对话框，选择数据区域，选择放置数据透视表的位置为“新工作表”，如图 7－64 所示。

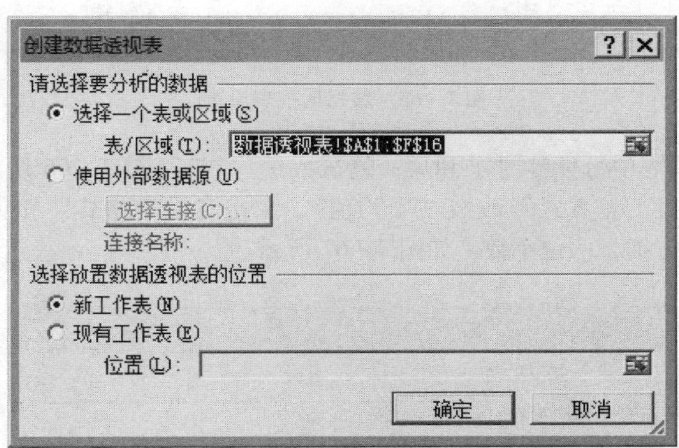

图 7－64　“创建数据透视表”对话框

（3）单击“确定”按钮，系统新建一个空白工作表，右边显示“数据透视表字段列表”任务窗格，依次单击所学专业、性别、笔试成绩、机试成绩、平时成绩，结果如图 7－65所示。

提示：

报表筛选、列标签、行标签、数值四个列表框中显示的字段可以拖动改变位置，也可以拖动到列表框外删除该字段。

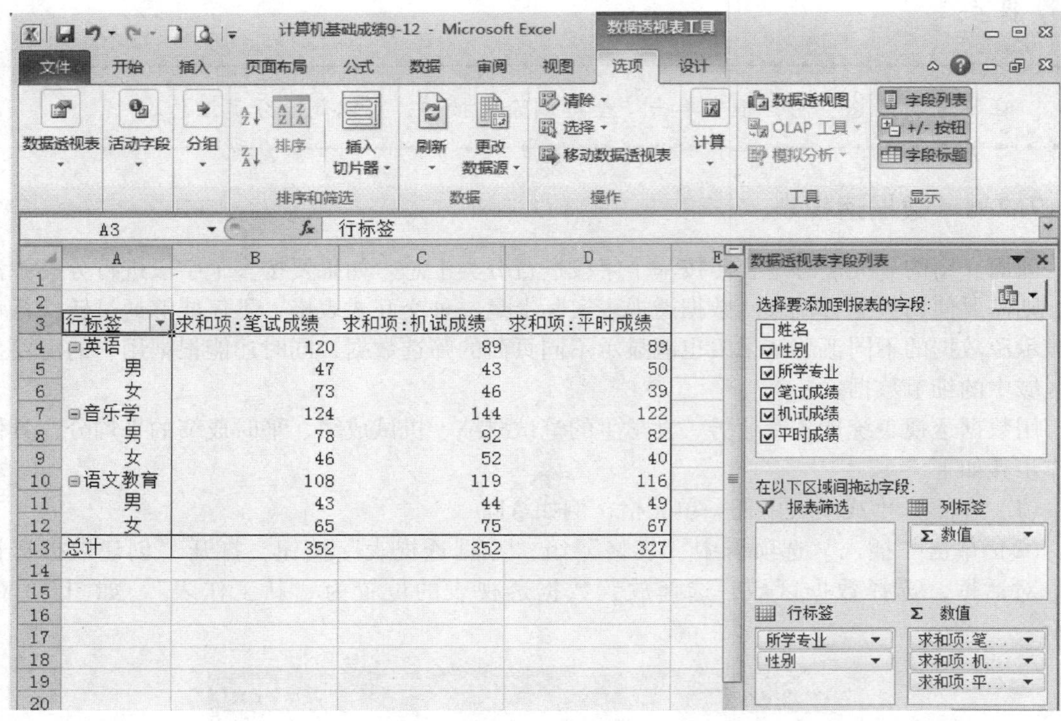

图 7-65 数据透视表设置

（4）双击透视表中行标签“求和项：笔试成绩”，打开图 7-66 所示“值字段设置”对话框，将“值字段汇总方式”改成“平均值”，单击“数字格式”按钮，在打开的对话框中选择“数值”分类，两位小数，如图 7-67 所示。

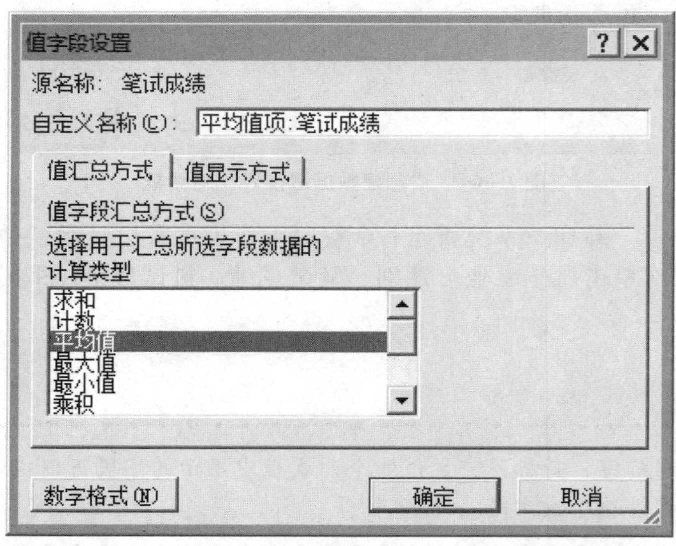

图 7-66 “值字段设置”对话框

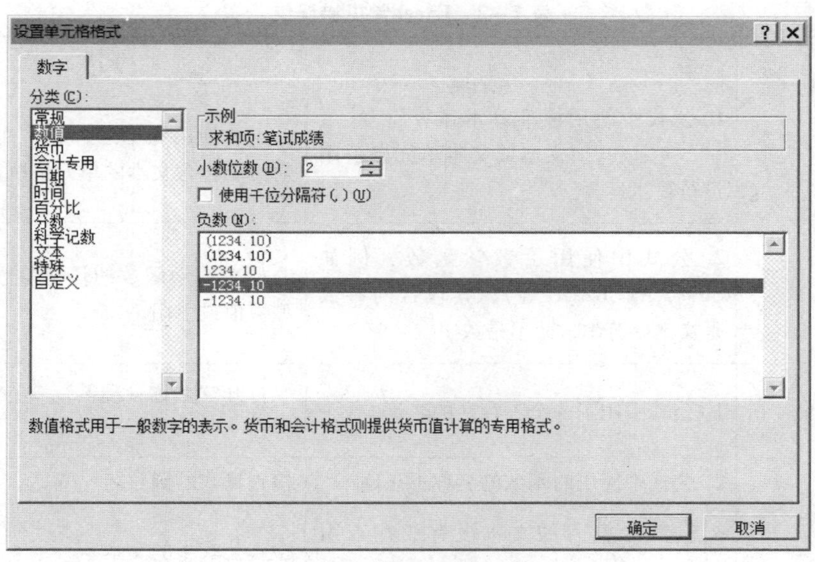

图7-67　设置两位小数

（5）同样的方法设置平均值项：机试成绩，平均值项：平时成绩；

（6）单击“数据透视表工具｜设计”选项卡，选择“数据透视表样式”中的“数据透视表样式浅色16”，结果如图7-68所示。

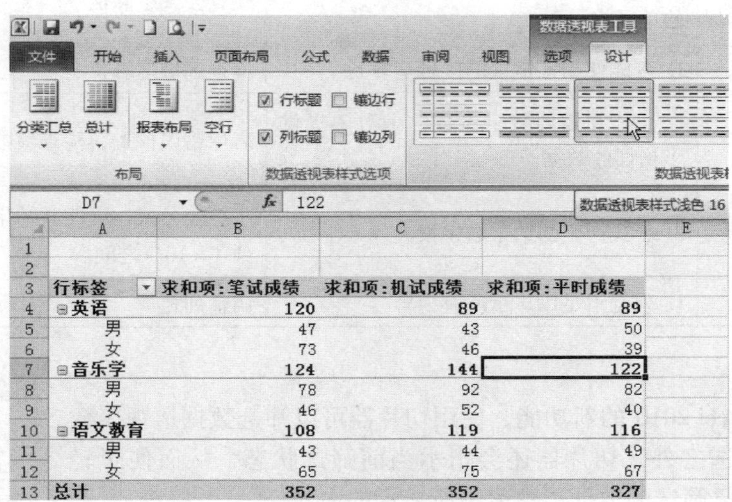

	A	B	C	D
1				
2				
3	行标签	求和项:笔试成绩	求和项:机试成绩	求和项:平时成绩
4	⊟英语	120	89	89
5	男	47	43	50
6	女	73	46	39
7	⊟音乐学	124	144	122
8	男	78	92	82
9	女	46	52	40
10	⊟语文教育	108	119	116
11	男	43	44	49
12	女	65	75	67
13	总计	352	352	327

图7-68　数据透视表结果

7.2.9　知识拓展

1. 常见错误及解决方法

输入Excel公式时，有时会产生错误值。表7-2列出常见公式中的错误信息及解决方法。

表 7－2　Excel 常见错误值

名　称	原　因	解决方法
#VALUE!	1. 公式中使用标准算术运算符（+、－、*、/）对文本或文本单元格引用进行算术运算	不要使用算术运算符，而是使用函数对可能包含文本的单元格执行算术运算
	2. 公式中使用了数学函数（例如 SUM、AVERAGE 等），其包含的参数是文本字符串，而不是数字	检查数学函数的任何参数有没有文本型数值或引用
#NAME?	1. 公式引用了一个不存在的名称	打开“名称管理器”，检查该名称是否存在
	2. 公式中使用的函数的名称不正确	检查输入的函数名
	3. 公式中输入的文本没有放在双引号中	检查公式中的文本
	4. 区域引用中漏掉了冒号（:）	检查区域引用
#REF!	1. 单元格引用无效	检查引用的单元格是否删除
#DIV/0!	1. 将数字除以零（0）或除以不含数值的单元格	检查公式中除法
#NULL!	1. 可能使用了错误的区域运算符	检查区域运算符
#NUM!	1. 可能在需要数字参数的函数中提供了错误的数据类型	启用错误检查，检查参数是否正确
	2. 公式产生的结果数字太大或太小	更改公式，以使其结果介于 -1×10^{307} 到 1×10^{307} 之间。
#####	1. 列宽不足以显示所有内容	调整列宽

2. *切片器*

切片器是 Excel 2010 的新功能，使用切片器可以筛选数据透视表数据。除了快速筛选之外，切片器还会指示当前筛选状态，从而便于轻松、准确地了解已筛选的数据透视表中所显示的内容。

对图 7－68 所示的数据透视表创建切片器筛选数据，具体操作步骤如下。

（1）单击“选项”选项卡中“插入切片器”按钮，在打开的对话框中选中“性别”，“所学专业”，如图 7－69 所示。

（2）单击“确定”按钮，创建如图 7－70 所示的两个切片器，单击筛选项，例如“语文教育”，得到筛选结果。

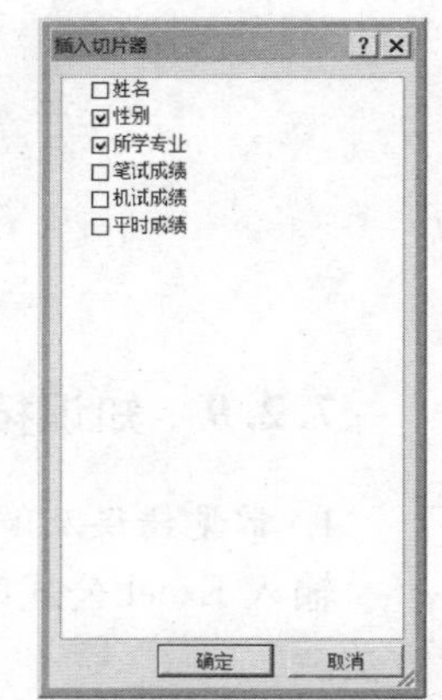

图 7－69　插入切片器

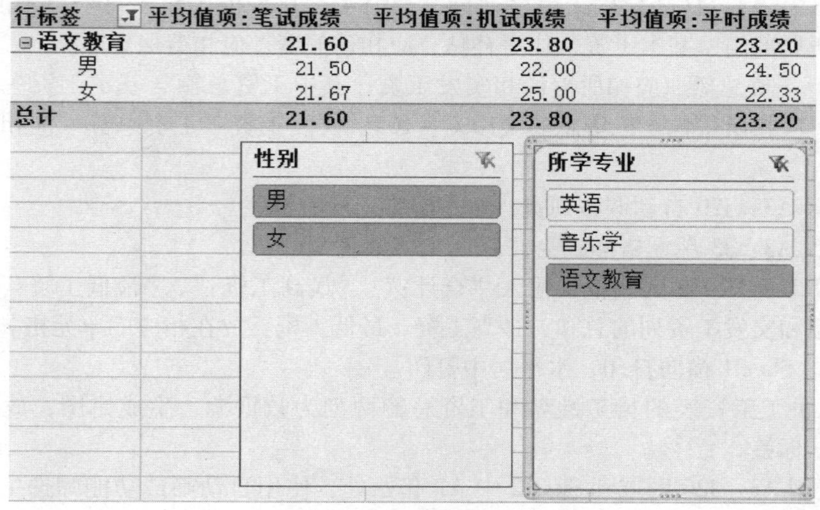

行标签	平均值项:笔试成绩	平均值项:机试成绩	平均值项:平时成绩
⊟语文教育	21.60	23.80	23.20
男	21.50	22.00	24.50
女	21.67	25.00	22.33
总计	21.60	23.80	23.20

图 7-70　筛选结果

7.3　任务总结

本章通过对“计算机基础成绩 . xlsx”的分析和统计，讲述了 Excel 2010 常用函数的使用、图表的创建方法、利用数据有效性定义数据输入范围，以及利用排序、筛选、分类汇总、数据透视表对工作表进行统计和汇总等内容，要求学生了解 Excel 数据分析的功能，掌握插入函数、创建图表、数据有效性、排序、筛选的方法，具备灵活分析和统计数据表的能力。

7.4　实训

实训 1　制作员工工资表

1. 实训目的

掌握常用函数的使用。

掌握图表的创建和编辑方法。

掌握使用排序、筛选、分类汇总和数据透视表分析数据表。

2. 实训要求及步骤

（1）在 Sheet1 中选择 A1：J1 区域，合并后居中，输入“员工工资表”，设置字体为隶书，24 号。

（2）设置 I2：J2 合并后居中，输入日期，长日期格式。

（3）设置第 1，2 行行高为 25。

（4）第 3 行 A3：J3 依次输入表格列标题，第 4 ~ 20 行依次输入每个员工的员工编号、员工姓名、所属部门、基本工资、住房补贴、应扣请假费、应扣劳保金额。

（5）计算工资总额、应扣所得税和实发工资，其中工资总额 = 基本工资 + 住房补贴 - 应扣请假费，应扣所得税 = 工资总额 ×10% - 105，实发工资 = 工资总额 - 应扣所得税 - 应扣劳保金额。

（6）设置 A3：J20 自动调整列宽，水平居中，所有框线。

（7）设置 A3：J3 单元格样式为“强调文字颜色 5”。

（8）在 D22：D24 单元格依次输入“合计:”、“最高工资:”、“最低工资:”，然后分别计算工资总额和实发工资列的总和、最高工资、最低工资，放在相应的单元格。

（9）设置 Sheet1 横向打印，水平居中打印。

（10）以员工工资表的员工姓名和工资总额两列为数据源，生成饼图，放在新工作表中，显示数据标签。

（11）复制 A3：J20 区域到 Sheet2 中 A1 起始处，使用自动筛选功能筛选工资总额高于（ > = ）3000 的员工工资，并按所属部门升序排序。

（12）将工作表 Sheet1 重命名为“员工工资表”，chart1 重命名为“工资总额饼图”，Sheet2 重命名为“自动筛选”，删除 Sheet3，调整工作表顺序为员工工资表、工资总额饼图、自动筛选。

最终效果见效果图 7 - 71。

	A	B	C	D	E	F	G	H	I	J
1	员工工资表									
2									2013年8月27日	
3	员工编号	员工姓名	所属部门	基本工资	住房补贴	应扣请假费	工资总额	应扣所得税	应扣劳保金额	实发工资
4	000001	王华林	秘书部	3000	300	0	3300	225	200	2875
5	000002	张敏	拓展部	3500	500	50	3950	290	300	3360
6	000003	刘东	拓展部	3800	500	100	4200	315	400	3485
7	000004	李家丽	拓展部	3800	500	0	4300	325	400	3575
8	000005	杨春灵	销售部	2000	300	0	2300	125	100	2075
9	000006	周杰	销售部	2400	300	0	2700	165	100	2435
10	000007	胡志伟	销售部	2000	300	50	2250	120	100	2030
11	000008	王燕	秘书部	3200	300	0	3500	245	300	2955
12	000009	张海潮	拓展部	3500	500	0	4000	295	300	3405
13	000010	杨四方	销售部	2800	300	0	3100	205	200	2695
14	000011	胡伟	销售部	3000	300	0	3300	225	200	2875
15	000012	钟鸣	销售部	2000	300	50	2250	120	100	2030
16	000013	陈琳	秘书部	3000	300	0	3300	225	200	2875
17	000014	江洋	销售部	2400	300	0	2700	165	100	2435
18	000015	杨柳	销售部	3500	500	150	3850	280	300	3270
19	000016	刘丽	秘书部	3000	300	0	3300	225	200	2875
20	000017	秦岭	销售部	2400	300	0	2700	165	100	2435
21										
22				合计:			55000			47685
23				最高工资:			4300			3575
24				最低工资:			2250			2030

（a）

图 7 - 71　实训一样张

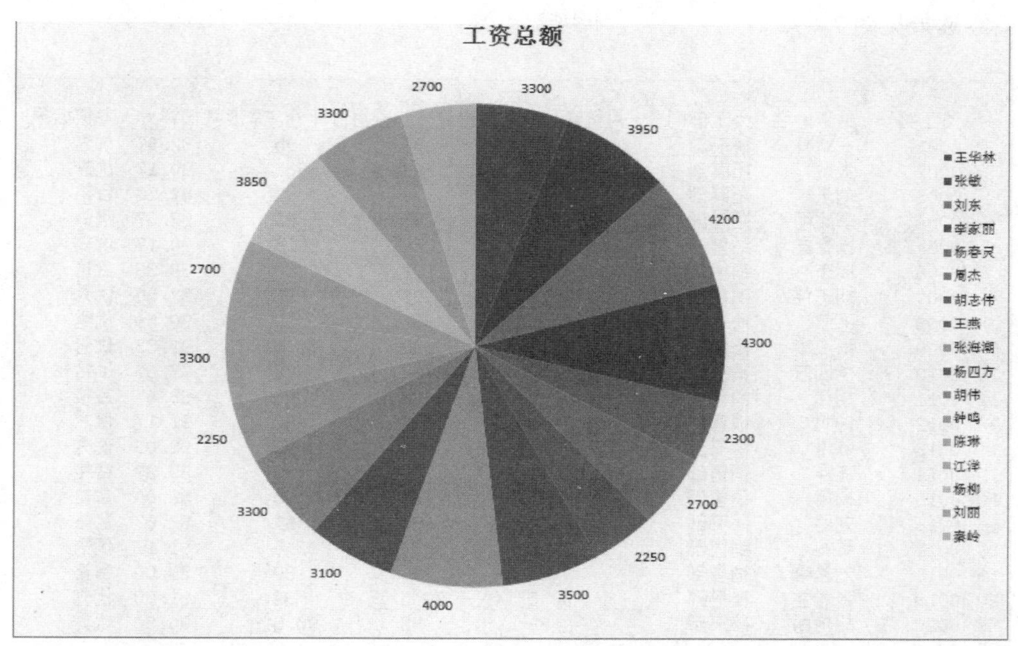

	A	B	C	D	E	F	G	H	I	J
1	员工编	员工姓	所属部	基本工	住房补	应扣请假	工资总	应扣所得	应扣劳保金	实发工
2	000001	王华林	秘书部	3000	300	0	3300	225	200	2875
3	000008	王燕	秘书部	3200	300	0	3500	245	300	2955
4	000013	陈琳	秘书部	3000	300	0	3300	225	200	2875
5	000016	刘丽	秘书部	3000	300	0	3300	225	200	2875
6	000002	张敏	拓展部	3500	500	50	3950	290	300	3360
7	000003	刘东	拓展部	3800	500	100	4200	315	400	3485
8	000004	李家丽	拓展部	3800	500	0	4300	325	400	3575
9	000009	张海潮	拓展部	3500	500	0	4000	295	300	3405
13	000010	杨四方	销售部	2800	300	0	3100	205	200	2695
14	000011	胡伟	销售部	3000	300	0	3300	225	200	2875
17	000015	杨柳	销售部	3500	500	150	3850	280	300	3270
19										

员工工资表　工资总额饼图　自动筛选

就绪　"筛选"模式　100%

(b)

图 7－71　实训一样张（续）

实训 2　员工考评结果分析

（1）在 Sheet1 中输入如图 7－72 所示表格，其中季度考核评分为一月份评分、二月份评分、三月份评分的平均值，季度考核评分 > =90 的考核结果为优秀，季度考核评分 > =80 的考核结果为合格，季度考核评分 <80 的考核结果为不合格。

（2）计算优秀人数，优秀率。

（3）复制 Sheet1 工作表中 B1：G21 区域到 Sheet2 工作表 A1 起始处，在 Sheet2 中使用高级筛选列出一月份评分、二月份评分、三月份评分都大于等于（> =）90 分的员工记录。

（4）复制 Sheet1 工作表中 B1：G21 区域到 Sheet3 工作表 A1 起始处，用分类汇总求出各部门员工人数和季度考核评分的最高分。

（5）以 Sheet1 工作表中 B1：G21 区域为数据源在新工作表中创建数据透视表，统计各部门季度考核评分的最高分、最低分和平均分，结果保留两位小数。

最终效果见图 7－72。

	A	B	C	D	E	F	G	H
1	员工编号	员工姓名	员工部门	一月份评分	二月份评分	三月份评分	季度考核评分	考核结果
2	0001	王华林	秘书部	93	90	95	92.67	优秀
3	0002	张敏	拓展部	89	93	88.5	90.17	优秀
4	0003	刘东	拓展部	80	90	92	87.33	合格
5	0004	李家丽	拓展部	95	88	95	92.67	优秀
6	0005	杨春灵	销售部	92	88	90.5	90.17	优秀
7	0006	周杰	销售部	88	89	88	88.33	合格
8	0007	胡志伟	销售部	89.5	93	95	92.50	优秀
9	0008	王燕	秘书部	94.5	87	90	90.50	优秀
10	0009	张海潮	拓展部	90.5	92	91.5	91.33	优秀
11	0010	杨四方	销售部	78	82	73	77.67	不合格
12	0011	胡伟	销售部	92	88	86	88.67	合格
13	0012	钟鸣	销售部	91.5	93	89	91.17	优秀
14	0013	陈琳	秘书部	94	90	95	93.00	优秀
15	0014	江洋	销售部	92	87	89	89.33	合格
16	0015	杨柳	销售部	85	88	85	86.00	合格
17	0016	刘丽	秘书部	85	90	91	88.67	合格
18	0017	秦岭	销售部	90.5	90.5	92.5	91.17	优秀
19	0018	刘晨曦	销售部	87	91	89	89.00	合格
20	0019	张雅兰	秘书部	90.5	90.5	92	91.00	优秀
21	0020	胡艳丽	秘书部	89	92	90.5	90.50	优秀
22								
23							优秀人数：	12
24							优秀率：	60%

	A	B	C	D	E	F
1	员工姓名	员工部门	一月份评分	二月份评分	三月份评分	季度考核评分
2	王华林	秘书部	93	90	95	92.67
10	张海潮	拓展部	90.5	92	91.5	91.33
14	陈琳	秘书部	94	90	95	93.00
18	秦岭	销售部	90.5	90.5	92.5	91.17
20	张雅兰	秘书部	90.5	90.5	92	91.00
22						
23	员工姓名	员工部门	一月份评分	二月份评分	三月份评分	季度考核评分
24			>=90	>=90	>=90	
25						

	A	B	C	D	E	F
1	员工姓名	员工部门	一月份评分	二月份评分	三月份评分	季度考核评分
8		**秘书部 最大值**				93.00
9	6	**秘书部 计数**				
14		**拓展部 最大值**				92.67
15	4	**拓展部 计数**				
26		**销售部 最大值**				92.50
27	10	**销售部 计数**				
28		**总计最大值**				93.00
29	20	**总计数**				
30						

	A	B	C	D
1				
2				
3	**行标签**	**最大值项：季度考核评分**	**最小值项：季度考核评分2**	**平均值项：季度考核评分3**
4	秘书部	93.00	88.67	91.06
5	拓展部	92.67	87.33	90.38
6	销售部	92.50	77.67	88.40
7	**总计**	**93.00**	**77.67**	**89.59**

图 7－72　实训二样张

第 8 章　PowerPoint 基础应用——制作优秀班级竞选演示文稿

PowerPoint 2010 是 Office 2010 办公套装软件中的一个重要组成部分，专门用于设计、制作包含各种文字符号、图形、图像、声音、视频等多种媒体内容的动态电子演示文稿，广泛应用于多媒体课件制作、演讲、会议、报告、产品演示等众多领域。PowerPoint 2010 版本较之以前的版本，在文本、图形、个性化视频、动画效果等方面新增和改进了各类编辑工具，使制作出来的演示文稿具有更多的视觉冲击和感染力；新增的共同创作功能和改进后的共享功能，允许多用户从不同位置同时访问、编辑和播放同一个演示文稿，使得通过 Web 完成演示文稿的共享和协作更加简单。

8.1　任务分析

8.1.1　任务描述

张婷婷是文学院汉语言文学专业 2012 级（1）班的班长。为迎接学校每年的优秀班级评选活动，院学生会决定先在院里进行竞选，推出两个参加学校评选的班级。为此，张婷婷需要制作一个优秀班级竞选演示文稿，内容包含班级的基本情况、特点、参加竞选的优势等信息，要求结构层次清晰，并能图文并茂、形象生动地展示班级各方面的特色，瞬间吸引住评委的眼球，给人以深刻的印象。

8.1.2　任务分解

演示文稿能动态地以文字、表格、各种图形、声音、视频等多种媒体方式展示各种信息，因此，一个成功的优秀班级竞选演示文稿不能单纯地使用文字来描述信息，必须合理地分析设计各种材料信息的表达方式。同时，演示文稿的组织结构必须清晰，显示风格必须统一。张婷婷总结出优秀班级竞选演示文稿的设计思路，如下所述。

首先收集竞选资料，包括班级基本信息（班训、班歌等）、班级成员相关信息、班级活动信息、班级荣誉成果信息等内容。

然后根据各类信息自身的特点，为其设计不同的表达方式。

（1）班级基本信息以文本 + 图片的方式表达。

（2）班级成员相关信息以表格 + 图表的方式表达。

（3）班级活动信息和班级荣誉成果信息均以图片相册的方式表达。

最后使用 PowerPoint 2010 软件制作一个包含多张幻灯片的完整的演示文稿，具体操作步骤如下。

（1）新建一个空白演示文稿，保存为“优秀班级竞选 . pptx”。

（2）对幻灯片进行页面设置，主题、背景等设计，为幻灯片添加日期和时间、页脚、幻灯片编号等信息，保证演示文稿具有统一的显示风格。

（3）新建多张幻灯片，根据分析设计出的各种信息表达方式来输入和编辑相应内容；并且设计出封面、目录和结束幻灯片。

（4）为幻灯片添加超链接、动作和动作按钮，完成演示文稿的导航设计。

（5）播放演示文稿，观看展示效果。

本章任务最终会得到三个演示文稿，分别是“优秀班级竞选 . pptx”、“班级活动相册 . pptx”、“班级荣誉成果相册 . pptx”，文稿效果如图 8－1 至图 8－3 所示。

图 8－1　优秀班级竞选演示文稿样张

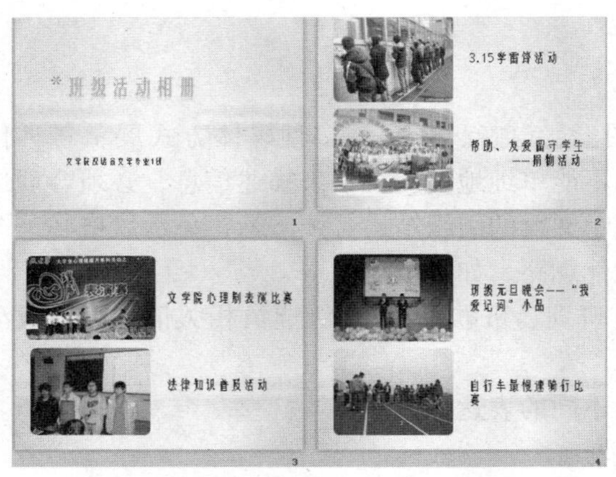

图 8－2　班级活动相册演示文稿样张

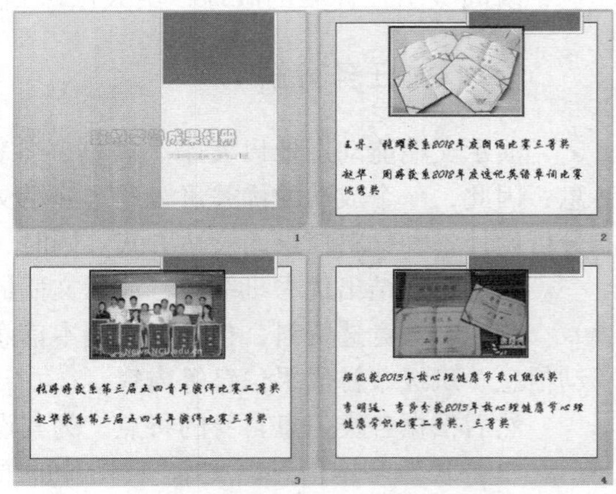

图 8－3　班级荣誉成果相册演示文稿样张

8.2 任务完成

8.2.1 认识 PowerPoint

1. 启动与退出

PowerPoint 2010 的启动和退出与 Word 2010 的操作类似，用户可以参考前文来启动与退出 PowerPoint 2010。

2. 窗口组成

PowerPoint 2010 的窗口主要由标题栏、“文件” 选项卡、功能区、“大纲/幻灯片” 窗格、工作区、“备注” 窗格和状态栏等几部分组成，如图 8 – 4 所示。

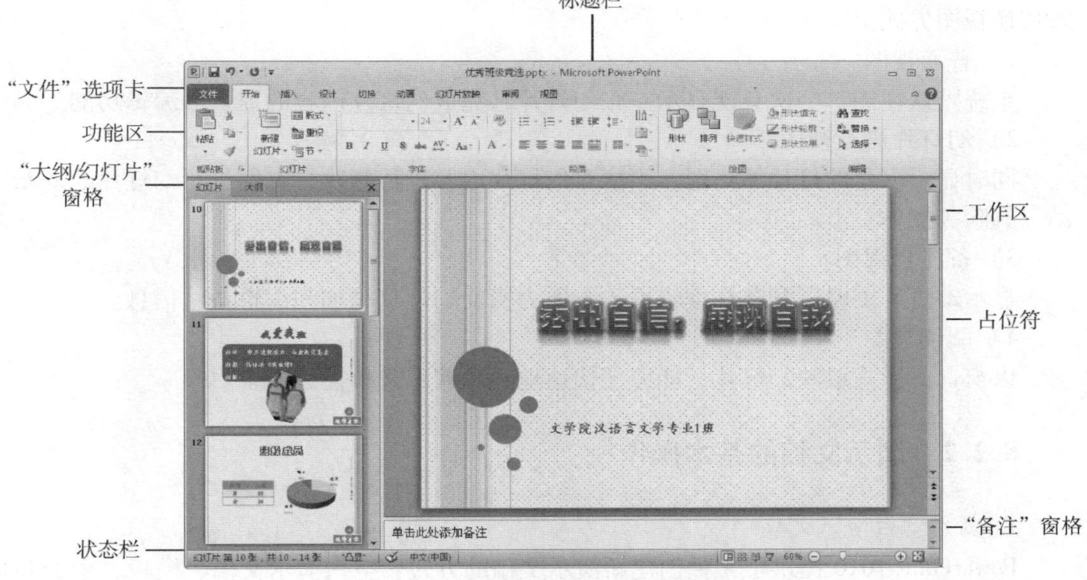

图 8 – 4 PowerPoint 2010 窗口组成

PowerPoint 2010 的标题栏、“文件” 选项卡、功能区和状态栏与 Word 2010 的相似，这里不再做详细描述。

1) “大纲/幻灯片” 窗格

“大纲/幻灯片” 窗格位于功能区的左下方，包含 “幻灯片” 选项卡和 “大纲” 选项卡，单击选项卡进入相应的窗格，分别显示幻灯片缩略图和大纲缩略图。

2) 工作区

工作区位于窗口中央，默认显示正在操作的单张幻灯片，可编辑幻灯片。幻灯片上通常包含若干个占位符，即带有提示说明性文字的虚线框部分，起到内容（包括文字、表格、图表、各种图片图形、媒体剪辑等）的快速定位和插入作用，以及主题的建立作用。

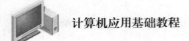

提示：

- 占位符默认的提示说明性文字在放映时不会显示，只起到提示信息的作用。
- 占位符中有默认的文字字体、字号等格式，直接应用在输入的文字上。
- 占位符可以删除，但系统没有提供插入新占位符的功能。

3）“备注”窗格

“备注”窗格位于工作区的下方，可输入有关当前幻灯片的备注和详细信息，以在演示过程中为用户提供帮助。

3. 视图模式

PowerPoint 2010 提供了普通、幻灯片浏览、备注页和阅读视图 4 种演示文稿视图模式，用户可选择“视图”选项卡的“演示文稿视图”组的按钮或状态栏右边区域中的视图按钮来切换视图方式。

1）普通视图

系统默认视图，一次只能显示一张幻灯片，完成幻灯片内容的插入、编辑功能。

2）幻灯片浏览视图

同时显示多张幻灯片缩略图，不能对幻灯片内容进行修改，方便进行幻灯片的复制、移动、删除等操作。

3）备注页视图

显示幻灯片缩略图和备注编辑框，方便为当前幻灯片添加和编辑备注信息。

4）阅读视图

以窗口的形式放映幻灯片，能方便快速地观看演示文稿播放效果。

8.2.2　演示文稿的基本操作

1. 创建空白演示文稿

PowerPoint 2010 提供了 4 种创建新演示文稿的方式：空白演示文稿、模板、主题和根据现有内容新建。其中，模板创建方式又细分为最近打开的模板、样本模板、我的模板和下载模板 4 种。

本章任务中，需要创建一个空白演示文稿，常用方法有两种，用户可根据自己的喜好任选一种完成创建操作。

方法 1：利用“开始”菜单或双击桌面上的 PowerPoint 2010 程序图标，启动 PowerPoint 2010 程序，系统会自动创建一个名为“演示文稿 1”的空白演示文稿。

方法 2：单击“文件”选项卡进入 Backstage 视图，选中“新建”面板的“空白演示文稿”选项，单击“创建”按钮。如图8 –5所示。

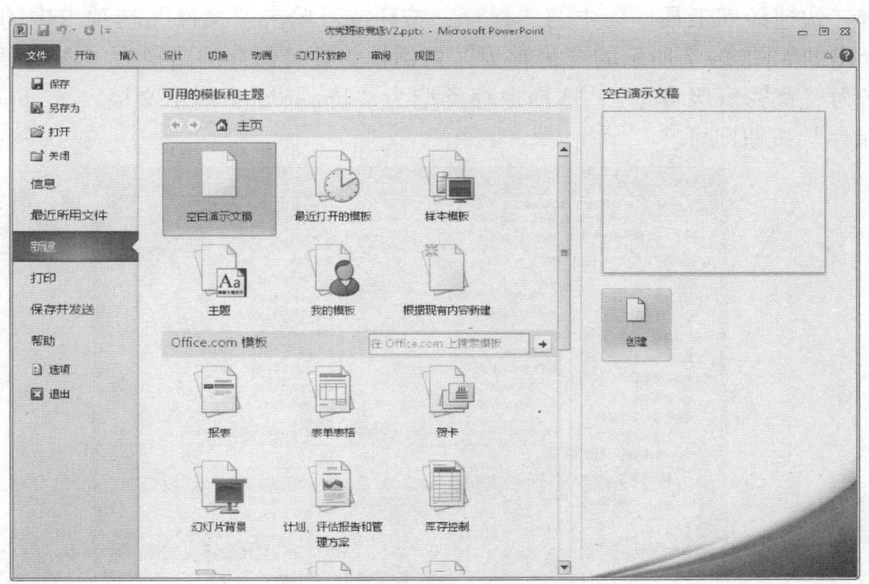

图8-5　新建空白演示文稿窗口

不管使用哪种方法，创建好的空白演示文稿，默认包含一张幻灯片。如图8-6所示。

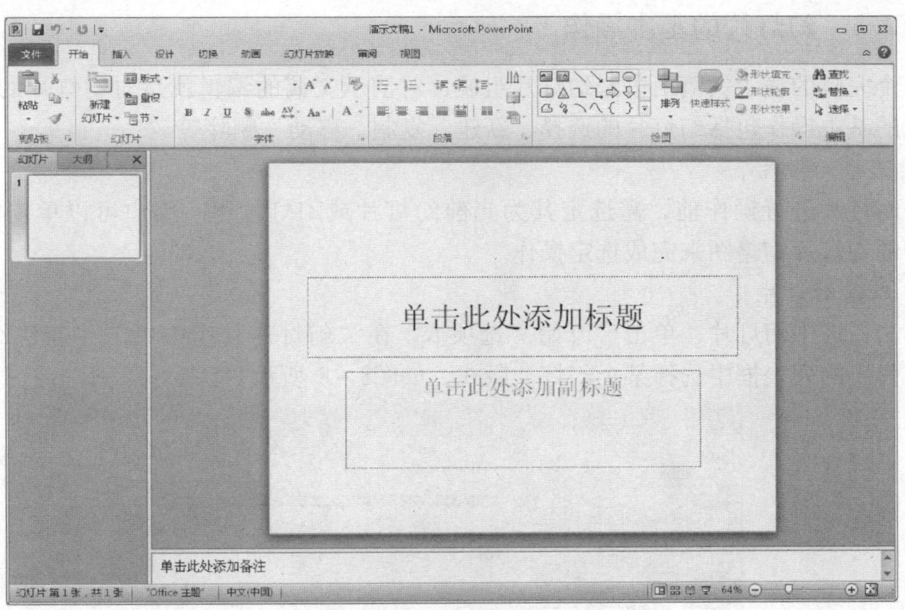

图8-6　新建的空白演示文稿

2. 保存、打开、关闭演示文稿

演示文稿创建后，需要在磁盘中长期保存。PowerPoint演示文稿的保存方法与Word文档、Excel工作簿的保存方法相同。

本章任务中的演示文稿最终需保存在“本地磁盘D:”中，文件名为“优秀班级竞选.pptx”。具体操作步骤如下。

单击“快速访问工具栏”中的“保存”按钮或者单击“文件”选项卡中的“保存”命令，在弹出的如图8-7所示的“另存为”对话框中设置保存的路径为“本地磁盘 D:”，输入文件名为“优秀班级竞选”，选择保存类型为“PowerPoint 演示文稿（*.pptx）”。最后，单击“保存”按钮即可。

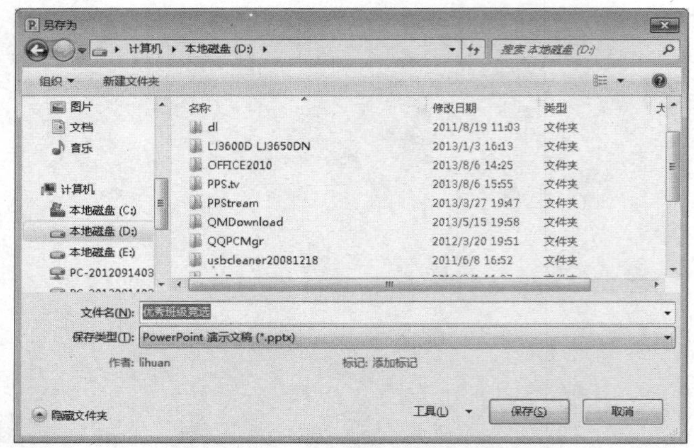

图8-7 “另存为”对话框

成功保存文稿后，窗口标题栏中部的文件名显示区域会有相应的变化。

8.2.3 幻灯片的基本操作

一个完整的演示文稿由多张幻灯片组成，对演示文稿的编辑就是对幻灯片的编辑操作。幻灯片的基本操作包括幻灯片的选择、新建、复制、移动、删除等。

1. 选择幻灯片

对幻灯片进行操作前，需选定其为当前幻灯片或幻灯片组。用户可以单击“幻灯片”窗格中的幻灯片缩略图来完成选定操作。

2. 新建幻灯片

方法：选中幻灯片，单击“开始”选项卡，在“幻灯片”组中单击“新建幻灯片”按钮，在弹出的列表框中选择某个幻灯片版式，如图8-8所示。

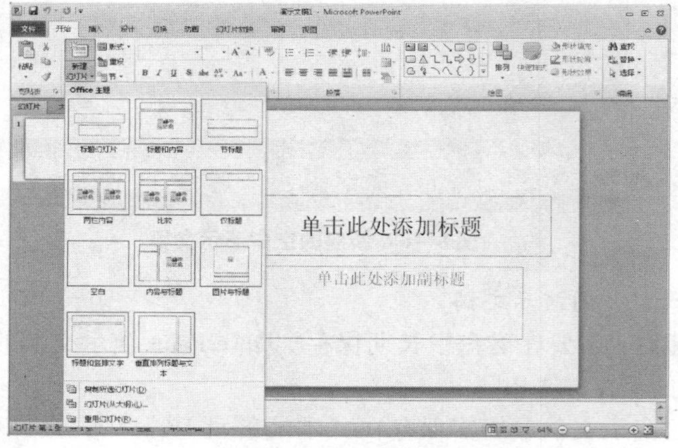

图8-8 新建幻灯片操作

PowerPoint 2010 提供了 11 种幻灯片版式，版式中包含若干个简单编排的占位符，可快速添加标题、文本、表格和图表、图片、媒体剪辑等多种对象。

 **提 示：**

- 新建的空白演示文稿，只包含一张幻灯片，版式为“标题幻灯片”，如图 8－6 所示。
- 新建幻灯片时，单击 按钮可快速添加一张“标题和内容”版式的幻灯片。
- 单击 版式 按钮更改幻灯片版式，单击 重设 按钮将幻灯片中占位符的大小、位置和格式重设为默认设置。

3. 复制、移动、删除幻灯片

在“幻灯片浏览”视图或“普通”视图的“幻灯片”窗格中，选定需要操作的幻灯片，通过鼠标或功能区命令来完成。

8.2.4　幻灯片设计

制作演示文稿时，需对幻灯片进行风格统一的设计，PowerPoint 软件提供了如图 8－9 所示的页面设置、主题和背景三个设计功能；还提供了日期和时间、页脚和编号三个内容的设置功能。

图 8－9　“设计”选项卡面板

1. 页面设置

幻灯片的页面设置功能针对该演示文稿中的所有幻灯片进行设置，包括幻灯片大小、编号起始值，幻灯片、备注、讲义和大纲的显示方向。

“优秀班级竞选 . pptx”文稿中的幻灯片大小为 A4 纸张，横向显示，编号起始值为 10。

具体操作步骤如下。

单击“设计”选项卡，在“页面设置”组中单击“页面设置”按钮，在弹出的“页面设置”对话框中完成如图 8－10 所示的设置。

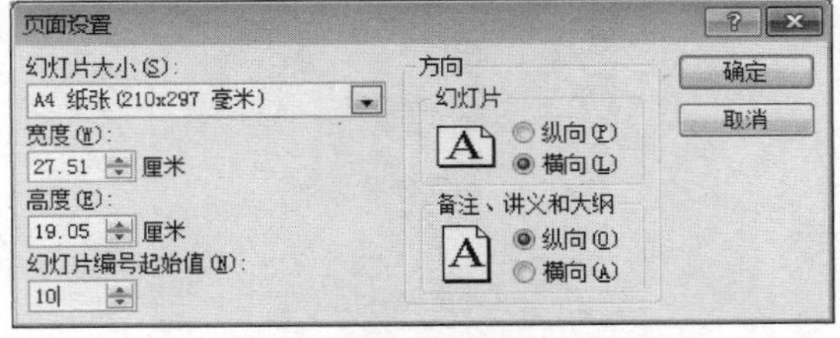

图 8－10　“页面设置”对话框

2. 主题

主题是 PowerPoint 系统提供的一种包含背景、文字字体、文字颜色及各对象效果的版式方案。用户使用主题可以快速地为演示文稿建立统一的外观风格，非常方便实用。

PowerPoint 2010 提供了大量的内置主题样式，如果用户不满意可通过互联网下载主题样式；也可以自定义主题，达到最佳视觉效果。

自定义主题主要包括修改主题颜色方案、字体方案、对象效果方案。

- 颜色方案包括标题文字、正文文字、背景、强调文字及超链接文字等颜色的设置。
- 字体方案分中西文进行标题字体和正文字体的设置。
- 对象效果方案针对各种对象（诸如形状、SmartArt 图形、表格和图表等）的填充、轮廓、效果进行设置。

“优秀班级竞选 . pptx” 文稿应用 “凸显” 主题样式，“龙腾四海” 字体样式，“凤舞九天” 主题效果。具体操作步骤如下。

（1）应用主题。单击 “设计” 选项卡，在 “主题” 组中单击 “形式” 按钮，选择 “凸显” 主题样式，如图 8 – 11 所示。

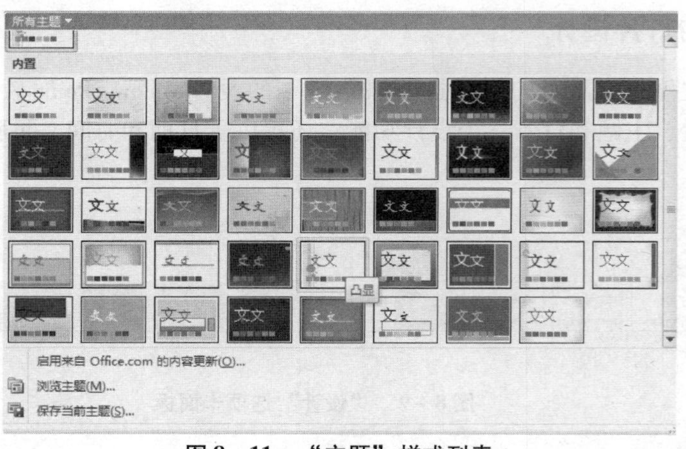

图 8 – 11　“主题” 样式列表

（2）自定义主题字体方案。单击 “字体” 按钮，选择 “龙腾四海” 样式，如图 8 – 12 所示。

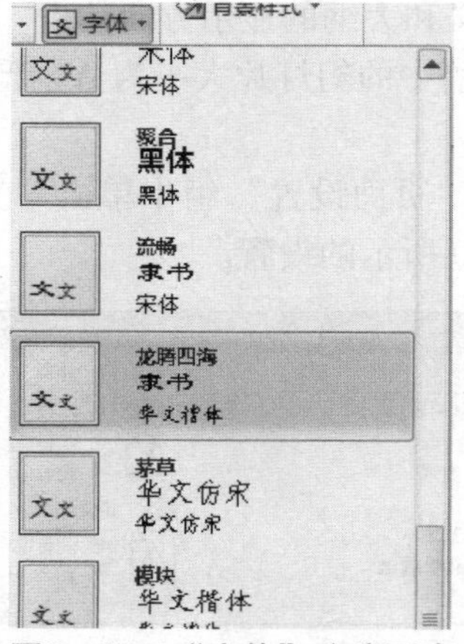

图8 – 12　“字体” 方案列表

（3）自定义主题对象效果方案。单击“效果”按钮，选择“凤舞九天”效果，如图 8－13所示。

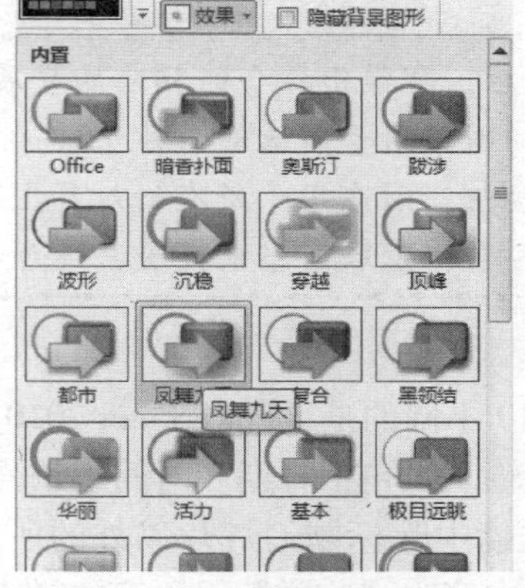

图 8－13　“对象效果”方案列表

提 示：

- 直接单击所选主题，它将应用于本演示文稿的所有幻灯片上。
- 若只想在某一张幻灯片或几张幻灯片上应用主题，则需指向主题，右击，在弹出的快捷菜单中选择“应用于选定幻灯片”，即可实现。

3. 背景

PowerPoint 2010 提供了背景样式，即预设好的背景格式，随着主题的变化而变化。如果用户不满意，可根据自己的喜好自定义幻灯片背景，包含纯色、渐变、图片或纹理、图案等填充选项的设置。

“优秀班级竞选 . pptx” 文稿中的第一张幻灯片需应用背景样式，填充 5% 图案。

具体操作步骤如下。

单击“背景”组右下角的扩展按钮，在弹出的对话框中完成如图 8－14 所示的设置，单击“关闭”按钮。

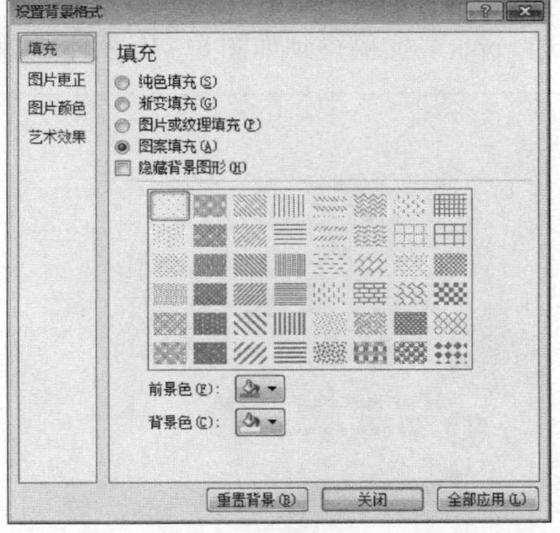

图 8－14　“设置背景格式”对话框

提示：

> 单击组右下角扩展按钮后，会弹出各个组相应的扩展功能对话框，设置完毕后：
> - 单击“关闭”按钮，则应用于所选幻灯片上；
> - 单击“全部应用”按钮，则应用于所有幻灯片上；
> - 单击“重置背景”按钮，则取消当前设置，还原效果。

4. “页眉和页脚”对话框

与 Word 2010 和 Excel 2010 不同的是，PowerPoint 2010 中以“页眉和页脚”对话框的形式完成页眉和页脚相关内容的输入，包括日期和时间、编号、页脚内容等。

“优秀班级竞选 . pptx”文稿中除标题幻灯片以外的所有幻灯片需显示：自动更新的日期和时间、编号、页脚，页脚内容为“文学院汉语言文学专业 1 班”。

具体操作步骤如下。

单击“插入”选项卡，在“文本”组中单击“页眉和页脚”按钮，在弹出的“页眉和页脚”对话框中完成如图 8－15 所示的设置。

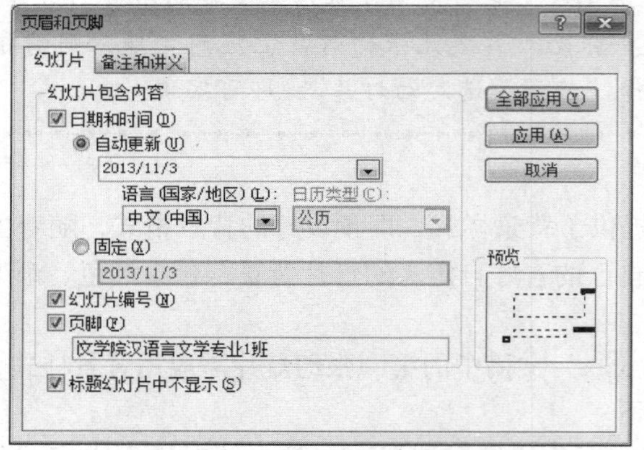

图 8－15 “页眉和页脚”对话框

至此，“优秀班级竞选 . pptx”文稿得到如图 8－16 所示的效果。

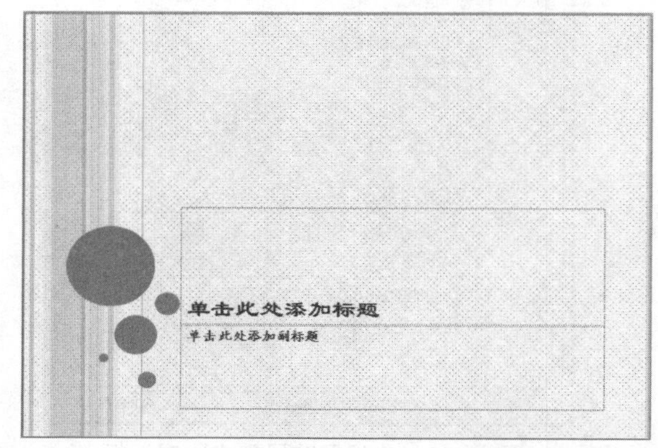

图 8－16 “优秀班级竞选 . pptx”文稿的幻灯片设计效果

8.2.5　幻灯片常用对象的添加与编辑

PowerPoint 2010 不仅提供了文本、艺术字、表格、各种图形图像、音频、视频等多种媒体对象的插入和编辑功能，还提供了超链接和动作来实现演示文稿的导航设计，使制作的演示文稿生动形象，控制方便，具有强烈的视觉冲击力。

1. 文本

演示文稿的实质性内容需要文本来表达。Office 2010 中将文本分为普通文字和艺术字两种类型，普通文字的输入可以在占位符中完成，也可以插入新的文本框完成；艺术字的输入需通过选项组中的命令按钮完成。虽然它们的输入方法略有不同，但编辑方法一致。

1）封面幻灯片的文本制作

“优秀班级竞选 . pptx” 文稿的封面幻灯片效果如图 8 – 17 所示，应用 “标题幻灯片” 版式，有 “标题” 和 “副标题” 两个占位符。具体操作步骤如下。

图 8 – 17　“优秀班级竞选 . pptx” 文稿的封面幻灯片

（1）利用占位符输入文字。将插入点定位在 “标题” 占位符中，输入标题文字；使用同样方法输入副标题文字。

（2）标题字体格式。选中标题文字，在 “开始” 选项卡的 “字体” 组面板中完成设置：华文琥珀、54 号字。本方法与在 Word 2010 中完成字体格式设置方法一致。

选中文本后，功能区如图 8 – 18 所示，单击 “绘图工具” 按钮，打开 “格式” 选项卡，用户可以通过该选项卡的各组命令，完成文本的美化操作。

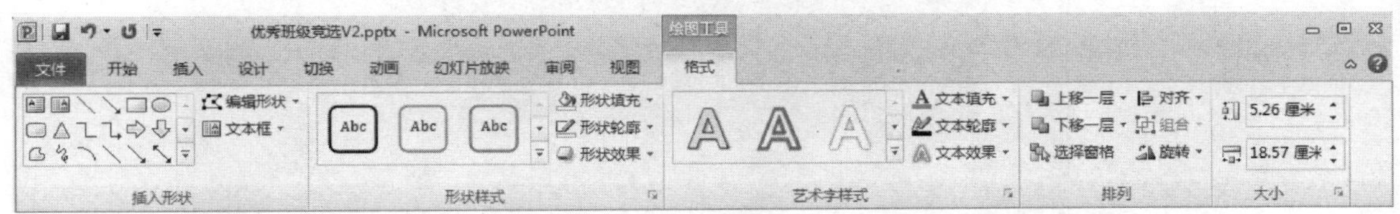

图 8 – 18　单击 “绘图工具” 按钮，打开 “格式” 选项卡面板

（3）标题应用艺术字样式。单击 “绘图工具 | 格式” 选项卡，在 “艺术字样式” 组中单击 “快速样式” 按钮，选择如图 8 – 19 所示的样式，应用于标题文字上。

（4）自定义艺术字样式。单击“文本效果”按钮，分别设置映像、发光和棱台效果：半映像 4pt 偏移量、冰蓝 11pt 发光、角度棱台。其中，映像效果设置如图 8－20 所示。

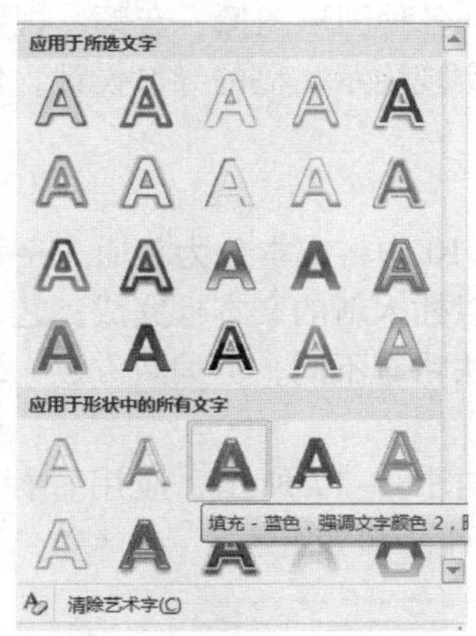

图 8－19　“艺术字样式”列表

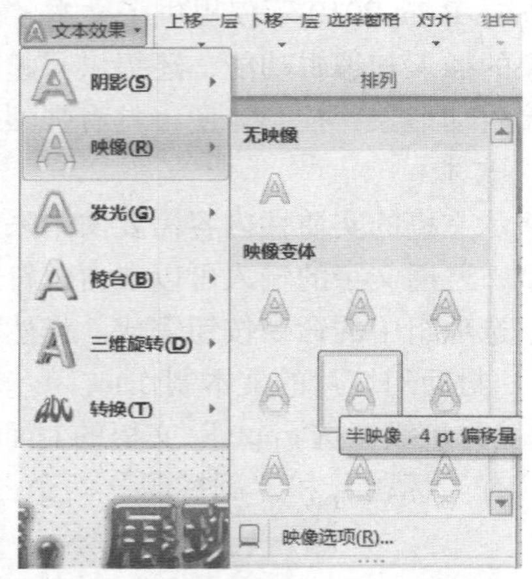

图 8－20　“文本效果”选项列表

（5）副标题字体格式。华文行楷、24 号字。用户可参考前文在“开始”选项卡的“字体”组面板中完成设置。

提示：

自定义艺术字样式主要包括修改文本填充、文本轮廓和文本效果等操作，可通过“艺术字样式”组进行设置。其中，文本效果包括阴影、映像、发光、三维旋转、转换等设置。

2）“我爱我班”幻灯片的文本制作

“我爱我班”幻灯片的文本效果如图 8－21 所示。当前演示文稿只有一张幻灯片即封面幻灯片，用户可参考 8.2.3 小节，新建一个“空白”版式幻灯片，再完成文本制作。

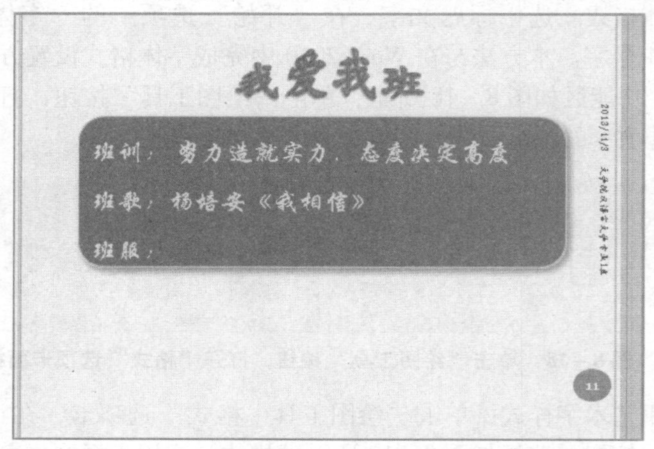

图 8－21　“我爱我班”幻灯片的文本效果示例

（1）标题为艺术字，具体操作步骤如下。

① 插入艺术字。单击“插入”选项卡，在“文本”组中单击“艺术字”按钮，选择第 3 行第 5 列的艺术字样式，在幻灯片中部出现艺术字内容占位符，根据提示输入文本内容即可。如图 8－22 所示。调整艺术字位置，放置在幻灯片的中上部。

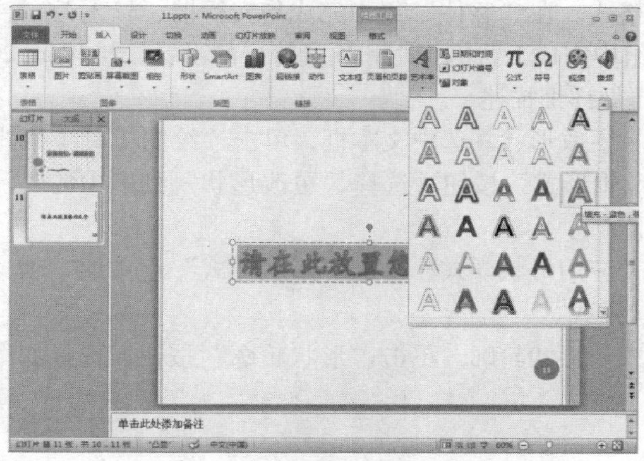

图 8－22　“插入艺术字”操作

② 自定义艺术字样式。单击“绘图工具｜格式”选项卡，在“艺术字样式”组中单击“文本填充”按钮，设置主题颜色：橙色，如图 8－23 所示。

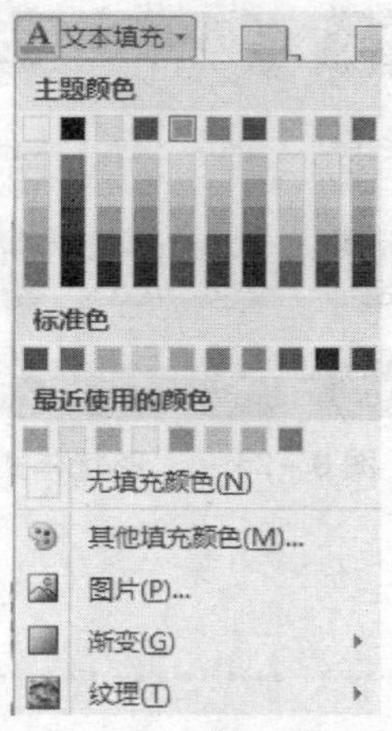

图 8－23　“文本填充”选项

提示：

“主题颜色”列表会提供 10 种本主题预设好的颜色，如果不满意，可选择标准色，还可单击“其他填充颜色…”按钮，在“颜色”对话框中自定义颜色。应用的自定义颜色会显示在“最近使用的颜色”列表中。

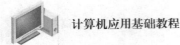

（2）文本内容利用文本框输入。具体操作步骤如下。

① 利用文本框输入文字。选中幻灯片，单击“插入”选项卡，在“文本框”组中单击“横排文本框”命令，鼠标呈小十字架形状，在幻灯片上单击即成功插入文本框，然后在文本框中输入文字。

② 字体和段落格式。在“字体”组中完成华文行楷、32 号字，主题颜色浅黄色的字体设置；在“段落”组中完成 1.5 倍行距和项目符号的设置。与 Word 2010 中字体、段落格式设置一致，这里不再做详细描述。

③ 文本框外观 - 更改形状。选中文本框，单击“绘图工具 | 格式”选项卡，在“插入形状”组中单击“编辑形式”按钮，选择“更改形状”列表中的“流程图：可选过程”形状，如图 8 - 24 所示。

④ 文本框外观 - 应用形状样式。单击“形状样式”组中的“快速形状”按钮，选择如图 8 - 25 所示的形状样式。

⑤ 定义形状样式 - 形状轮廓。单击“形状轮廓”按钮，选择如图 8 - 26 所示的“短划线”虚线样式。

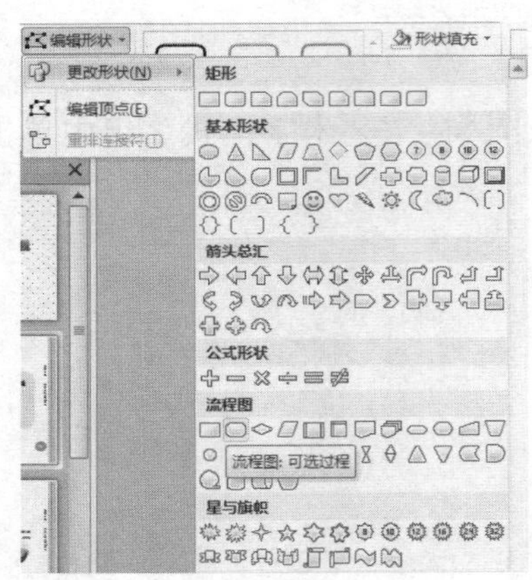

图 8 - 24 “编辑形状”选项

图 8 - 25 “形状样式”选项

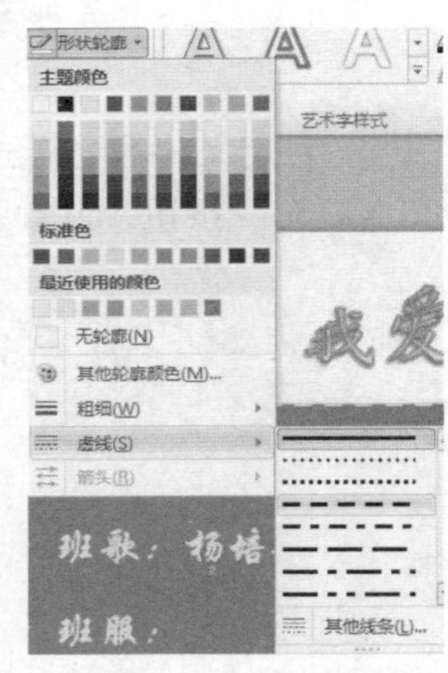

图 8 - 26 “形状轮廓”选项

 **提示：**

编辑文本框外观，主要考虑以下几个方面。

- 编辑形状：更改形状、插入新文本框等，可通过“插入形状”组进行设置。
- 应用、自定义形状样式：快速形状、形状填充、形状边框和形状效果等，可通过“形状样式”组进行设置。
- 排列方式：对齐、旋转等，可通过“排列”组进行设置。
- 大小：高度、宽度等，可通过“大小”组进行设置。

2. 图片、剪贴画和屏幕截图

图片、剪贴画和屏幕截图等图像对象同样可以添加到幻灯片中，它们在 PowerPoint 2010

中的编辑方法与 Word 2010 中的编辑方法一致。

“我爱我班”幻灯片中需插入图片“班服 . jpg”，并制作出如图 8 – 27 所示的效果。具体操作步骤如下。

图 8 – 27　“我爱我班”幻灯片的图片效果示例

（1）插入图片。单击“插入”选项卡，在“图像”组中单击“图片”按钮，在弹出的“插入图片”对话框中选择图片完成插入。本方法与 Word 2010 中插入图片的方法相似，这里不再做详细描述。

提示：

插入剪贴画方法：单击“插入”选项卡，在“图像”组中单击“剪贴画”按钮，在窗口右侧弹出的“剪贴画”窗格中，输入搜索文字检索出多幅剪贴画，单击其中一幅即可。

插入屏幕截图方法：单击“插入”选项卡，在“图像”组中单击选择“屏幕截图”→“屏幕剪辑”命令，进入剪辑视图，鼠标呈现十字架状，在屏幕上划出一个矩形区域，该区域即为截图图像，自动出现在幻灯片中。

插入图片后，功能区会显示如图 8 – 28 所示的“图片工具 | 格式”选项卡，用户可以通过该选项卡的各组命令，完成图片编辑操作。

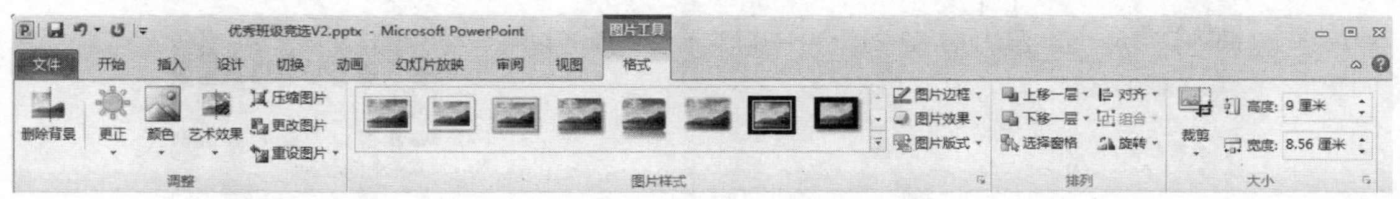

图 8 – 28　“图片工具 | 格式”选项卡

（2）裁剪形状、调整大小。在“大小”组中单击“裁剪”→“裁剪为形状”命令，选择“七边形”形状；在“大小”组面板中设置高度为 9 厘米。如图 8 – 29 所示。

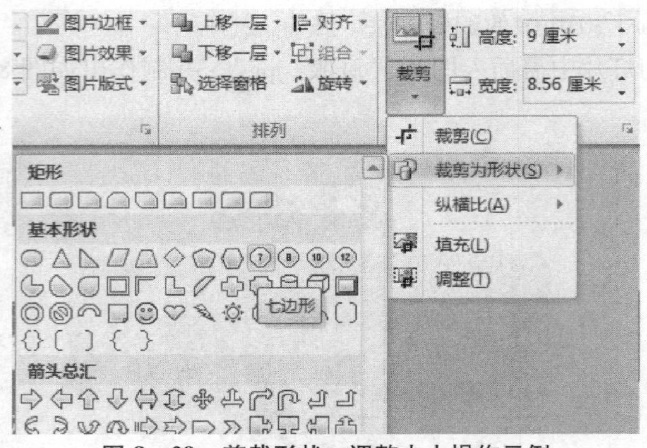

图 8－29　剪裁形状、调整大小操作示例

（3）设置图片效果。单击“调整”组中的“颜色”按钮，在“色调”中选择“11200K 色温”；单击“艺术效果”按钮，选择“纹理化”效果。如图 8－30 和图 8－31 所示。

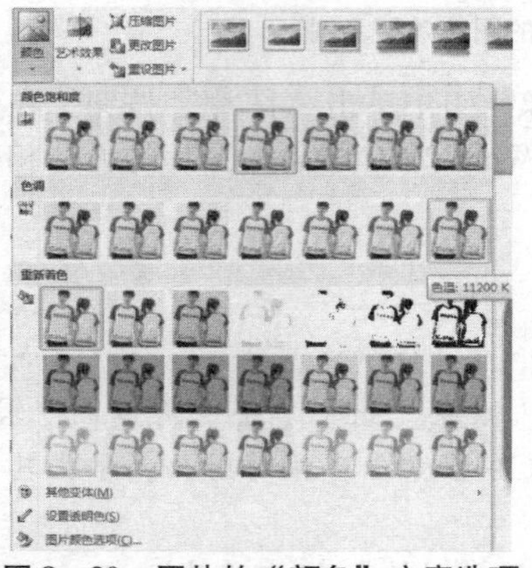

图 8－30　图片的“颜色”方案选项

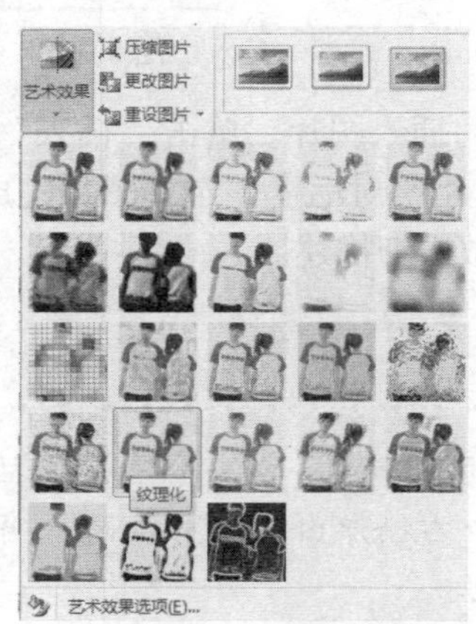

图 8－31　图片的“艺术效果”方案选项

（4）自定义图片样式。单击“图片效果”按钮，在“预设”中选择“预设 12”，如图 8－32 所示。单击“图片样式”组中的“图片边框”按钮，选择标准色：浅蓝色，如图 8－33 所示。

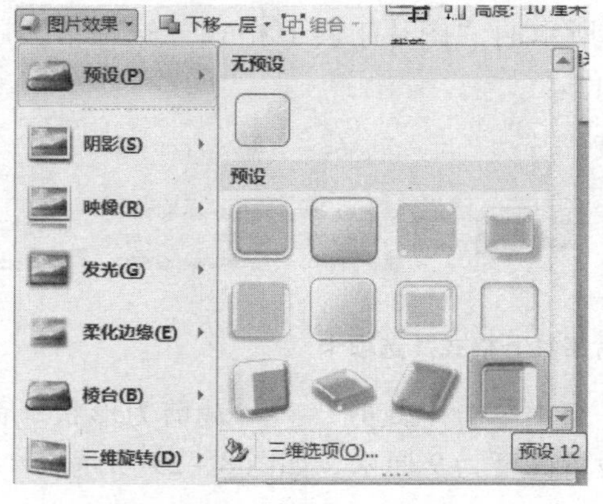

图 8－32　“图片效果”选项

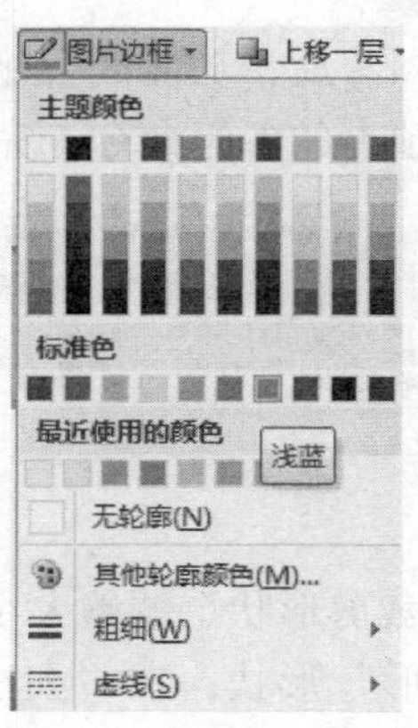

图 8－33　“图片边框”选项

3. 创建与编辑表格和图表

在 PowerPoint 2010 中同样可以创建与编辑表格和图表，其操作方法与 Word 2010、Excel 2010 中的操作方法相似，但显示效果更加美观。

如图 8－34 所示，本章任务中的“班级成员”幻灯片为“仅标题”版式，由标题、表格和图表三部分内容组成，标题格式：华文彩云、54 号字，加粗、阴影，红色。用户参考前文完成新建幻灯片和标题文本的输入与编辑。

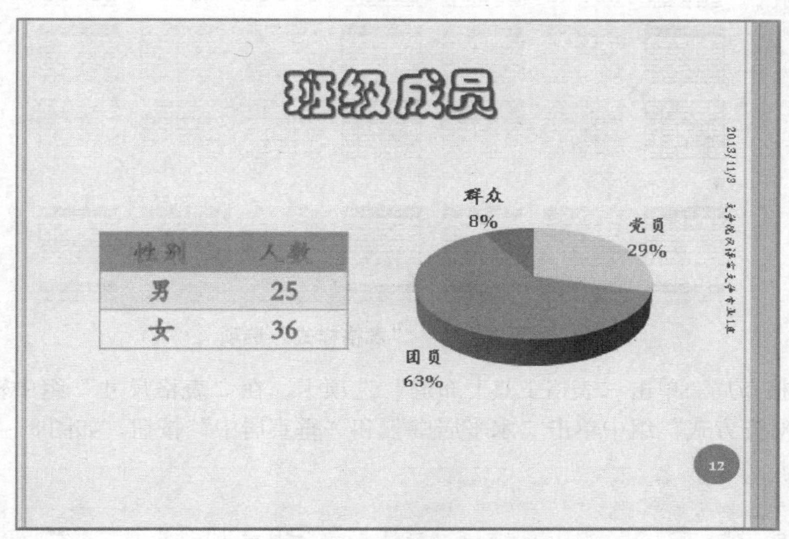

图 8－34　“班级成员”幻灯片效果示例

1）表格创建与编辑

本幻灯片中，使用表格清晰地显示了班级男、女生人数信息。具体操作步骤如下。

（1）插入表格。单击“插入”选项卡，在“表格”组中单击“表格”按钮，选择 3 行 2 列完成插入，在表格中输入内容。

（2）表格字体格式。在“开始”选项卡的“字体”组面板中完成格式设置：华文楷体、28 号字。

如图 8－35 所示，新插入的表格已应用了默认的表格样式。用户可以对其进行编辑。

班级成员

性别	人数
男	25
女	36

图 8－35　表格示例

（3）表格设计。单击“表格工具|设计”选项卡，在“表格样式”组中单击“其他”按钮，选择“中度样式1－强调5”效果，如图8－36所示；表格中的文字也能应用艺术字样式，在“艺术字样式”组中单击“快速样式”按钮，选择第3行第4列艺术字效果。

图8－36　“表格样式”选项

（4）表格布局。单击“表格工具|布局”选项卡，在“表格尺寸”组中输入高度值和宽度值；在“对齐方式”组中单击“水平居中”和“垂直居中”按钮。如图8－37所示。

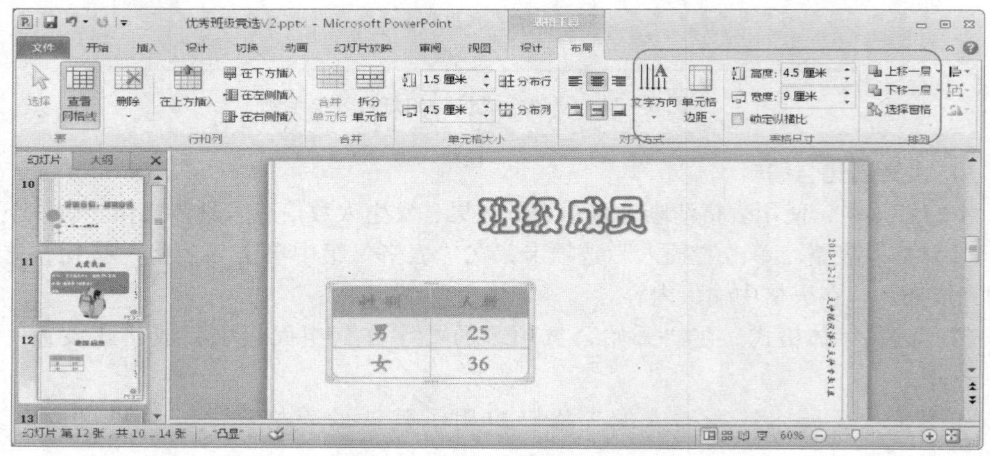

图8－37　“表格布局”选项

提示：

表格的编辑主要从两方面来考虑。

● 表格外观设计：勾选表格样式选项、应用及自定义表格样式、应用及自定义艺术字样式、绘制表格等，可通过如图8－35所示的“表格工具|设计”选项卡完成。

● 表格布局设置：删除行列、插入行列、合并或拆分单元格、单元格大小、对齐方式、表格尺寸、排列方式等，可通过如图8－37所示的“表格工具|布局”选项卡完成。

2）图表创建与编辑

本幻灯片中，使用图表直观形象地显示了党员团员人数的相关信息。具体操作步骤如下。

（1）插入默认图表。单击“插入”选项卡，在“插图”组中单击“图表”按钮，在弹出的“插入图表”对话框中选择“三维饼图”图表类型后单击“确定”按钮，插入一个显示系统默认数据的图表，如图 8－38 所示，同时启动 Excel 2010 软件，打开 Excel 工作表。

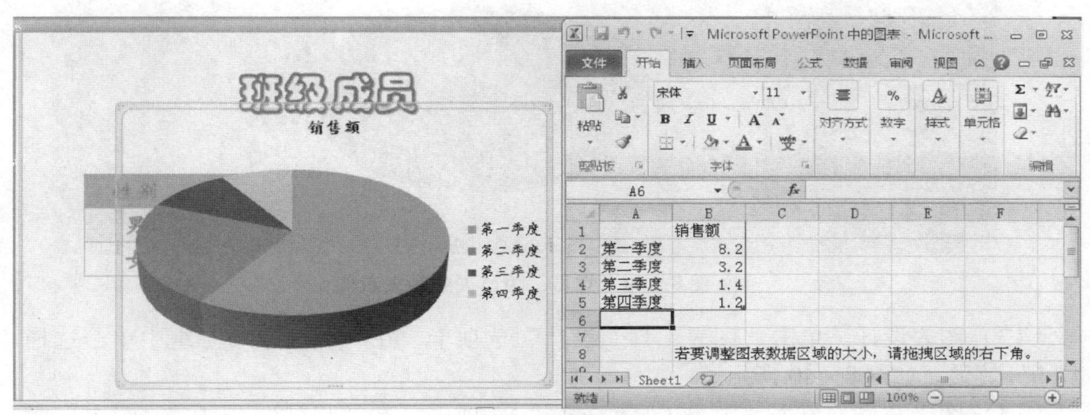

图 8－38　默认数据的图表

（2）修改图表数据。在工作表中，更改表格内容，包括增加、删除行和列、修改表格数据等，图表选项会发生相应的变化，如图 8－39 所示。

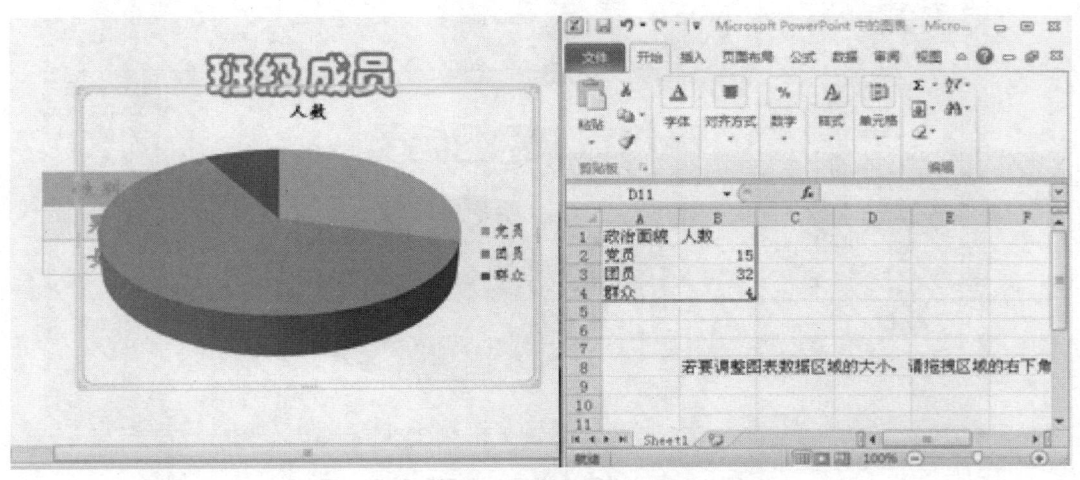

图 8－39　修改数据后的图表

如图 8－40 所示，已成功创建了党员、团员人数对应的图表，默认的图表样式为“样式 2”，用户可以对其进行编辑。

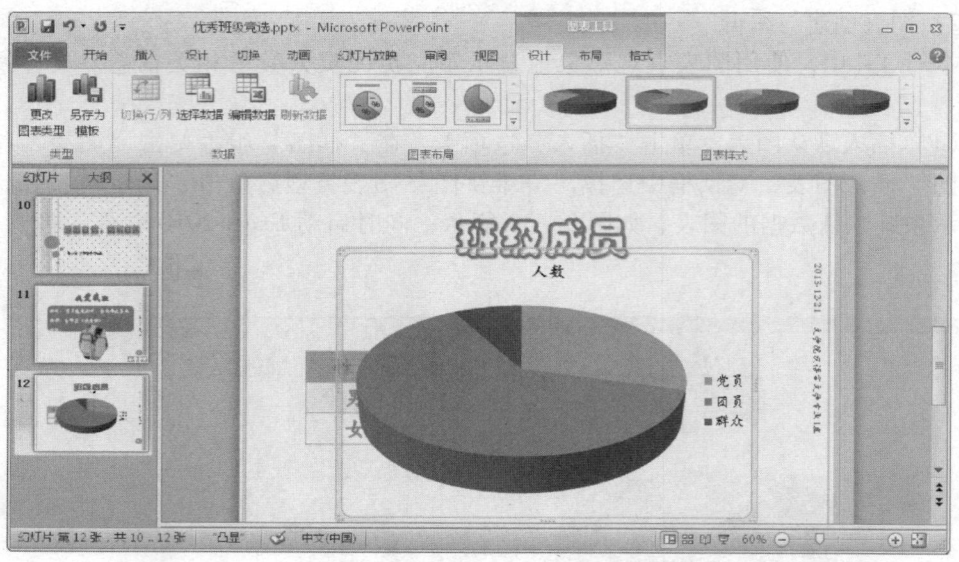

图 8－40　党员、团员人数图表示例

（3）图表设计。单击“图表工具｜设计”选项卡，在“图表布局”组中单击选择“布局 1”效果。如图 8－40 所示。

（4）图表布局。单击“图表工具｜布局”选项卡，在“标签”组中，“图表标题”选择“无”，“图例”选择“无”，“数据标签”选择“数据标签外”，如图 8－41 所示。

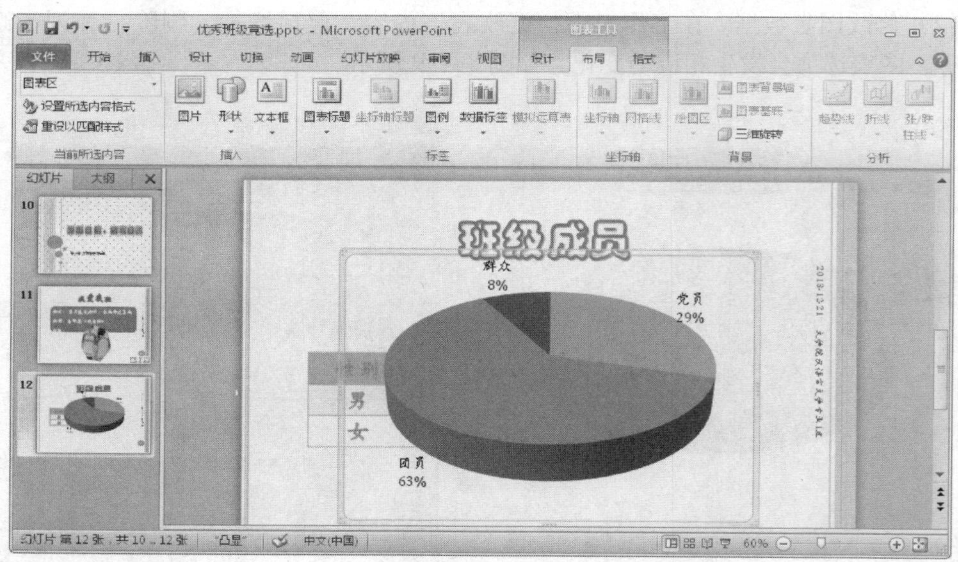

图 8－41　“图表工具｜布局”选项卡面板

（5）图表格式。选中图表，单击“图表工具｜格式”选项卡，在“大小”组面板中设置高度为 9 厘米，宽度为 11 厘米，选中“群众”系列，在“形状样式”组中单击“形状填充”按钮，选择“浅蓝”的方法将“党员”系列填充为黄色、“团员”系列填充为粉红色；调整图表位置。如图 8－42 所示。

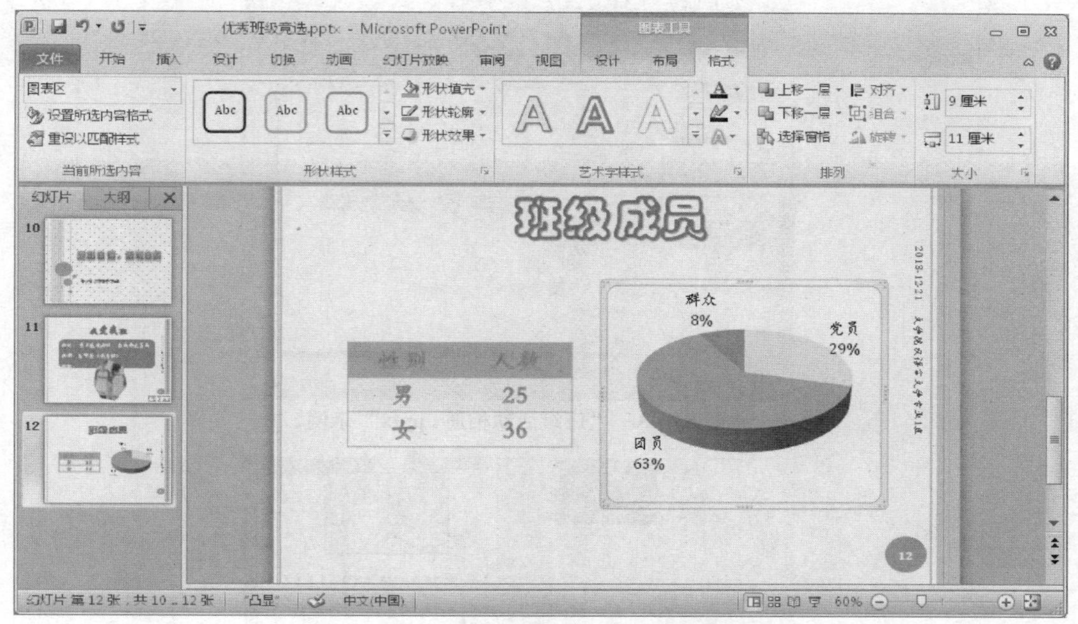

图 8-42 "图表工具 | 格式"选项卡面板

（6）图表字体格式。参考效果图片，在"开始"选项卡的"字体"组面板中完成字体格式设置。

 **提示：**

图表的编辑主要从以下三方面来考虑。

- 图表外观设计：更改图表类型、数据编辑、应用图表布局样式、应用图表样式等，可通过如图 8-40 所示的"图表工具 | 设计"选项卡完成。
- 图表布局设置：选择图表对象、插入对象、各种标签设置、坐标轴设置、背景设置、插入快速分析图表等，可通过如图 8-41 所示的"图表工具 | 布局"选项卡完成。
- 图表格式设置：应用与自定义形状样式、应用与自定义艺术字样式、排列方式、大小等，可通过如图 8-42 所示的"图表工具 | 格式"选项卡完成。

4. 插入相册

创建相册实际上是创建一个专门承载图片的独立的演示文稿。使用相册功能，用户能快捷方便地实现对大量图片的引用和展示。在 Powerpoint 2010 中，用户能够新建相册，设计相册的版式，以及为图片添加说明性文字。

本章任务中的班级活动信息和班级荣誉成果信息都是以图片相册的形式显示，因此，要求制作两个独立的相册演示文稿，文件名分别是"班级活动相册 . pptx"和"班级荣誉成果相册 . pptx"，其最终效果如图 8-43 和图 8-44 所示。具体操作步骤如下。

图 8-43　“班级活动相册.pptx”示例

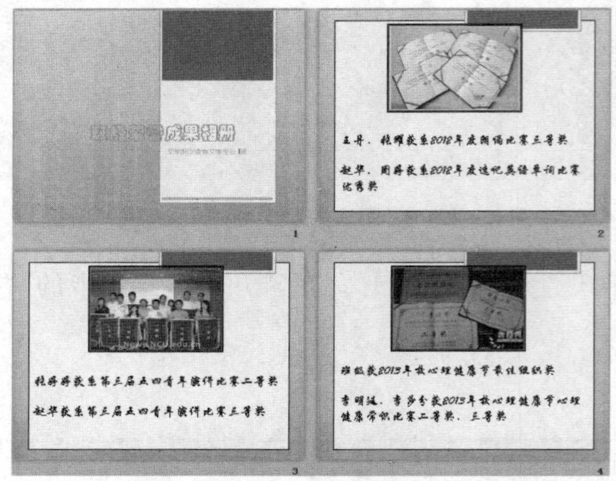

图 8-44　“班级荣誉成果相册.pptx”示例

（1）单击“插入”选项卡，在“图像”组中选择“相册”→“新建相册”命令，弹出“相册”对话框；再单击“文件/磁盘”按钮，在弹出的“新图片”对话框中，选择需添加的图片，单击“插入”按钮，如图 8-45 所示。

图 8-45　“插入新图片”对话框

（2）单击“新建文本框”按钮，为相册中的每张图片新建文本框；设置图片版式为 4 张图片，相框形状为圆角矩形，单击主题“浏览”按钮，选择如图 8－46 所示的主题。所有设置完毕的功能参数如图 8－47 所示。

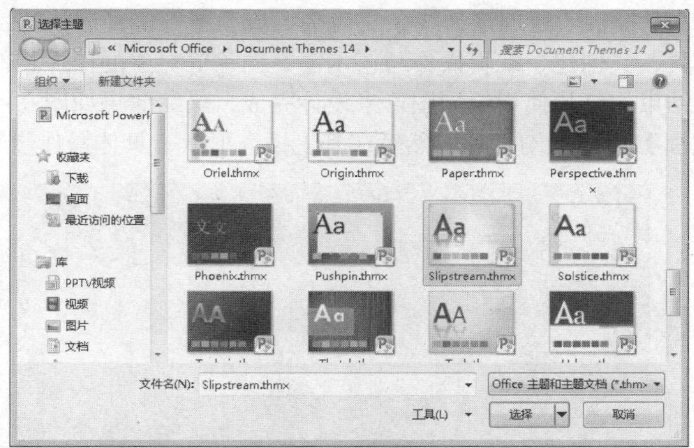

图 8－46　“主题”选项

图 8－47　“相册”对话框

（3）单击“确定”按钮，系统将按照设置创建一个新的相册演示文稿；修改标题幻灯片的内容，在其他文本框中添加需要的文字。最后保存文稿，文件名为“班级活动相册 . pptx”。

用同样的方法制作“班级荣誉成果相册 . pptx”演示文稿。

提示：

在“相册”对话框中，勾选“标题在所有图片下面”，则幻灯片的图片下方会显示出该图片的文件名；勾选“所有图片以黑白方式显示”，则将图片颜色更改为黑白色；预览框下的 3 组按钮，依次为向左、向右旋转 90 度角，增大、减小对比度，增大、减小亮度。

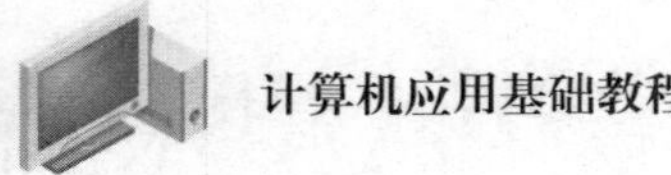

至此，本章任务中班级竞选资料内容都已添加进幻灯片，下面需设计目录幻灯片和结束幻灯片。

5. 插入与编辑形状

PowerPoint 2010 提供了绘制诸如线条、箭头、流程图等多种形状的图形工具，也提供了图形形状编辑工具，其创建、编辑操作与艺术字、图片等对象的操作相似。

本章任务的结束幻灯片使用绘制图形来设计完成，最终效果如图 8－48 所示。首先，需要新建一个“空白”版式的幻灯片，然后在其上插入形状，具体操作步骤如下。

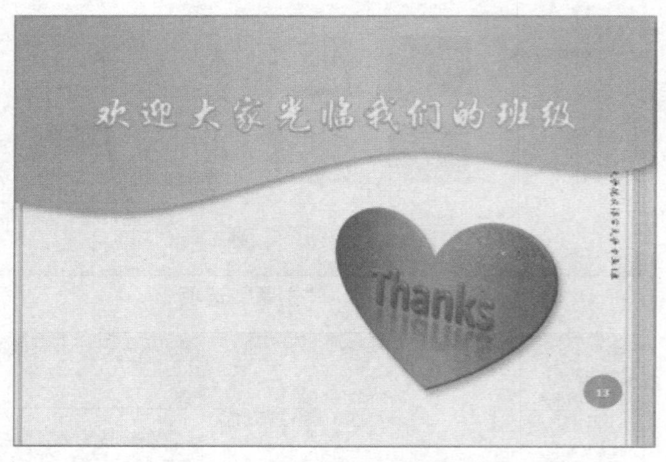

图 8－48　结束幻灯片效果示例

(1) 插入“矩形”形状。单击“插入”选项卡，在“插图”组中单击选择“形状”→“矩形”命令，鼠标变成十字架状态，在幻灯片中划出矩形，自行调整大小放置于幻灯片上部。

形状插入完毕后，功能区显示如图 8－49 所示的“绘图工具 | 格式”选项卡，提供了各组命令来完成对形状的编辑。

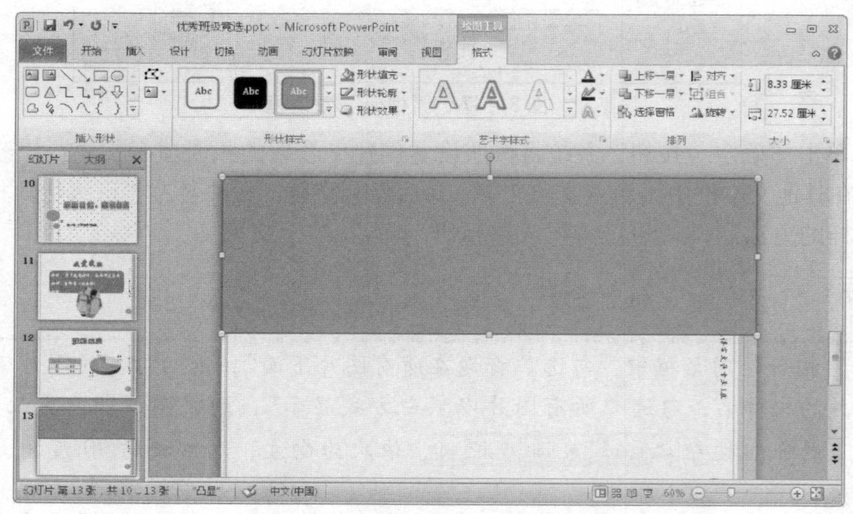

图 8－49　“绘图工具 | 格式”选项卡

（2）编辑形状顶点。单击“绘图工具 | 格式”选项卡，在“插入形状”组中单击“编辑形状”→“编辑顶点”命令，形状上显示出线条及 4 个顶点；下方左侧拉出一个顶点，右击，在快捷菜单中选择“平滑顶点”命令，然后拖拽线条或顶点编辑出如效果图的平滑曲线的形状。如图 8－50 所示。

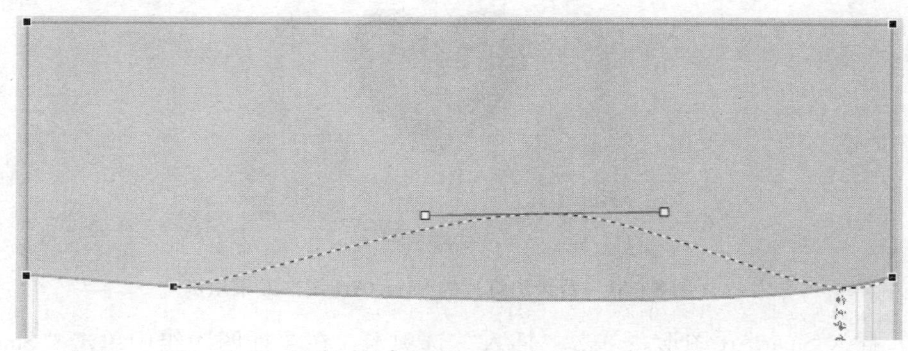

图 8－50　拖动顶点编辑形状

（3）应用形状样式。在“形状样式”组中单击“快速形式”按钮，选择第 2 行第 4 列样式。

（4）自定义形状样式。单击“形状轮廓”按钮，选择“无轮廓”；单击“形状效果”按钮，选择柔化边缘：1 磅。

（5）添加文字。右击，在弹出的快捷菜单中选择“编辑文字”命令，在形状中出现闪烁的插入点，即可输入文字。

（6）设置文字格式。在“开始”选项卡的“字体”组面板中设置字体格式为华文行楷、54 号字；单击“格式”选项卡，在“艺术字样式”组中单击“快速样式”按钮，选择第 2 行第 4 列样式。

提 示：

形状的编辑操作主要包括更改形状，应用与自定义形状样式，应用与自定义艺术字样式、排列方式、大小设置等。

本幻灯片中还需插入一个“心形”形状，添加文字“THANKS”，具体格式：图形形状为第 6 行第 2 列样式，左向对比透视三维旋转；文本为 Calibri、72 号字，应用第 5 行第 3 列艺术字样式，全映像 4pt 偏移量；高 8 厘米，宽 13 厘米。

“心形”形状属于“基本形状”类别，无需编辑顶点绘制，在插入后，使用相同方法编辑完成。

6. 创建 SmartArt 图形

SmartArt 图形是 PowerPoint 2010 新增的智能化的图形功能。系统提供了列表、流程、循环、层次结构、关系、矩阵、棱锥图 7 种 SmartArt 图形，以及图片综合 SmartArt 图形，使用它们能更生动形象地表述各事物之间的联系。

本章任务的目录幻灯片在封面幻灯片之后，以 SmartArt 图形的方式来显示目录信息，最终效果如图 8－51 所示。首先，需在封面幻灯片后插入一个“空白”版式的幻灯片，然后添加 SmartArt 图形。SmartArt 图形创建的具体操作步骤如下。

图 8－51　目录幻灯片的 SmartArt 图形效果示例

（1）插入 SmartArt 图形。单击“插入”选项卡，在“插图”组中单击“SmartArt”按钮，在如图 8－52 所示的“选择 SmartArt 图形”对话框中选择“射线循环”图形，单击“确定”按钮。幻灯片中部出现如图 8－53 所示的 SmartArt 图形，输入文字，多出来的小图形可用Delete键删除。

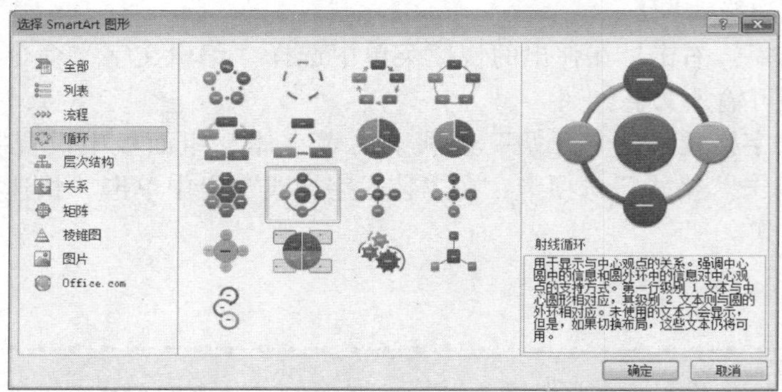

图 8－52　“选择 SmartArt 图形”对话框

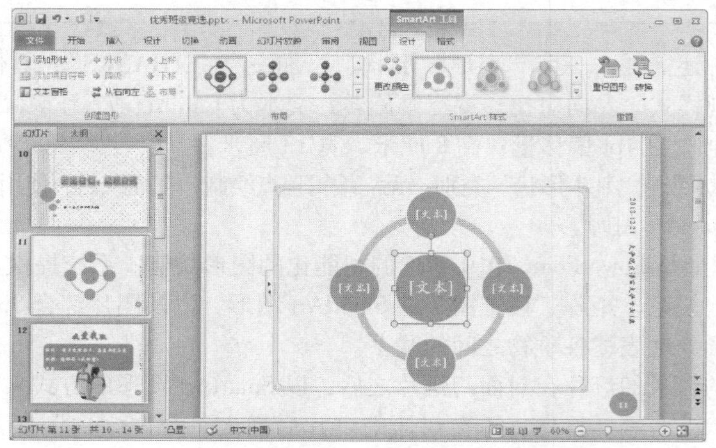

图 8－53　插入的 SmartArt 图形示例

提示：

> 对于已有的文本，可通过单击选择“开始”选项卡→“段落”组→“转换成 SmartArt”命令；对于已有的多个图片，可通过单击选择“图片工具 | 格式”选项卡→“图片样式”组→“图片版式”命令，在打开的级联菜单中选择某一种 SmartArt 图形样式即可将文本或图片快速转换为 SmartArt 图形。

插入 SmartArt 图形后，功能区显示如图 8－53 所示的“SmartArt 工具 | 设计”选项卡，提供添加形状、更改布局、更改颜色、应用 SmartArt 样式和重置等设计操作。

（2）SmartArt 图形设计。选中整个图形，单击“SmartArt 工具 | 设计”选项卡，在“SmarArt 样式”组中单击“更改颜色”按钮，选择第 4 种彩色，如图 8－54 所示；单击“其他”按钮选择优雅三维 SmartArt 样式，如图 8－55 所示。

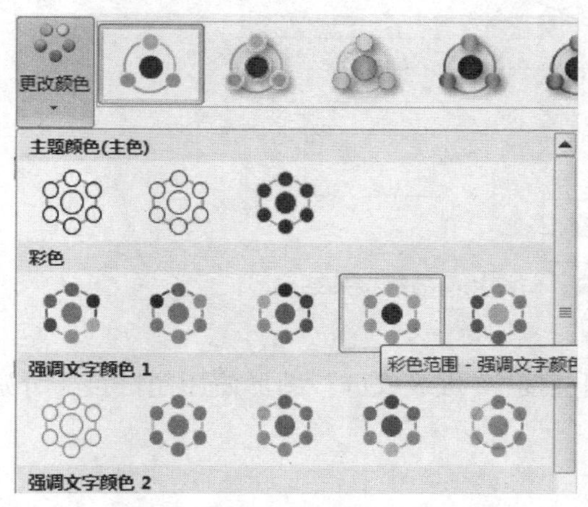

图 8－54　“更改颜色”选项

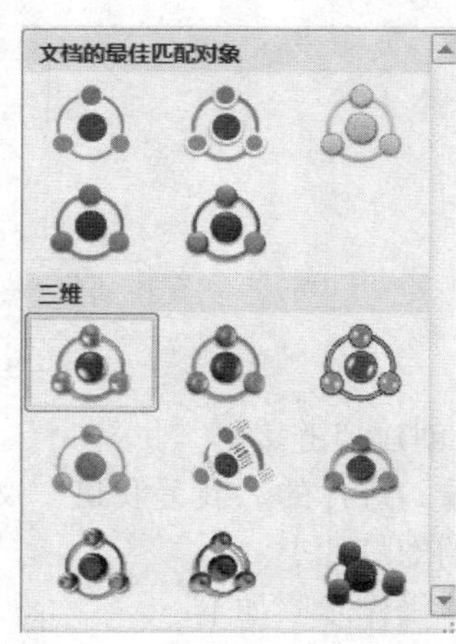

图 8－55　“SmartArt 样式”选项

同时，功能区也显示如图 8－56 所示的“SmartArt 工具 | 格式”选项卡，提供了更改形状、应用与自定义形状样式、应用与自定义艺术字样式、排列方式设置、大小设置等格式编辑操作。

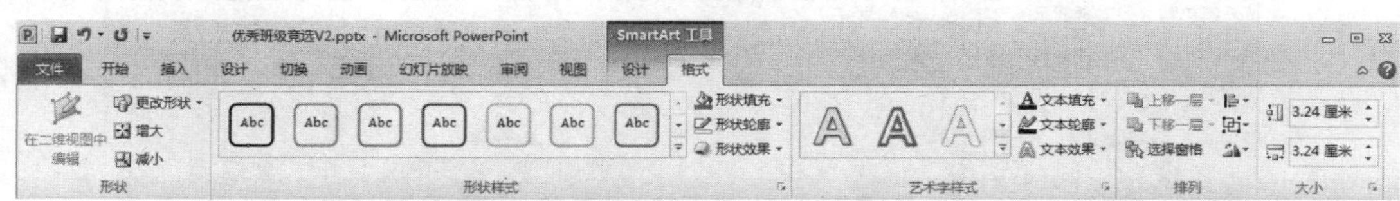

图 8－56　“SmartArt 工具 | 格式”选项卡面板

（3）SmartArt 图形格式设置。选中整个图形，在“艺术字样式”组中选择快速样式：第 1 行第 3 列艺术字样式；“大小”组中设置高度 14 厘米、宽度 21 厘米；在“排列”组中设置对齐方式：左右居中、上下居中。

（4）中心小图形格式设置。选中中心小图形，在“形状”组中单击“更改形状”命令，选择“心形”；在“形状样式”组中，选择快速样式：第 6 行第 4 列样式；“大小”组面板中设置宽度为6厘米。

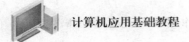

（5）字体格式设置。选中整个图形，在“开始”选项卡的“字体”组中设置幼圆、24号字。

7. 创建超链接、动作和动作按钮

一个成功的演示文稿不仅要能专业地展示各种信息，还应具有美观、良好的导航功能。演示文稿播放时，默认的是按幻灯片的顺序来播放，用户可以使用超链接、动作和动作按钮来实现对演示文稿、幻灯片间的交叉链接，完成演示文稿的导航设计。这些操作的效果需在演示文稿播放时显示。

本章任务中的所有幻灯片均添加完毕，现需要进行文稿的导航设计。根据幻灯片的最终播放顺序设计出各演示文稿、幻灯片间的链接关系，如图8－57所示。

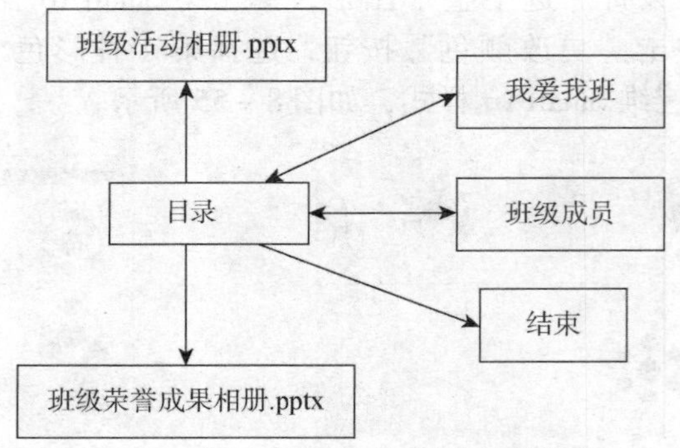

图8－57　演示文稿、幻灯片间的链接关系

1）创建超链接

目录幻灯片的“我爱我班”文字使用超链接、“班级成员”图形使用超链接，分别链接到相应的幻灯片上。

具体操作步骤如下。

选择“我爱我班”文字，单击“插入”选项卡，在“链接”组中单击“超链接”按钮，在弹出的“插入超链接”对话框中完成如图8－58所示的设置后单击“确定”按钮。用同样的方法为“班级成员”图形建立超链接。

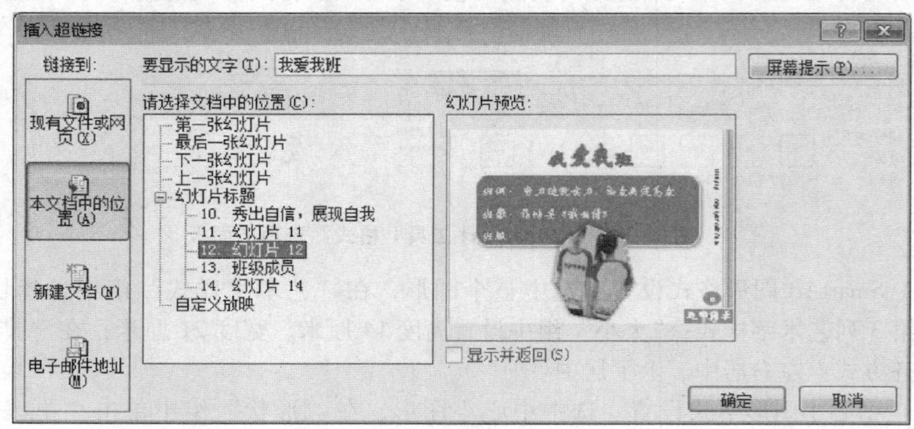

图8－58　“插入超链接”对话框

超链接的目标位置可以是计算机中已有的文件、网络中已有的网页或者电子邮箱，也可以是本演示文稿中的任一张幻灯片，还可以创建一个新文档并链接到该文档。

提示：

选中已创建超链接的对象（包括文字、图形、图像等），可在快捷菜单中执行如下操作。

- 选择“编辑超链接”命令，则打开如图 8－58 所示的对话框完成编辑。
- 选择“取消超链接”命令，则删除对象的超链接。
- 选择“打开超链接”命令，则快速浏览链接效果。

2）创建动作

目录幻灯片的“班级活动”图形和“班级荣誉成果”图形均使用动作分别链接到“班级活动相册 . pptx”文稿、“班级荣誉成果相册 . pptx”文稿，并且伴随鼓声、风铃声。

具体操作步骤如下。

选定“班级活动”图形，单击“插入”选项卡，在“链接”组中单击“动作”按钮，在弹出的“动作设置”对话框中完成如图 8－59 所示的设置后单击“确定”按钮。用同样的方法为“班级荣誉成果”图形建立超链接。

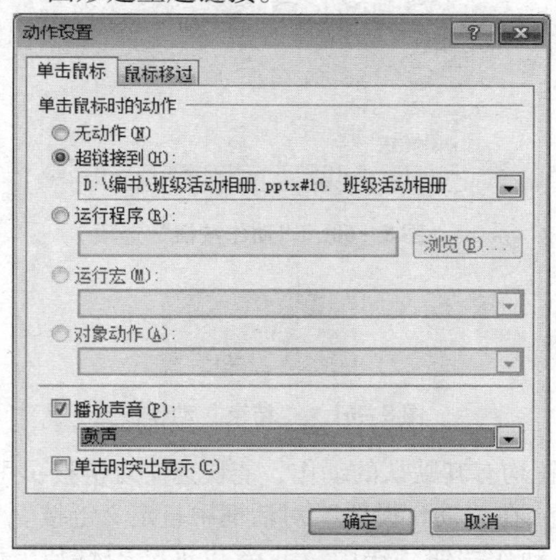

图 8－59　“动作设置”对话框

为对象添加动作，不仅能设置链接、运行程序和宏，还能播放声音，以及创建鼠标移动时的操作动作。

提示：

文字创建超链接和动作后，文字下方会出现下划线，并且文字及下划线显示同一种颜色；播放时点击文字打开超链接后，文字及下划线会显示另一种颜色。

3）创建动作按钮

目录幻灯片中添加“结束”动作按钮；“我爱我班”幻灯片和“班级成员”幻灯片均添加“开始”动作按钮，链接到目录幻灯片。具体操作步骤如下。

（1）插入“结束”动作按钮。单击“插入”选项卡，在“插图”组中单击“形状”按钮，弹出如图8－60所示的形状列表；单击选择如图8－61所示的动作按钮，鼠标呈现十字架状态，在幻灯片右下角画出形状；在弹出的“动作设置”对话框中已有默认链接到最后一张幻灯片，单击“确定”按钮。

（2）添加文本。右击“动作”按钮，在快捷菜单中选择“编辑文字”命令，输入文字。

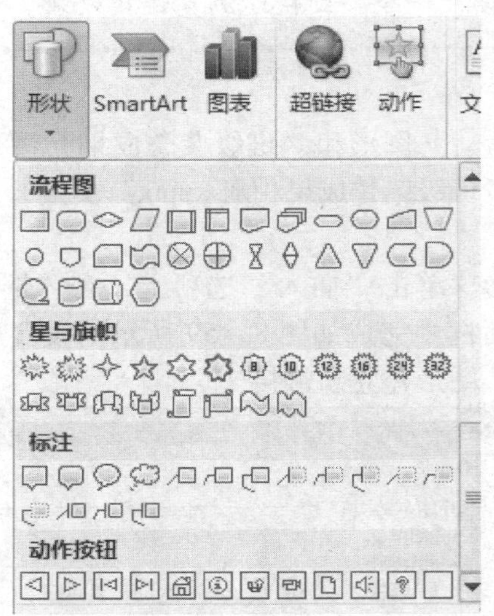

图8－60　“动作按钮”选项

图8－61　“结束”动作按钮

系统提供的动作按钮均有其默认的动作，能快速实现链接；用户也可以选择快捷菜单中的“编辑超链接”命令，在“动作设置”对话框中自定义链接。

（3）插入“开始”动作按钮。选中“我爱我班”幻灯片，使用同样的方法添加“开始”动作按钮，在弹出的“动作设置”对话框中更改超链接到“幻灯片11”，单击“确定”按钮；在动作按钮上添加文字：“返回目录”。

（4）“开始”动作按钮格式设置。华文楷体、28号字，应用第3行第2列形状样式，右对齐、底端对齐，高1.6厘米、宽5厘米。最终效果如图8－62所示。

图8－62　“开始”动作按钮格式效果

提示：

> 动作按钮是特殊的形状，其编辑操作与形状的编辑操作一致，包括设置字体格式、更改形状、应用与自定义形状样式、应用与自定义艺术字样式、排列方式、大小设置等，可通过“开始”选项卡和“绘图工具 | 格式”选项卡完成。

（5）选中“班级成员”幻灯片，使用同样的方法创建“开始”动作按钮，进行格式设置；也可将“我爱我班”幻灯片中的动作按钮复制到本幻灯片中。

8.2.6　简单幻灯片放映

演示文稿的播放即幻灯片的放映，最简单、常用的放映方式是以全屏幕的方式、使用鼠标单击或者按键将幻灯片一张一张地依次播放出来。具体方法如下。

方法 1：单击“幻灯片放映”选项卡，在“开始放映”组中单击选择“从头开始”或“从当前幻灯片开始”命令。

方法 2：单击状态栏右区域的“幻灯片放映”按钮。本方法默认从当前幻灯片开始播放演示文稿内容。

本章任务中的“优秀班级竞选 . pptx”演示文稿制作完毕，使用以上任一种方法放映幻灯片，观看文稿最终效果。

8.2.7　知识拓展

1. 利用样本模板创建演示文稿

PowerPoint 2010 提供了丰富的样本模板，例如相册、日历、计划和宣传手册等。这些模板提供预先设计好的幻灯片主题样式、内容形式、对象格式等，还提供制作个性演示文稿的相关操作。用户创建后，只需根据相关提示信息输入各种对象，以实现快速创建专业、美观的演示文稿。

本章任务中的两个相册演示文稿，可以使用样本模板完成创建。

方法：选择“文件”选项卡→“新建”→“样本模板”命令，选择某一相册模板，单击“创建”按钮，完成演示文稿的创建。应用“都市相册”样本模板的演示文稿效果如图 8－63 所示。

图 8－63　“都市相册”样本模板演示文稿

2. 组扩展对话框的使用

PowerPoint 2010 为幻灯片常用对象的创建提供了强大的编辑工具，即各种对象的格式选项卡、设计选项卡和布局选项卡，在每个选项卡的组面板中提供了多种命令，用户仅使用这些命令即可以完成对象编辑。如果用户有更进一步的、更细致的高级编辑操作，则需单击组右下角的扩展按钮，在打开的扩展对话框中自定义各种设置值来完成。最常用的有“艺术字样式”组的扩展对话框，如图 8－64 所示；“形状样式”组、“图片样式”组和“大小”组的扩展对话框，如图 8－65 所示。

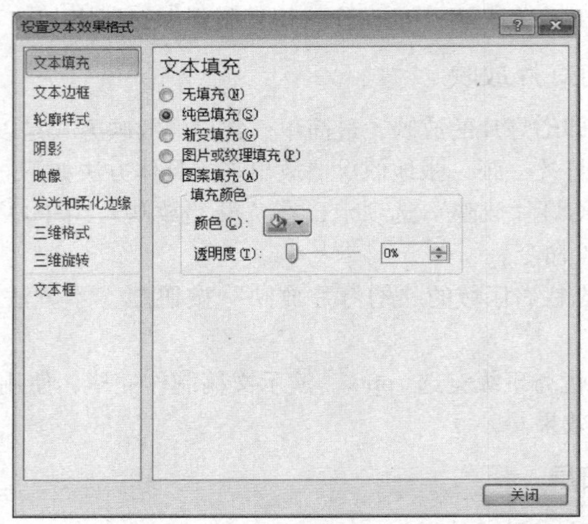

图 8－64　“设置文本效果格式”对话框

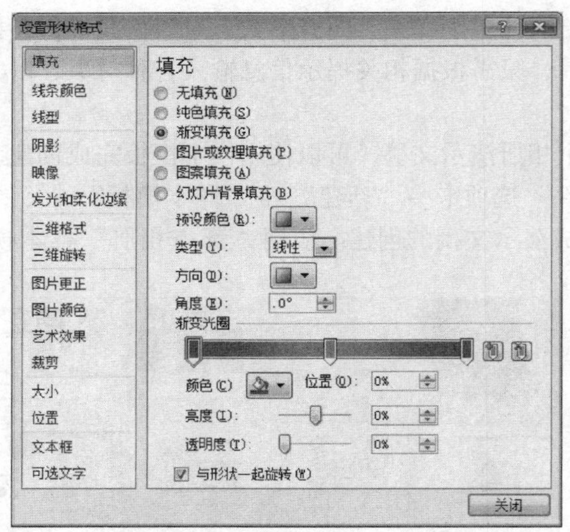

图 8－65　“设置形状格式”对话框

例如，自定义三维文本效果：文本，可以应用 PowerPoint 2010 提供的艺术字快速样式中的三维样式，也可以根据实际需要自定义制作如图 8－66 所示的三维文本效果。

图 8－66　三维文本效果

方法：选定文本，修改文本格式：华纹琥珀，白色字；单击“格式”选项卡的“艺术字样式”组扩展按钮，在弹出的“设置文本效果格式”对话框中，完成如图 8－67 和图 8－68 所示的设置。

图 8－67　“三维格式”效果设置

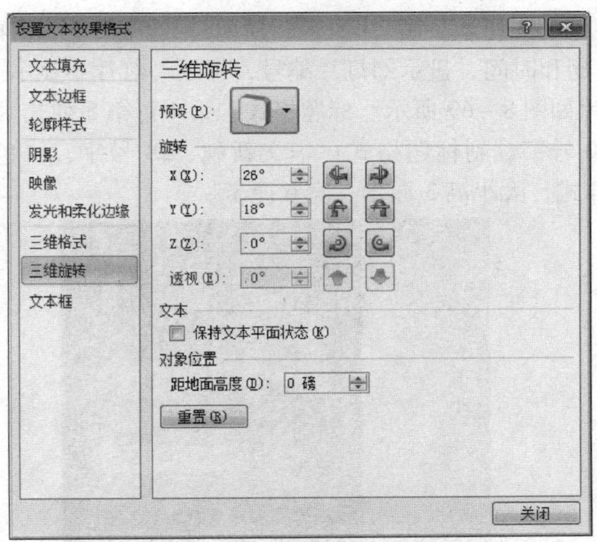

图 8－68　“三维旋转”效果设置

8.3 任务总结

本章通过“优秀班级竞选 . pptx”演示文稿的制作，讲述了在 PowerPoint 2010 中如何创建一个图文并茂的演示文稿，包括演示文稿和幻灯片的基本操作，幻灯片设计，常用对象的添加与编辑，简单幻灯片放映等内容。要求学生了解 PowerPoint 2010 的窗口组成、视图模式、占位符等基本概念；理解页面设置、主题、背景的含义和作用；熟练掌握空白演示文稿的创建、保存、打开、关闭等基本操作，幻灯片的选择、新建、复制、移动和删除等操作，幻灯片的页面设置、主题、背景等设计操作，文本、各种图形图像、表格和图表、相册、各种链接等常用对象的添加与编辑操作，以及简单的幻灯片放映操作，具备制作专业的图文并茂的演示文稿的能力。

8.4 实训

实训 1 “四十周年校庆”演示文稿的设计与制作

1. 实训目的

掌握空演示文稿的创建与保存。

掌握幻灯片的页面设置、主题等设计功能。

掌握幻灯片的新建、各种对象内容的添加与编辑。

掌握幻灯片的放映。

2. 实训要求及步骤

（1）创建一空白演示文稿，保存为“40 周年校庆 . pptx”。

（2）页面设置：宽 25 厘米、高 20 厘米，横向；“华丽”主题样式；页脚：“四十周年校庆”，自动更新日期和时间，显示幻灯片编号，标题幻灯片不显示。

（3）标题幻灯片如图 8 – 69 所示。标题格式：第 4 行第 5 列艺术字样式，第 4 行第 6 列发光效果；黑体、60 号字。副标题格式：华文新魏、28 号字，红色，居中；右箭头形状，第 4 行第 5 列形状样式，大小高 3 厘米、宽 6 厘米。

图 8 – 69 标题幻灯片

（4）新建幻灯片为目录幻灯片，“空白”版式，内容如图 8－70 所示，“校徽”图片：颜色饱和度 200%，向右偏移外部阴影。4 个文本框：华文行楷、36 号字，第 4 行第 7 列形状样式。

图 8－70　目录幻灯片

（5）新建幻灯片，“两栏内容”版式，内容如图 8－71 所示，标题为艺术字：第 6 行第 5 列样式。剪贴画：映像棱台黑色图片样式，等轴右上平行三维旋转；文本：3 倍行距。

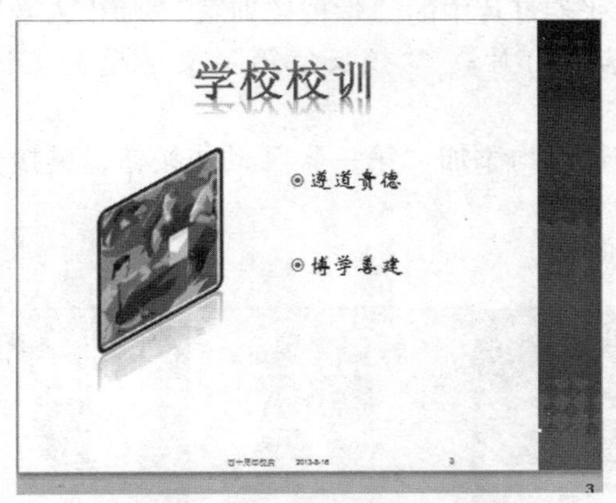

图 8－71　“学校校训”幻灯片

（6）新建幻灯片，“仅标题”版式，内容如图 8－72 所示，标题 54 号字、居中。SmartArt 图形：层次结构，第 2 种彩色。

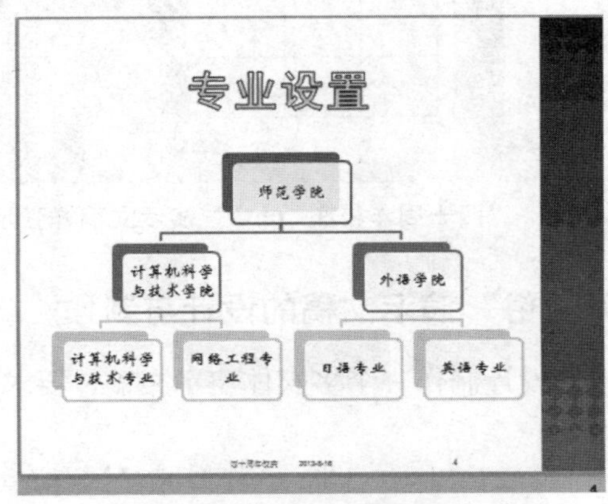

图 8－72　“专业设置”幻灯片

（7）新建幻灯片，“标题和内容”版式，内容如图 8 – 73 所示，标题 54 号字、居中。表格：无样式，显示所有框线，背景填充为图片“花 . jpg”，内容水平、垂直居中。

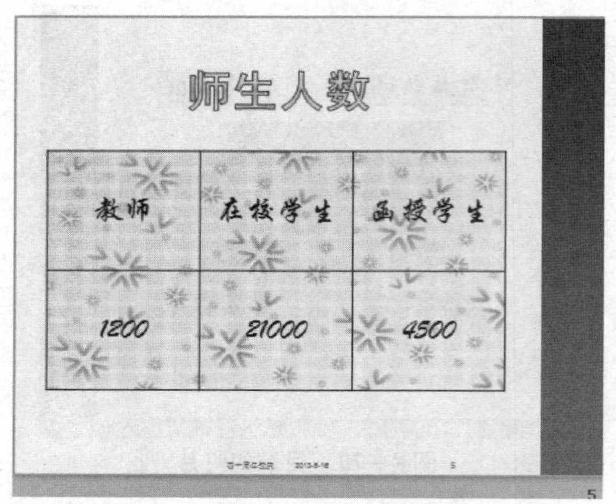

图 8 – 73　“师生人数”幻灯片

（8）建立链接：第 2 张幻灯片中的“学校校训”、“师生人数”和“专业设置”3 个文本框建立动作链接到相应幻灯片；“校长信箱”文字超链接到电子邮件地址 xiaozhang@163. com。

（9）第 3、4、5 张幻灯片均添加“第一张”动作按钮，链接到第 2 张幻灯片，并伴有风铃声。

最终效果如图 8 – 74 所示。

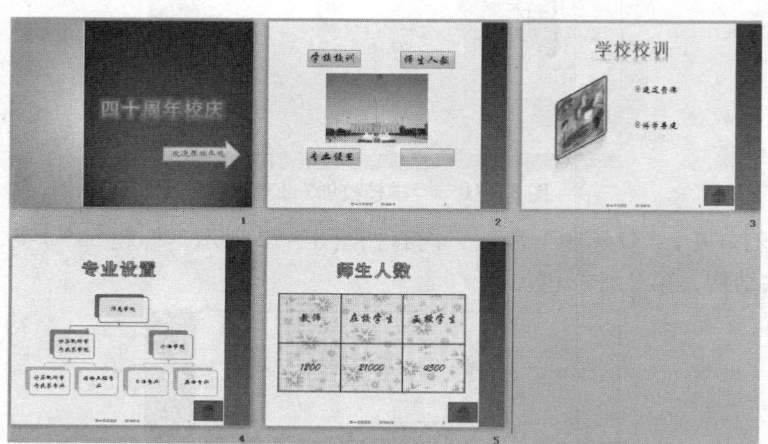

图 8 – 74　“四十周年校庆 . pptx”演示文稿样张示例

实训 2　“中国民间习俗”演示文稿的设计与制作

根据题目自行搜集资料，设计制作一个多媒体演示文稿，要求如下。

（1）不少于 5 张幻灯片。

（2）应用内置主题，背景；幻灯片有日期、页脚和编号等信息。

（3）有封面、目录和结束幻灯片；其余幻灯片须包含与题目相关的文本、表格、图形图像等对象。

（4）创建相册文稿，用于相关图片展示。

（5）使用各种链接，使演示文稿有较好的导航设计。

第 9 章　PowerPoint 高级应用——制作多媒体课件演示文稿

PowerPoint 2010 提供了声音、视频等多媒体元素的添加和个性化设置功能，提供了各种动画效果和幻灯片切换效果的添加和自定义功能，使演示文稿从画面到声音，多方位地、动态地传播各种信息；还提供了主题和母版综合应用的幻灯片整体外观设计功能，使演示文稿具有统一的外观和较强的艺术感染力。对于演示文稿的播放，PowerPoint 2010 提供的排练计时等高级放映功能，使演示文稿能适应于不同场合来实现用户的各种播放要求，专业地、广泛地应用于多媒体课件制作、演讲、会议、报告、产品演示等众多领域。

9.1　任务分析

9.1.1　任务描述

杨晓燕是文学院汉语言文学专业的大四学生，现已被分配到市某高中进行教育实习，担任语文课教师。在每周一次的 40 分钟读书活动中，语文课教师需结合文字、图片、声音和视频等多种形式，来讲解本周学习单元中的精华内容，并进行班级讨论。本周，杨晓燕选择了课本“林黛玉进贾府”一篇来展开讲解红楼梦相关知识，需制作出一个动态多媒体课件演示文稿，要求包含文字、图片、音频和视频等内容并设置各种动态效果，放映时间为 20 分钟。该演示文稿要能图文、声情并茂地动态展示红楼梦相关知识，激发学生的学习兴趣，拓展知识范围，达到开放式学习的目的。

9.1.2　任务分解

杨晓燕以课本“林黛玉进贾府”一篇为基本知识，搜集了相关的文字、图片、音频和视频资料，根据自己所学制作了一个简单的演示文稿，保存为“林黛玉进贾府 - 课件. pptx”。如图 9 - 1 所示。

现需对演示文稿进行外观设计，需添加音频、视频文件，还需添加文稿动态效果。杨晓燕请到计算机专业的老乡帮忙，对于将已有的简单演示文稿制作成动态多媒体课件演示文稿，得出以下设计思路。

（1）幻灯片整体外观设计，将主题、幻灯片母版进行综合应用，保证演示文稿具有统一的艺术风格。

（2）在幻灯片中添加声音和视频，并进行个性化音频和视频制作。

（3）为幻灯片添加动态效果，包括对象的动画效果和幻灯片切换效果。

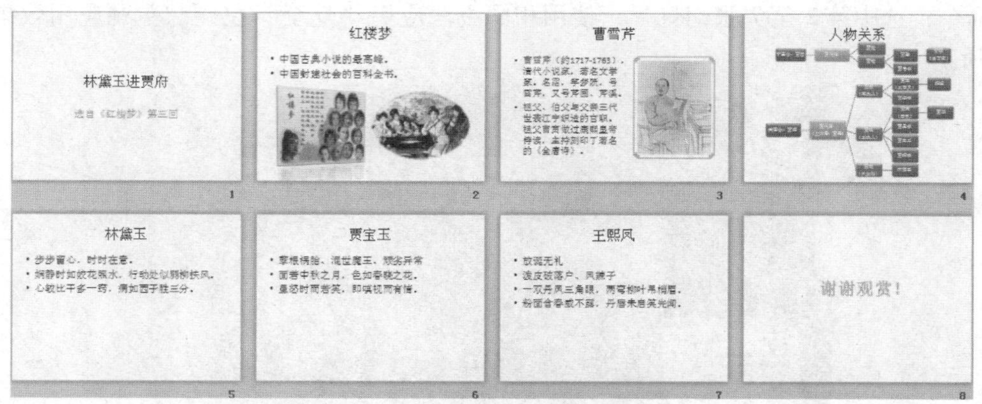

图 9 – 1　“林黛玉进贾府 – 课件 . pptx” 简单演示文稿

（4）使用排练计时和幻灯片放映设置，应用于幻灯片高级放映中。

（5）播放演示文稿，观看展示效果。

本章任务最终会得到一个名为“林黛玉进贾府 – 课件 . pptx”的动态多媒体课件演示文稿，文稿效果如图 9 – 2 所示。

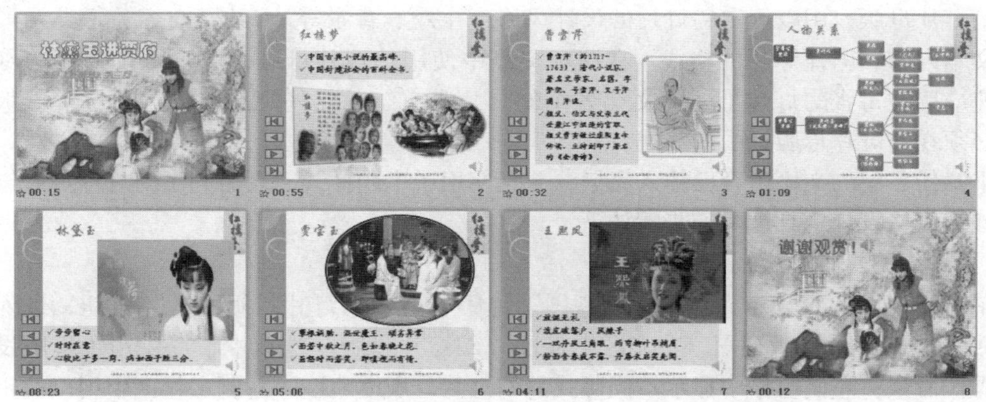

图 9 – 2　“林黛玉进贾府 – 课件 . pptx” 动态多媒体演示文稿

9.2　任务完成

9.2.1　幻灯片整体外观设计

1. 使用主题

本章任务所制作的中学课件演示文稿，需应用多个主题。

具体操作步骤如下。

打开演示文稿，选中封面幻灯片和结束幻灯片，选择“设计”选项卡→“主题”组→“样式”命令，选择“夏季”主题样式，右击，在弹出的快捷菜单中单击“应用于选定幻灯片”命令；选中第2至7张幻灯片，使用相同方法应用“夏至”主题。主题应用效果如图9－3所示。

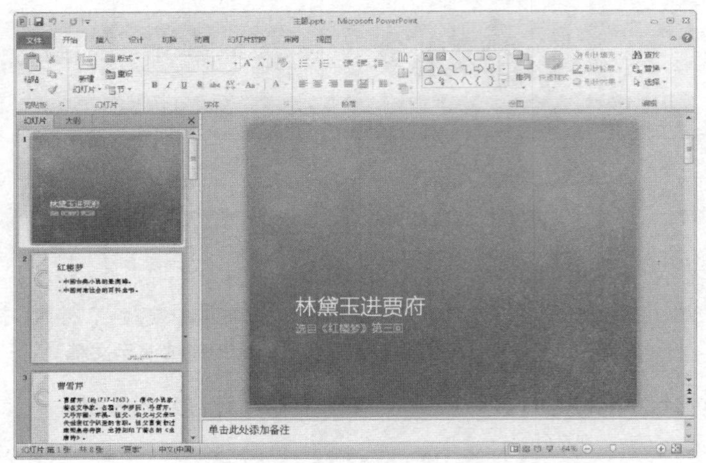

图9－3　主题应用效果

2. 幻灯片母版应用

幻灯片母版，用以规定幻灯片的设计风格（主题、背景等）、共同内容及每类元素（标题、文本内容、图片等）的格式。在演示文稿中使用幻灯片母版，可以将设置好的母版格式快速应用在每张幻灯片上，使文稿各个幻灯片具有统一的外观风格。对幻灯片母版的设计，必须在幻灯片母版视图中完成。

本章任务中的文稿内容已输入完毕，并且使用了主题样式，现需利用幻灯片母版进行统一的外观风格设计。具体操作步骤如下。

1）进入幻灯片母版视图

单击“视图”选项卡，在“母版视图”组中单击“幻灯片母版视图”按钮，进入如图9－4所示的幻灯片母版视图。功能区中显示“幻灯片母版”选项卡，提供用于母版设计的各种操作命令；左侧窗格中显示不同版式的幻灯片母版缩略图，右侧工作区中用以编辑当前的幻灯片母版样式。

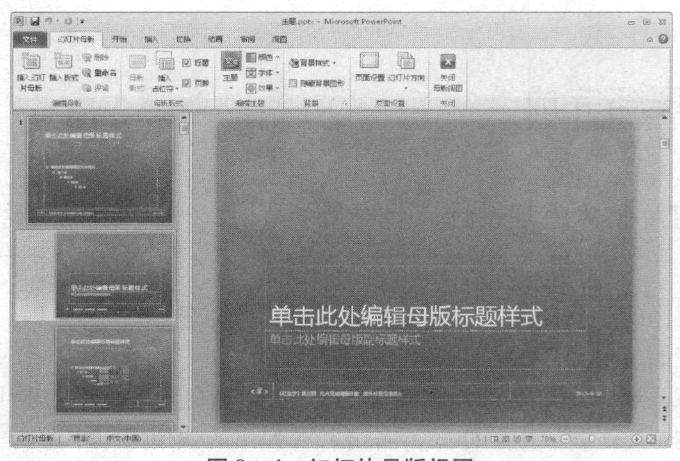

图9－4　幻灯片母版视图

演示文稿会根据已有主题将母版分为“主题1”幻灯片母版、“主题2”幻灯片母版……，每一主题对应的幻灯片母版，又根据版式和用途的不同分为“Office主题”母版、“标题幻灯片”母版、“标题和内容”母版等，它们共同决定演示文稿中各个幻灯片的样式。

 **提示：**

在幻灯片母版视图下，用户可以对幻灯片母版进行添加、删除、重命名幻灯片等管理操作，可通过“编辑母版”组中的各命令完成。

- 单击“插入幻灯片母版”按钮，则插入一套新的空白的幻灯片母版，用于自定义母版设计方案。
- 单击“插入版式”按钮，则插入一张新的版式母版，用于自定义幻灯片版式。
- 单击“删除”按钮、“重命名”按钮，则将选中的母版删除或实现重命名操作。

本章任务的文稿已设置两种主题，根据主题将文稿的幻灯片母版分为两种，用序号“1、2”来表示。如图9-4所示，“1”用于表示“夏季”主题对应的幻灯片母版：由幻灯片1、8使用；“2”用于表示“夏至”主题对应的幻灯片母版：由幻灯片2~7使用。

2）编辑母版

单击左侧窗格中的某一母版缩略图，在右侧工作区显示的幻灯片母版中，完成以下母版编辑操作。

（1）母版的主题编辑。在幻灯片母版视图中，可以应用主题，也可以对已有主题的颜色、字体、效果等方案进行自定义编辑。本章文档的“夏至”主题对应的幻灯片母版需自定义主题，具体操作步骤如下。

① 母版主题颜色设置。选中“2 夏至主题”母版，单击“编辑主题”组中的“颜色”按钮，选择“透视”效果。

② 母版主题字体设置。单击“编辑主题”组中的“字体”按钮，选择“行云流水”效果。

 **提示：**

幻灯片母版编辑过程中，可以单击“关闭”组中的“关闭母版视图”按钮，退出母版视图，返回普通视图，查看母版格式应用于幻灯片上的效果；查看完毕后，可再次进入母版视图，完成编辑。

（2）母版的背景编辑。本章文档的第1、8张幻灯片应用了同一种主题，也需设置同样的背景，因此，可以在幻灯片母版视图中编辑背景进行统一设置。

具体操作步骤如下。

选中“1 夏季主题”母版，单击“背景”组右下角的扩展按钮，在弹出的“背景”格式对话框中，选择“填充”→“图片或纹理填充”命令，然后单击“文件”按钮，在弹出的“插入图片”对话框中，选择“封面.jpeg”图片。此时，图片作为“Office 主题”母版背景应用于该主题的所有版式的幻灯片上。如图 9-5 所示。

图 9-5　母版背景

（3）母版的占位符设置。占位符是幻灯片母版的重要组成元素，默认情况下包含标题占位符、文本占位符、日期占位符、幻灯片编号占位符和页脚占位符 5 种。在幻灯片母版视图中，删除、插入占位符，编辑占位符内容，以及设置占位符格式，这些都会应用于该母版对应的幻灯片上。其中，占位符的格式操作均可在“开始”选项卡和“绘图工具 | 格式”选项卡中完成，与 8.2.5 小节中的文本编辑操作方法一致。

本章文档的多张幻灯片需具有统一的显示风格，可以在幻灯片母版视图中进行占位符设置来实现，具体操作步骤如下。

① 删除母版占位符。选中“1 夏季主题”母版中的“空白”版式，选中幻灯片底部的日期、页脚、幻灯片编号占位符，按 Delete 键删除；选中“2 夏至主题”母版，删除日期占位符。

② 编辑占位符内容。选中“2 夏至主题”母版，单击页脚占位符，输入文字“《红楼梦》第三回托内兄如海酬训教　接外孙贾母惜孤女”，调整大小、位置；选择“标题和内容”版式，将“母版版式”中的“页脚”命令取消勾选后，再次勾选，此时，将主题母版中的页脚内容成功应用到了“标题和内容”版式中。使用同样的方法，将页脚内容应用到“仅标题”版式中。如图 9-6 所示。

③ 设置母版占位符格式。选中“2 夏至主题”母版，设置标题格式：华文行楷、44 号字，文字颜色为主题颜色：深紫淡色 40%。一级文本格式：楷体、28 号字，加粗，行间距为固定值 36 磅，项目符号为 90% 字高、深紫色的“√”符号；形状更改为单圆角矩形，填充为褐色淡色 80%。如图 9-6 所示。母版中占位符格式会显示在该母版下所有版式幻灯片中。

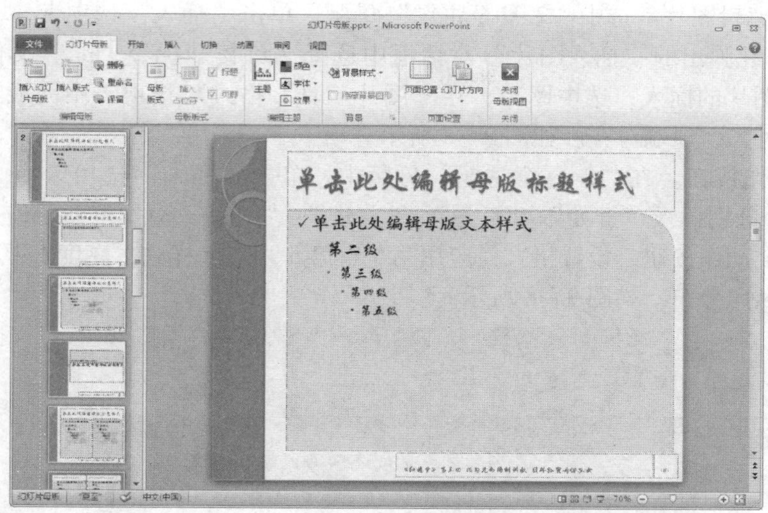

图 9－6　母版占位符格式

④ 设置某一版式占位符格式。选中“1 夏季主题”母版中的“标题幻灯片”版式，设置标题格式：华文琥珀、60 号字，应用第 2 行第 2 列艺术字样式；副标题格式为：幼圆、28 号字，加粗、倾斜，标准色蓝色。参考样张调整占位符位置。如图 9－7 所示。这些占位符格式操作只应用于本版式幻灯片中。

图 9－7　“标题幻灯片”版式占位符格式

（4）插入对象。在幻灯片母版视图中，可以插入文本、表格、各种图形图像、音频、视频等多种媒体对象，还可以创建超链接等导航对象；各对象的插入和编辑操作与在普通视图中对象的插入和编辑操作一致；只是，所插入的对象会显示在该母版对应的所有幻灯片中，因此，使用幻灯片母版插入对象，能实现多张幻灯片中共同对象的快速插入。

本章文档的第 2～7 张幻灯片右上角都显示同一幅图片，左下角都有相同的动作按钮，需在幻灯片母版视图中完成对象的快速添加，具体操作步骤如下。

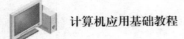

① 插入与编辑图片。选中“2 夏至主题”母版，单击“插入”选项卡→“图像”组→“图片”按钮，在弹出的“插入图片”对话框中选择“红楼梦标签.jpg”文件，单击“确定”按钮完成图片的插入；选中图片，在“图片工具 | 格式”选项卡中完成设置：形状高度5厘米，右对齐、顶端对齐。如图9－8所示。

② 创建动作按钮。在“2 夏至主题”母版中，单击“插入”选项卡→“插图”组→“形状”按钮，分别插入“开始”、“后退”、“前进”、“结束”动作按钮，使用默认的动作设置；选中4个动作按钮，设置格式：应用第4行第5列形状样式，高度1厘米、宽度2厘米，左对齐、纵向分布。如图9－8所示。

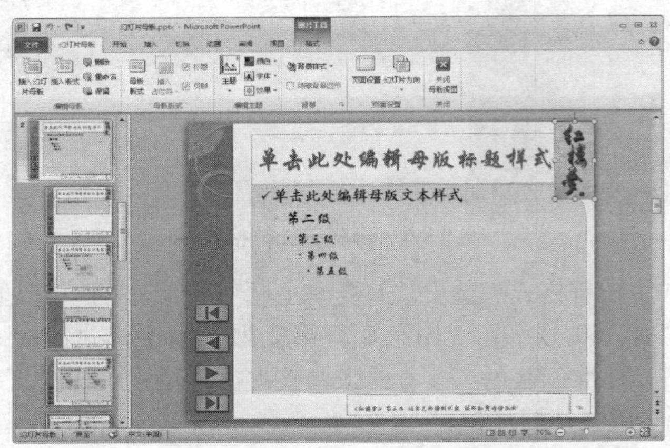

图9－8　母版中图片的插入与编辑、动作按钮的创建

至此，幻灯片母版应用完毕，单击“关闭母版视图”按钮退出母版视图，回到普通视图，查看母版格式应用于幻灯片的效果。

3. 显示页眉和页脚

本章任务中在幻灯片母版视图中，对日期占位符、页脚占位符和幻灯片编号占位符进行了设置后，需将页眉和页脚信息显示出来。

具体操作步骤如下。

在普通视图中，单击“插入”选项卡，在“文本”组中单击“页眉和页脚”按钮，在弹出的“页眉和页脚”对话框中完成如图9－9所示的设置。

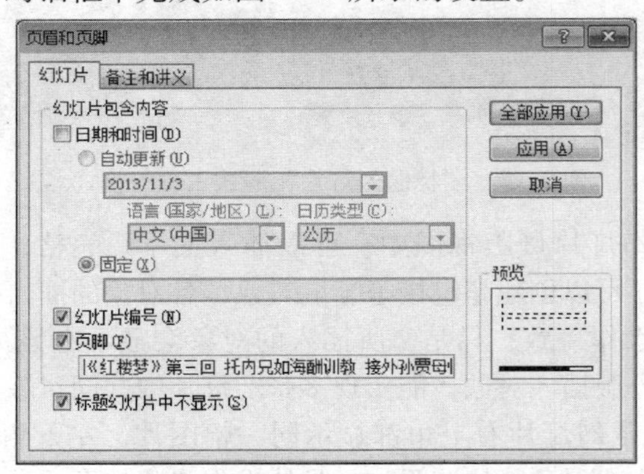

图9－9　“页眉和页脚”对话框

至此，幻灯片整体外观设计完毕，用户可单独对每张幻灯片中的对象大小、位置等进行调整，得到如图 9 - 10 所示的演示文稿效果。

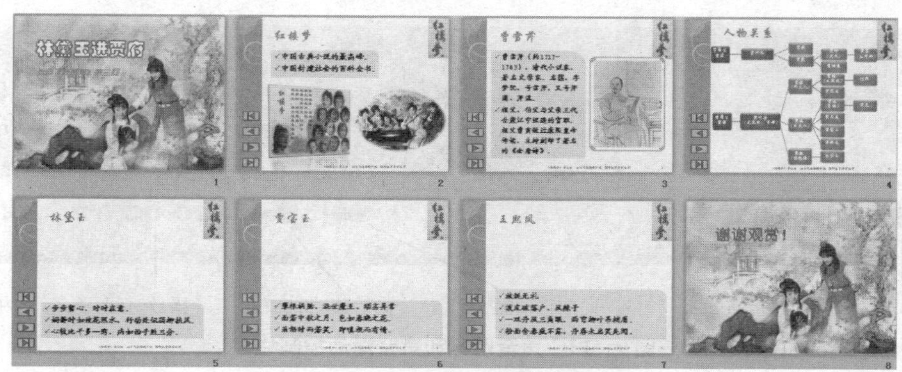

图 9 - 10 幻灯片整体外观设计效果

9.2.2 添加声音

声音是一个富有感染力的多媒体演示文稿的重要组成元素，可以向观众增加传递信息的通道。PowerPoint 2010 支持 MP3、WAV、WMA、MIDI 等大多数常见格式的声音文件的插入与编辑。

1. 插入声音

本章任务的文档中，结束幻灯片中需插入剪辑管理器中的音频文件，封面幻灯片中需插入从网上下载保存在 D 盘的音频文件“红楼梦 - 枉凝眉 . mp3”。具体操作步骤如下。

（1）插入剪贴画音频：选中结束幻灯片，单击“插入”选项卡，在“媒体”组中单击“音频”按钮，选择“剪贴画音频”命令，在窗口右侧打开的“剪贴画”窗格中，指向“Applause Loop，鼓掌声 . wav”声音文件，单击即可完成音频的插入。如图 9 - 11 所示。其方法与插入剪贴画的方法相似。

（2）插入文件中的音频：选中封面幻灯片，单击“插入”选项卡，在“媒体”组中单击“音频”按钮，选择“文件中的音频”命令，在如图 9 - 12 所示的“插入音频”对话框中选择 D 盘中素材文件夹下的“红楼梦 - 枉凝眉 . mp3”文件，单击“确定”按钮。

图 9 - 11 剪贴画音频

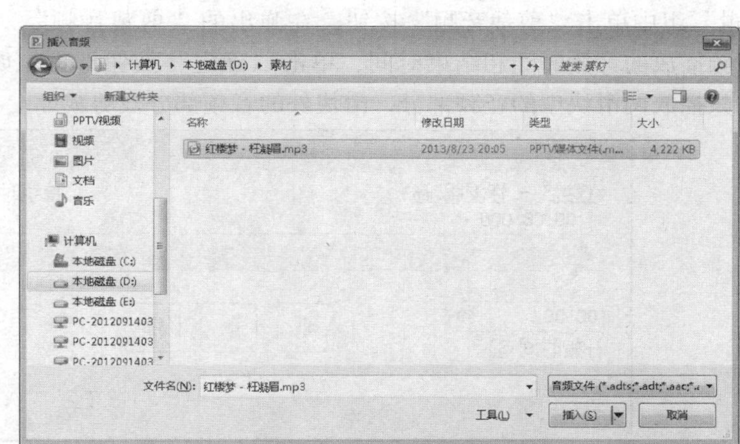

图 9 - 12 “插入音频”对话框

不管插入哪种音频文件，幻灯片中都会出现如图 9－13 所示的声音图标和下方的声音浮动控制栏，可单击该栏的“播放”按钮，预览声音效果。

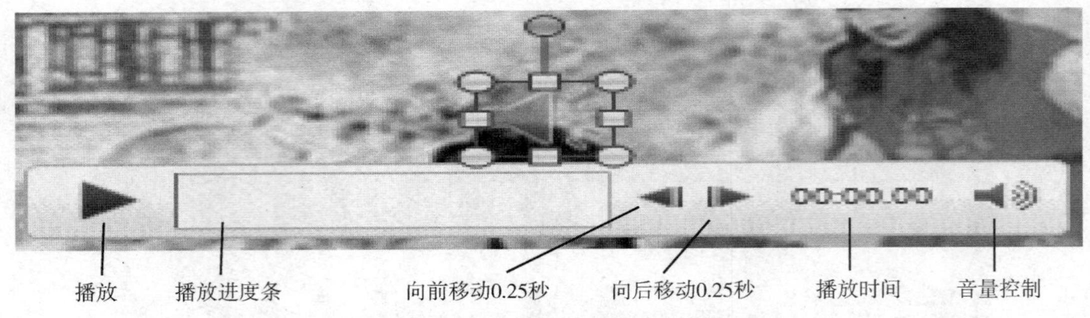

图 9－13　声音图标和声音浮动控制栏

 **提 示：**

PowerPoint 2010 将声音文件分为以下三种。

- 文件中的音频，是保存在本地计算机或网络邻居计算机中的声音文件。
- 剪贴画音频，是从剪辑管理器中插入的声音文件，是一些简单的声音效果，如鼓掌声、关门声和动物叫声等。
- 录制的音频，是利用 PowerPoint 2010 提供的录音对话框，自行录制的声音。其操作方法与 Windows 7 提供的录音机软件操作相似。

2. 声音播放设置

PowerPoint 2010 对插入的声音文件提供了播放设置功能，通过“音频工具 | 播放”选项卡中的各组命令实现，用户可以根据实际需要对声音进行个性化的播放设置。

本章文稿的封面幻灯片添加的音频文件，均需进行播放设置。具体操作步骤如下。

（1）剪裁音频。选中封面幻灯片的声音图标，单击“音频工具 | 播放”选项卡，在“编辑”组中单击“剪裁音频”按钮，在弹出的“剪裁音频”对话框中，拖动两个滑块设置音频播放的开始时间和结束时间，单击“确定”按钮即可。如图 9－14 所示。音频播放时，只播放两滑块中的音频部分，滑块外的音频部分被剪裁掉。

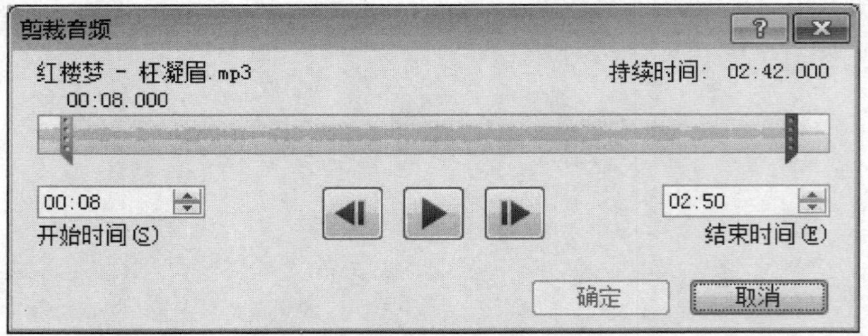

图 9－14　“剪裁音频”对话框

（2）淡入淡出效果。在“编辑”组的“淡入”和“淡出”效果输入框中设置如图 9－15 所示的时间值，其中“淡入：05.00”表示淡入效果持续 5 秒。

（3）音频选项设置。在“音频选项”组中完成如图 9－15 所示的设置。其中，“开始”效果有三个选项：“自动”，为默认选项，指幻灯片播放时声音将自动播放；“单击”，指幻灯片播放时需单击声音图标才开始播放声音；“跨幻灯片播放”，指幻灯片播放时声音将自动播放，且切换到下一张幻灯片时，声音继续播放。

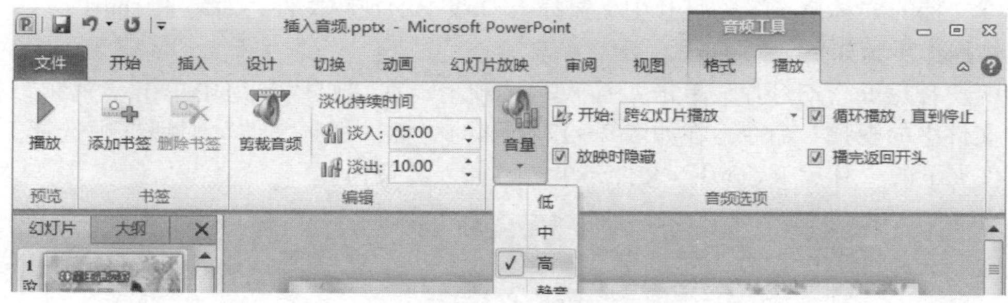

图 9－15　音频选项设置

提 示：

“音频选项”组面板中的命令实质上是实现音频动画的部分设置功能，选择该组的设置值，会自动为音频添加动画。

3. 声音图标格式设置

本章文稿的结束幻灯片中的音频文件，在演示文稿放映时会显示出对应的声音图标，可以对其进行外观格式设置，使其更加美观。

声音图标，实质是一个特殊的图片，其格式操作与图片的格式操作一致，用户可以使用如图 9－16 所示的 PowerPoint 2010 提供的“音频工具 | 格式”选项卡完成以下格式要求：颜色饱和度 400%，重新着色为浅黄色；“玻璃”艺术效果；“金色 18pt 发光”图片效果。最终效果如图 9－16 所示。

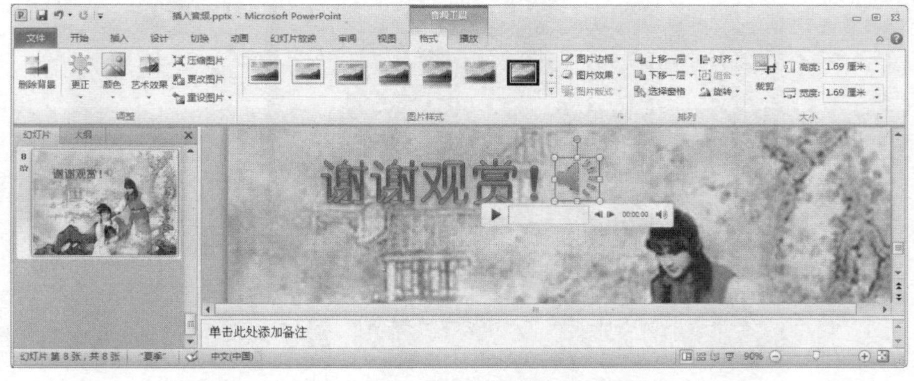

图 9－16　“音频工具 | 格式”选项卡

9.2.3 添加视频

视频，和声音一样，是多媒体演示文稿的重要组成元素，可以从画面到声音，多方位地向观众传递信息，具有极强的视觉冲击效果。PowerPoint 2010 不仅支持 GIF 格式的动画图像文件，还支持 AVI、MPEG、WMV 等格式的视频文件的插入与编辑。

1. 插入视频

本章文档的“林黛玉”幻灯片中，需插入 D 盘下的视频文件“林黛玉 . mp4”。

具体操作步骤如下。

选中“林黛玉”幻灯片，单击“插入”选项卡，在“媒体”组中单击“视频”按钮，选择“文件中的视频”命令，在如图 9－17 所示的“插入视频文件”对话框中选择 D 盘中素材文件夹下的“林黛玉 . mp4”文件，单击“插入”按钮。

图 9－17 “插入视频文件”对话框

此时，幻灯片中部成功添加如图 9－18 所示的视频文件，以及下方的视频浮动控制栏，可单击该栏的“播放”按钮，预览视频效果。

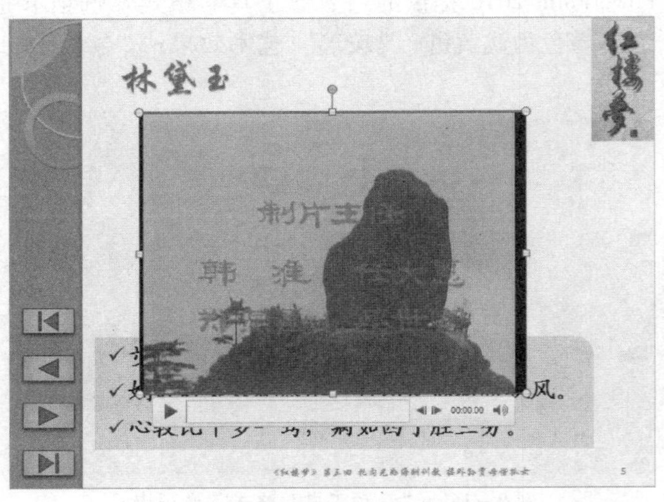

图 9－18 视频文件和视频浮动控制栏

使用同样的方法，在“贾宝玉”幻灯片中插入“红楼梦第 3 集 . mp4”视频文件；在“王熙凤”幻灯片中插入“红楼梦第 2 集 . mp4”视频文件。

提示：

PowerPoint 2010 将视频文件分为以下三种。

- 文件中的视频，是本地计算机或网络邻居计算机中保存的视频文件。
- 来自网站的视频，是已上载到网站的视频文件链接，需从该网站复制嵌入代码，完成视频插入。
- 剪贴画视频，是从剪辑管理器中插入的动画，一般为 GIF 格式。其插入方法与剪贴画插入方法一致。

2. 视频播放设置

PowerPoint 2010 对插入的声音文件提供了播放设置功能，通过“视频工具 | 播放”选项卡中的各组命令实现，用户可以根据实际需要对视频进行个性化的播放设置。

本章文稿的“林黛玉”幻灯片添加的视频文件，需进行播放设置。具体操作步骤如下。

（1）剪裁视频。选中视频，单击“视频工具 | 播放”选项卡，在“编辑”组中单击“剪裁视频”按钮，在弹出的“剪裁视频”对话框中，设置视频播放的开始时间和结束时间，单击“确定”按钮即可。如图 9－19 所示。

图 9－19　“剪裁视频”对话框

（2）淡入淡出效果。在“编辑”组的“淡入”和“淡出”效果输入框中设置如图 9－20 所示的时间值。

（3）视频选项设置。在“视频选项”组中均使用默认设置，如图 9－20 所示。

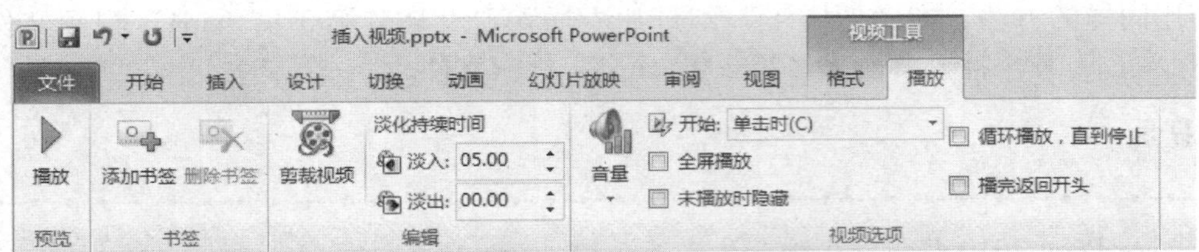

图 9－20　视频编辑和视频选项设置

（4）添加书签。单击“播放”按钮，在视频播放过程中，单击“添加书签”按钮，能在当前播放位置添加一个书签。如图 9－21 所示，分别在“姑娘相见”、“邢夫人留饭”和“贾母处吃饭”三个播放位置添加了三个书签。

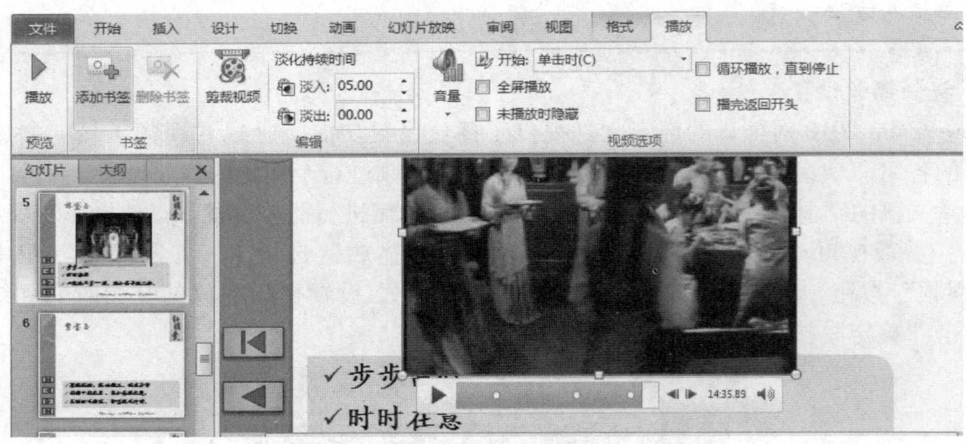

图 9－21　添加书签

提示：

演示文稿放映过程中，播放视频时，用户单击进度条上的书签能快速定位播放位置，实现对视频播放进度的控制。

若要删除书签，只须选中进度条的书签，单击“删除书签”按钮即可。

使用同样的方法，设置“贾宝玉”幻灯片中的视频：剪裁视频，开始时间为 38 秒，结束时间为 4 分 20 秒；其余播放设置均为默认选项。

设置“王熙凤”幻灯片中的视频：剪裁视频，开始时间为 30 分 30 秒，结束时间为 33 分 09 秒；其余播放设置均为默认选项。

3. 视频外观格式设置

对幻灯片中插入的视频，PowerPoint 2010 提供了视频播放窗口的外观编辑功能，可通过如图 9－22 所示的“视频工具 | 格式”选项卡中的各组命令完成，其操作方法与图片的操作方法相似。

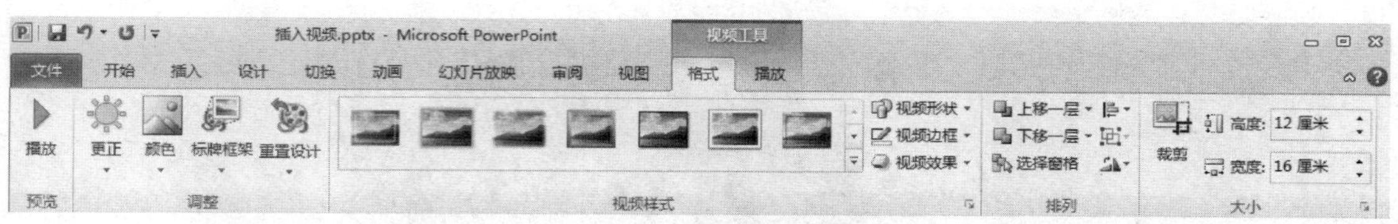

图 9－22　“视频工具 | 格式”选项卡

“贾宝玉”幻灯片中的视频播放窗口需进行外观格式化，具体操作步骤如下。

（1）调整视频效果。选中视频，单击“视频工具 | 格式”选项卡，在“调整”组中单击“更正”按钮，选择如图 9－23 所示的亮度和对比度效果。

（2）应用与自定义视频样式。在“视频样式”组中单击“快速样式”按钮，选择如图 9－24 所示的“复杂框架，黑色”样式；单击“视频形状”按钮，选择“椭圆”形状，如图 9－25 所示。

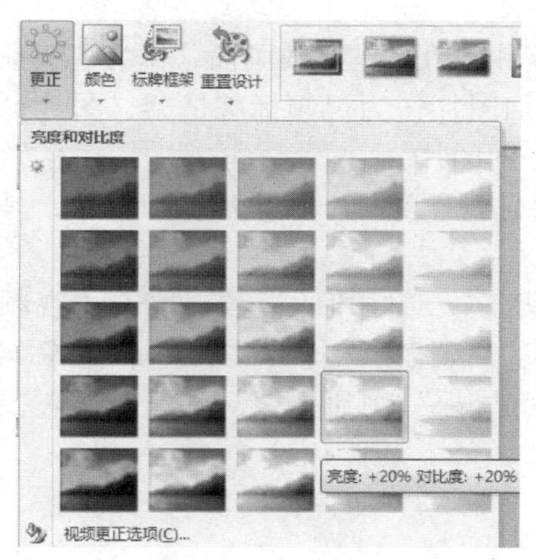

图 9－23　视频“更正”效果调整

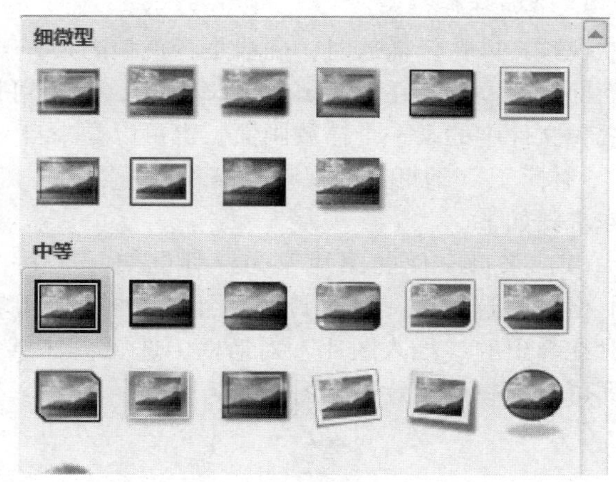

图 9－24　“视频样式”列表

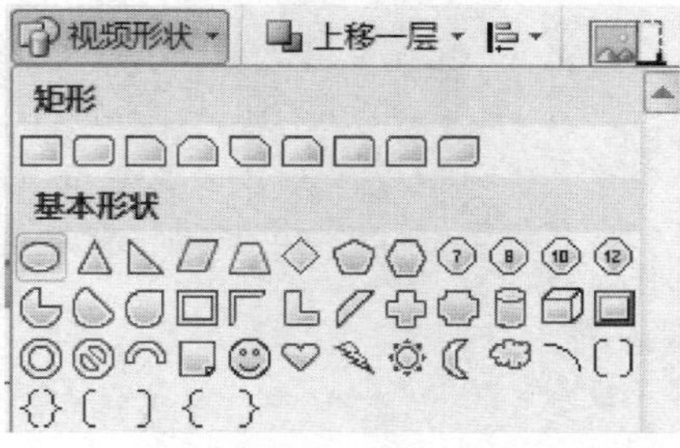

图 9－25　“视频形状”选项

（3）调整大小、位置。在“大小”组面板中，设置高度 12 厘米，宽度 16 厘米；调整视频窗口位置。最终效果如图 9－26 所示。

图 9－26　视频大小、位置效果

4. 添加标牌框架

视频文件在未播放时，一般是将视频的第一帧即视频最开始的播放画面，作为视频预览画面即标牌框架。在 PowerPoint 2010 中，用户可以添加图片作为视频标牌框架，图片可以是视频文件中的某一个播放画面，也可以是来自文件中的图片。

“林黛玉”幻灯片的视频文件和“王熙凤”幻灯片的视频文件，需添加标牌框架，具体操作步骤如下。

（1）来自文件的图片作为标牌框架。选中“林黛玉”幻灯片的视频，单击“视频工具 | 格式”选项卡，在“调整”组中单击“标牌框架”按钮，选择“文件中的图像”命令，在弹出的“插入图片”对话框中选择“林黛玉标牌 . jpg”图片文件，单击“插入”按钮即可。标牌框架效果如图 9－27 所示。

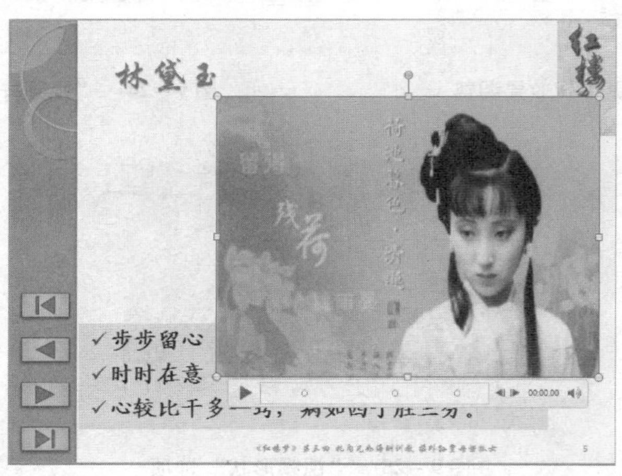

图 9－27　来自文件的图片作为标牌框架的效果

（2）视频画面作为标牌框架。选中“王熙凤”幻灯片的视频，单击“播放”按钮，在播放到需要的画面时，单击“视频工具 | 格式”选项卡，在“调整”组中单击“标牌框架”按钮，选择“当前框架”命令，则当前画面作为视频的标牌框架。如图 9－28 所示。

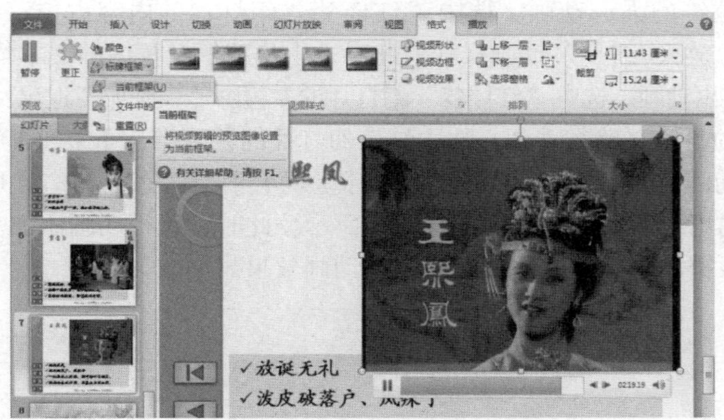

图 9－28　视频画面作为标牌框架的效果

至此，本文档中视频文件添加完毕。

9.2.4　幻灯片动画效果

PowerPoint 2010 为幻灯片中的各个对象提供了动画效果，即对象在幻灯片中的进入、强调和退出的动态方式。演示文稿中使用动画，可以突出放映重点、控制信息流程、提高演示的趣味性。

1. *添加动画*

PowerPoint 2010 提供了大量的预设动画效果，分为进入、强调、退出和动作路径四类，用户可根据具体需要选择。本章文档中的多个对象需添加动画，具体操作步骤如下。

（1）标题文本进入动画。选中封面幻灯片的标题，单击“动画”选项卡，在“动画”组中单击“动画样式”按钮，选择如图 9－29 所示的“进入：飞入”样式。

如果在样式列表没有满意的进入动画效果，还可单击“更多进入效果…”命令，在打开的如图 9－30 所示的对话框中选择动画样式。

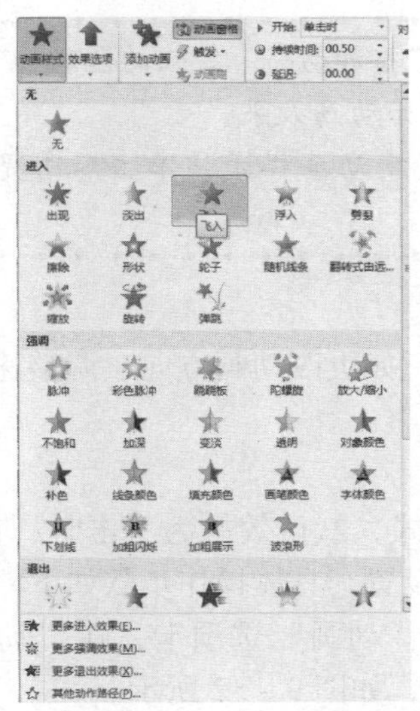

图 9－29　“动画样式”列表

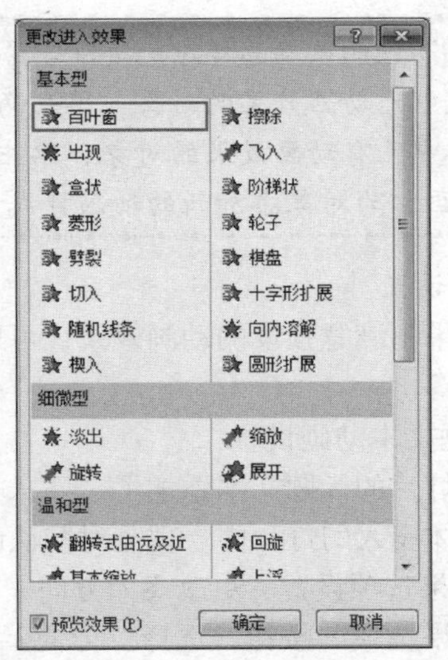

图 9－30　“更改进入效果”对话框

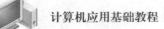

（2）内容占位符的强调动画。选中“红楼梦”幻灯片的内容占位符，重复（1）中的操作添加“强调：放大/缩小”动画样式。此时，占位符框及框内的文本均添加了动画。

（3）图片的退出动画。选中“红楼梦”幻灯片的左边图片，添加“退出：劈裂”动画样式。

（4）艺术字的自定义路径动画。选中结束幻灯片的艺术字，重复（1）中的操作，在样式列表中选择“动画路径：自定义路径”，鼠标呈现十字架状态，在幻灯片上画出一条曲线后，双击鼠标，退出自定义状态。如图 9－31 所示。此时，路径动画添加完毕，从预览效果中，看出艺术字根据画出的路径曲线移动完成动画效果。

图 9－31　自定义路径动画

添加动画时，不管选择哪种类型的动画，系统均会自动预览该动画效果。

 **提示：**

“动画”组的“动画样式”按钮与“高级动画”组的“添加动画”按钮的区别如下：

- 选中无动画效果的对象，单击两者均能为对象添加动画效果；
- 选中已有动画效果的对象，单击前者是为对象更改动画样式，单击后者是保留之前的动画，为对象添加新的动画样式。

2. 动画设置

用户如果不满意预设的动画效果，可以对其进行设置，如更改动画方向、调整速度、修改持续时间等。

1）标题文本动画设置

封面幻灯片的标题文本添加了“飞入”的进入动画样式，默认效果为单击时、自底部、标题文本整体飞入幻灯片中。现需对默认的动画效果进行设置，具体操作步骤如下。

（1）效果选项设置－更改飞入方向。选中标题，单击“动画”选项卡，在“动画”组中单击“效果选项”按钮，选择“方向：自右下部”效果，如图 9－32 所示。

（2）动画计时设置。在“计时”组中完成如图 9－32 所示的设置。

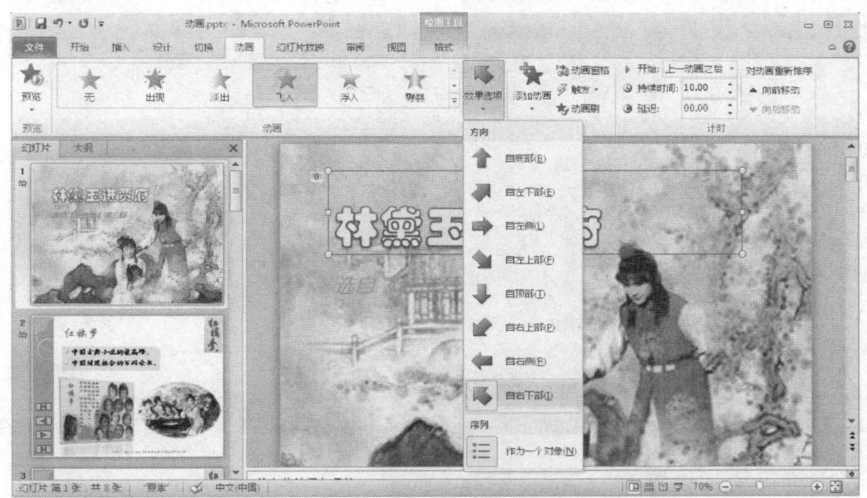

图 9－32　标题文本动画设置

提 示：

“计时”组的命令主要完成对动画时间的控制功能，以及多个动画的排序。

- “开始”命令，设置动画开始播放的时间，有三个选项：“单击时”，为默认选项，指单击后开始播放动画；“与上一动画同时”，指本动画与上一个动画同时播放；“上一动画之后”，指本动画在上一个动画完毕后开始。
- “持续时间”命令，动画播放的时间长短，决定动画演示的速度。
- “延迟”命令，动画开始后延迟播放的时间。
- “对动画重新排序”命令，指幻灯片中添加了多个动画后，会以序号“0、1……”来表示动画的播放顺序，可单击▲ 向前移动、▼ 向后移动按钮调整动画的播放排序。

以上操作是动画的简单设置，而高级设置需在动画设置对话框中完成。

（3）高级设置。单击“动画”组右下角的扩展按钮，在打开的“飞入”动画设置对话框中，完成如图 9－33 和图 9－34 所示的设置。

提 示：

在“飞入”动画的增强效果中：

- “动画播放后”命令，指定对象动画播放完毕后的效果，有“其他颜色”（指定播放后对象的颜色）、“不变暗”、“播放动画后隐藏”和“下次单击后隐藏”四个选项。
- “动画文本”命令，指定文本播放动画的组织方式，有“整批发送”、“按字/词”和“按字母”三个选项。

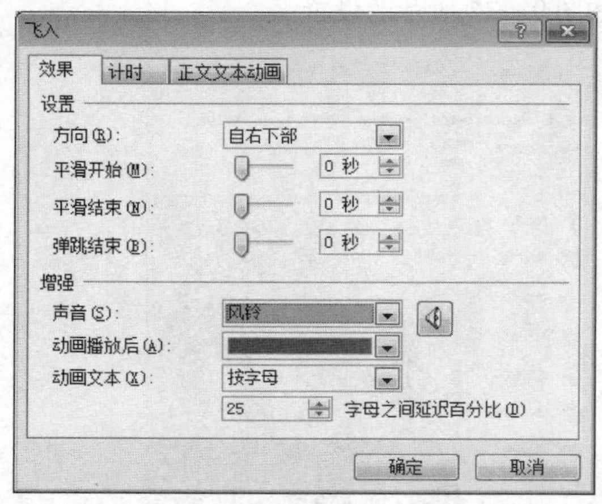

图 9－33 “飞入”动画效果设置

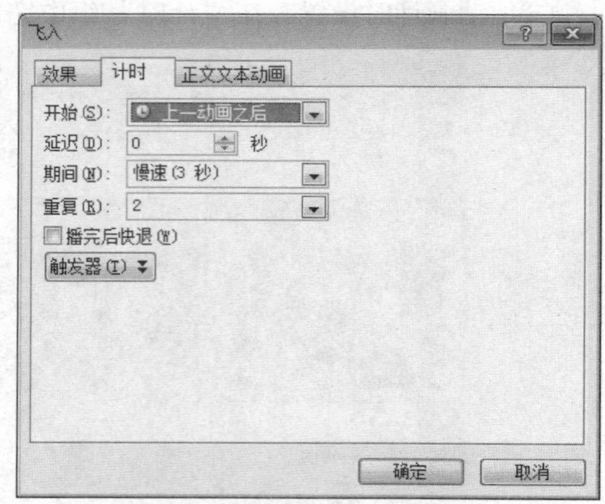

图 9－34 “飞入”动画计时设置

2）内容占位符动画设置

“红楼梦”幻灯片的内容占位符添加了“放大/缩小”的强调动画样式，其默认效果设置如图 9－35 所示。

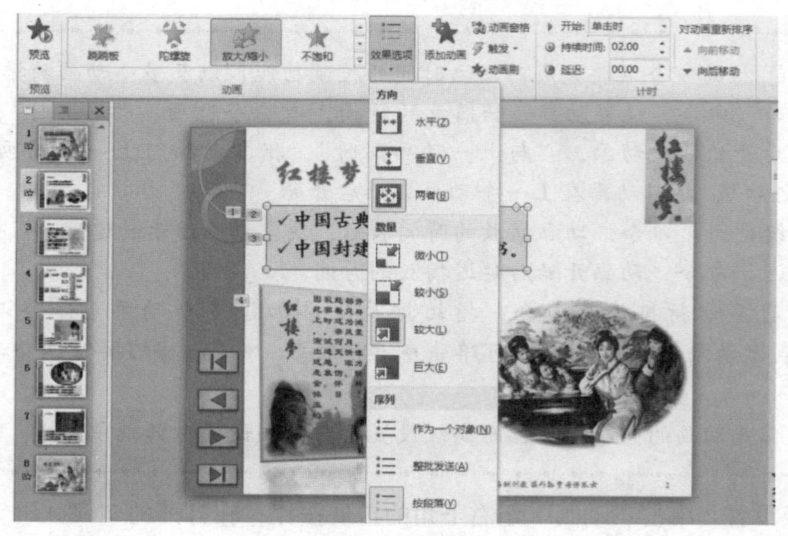

图 9－35 “放大/缩小”强调动画默认效果设置

“效果选项”列表中的“序列”，决定占位符框及框内文本播放动画的组织方式。如图 9－35 所示的“按段落”序列方式为先占位符框播放动画，再将框内文本按段落顺序播放动画。

参考标题文本动画设置，完成占位符的动画设置：放大尺寸为 120%，作为一个对象，上一动画之后，持续时间为 3 秒。

3）图片动画设置

选中图片，参考之前操作，完成其动画设置：单击时，持续时间为 2 秒。

4）艺术字动画设置

选中艺术字，参考之前操作，完成其动画设置：与上一动画同时，持续时间为 5 秒，反转路径方向。

5）声音动画设置

选中封面幻灯片的声音图标，参考之前操作，完成其动画设置：在第 4 张幻灯片后停止播放。

提示：

> 不同的动画样式，或者同一动画样式应用在不同对象上，动画设置对话框的“效果”选项卡中的设置项会有所不同，用户可根据实际需要自行选择。

3. 复制动画

“红楼梦”幻灯片中第 2 幅图片需添加与第 1 幅图片相同的动画效果，可以使用 PowerPoint 2010 提供的“动画刷”来完成。

具体操作步骤如下。

选中第 1 幅图片，单击选择“动画”选项卡的“高级动画”组中的“动画刷”按钮，然后单击第 2 幅图片。这样第 1 幅图片的动画效果成功应用在第 2 幅图片上。

提示：

> “动画刷”与“格式刷”效果一样，其操作也一致：单击“动画刷”，则动画效果只能应用一次；双击“动画刷”，则动画效果能应用多次，最后单击退出复制状态。

4. 使用动画窗格

“红楼梦”幻灯片中共添加了三个动画效果，分别对应文本框和两幅图片；这三个动画的播放顺序为文本框、左边图片、右边图片。现需改变动画播放顺序，具体操作步骤如下。

（1）打开“动画窗格”。选中幻灯片，单击“动画”选项卡，在“高级动画”组中单击“动画窗格”按钮，窗口右侧显示“动画窗格”。如图 9－36 所示。

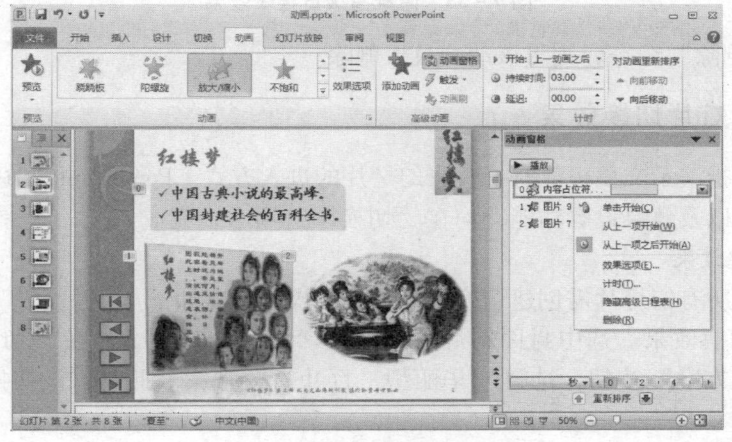

图 9－36　动画窗格

（2）改变播放顺序。选中“动画窗格”中的某一动画选项，鼠标拖拽或单击窗格下方的排序按钮或，完成如图 9－37 所示的播放顺序的更改。

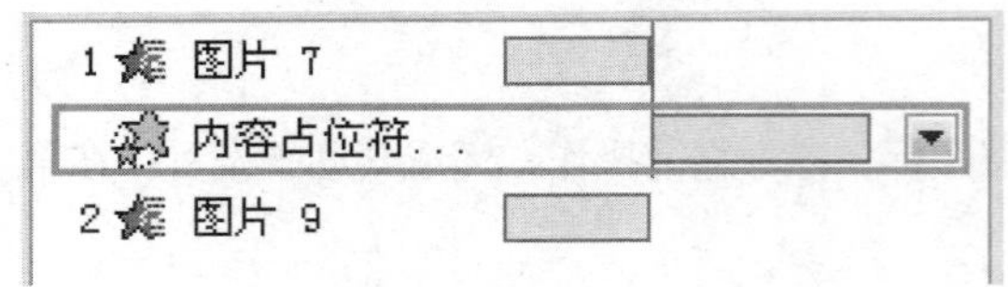

图 9－37　对象的播放顺序

在 PowerPoint 2010 中使用“动画窗格”，能清楚地浏览到当前幻灯片中各对象添加的所有动画，及其播放顺序；也能单击某一动画选项右侧的下三角按钮，选择各项命令，完成动画样式的综合设置。如图 9－36 所示。

① 单击“效果选项…”和“计时…”命令，则打开该动画的动画设置对话框中的对应选项卡，完成设置。

② 单击“隐藏高级日程表”命令，则窗格中不显示时间条，呈现如图 9－38 所示的效果。

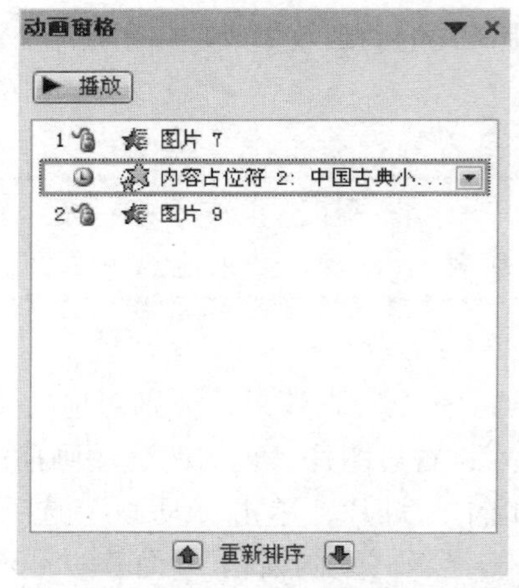

图 9－38　隐藏高级日程表效果

③ 单击“删除”命令，则将该动画效果删除。

9.2.5　幻灯片切换效果

切换效果是指演示文稿播放时，整张幻灯片的进入方式。PowerPoint 2010 提供了丰富的预设切换效果，以及效果设置功能，均在“切换”选项卡中完成。

1. 创建切换效果

本章文档的所有幻灯片需创建切换效果，具体操作步骤如下。

（1）创建切换效果。选中封面幻灯片，单击“切换”选项卡，在“切换到此幻灯片”组中单击“切换方案”按钮，选择“华丽型：百叶窗”方案。此时，该切换效果仅应用于封面幻灯片。

（2）应用于所有幻灯片。单击“计时”组中的“全部应用”按钮。如图 9－39 所示。

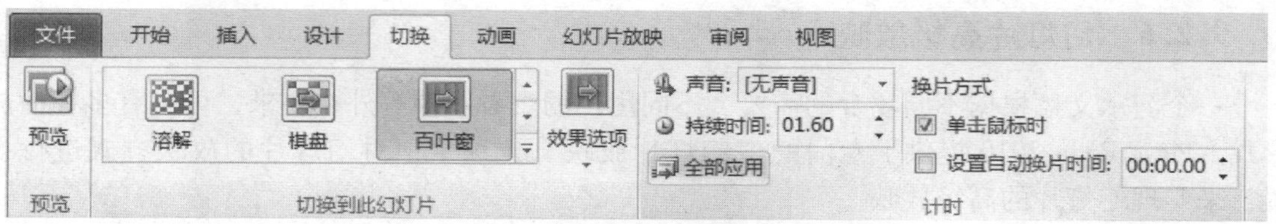

图 9－39　创建所有幻灯片切换效果

提 示：

幻灯片添加了动画效果或切换效果后，“幻灯片/大纲”窗格的幻灯片缩略图下出现动画标志，单击该标志能预览幻灯片的切换效果和幻灯片中对象的动画效果；也能单击“切换”选项卡→“预览”组→“预览”按钮，观看切换效果。

2. 切换效果设置

PowerPoint 2010 能为创建的幻灯片效果进行设置，包括更改切换方案、切换时伴随声音、效果持续时间、换片方式等操作。

本章文档的封面幻灯片的切换效果需进行设置。具体操作步骤如下。

（1）更改切换方案。单击“切换”选项卡，在“切换到此幻灯片”组中单击“切换方案”按钮，选择“细微型：形状”方案。

（2）效果选项设置。单击“效果选项”按钮，选择“菱形”效果。如图 9－40 所示。

（3）切换计时设置。在“计时”组面板中完成如图 9－40 所示的设置。

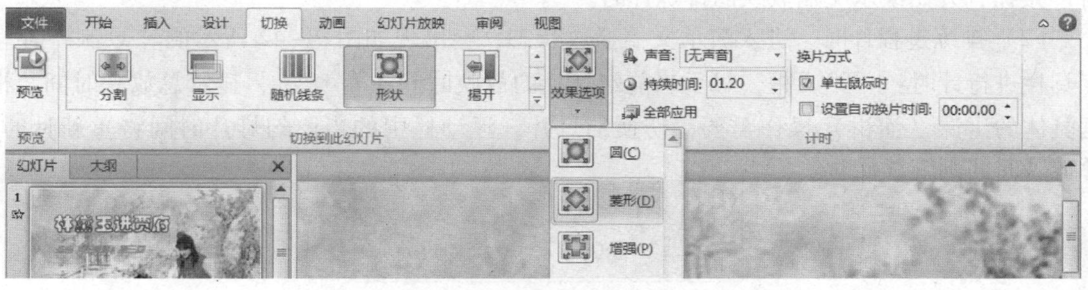

图 9－40　切换效果选项、切换计时的设置

提 示：

不同的幻灯片切换效果，拥有不同的设置选项，用户可自行尝试，根据实际需要选择。

单击“计时”组中的“全部应用”按钮，则所做的设置会应用到所有幻灯片上。

至此，演示文稿的外观设计、内容添加、动画效果均已设置完毕。

9.2.6 幻灯片高级放映

一个演示文稿根据不同场合的需要、不同用户的观看习惯等外在要求，可以有多种播放形式。PowerPoint 2010 提供了专门的“幻灯片放映”选项卡，对幻灯片的放映方式进行设置，来实现幻灯片的高级放映。

本章任务中的杨晓燕同学，希望制作的幻灯片能根据自己讲课的时间自动放映，这样不用总是局限于讲台控制幻灯片放映，而可以释放手脚走到学生中去，使讲课更具感染力。PowerPoint 2010 提供的排练计时和幻灯片放映设置能实现这一要求，两个功能按钮均在如图 9－41 所示的“幻灯片放映”选项卡的“设置”组面板中。

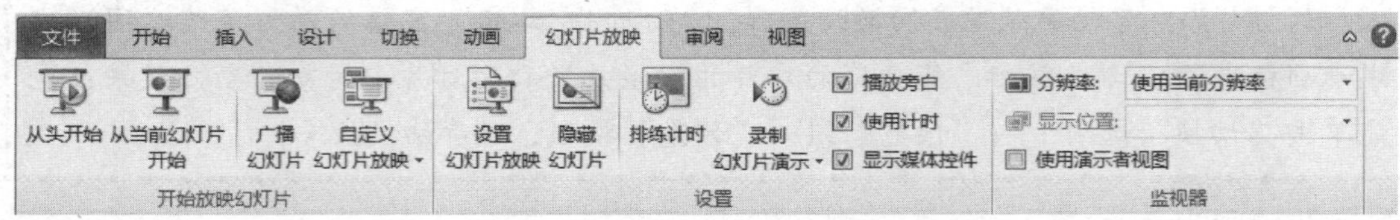

图 9－41 “幻灯片放映”选项卡

1. 排练计时

使用“排练计时”功能，系统在演示文稿播放时，会记录下真实播放过程中每张幻灯片的放映时间，用户可根据记录下的放映时间来了解自己讲课（演讲）的速度、调整讲义（演讲）内容、修改演示文稿等，达到最佳的讲课（演讲）效果；还可以将最佳的排练时间保留，作为幻灯片高级放映的时间依据。具体操作步骤如下。

（1）启动“排练计时”。单击“幻灯片放映”选项卡，在“设置”组中单击“排练计时”按钮，开始演示文稿放映的排练计时。

（2）排练过程计时。进入演示文稿播放状态，会出现如图 9－42 所示的“录制”浮动工具栏进行计时：0:00:05框，显示当前幻灯片的放映时间；0:00:29，显示总放映时间。根据具体的讲课（演讲）操作需要，切换幻灯片，浮动栏中的当前幻灯片时间将重新计时，总放映时间则继续计时。

图 9－42 “录制”浮动工具栏

（3）排练过程控制。幻灯片放映过程中，可通过如下操作来控制排练，单击➡按钮，进入到下一项动画效果的播放；单击⏸按钮，暂停当前播放，弹出如图 9－43 所示的消息框，可单击“继续录制”按钮完成播放计时；单击↺按钮，将当前幻灯片重新放映、重新计时。

图 9－43 “录制暂停”对话框

（4）退出排练计时。所有幻灯片切换完毕，退出幻灯片放映状态。这时，系统已成功记录了每张幻灯片的放映时间，会给出如图9－44所示的提示对话框。单击“是”按钮，则保留本次排练时间记录。

图9－44 “保留排练时间”对话框

（5）排练时间查看。进入幻灯片浏览视图，在每张幻灯片的下方会显示该幻灯片的播放时间。

杨晓燕同学经过几次排练计时，针对每次得到的放映时间适当地调整了讲课速度和内容，确定最后一次排练计时的时间为最佳的讲课时间，里面记录的每张幻灯片的放映时间也就成为讲课时幻灯片的最佳放映时间，如图9－45所示。现在，需将这些幻灯片最佳放映时间应用于自动换片中。具体操作：选中幻灯片，单击“切换”选项卡，在“计时”组中勾选“设置自动换片时间”，输入对应的时间值。幻灯片放映时，既可用户单击换片，也可根据时间自动换片。

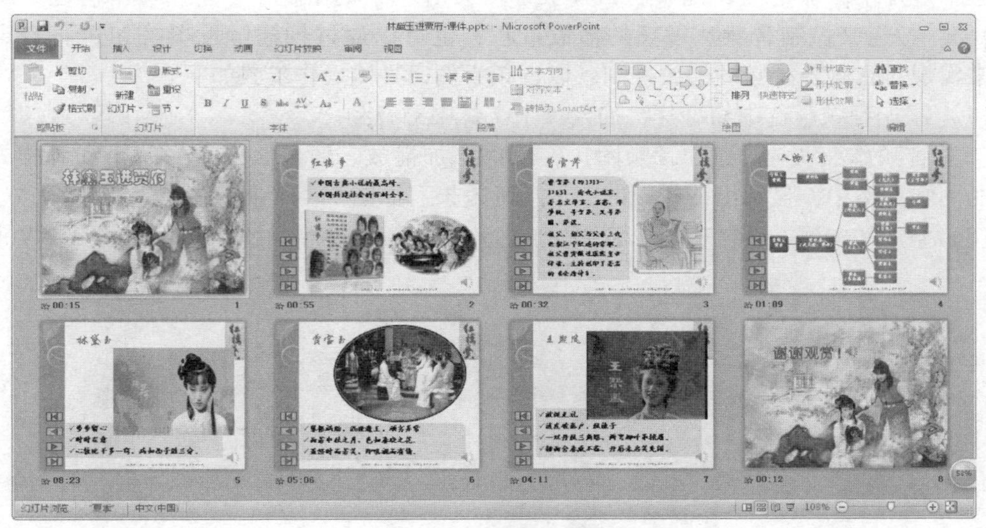

图9－45 排练时间

2. 幻灯片放映设置

文档的排练计时已经完成，幻灯片自动换片时间也已设置完毕，现需进行幻灯片放映设置。

具体操作步骤如下。

单击“幻灯片放映”选项卡，在“设置”组中单击“设置幻灯片放映”按钮，在弹出的“设置放映方式”对话框中完成如图9－46所示的设置。

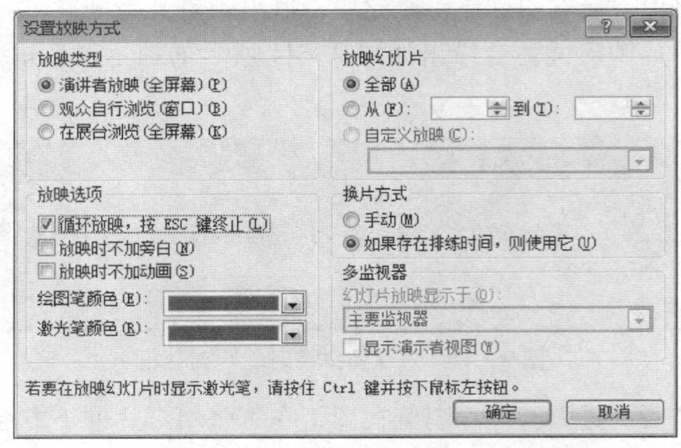

图 9－46 “设置放映方式”对话框

本章任务中的“林黛玉进贾府－课件.pptx”演示文稿制作完毕，播放演示文稿时，可以使用手动控制幻灯片放映，也可以让排练时间对幻灯片放映过程发挥作用。

9.2.7 知识拓展

1. 动画效果中触发器的创建

在幻灯片中添加音频、视频后，其下方均会出现浮动控制栏，用户可单击栏中的“播放/暂停”按钮来控制音频、视频的播放过程，也可以通过创建触发器按钮进行自定义动画，来实现对音频、视频的播放控制。以音频为例，具体操作步骤如下。

（1）添加音频。选中幻灯片，插入一个文件中的音频。

（2）音频添加动画。选中音频图标，依次添加播放、暂停、停止的三个动画样式；在打开的动画窗格中，显示出该音频的三个动画效果。如图 9－47 所示。

（3）添加文本框。绘制三个形状并添加文字，作为声音控制触发按钮，如图 9－47 所示。

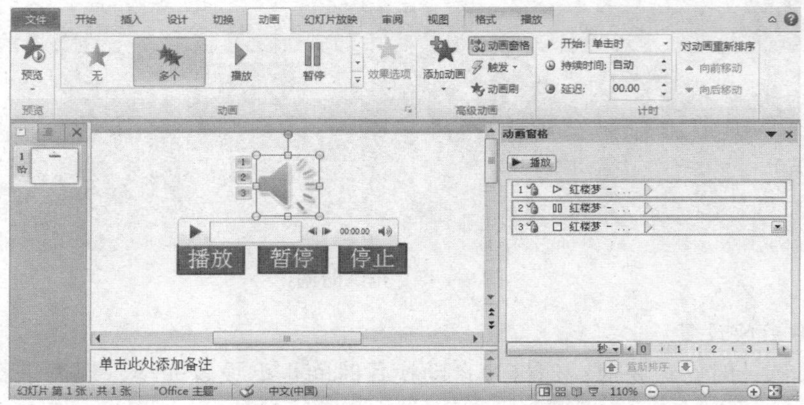

图 9－47 触发器的创建

（4）设置“播放”触发器。单击动画窗格中“播放”动画右侧的下三角按钮，选择“计时…”命令，如图 9－48 所示；在打开的“播放音频”对话框中完成如图 9－49 所示的设置。

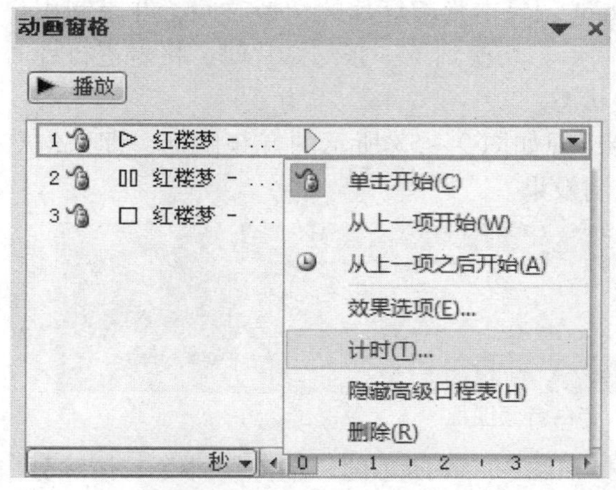

图 9－48　“计时…”命令

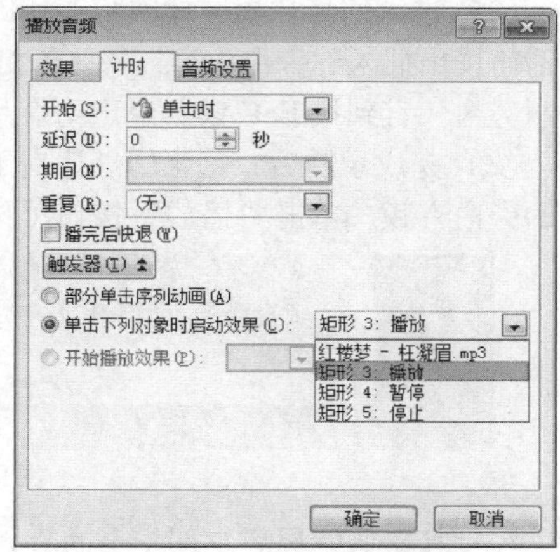

图 9－49　“播放音频”对话框

（5）设置“暂停”、“停止”触发器。重复（4）的操作，分别为“暂停”动画、“停止”添加对应的触发器。如图 9－50 所示。

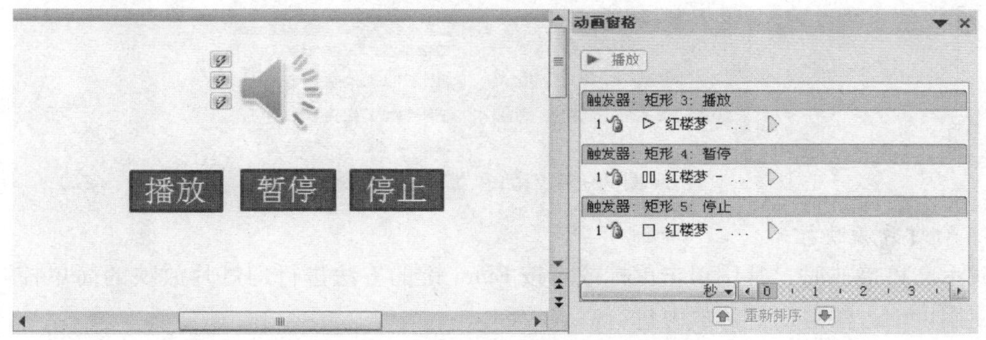

图 9－50　“暂停”、“停止”触发器的创建

2. 录制幻灯片旁白

当某些特定场合需要自动播放带讲解声音的演示文稿时，可以使用 PowerPoint 2010 提供的幻灯片录制旁白功能，在幻灯片排练计时的同时记录添加旁白的时间位置和录制旁白内容。具体操作步骤如下。

（1）打开演示文稿，单击“幻灯片放映”选项卡，在“设置”组中单击“录制幻灯片演示”按钮，选择“从头开始录制”插入“命令”两字，如图 9－51 所示；弹出如图 9－52所示的提示对话框，勾选设置项后单击“开始录制”按钮。

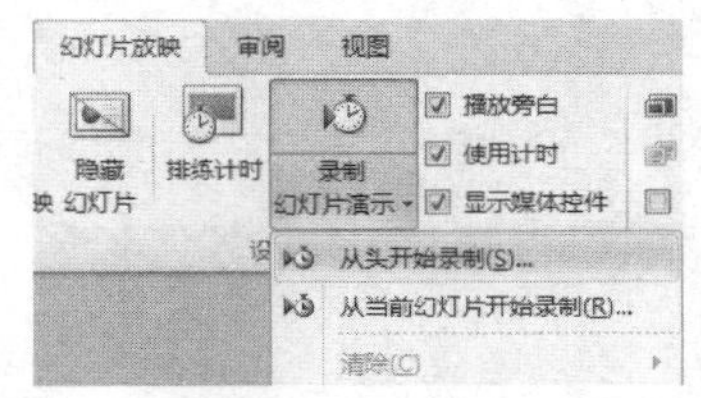

图 9－51　“从头开始录制”幻灯片演示

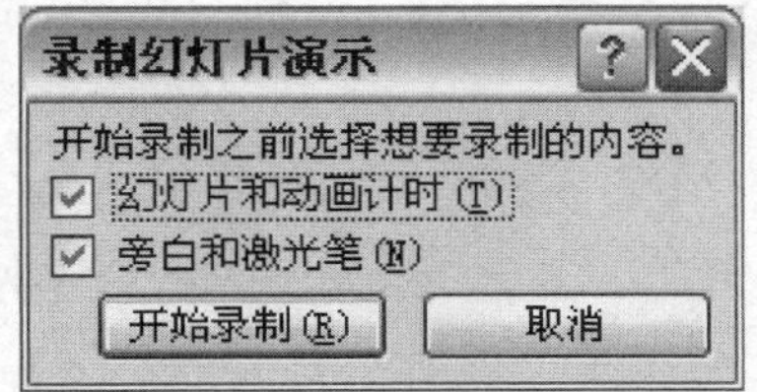

图 9－52　“录制幻灯片演示”对话框

(2) 进入幻灯片全屏放映状态，PowerPoint 记录本张幻灯片的切换时间，并录制用户通过话筒读出插入的旁白内容；一张幻灯片录制后，切换到下一张幻灯片时，接着进行计时和录制旁白。直到按 ESC 键，退出幻灯片放映状态。

(3) 完成录制后，每张幻灯片右下角会出现如图 9－53 所示的音频图标，即该幻灯片中的旁白音频，单击“播放”按钮可预览录制效果。

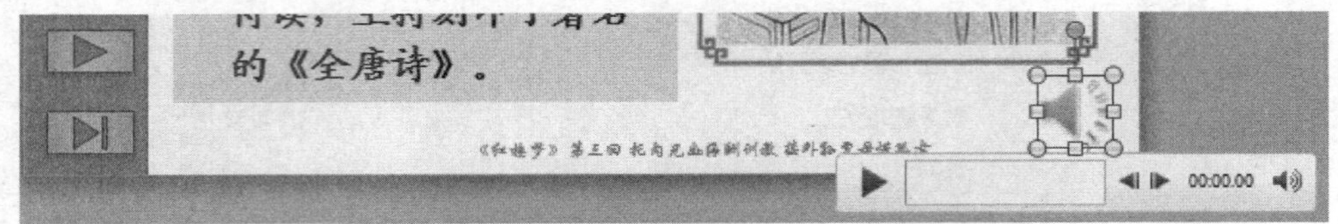

图 9－53　旁白音频图标

幻灯片录制旁白后，如果不满意，可选择如图 9－54 所示的“清除”命令，清除旁白。

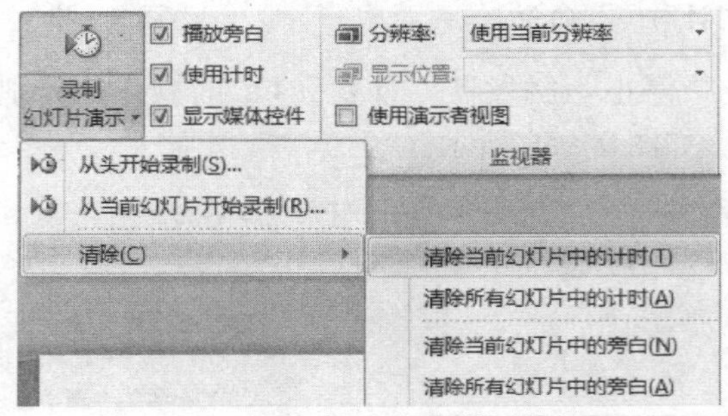

图 9－54　旁白“清除”命令

3. 幻灯片放映控制

演示文稿播放时，常用单击鼠标或者按 Enter 键的方法进行幻灯片放映的简单控制，还可以使用以下方法对幻灯片放映进行高级控制。

1) 快速定位

具体操作步骤如下。

幻灯片放映过程中，右击，在弹出的快捷菜单中选择“定位至幻灯片”命令，弹出如图 9－55 所示的级联菜单，显示本演示文稿的所有幻灯片；其中，被勾选的幻灯片为当前放映的幻灯片，单击选择任一张幻灯片即可快速定位到该张幻灯片中。

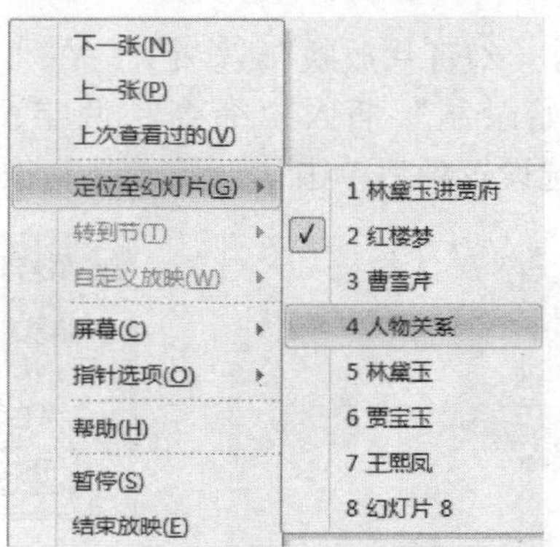

图 9－55　幻灯片放映时的快速定位

2）勾画重点

幻灯片放映过程中，能将鼠标切换成笔的状态，在幻灯片上勾画重点。具体操作步骤如下。

（1）打开演示文稿，进入幻灯片放映状态，右击，在弹出的快捷菜单中选择“指针选项”→“笔”命令，还可在“墨迹颜色”的级联菜单中选择笔墨颜色，如图 9－56 所示。

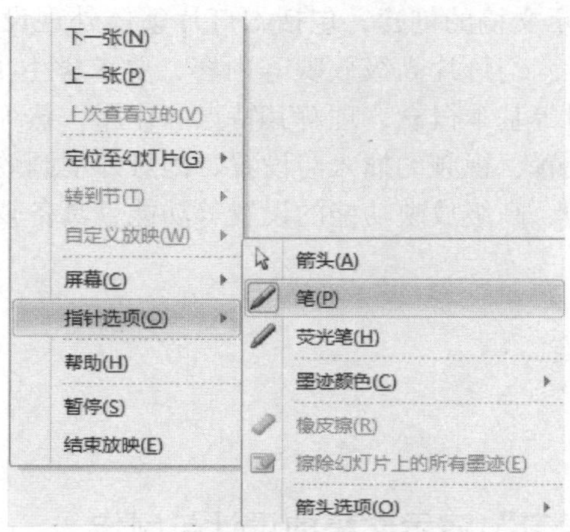

图 9－56　笔形和墨迹颜色选择

（2）鼠标呈现笔尖的小圆点状，在放映屏幕上，拖拽鼠标即可为重要内容勾画出线条；对于勾画出的线条，可选择快捷菜单中的“橡皮擦”命令或“擦除幻灯片上的所有墨迹”命令进行擦除。如图 9－57 所示。

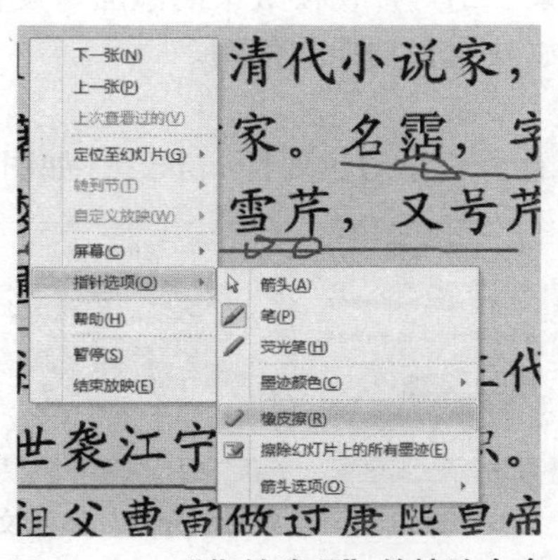

图 9－57　“指针选项”的擦除命令

（3）退出幻灯片放映状态时，系统弹出如图 9－58 所示的提示对话框，用以保留或放弃勾画出的墨迹。

Microsoft PowerPoint

是否保留墨迹注释?

保留(K)　放弃(D)

图 9－58　“保留墨迹注释”对话框

9.3 任务总结

本章通过制作中学课件“林黛玉进贾府－课件.pptx”演示文稿，讲述了基于PowerPoint 2010的多媒体动态演示文稿的创建，包括幻灯片整体外观设计、声音和视频等媒体文件的添加、动态效果的设置、幻灯片高级放映等内容，要求学生了解PowerPoint 2010母版、媒体、动态效果、排练计时等基本概念，理解其特点和作用，熟练掌握幻灯片主题与母版的综合应用、音频的插入与设置、视频的插入与设置、幻灯片动画效果的设置、幻灯片切换效果的设置、排练计时的使用、高级放映功能的设置等功能，具备较强的多媒体动态演示文稿的制作能力。

9.4 实训

实训1 “计算机学习”演示文稿的设计与制作

1. 实训目的

掌握主题、母版综合应用的整体外观设计功能。

掌握幻灯片中音频和视频等多媒体的添加与编辑。

掌握幻灯片的对象动画效果、幻灯片切换效果的添加与设置。

掌握排练计时方法、高级放映设置功能的使用。

2. 实训要求及步骤

（1）打开素材演示文稿“计算机学习重要性.pptx”，如图9－59所示。

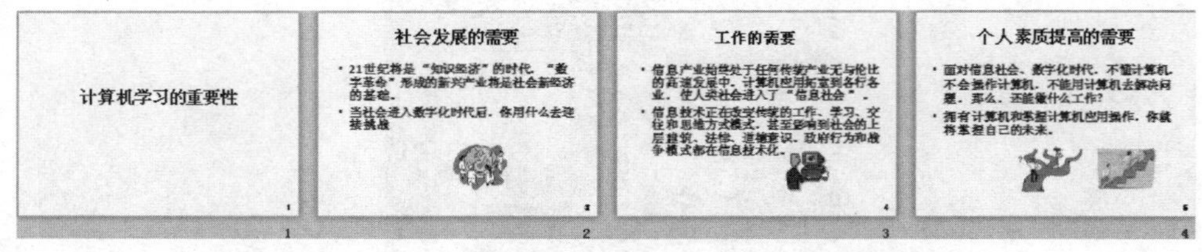

图9－59 “计算机学习重要性.pptx”演示文稿素材

（2）主题与背景设计。“角度”主题样式，应用于所有幻灯片；标题幻灯片添加“新闻纸”纹理背景。

（3）设置幻灯片母版。

①“标题”版式。标题格式为华文新魏、44号字，第4行第5列艺术字样式。

②“标题和内容”版式。标题格式为华文新魏、40号字、标准色红色；一级文本格式为华文隶书、32号字，添加如图9－59所示的项目符号：标准色蓝色、100%大小。

③ 主题母版。插入如图9－59所示的剪贴画，放置在幻灯片右上角；日期、页脚、编号区格式为黑体、14号字，标准色黄色；在幻灯片下方添加“后退”、“前进”动作按钮。

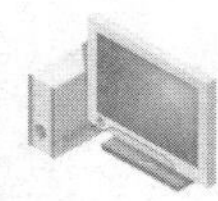

（4）进入普通视图。显示日期随系统更新而自动更新；显示页脚，内容：“计算机应用基础 - 前言”；显示幻灯片编号；标题幻灯片不显示。

（5）添加音频。在第 2 张幻灯片中，插入剪贴画音频：重点强调 . wav；开始时间 5 秒，结束时间 25 秒；淡入时间 5 秒；音量：中；自动播放，播完返回开头。音频图标重新着色为橙色，右对齐、上下居中。

（6）添加视频。在文稿的最后新建幻灯片，“标题和内容”版式，标题文本：“计算机学习窍门”；内容占位符中添加文件中的视频：学习窍门 . mp4；剪裁视频，开始时间 17 秒，结束时间 2 分 54 秒；单击时开始播放；插入文件中的图像“计算机 . jpg”作为标牌框架。

（7）幻灯片对象动画效果。第 2 张幻灯片的标题，采用单击时开始、自右侧“飞入”的进入效果，动画播放完后颜色更改为“粉红色，RGB（255，0，255）”；文本内容，采用上一动画之后开始、中速的“彩色脉冲”强调效果，脉冲颜色为中速，按字/词延迟 20%；右下角图片，采用单击时开始的“旋转”退出效果。最后，调整动画出现的顺序，依次为图片、文本、标题。

（8）幻灯片切换效果。5 张幻灯片的切换效果分别为水平“百叶窗”、自左侧“推进”、“时针”、“门”、“翻转”，换片方式均为单击实现。

（9）进行排练计时，保留排练时间，进入幻灯片浏览视图查看。

最终效果如图 9 - 60 所示。

图 9 - 60　“计算机学习重要性 . pptx”演示文稿样张示例

实训 2　“手机产品”演示文稿的设计与制作

根据题目自行搜集一款手机的相关资料，设计制作出一个多媒体动态演示文稿，要求如下。

（1）不少于 5 张幻灯片。

（2）使用主题、幻灯片母版等综合设计演示文稿外观，要有日期、页脚、编号等信息，应该有一定的导航设计。

（3）幻灯片须包含与题目相关的文本、图形图像、音频和视频等媒体对象。

（4）每张幻灯片均需设计动态效果：对象动画效果和幻灯片切换效果。

（5）设置使用排练计时的幻灯片高级放映方式。

第 10 章　Internet 的应用——新生入学记

Internet 的中文译名为“因特网”，也称“国际互联网”，是目前世界上规模最大的计算机网络，它使人类社会的生活理念发生了重大变化，让全世界变成了一个地球村。通过 Internet，人们可以了解来自世界各地的信息、收发电子邮件、传输文件、和朋友聊天、进行网上购物等各种活动。Internet 已经彻底改变了我们的生活。

10.1　任务分析

10.1.1　任务描述

杨晓燕是一名大一新生，开学伊始，老师在新生动员会上，对如何更好地度过大学四年给出了生活、学习等各种建议。老师强调，为了更好地进行学习，不仅要使用传统渠道，向老师，同学请教，多去图书馆等，更要学会有效的利用网络渠道。

10.1.2　任务分解

如何有效利用网络渠道，杨晓燕在会后请教了老师，老师给出了如下建议。

（1）可以利用浏览器程序，浏览一些门户网站（如新浪网），了解各种最新信息，也可以通过浏览专业网站，掌握本专业最新思想和动态。同时，对于自己最喜欢、访问频率最高的网站，可以设置为浏览器主页；对于经常访问的网站可以加入浏览器收藏夹，方便自己访问和管理。

（2）对于学习中出现的问题，可以利用“百度”搜索等方式获取答案，并可利用一些下载工具，下载对自己有用的网络资源。

（3）摒弃传统的纸质书信，使用电子邮件进行交流，可以瞬间和地球上任何一个角落的人进行通信。

（4）安装一些即时通信软件，加老师、同学等为好友，方便及时交流。

（5）对于本专业的一些权威人士，可以经常访问他们的博客，了解他们的观点、思想，并可以发表评论阐述自己的想法和观点。

（6）经常参与本专业或自己感兴趣的一些大的论坛，与网络上的志同道合者共同学习、分享和进步。

10.2 任务完成

10.2.1 认识 Internet

1. Internet 的起源和形成

1969 年，ARPA（美国国防部研究计划管理局）为了方便军事研究，将部分军事及研究用的计算机主机互相连接起来，形成了 Internet 的雏形——ARPAnet。

1985 年，NSF（美国国家科学基金会）提供巨资建立美国五大超级计算中心，并开始全美的组网工程，建立基于 TCP/IP 的 NSF 网络。

1989 年，MILnet（由 ARPAnet 分离出来）实现了与 NSFnet 的连接后，开始采用 Internet 这个名称。自此以后，其他部门的计算机相继并入 Internet，Internet 逐渐成形并进入飞速发展的阶段。

2. Internet 的发展

20 世纪 80 年代末，随着科技和经济的迅猛发展，尤其是计算机网络技术及相关通信技术的高速发展，人类社会开始从工业社会向信息化社会过渡。1992 年，ISOC（国际互联网协会）正式成立，其旨在推动 Internet 全球化，加快网络互联技术、应用软件的发展，提高 Internet 普及率。

1994 年美国的 Internet 由商业机构全面接管，这使 Internet 从单纯的科研网络演变成一个世界性的商业网络，从而加速了 Internet 的普及和发展，世界各国纷纷连入 Internet，各种商业应用也一步步地加入 Internet，Internet 几乎成为现代信息社会的代名词。

提示：

我国的互联网应用：我国最早连入 Internet 的单位是中国科学院高能物理研究所。1994 年 8 月 30 日，中国邮电部同美国 Sprint 电信公司签署合同，建立了 CHINANET 网，使 Internet 真正开放到普通中国人。同年，中国教育科研网（CERNET）也连接到了 Internet，目前，各大学的校园网已成为 Internet 网上最重要的资源之一。

3. Internet 的基本服务功能

在 Internet 中，专门有一些计算机是为其他计算机提供服务的，它们被称为服务器。一台计算机接入 Internet 后，就可以访问这些服务器。

Internet 提供了多种服务，通过这些服务，人们就可以从事工作、学习、娱乐等多种活动。Internet 主要的应用及服务有万维网（World Wide Web，WWW）、电子邮件（E-Mail）、搜索引擎（Search Engine）、即时通信（Instant Messaging，IM）、文件传输（File Transfer Protocol，FPT）、远程登录（Telnet）、信息讨论与公布等。

10.2.2　浏览器浏览 Web

1. Web 与 URL

Web 中文名称“环球网”，Web 和 Internet 两词经常交替使用，很多人容易混淆，但二者之间是有区别的。Internet 主要侧重硬件的网络连接和诸如 E-Mail 等的网络应用；而 Web 主要指存储在 Internet 上的信息，信息主要以网页（HTML）的形式存在，并且相互之间通过超链接进行指向。这种 Internet 上的信息指向就像一个无形的“蜘蛛网”即 Web。

统一资源定位器（Uniform Resource Locator，URL）是专为标识 Internet 上资源位置而设的一种编址方式，平时所说的网页地址指的即 URL。URL 不仅给出了要访问的资源类型和资源地址，而且还提供了访问的方法，所以，它描述的是如何访问文档、文档位置，以及文档名称。

URL 一般由三部分组成：传输协议：//主机 IP 地址或域名地址/资源所在路径和文件名，如清华大学首页的 URL 为：http：//www. tsinghua. edu. cn/publish/th/index. html，这里 http 指超文本传输协议，www. tsinghua. edu. cn 是其 Web 服务器域名地址，publish/th 是网页所在路径，index. html 才是相应的网页文件。

提 示：

URL 中常用到的协议如下。

（1）HTTP 协议：超文本访问协议，表示访问和检索 Web 服务器上的文档。

（2）FTP 协议：文件传输协议，表示访问 FTP 服务器上的文档。

（3）Telnet 协议：表示远程登录到某服务器。

2. Internet Explore 的基本操作

浏览器是 Internet 的主要客户端软件，它主要用来浏览万维网上的信息或在线查阅所需的资料。本任务使用的浏览器软件是 Internet Explorer 9.0（IE 9.0）。

1）认识 IE 9.0

可以通过双击桌面上的 IE 图标启动 IE，IE 启动后，其程序窗口如图 10－1 所示。

图 10－1　IE 9.0 应用程序窗口

从图 10－1 可以看出，IE 9.0 窗口与其他应用程序窗口的外观基本相同，由标题栏、菜单栏、命令栏、地址栏、主窗口、工具栏、收藏夹栏和状态栏等元素组成。

2）浏览 WWW 资源

在地址栏输入 Web 地址 URL 后按 Enter 键，对应的网站内容将显示。

如图 10－2 所示，在地址栏中输入新浪网址 www. sina. com. cn，然后按 Enter 键，新浪网主页即被打开。

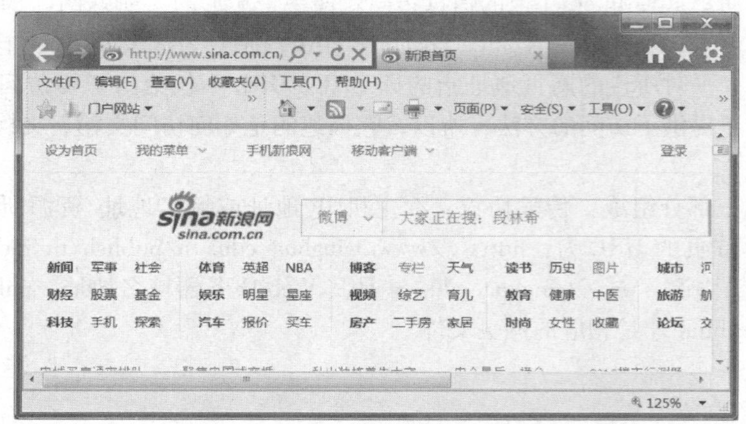

图 10－2　新浪网主页

在如图 10－2 所示的窗口中，将光标移到“教育”链接，当光标移到它上面时会变成小手，单击后即可跳转至该页面，如图 10－3 所示。

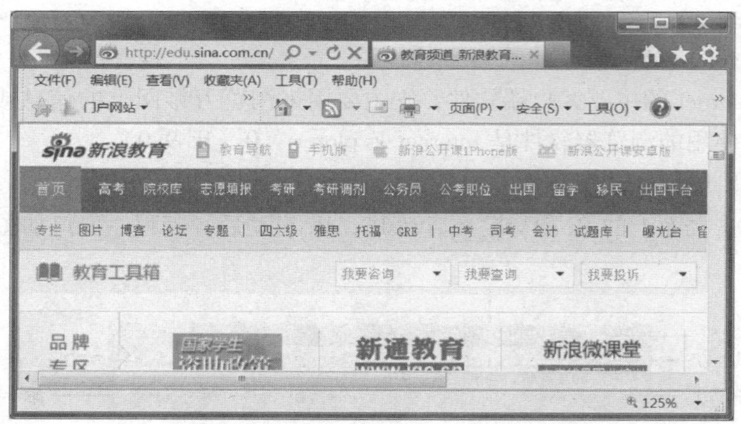

图 10－3　新浪教育页面

在如图 10－3 所示的“新浪教育”页面中，单击工具栏中的“后退”按钮，即可返回到图 10－2 所示的新浪网主页。单击“前进”按钮，又可返回到如图 10－3 所示的“新浪教育”页面。

提示：

如果要查看的网页打开时间过长，可以单击地址栏右侧的“停止”按钮。如果网页已停止加载，可以单击“刷新”按钮重试。

如果收到网页无法显示的消息，或者想确保获得最新版本的网页，可以单击“刷新”按钮。

3）设置浏览器主页

浏览器主页是指每次启动浏览器后，最先显示的 Web 页。如果需要经常访问某一 Web 页，可以将该 Web 页设置为浏览器主页。

将百度网主页设置为 IE 主页，具体操作步骤如下。

（1）选择“工具”命令栏中的“Internet 选项”命令，打开“Internet 选项”对话框，如图 10－4 所示。

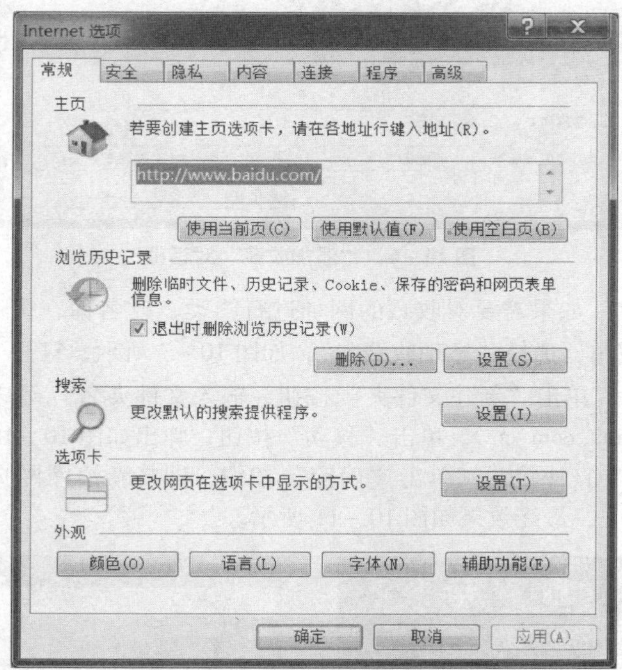

图 10－4　“Internet 选项”对话框

（2）单击“常规”选项卡，在“主页”区域的地址栏中输入网址“http：//www. baidu. com”，然后单击“确定”按钮。

（3）如果要将当前访问的网页设置为主页，则单击“使用当前页”按钮。

（4）如果不想设置主页，则单击“使用空白页”按钮。单击“使用默认页”按钮，则将设置 IE 浏览器默认的微软网站的网址。

4）使用收藏夹

当需要频繁访问的 Web 页不止一个时，可以利用 IE 的收藏夹功能对这些 Web 页进行收藏和管理，具体操作步骤如下。

（1）添加到收藏夹。单击 IE 菜单栏中的“收藏夹”工具栏中的“添加到收藏夹”按钮，如图 10－5 所示，弹出“添加收藏”对话框，如图 10－6 所示。单击“添加”按钮，把当前 IE 访问的网页的网址添加到收藏夹。

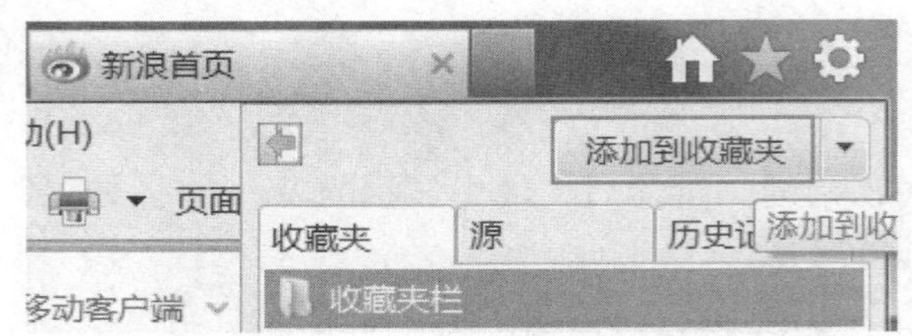

图 10－5　添加到收藏夹

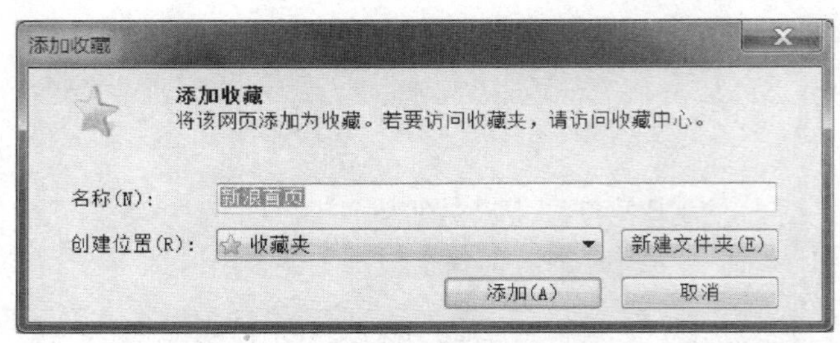

图 10－6　“添加收藏”对话框

（2）管理收藏夹。如果需要对收藏的网址进行归类、改名称、删除等操作，单击“收藏夹”工具栏中▾按钮，选择“整理收藏夹”，如图 10－7 所示，打开“整理收藏夹”对话框，如图 10－8 所示。单击“新建文件夹”按钮，输入文件夹名“门户网站”，如图 10－9 所示。选中“www. sina. com. cn”，单击“移动”按钮，弹出如图 10－10 所示的“浏览文件夹”对话框，选择“门户网站”，单击“确定”按钮，即将新浪网网页放入“收藏夹”的“门户网站”文件夹中，最终效果如图 10－11 所示。

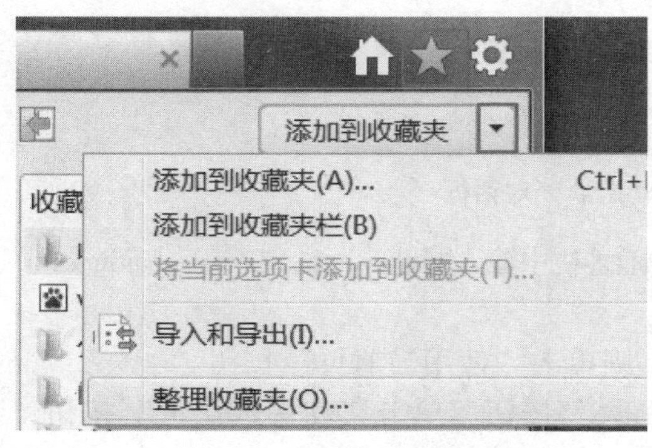

图 10－7　选择整理收藏夹

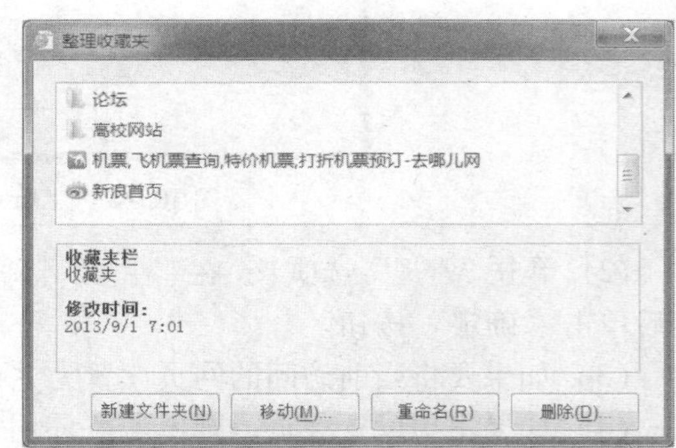

图 10－8　“整理收藏夹”对话框

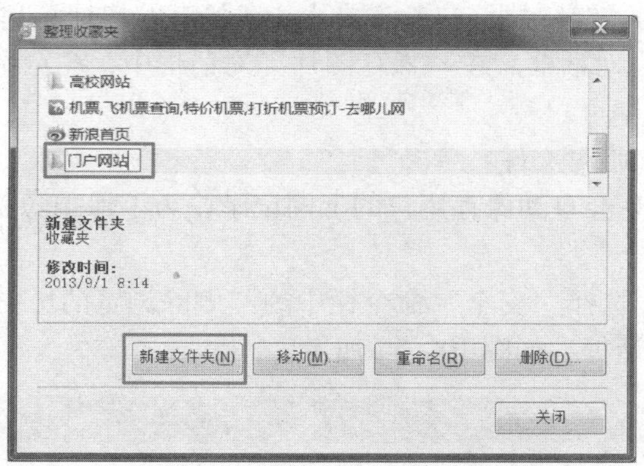

图 10－9　新建“门户网站”文件夹

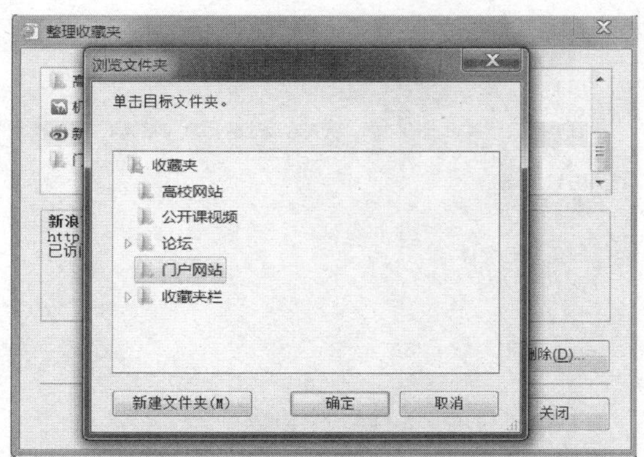

图 10－10　“浏览文件夹”对话框

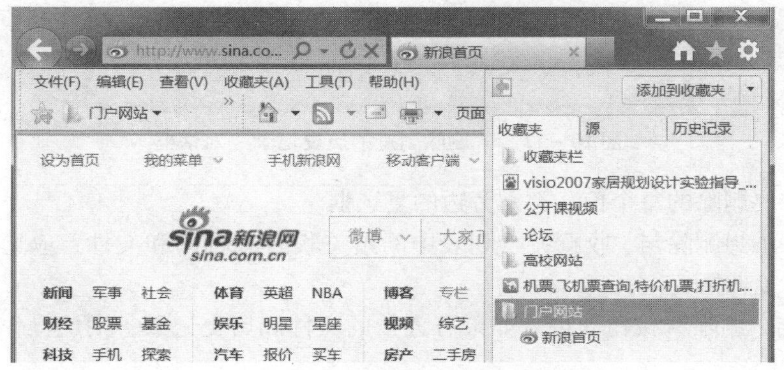

图 10－11　管理收藏夹最终效果图

3. Internet Explore 的使用技巧

1）保存网页内容

（1）保存 Web 页。在 IE 9.0 中，选择“文件”菜单中的“另存为”菜单项，打开“保存网页”对话框。在“文件名”文本框中输入网页的文件名，在“保存类型”下拉列表中选择“网页，全部（＊. htm?；＊. html）”选项，单击“保存”按钮即可。

（2）保存 Web 中的一幅图片。右击该图片，在弹出的快捷菜单中，选择“将图片另存为”，弹出“保存图片”对话框。在“保存图片”对话框中，浏览到希望保存此文件的文件夹，单击“保存”按钮即可。

2）删除历史记录和临时文件

默认情况下，IE 9.0 会自动保存用户的上网记录，为了保护隐私，用户可以清理上网痕迹，具体操作步骤如下。

（1）在 IE 9.0 中，选择“安全”命令栏中的“删除浏览的历史记录”命令，弹出“删除浏览的历史记录”对话框，如图 10－12 所示。

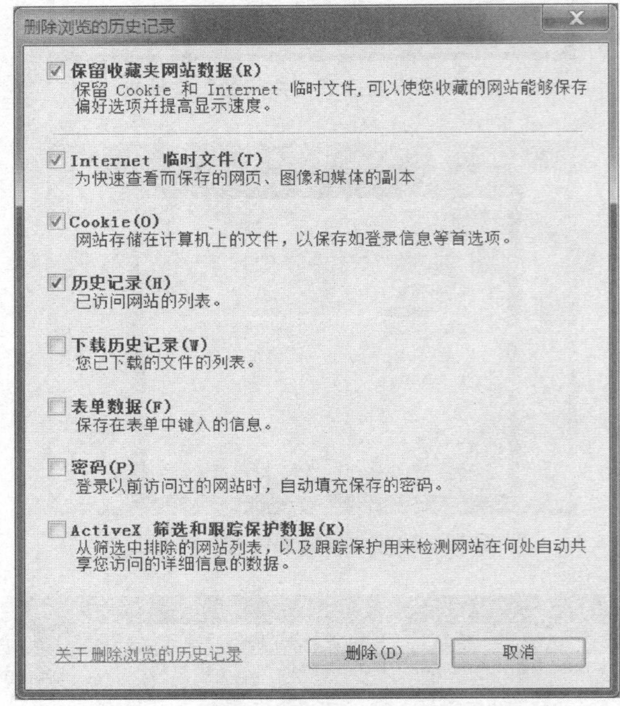

图 10－12　“删除浏览的历史记录”对话框

（2）选中要删除的每个信息类别旁边的复选框。

（3）如果不想删除与“收藏夹”列表中网站关联的 Cookie 和文件，应选中“保留收藏夹网站数据”复选框。

（4）单击“删除”按钮即可。如果有大量的文件和历史记录，则此操作可能需要一段时间才能完成。

3）InPrivate 浏览

IE 9.0 提供了 InPrivate 浏览方式，可帮助避免 Internet Explorer 存储浏览会话的数据（包括 Cookie、Internet 临时文件、历史记录及其他数据）。InPrivate 浏览提供的保护仅在使用该窗口期间有效。如果打开了另一个浏览器窗口，则该窗口不受 InPrivate 浏览保护。若要结束 InPrivate 浏览会话，关闭该浏览器窗口即可。

可以利用以下几种方式打开 InPrivate 浏览。

（1）选择“安全”命令栏中的“InPrivate 浏览”命令。

（2）打开一个新的选项卡，然后在新的选项卡页上单击“打开 InPrivate 浏览窗口”。

（3）按组合键 Ctrl + Shift + P。

提示：

其他常见浏览器及其特点。

360 浏览器特点：小巧轻快、功能丰富，适合快速安装，而且集成了恶意代码智能拦截、下载文件即时扫描、恶意网站自动报警、广告窗口智能过滤等强劲功能。

搜狗浏览器：国内首款集高速的 WebKit 内核（谷歌 Chrome 浏览器内核）与兼容的 Trident 内核（微软 IE 浏览器内核）于一身的双核高速浏览器，具有高速，兼容性好，安全性好等特点。

火狐浏览器：一款自由的、开放源码的浏览器，具有体积小、速度快等特点。

10.2.3　搜索引擎

搜索是指在 Internet 大量的信息资源中找到用户所需要的内容。面对 WWW 上的海量数据，如何找到有效的信息，成为一项非常艰巨的任务。为避免搜索结果过多过杂，要求搜索结果快速有效且定位准确，已经成为用户强烈需要的 Internet 功能。因此，能够从海量的数据中提取信息的搜索引擎应运而生。

搜索引擎本质上就是 Internet 的一种服务功能，主要由专业服务商为用户提供方便快捷的信息资源服务，它的实际存在形式表现为用户可以通过 URL 访问专业的网站。

搜索引擎可以分为通用搜索引擎和专业搜索引擎。Google 和 Baidu 都是比较著名的通用搜索引擎。而专业搜索引擎可以说是五花八门，比如 www. indeed. com（求职专业搜索引擎）、search. cnki. net（CNKI 知识搜索、文献专业搜索引擎）等。

1. 百度使用方法

以百度为例，介绍搜索引擎的简单使用方法，其他搜索引擎使用方法类似。

1）百度基本使用方法

杨晓燕即将参加英语四级考试，英语写作是她的薄弱环节，她决定利用百度，搜索“英语四级写作模板”，具体操作步骤如下。

（1）利用 IE 打开百度网址：http：//www. baidu. com，进入百度主页。

（2）在搜索栏中输入搜索关键词“英语四级写作模板”，单击“百度一下”按钮，或按 Enter 键，即可查看搜索结果，如图 10 - 13 所示。

2）百度高级搜索

利用百度高级搜索可以指定多个关键词，可以设定包含或不包含某个关键词，可以设定每页显示的搜索结果显示条数，可以限定在某一类文件中查找，可以限制关键字的位置等，从而更好地定位搜索位置，提高搜索效率。

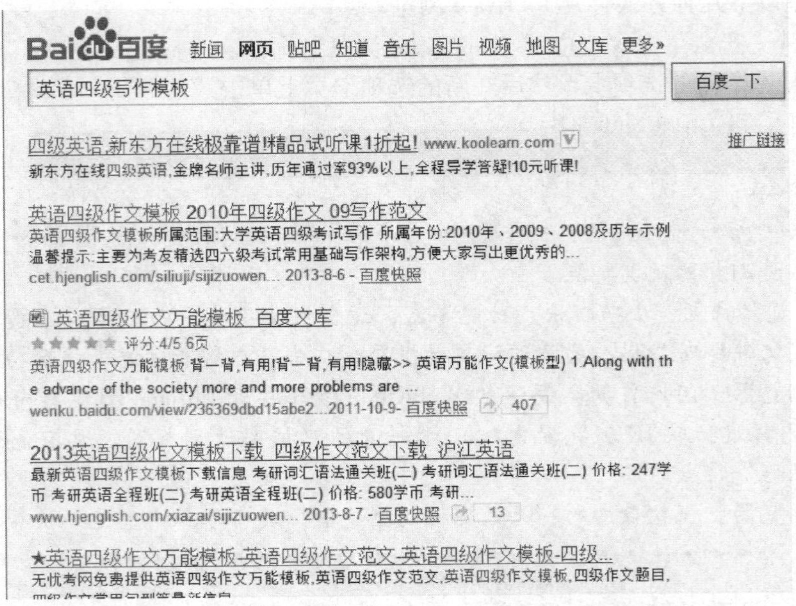

图 10－13 关键词“英语四级写作模板”的搜索结果

利用百度高级搜索，只搜索英语四级写作中看图作文并且只在 Word 文件中进行搜索，具体操作步骤如下。

（1）利用 IE 打开百度网址：http：//www. baidu. com/gaoji/advanced. html，进入百度高级搜索页面。

（2）在关键词中输入“英语四级作文”和“看图作文”，在搜索网页格式中选择“微软 Word（. doc）”，单击“百度一下”按钮，即可查看搜索结果，如图 10－14 所示。

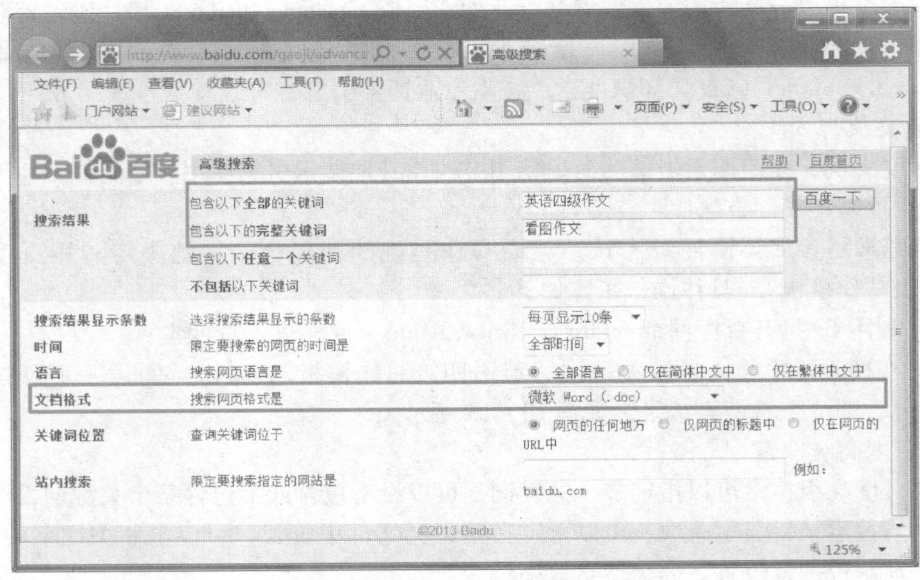

图 10－14 百度高级搜索

提示：

百度提供的其他搜索功能。

百度新闻：搜索浏览最热新闻资讯。

百度视频：搜索海量网络视频。

百度音乐：搜索试听下载海量音乐。

百度图片：搜索海量网络图片。

百度地图：搜索功能完备的网络地图。

2. CNKI 知识搜索

国家知识基础设施（National Knowledge Infrastructure，CNKI），是世界上全文信息量规模最大的“CNKI 数字图书馆”，为全社会知识资源高效共享提供最丰富的知识信息资源和最有效的知识传播与数字化学习平台。

杨晓燕的老师布置了一个作业，让学生查看关于“知识型社会”的相关文献，并写出与该命题相关的论文。杨晓燕利用 IE 打开 http：//search. cnki. net/，如图 10－15 所示，并在搜索文本框中输入“知识型社会”关键词，单击“CNKI 搜索”按钮，得到如图 10－16 所示的搜索结果。

图 10－15　CNKI 知识搜索界面

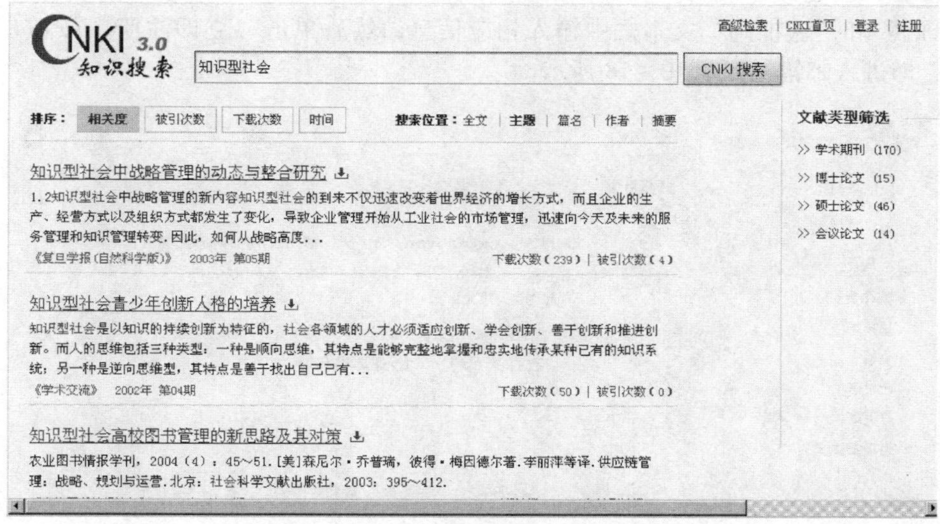

图 10－16　“知识型社会”CNKI 搜索结果图

10.2.4 电子邮箱与 Outlook 2010

电子邮箱（E-mail）又称电子函件或电子信函。它是利用计算机所组成的互联网络，向交往对象所发出的一种电子信件。使用电子邮件对外联络，不仅安全保密，节省时间，不受篇幅限制，而且可以大大降低通信费用。虽然现在电子邮件受到即时聊天、BBS 等网络新应用的一定冲击，但仍是一个必不可少的工具。

1. 申请电子邮箱

几乎每个大的网站都提供免费邮箱，如新浪、搜狐、网易等。杨晓燕经常访问新浪网，她准备申请一个“新浪免费电子邮箱”以方便自己对外联络，具体操作步骤如下。

（1）利用 IE 打开新浪电子邮箱（http：//mail. sina. com. cn/），单击“立即注册”按钮，打开注册新浪邮箱窗口，如图 10－17 所示。

图 10－17　欢迎注册新浪邮箱

（2）在“邮箱地址”中输入便于记忆的邮箱名，本任务中输入“2013 _yangxiaoyan”作为邮箱名，并选择 sina. com 作为后缀（新浪邮箱还提供了 sina. cn 后缀）。在“密码”、“确认密码”和“验证码”文本框中输入相应信息，然后单击“立即注册”按钮，如果注册成功，即进入邮箱，如图 10－18 所示。

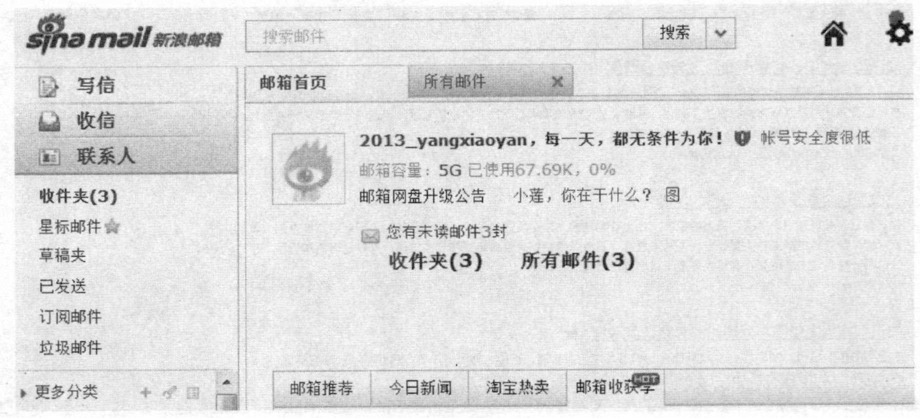

图 10－18　新浪邮箱

提示：

邮箱命名方法：一般长度是在4～16位之间，由英文小写、数字、下划线组成，不能用特殊字符，如#、$、*、? 等。名称应该有意义，最好和自己的名字有关联，避免使用无意义的一串数字和字母。

邮箱的密码应坚持字母和数字相结合的原则，不要单一化；不要用生日、身份证号码等有规律的数字。

2. 利用IE收发邮件

利用IE直接登录邮箱进行收发邮件是最简单的收发邮件的方式。杨晓燕准备利用自己刚刚申请好的邮箱，把老师需要的电子点名册（点名册.xlsx）发给老师，具体操作步骤如下。

（1）利用IE打开新浪电子邮箱（http：//mail.sina.com.cn/），输入邮箱名“2013_yangxiaoyan”和密码，单击“登录”按钮，进入新浪邮箱。

（2）在新浪邮箱页面，单击左上角的“写信”按钮，进入“写信”页面，如图10－19所示。

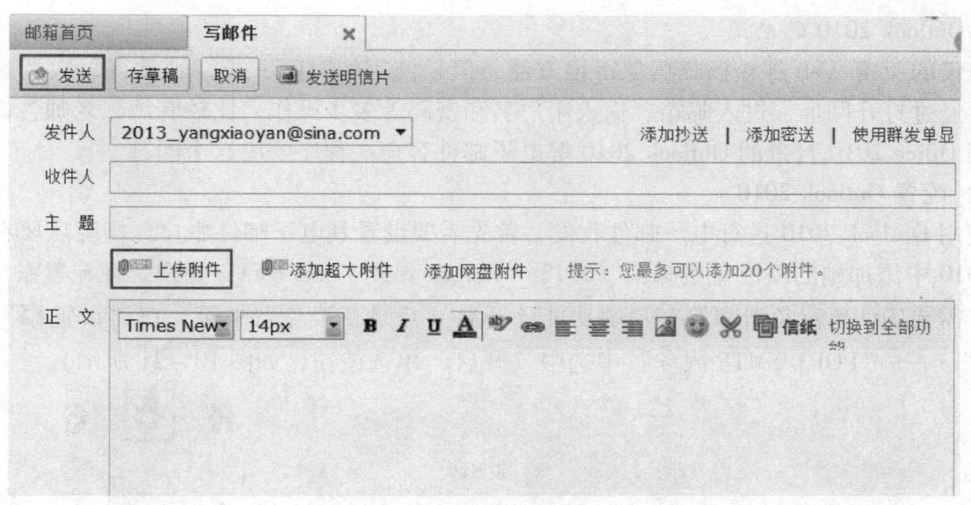

图10－19　写信页面

（3）在“收件人”栏中输入电子邮件收件人的邮箱地址，并输入邮件内容（“主题”和“正文”）。

（4）单击“上传附件”按钮，弹出“上传附件”对话框，在该对话框中选择文件“点名册.xlsx”，单击“打开”按钮即可。如果需要上传多个附件，重复该步骤即可。

（5）单击“发送”按钮，完成邮件的发送。

邮件发送后不久，很快“收件夹”就显示有一封邮件，杨晓燕单击“收件夹”链接后，发现老师已经回复来信已收到。杨晓燕单击了相应的邮件链接，打开了邮件，如图10－20所示。

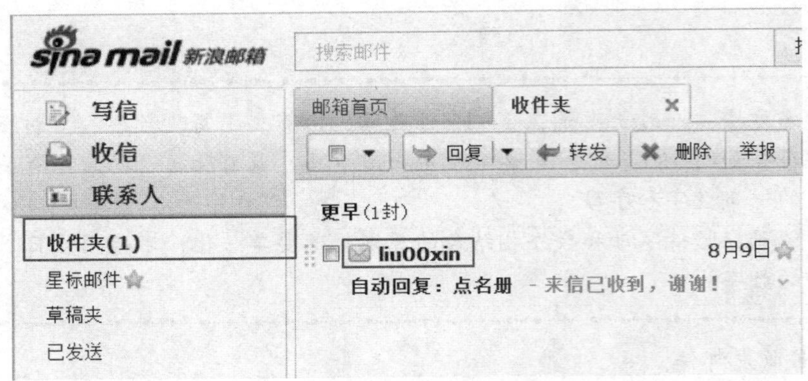

图 10－20　新浪邮箱收件夹

提示：

可以利用“联系人”功能，对常用联系人进行管理，方便发送文件。而且新浪邮箱会将新增的收件人邮箱信息自动添加到“联系人”中。

3. Outlook 2010 的应用

申请的免费 Web 邮箱杨晓燕觉得很方便，但是使用的时间一长，她觉得每次登录邮箱时都要经过打开网址、进入邮箱、输入用户名和密码等多步操作，比较麻烦，老师告诉她可以利用 Office 2010 自带的 Outlook 2010 等电子邮件客户端程序解决这个问题。

1）配置 Outlook 2010

使用 Outlook 2010 进行电子邮件收发，首先需要设置其电子邮件账户。杨晓燕要在 Outlook 2010 中添加她的新浪免费邮箱（2013_yangxiaoyan@sina.com）账户。在配置账户信息之前，需要确认新浪免费邮箱客户端功能已开启（登录新浪免费邮箱，在“设置⚙”——“账户”——“POP3/SMTP 服务”中选中“开启”单选按钮，如图 10－21 所示）。

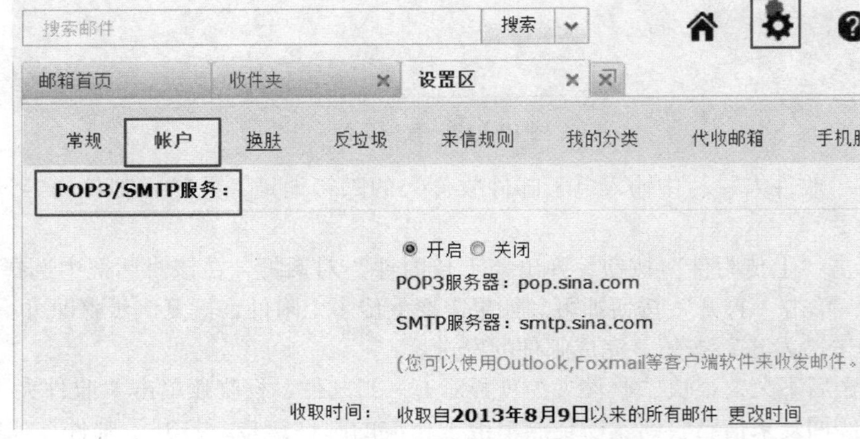

图 10－21　设置新浪邮箱 POP3/SMTP 服务

设置 Outlook 2010 电子邮件账户的具体操作步骤如下。

(1) 启动 Outlook 2010 程序，显示“Microsoft Outlook 2010 启动”对话框。

(2) 单击“下一步”按钮，打开“账户配置”对话框，如图 10-22 所示。

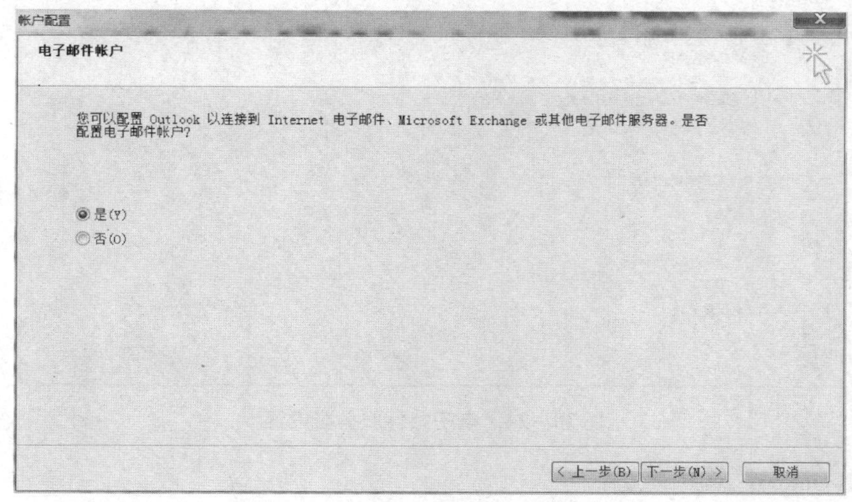

图 10-22　“账户配置”对话框

(3) 选择“是”，单击“下一步”按钮，填写电子邮件账户信息，如图 10-23 所示。

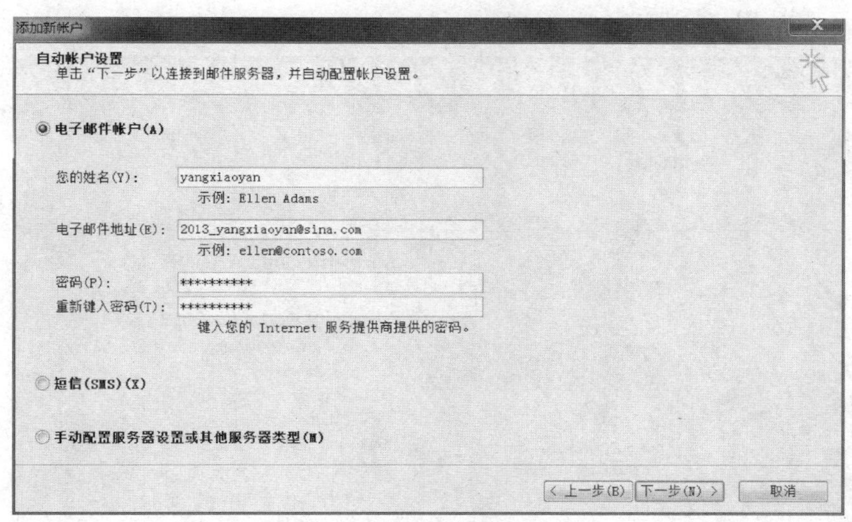

图 10-23　填写电子邮件账户信息

(4) 单击“下一步”按钮，Outlook 2010 会自动搜索配置电子邮件服务器设置，如图 10-24 所示，搜索完成后单击“完成”按钮，电子邮箱账户添加成功。

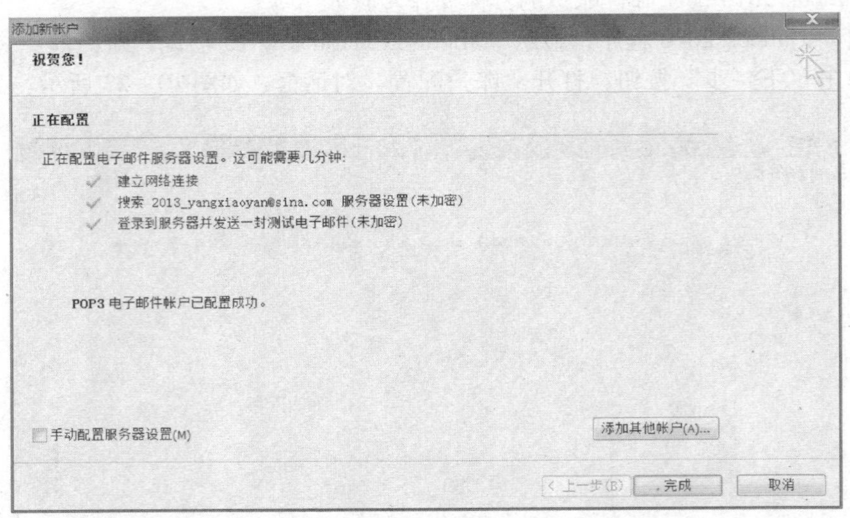

图 10－24　电子邮件服务器设置

2）使用 Outlook 2010 收发邮件

设置 Outlook 2010 用户账户后，即可使用该账户来收发电子邮件。使用 Outlook 2010 收发电子邮件的方法如下。

接收电子邮件：启动 Outlook 2010，单击软件左侧相应账户的“收件箱”，即可查看已接收的邮件，如图 10－25 所示。

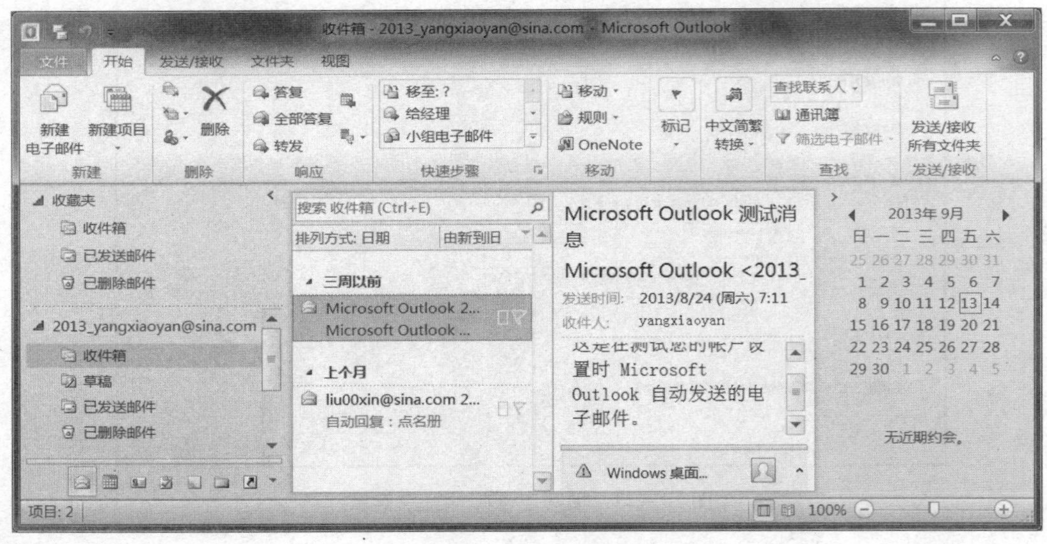

图 10－25　收件箱展示

利用 Outlook 2010 发送电子邮件的具体操作步骤如下。

(1) 在“开始”选项卡上的“新建”组中，单击“新建电子邮件”，弹出如图 10－26 所示的新建邮件窗口。

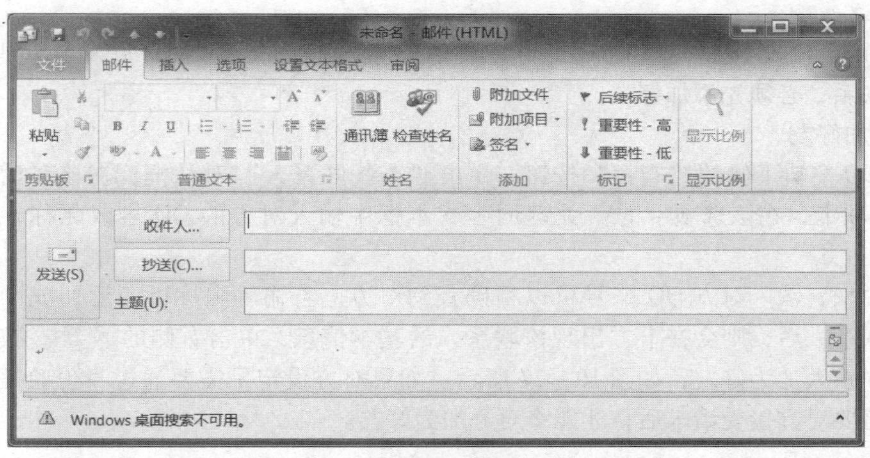

图 10－26　新建邮件窗口

（2）在“收件人”框中，输入收件人的电子邮件地址；在“主题”框中，输入邮件的主题；然后输入信件内容。

（3）单击“发送”按钮，完成邮件发送。

提示：

（1）Outlook 的功能很多，除可以用来收发电子邮件外，它还具有管理联系人信息、记日记、安排日程、分配任务等各项功能。

（2）除了 Outlook 2010 外还有 Foxmail、Mozilla Thunderbird 等其他客户端电子邮件程序，它们的作用和使用方法和 Outlook 大同小异。

10.2.5　即时通信软件

即时通信（IM，Instant Message）软件是通过即时通信技术来实现在线聊天与交流的软件。使用这些软件用户可以与网上其他用户进行即时交流。常见的即时通信软件有腾讯的 QQ、微软的 MSN 等。本节将介绍国内使用最广泛的 QQ 聊天软件。

杨晓燕的老师和很多同学都有 QQ 号，老师也鼓励同学利用 QQ 随时交流在学习中遇到的问题，杨晓燕也准备安装该软件体验即时通讯的魅力。

1. QQ 软件下载与安装

利用 IE 打开 http：//im. qq. com，单击“下载 QQ”按钮即可获得最新发布的 QQ 正式版本。下载完毕后，运行 QQ2013. exe，即可安装。

2. QQ 账号申请、登录和设置

运行 QQ 软件，在登录界面中单击“注册账号”，或者直接在浏览器地址栏中输入 http：//zc. qq. com/申请账号即可，杨晓燕申请到的 QQ 账号是 2740096523，昵称是 xiaoyan_yang。

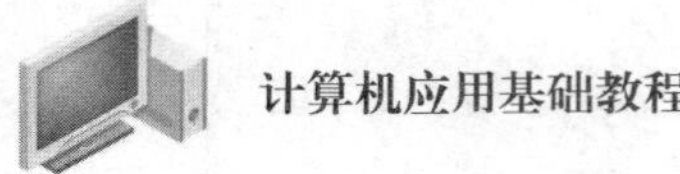

3. QQ 在线聊天

运行 QQ，输入 QQ 号码和密码即可登录 QQ。新号码首次登录时，好友名单是空的，要和其他人联系，必须先添加好友。

1）添加好友

单击 QQ 窗口下侧的“查找”按钮，弹出“查找联系人”对话框，在该对话框中单击“找人”选项卡，在该选项卡的“关键词”文本框中输入对方的 QQ 号或昵称，单击“查找”按钮。

一般说来，输入对方 QQ 账号可以精确查到对方，若输入昵称可能返回成千上万的结果。找到联系人后，则会在下方出现该联系人的基本信息，单击右侧的 **+好友** 按钮，即可申请将该联系人加为好友，如图 10－27 所示。如果对方设定了需要通过身份验证才能添加好友，就需要对方接受请求后，才能将对方加为好友。

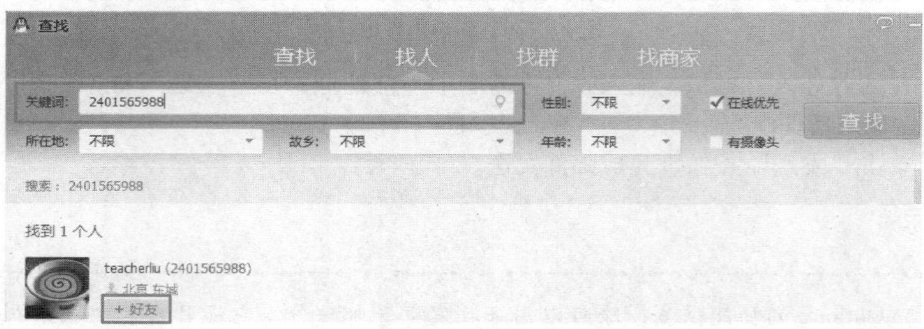

图 10－27　查找联系人

2）开始聊天

在 QQ 中添加好友后就可以和添加的好友聊天了，具体操作步骤如下。

（1）双击 QQ 主界面上“我的好友”列表中好友的头像，弹出聊天窗口，如图 10－28 所示。

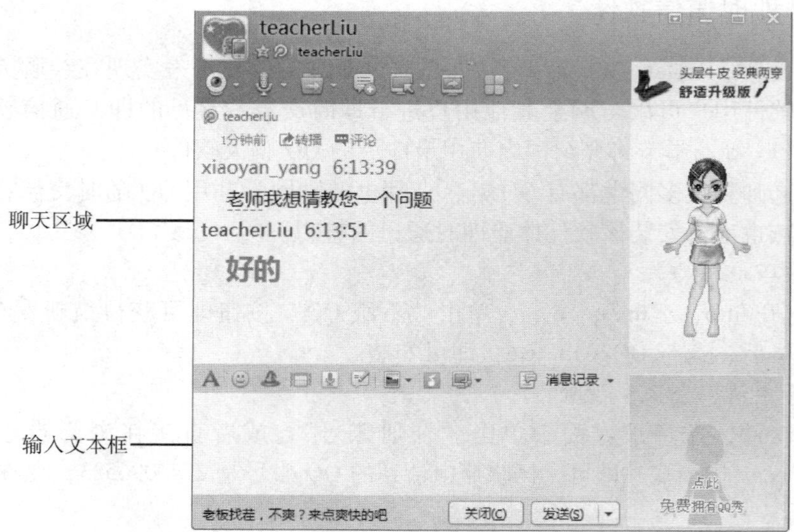

图 10－28　QQ 聊天窗口

（2）在聊天窗口下面的文本框中输入聊天内容，单击“发送”按钮将输入窗口的信息发出。

（3）与好友聊天的内容显示在聊天区域中。

3）音视频聊天

音视频聊天要求具备麦克风、音响（或耳机），视频聊天还需要摄像头设备。使用语音聊天可以直接与好友进行交谈，免去文字输入，具体操作步骤如下。

（1）双击 QQ 主界面上“我的好友”列表中好友的头像，弹出聊天窗口，在聊天窗口中单击“语音聊天”图标或“视频聊天”图标，向好友发出音视频聊天请求。

（2）如果对方接受请求，就会建立连接，连接建立好后就可以和好友进行音视频聊天了。

4. QQ 文件传输

用户可通过 QQ 聊天软件传输文件，与好友分享个人文件资料，杨晓燕准备将自己写的论文（杨晓燕论文 . doc）传给老师进行批阅，具体操作步骤如下。

（1）双击 QQ 主界面上“我的好友”列表中准备进行传输资料的老师 QQ 头像，弹出聊天窗口。

（2）在聊天对话框中，单击“传送文件”图标，选择“发送文件”，如图10－29 所示，弹出“打开文件”对话框，选中需要传输的文件，单击“发送”按钮。

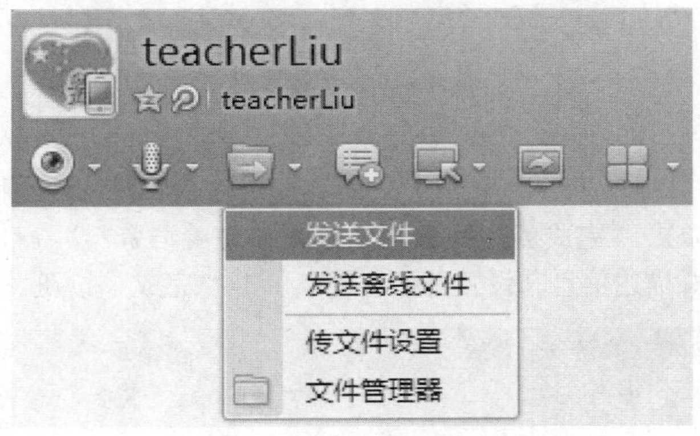

图 10－29　发送文件/文件夹图

（3）当接收端用户选择“接收”，连接成功后，聊天窗口右上角出现传送进程。文件接收完毕后，接收方 QQ 会提示打开文件或打开文件所在的目录。

提示：

QQ 还支持发送离线文件的功能，如果文件接收方离线，发送方可以选择发送离线文件方式。接收方在下一次上线时会有接收文件的提示。离线文件最多可以保存 7 天，逾期对方不接收文件，系统自动删除。

5. QQ 群

QQ 群是腾讯 QQ 推出的多人交流的服务，其为用户中拥有共性的小群体建立了一个即时通信平台，群内成员之间可以方便地交流，或提问答疑，或讨论通知，而群外的成员看不到群内的消息，保密性好。杨晓燕准备为所在班级建立一个群，群名为 2013 中文 2 班，并邀请同学和任课老师加入该群，方便通知和学习交流。

1）创建群

（1）选择“群/讨论组”选项卡，在该选项卡下，单击“创建”→“创建群”命令，弹出“创建群”对话框，如图 10－30 所示。

图 10－30　创建群图

（2）在“创建群”对话框中，首先确定群类型为“同事朋友”，单击“下一步”按钮，填写群信息，如图 10－31 所示，单击“下一步”按钮，邀请群成员，将需要加入该群的同学和老师加入进来，单击“完成创建”按钮，进入“完善群资料”窗口，在该窗口下可以为群更换图标，填写群描述信息和设置群标签等。单击“完成”按钮，创建群完成。

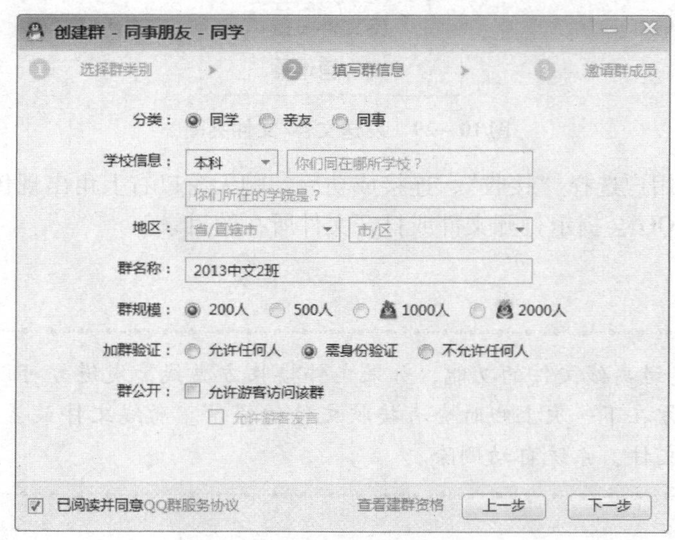

图 10－31　填写群信息

2）加入和退出群

要加入一个 QQ 群，可以在 QQ 主界面中单击 查找 图标，在弹出的“查找联系人”对话框中选择“找群”，在查找文本框中输入群号或群名进行查找。找到群后申请加入，等待管理员批准。

若要退出该群，只要选中该群，右击，弹出如图 10－32 所示的菜单，选择“退出该群”，弹出提示退出该群的对话框，选择“确定”按钮，即可退出群。

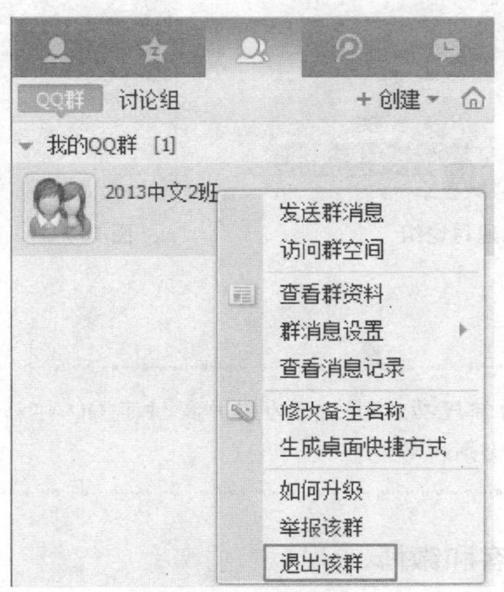

图 10－32　退出群

提示：

QQ 群的主要功能是群体性聊天，除此之外，群还提供群邮件，群空间（包括论坛、相册、共享文件等多种交流方式）等服务。

6. QQ 讨论组

QQ 讨论组是一个人数上限为 20 人的临时性讨论组，QQ 讨论组的好处在于无需被邀请入组人员的验证即可单方面自动加他人进组。杨晓燕所在班的班委准备组织一次春游，杨晓燕准备建立一个 QQ 讨论组，并将各个班委加入到该讨论组，方便班委讨论活动细节，具体操作步骤如下。

（1）选择“群/讨论组”选项卡，在该选项卡下，单击“创建”→“创建讨论组”命令，弹出“创建讨论组”窗口，如图 10－33 所示。

（2）在“创建讨论组”窗口中，从窗口左侧的好友和所在群的所有成员中选择需要加入讨论组的好友，单击“确定”按钮即可。

（3）讨论组创建完毕后，杨晓燕通过右击该讨论组选择“修改主题”，弹出“修改主题”对话框，修改讨论组主题为“春游讨论组”，如图 10－34 所示。

图 10－33　创建讨论组

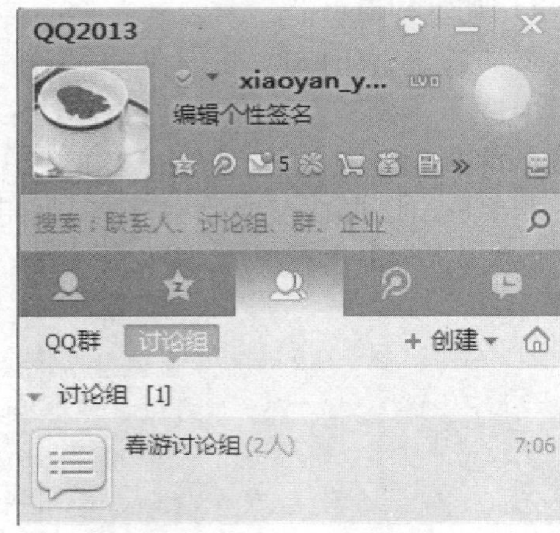

图 10－34　修改讨论组标题效果图

提示：

QQ 除了提供以上的常规功能外，还为用户提供了 QQ 邮箱、网络硬盘、截图工具、远程协助、个人空间等服务和功能。

10.2.6　论坛、博客和微博

信息交流是 Internet 的一个很重要功能。信息交流促进了 Internet 地应用的普及，而 Internet 的广泛应用又为信息交流提供了更好的平台。论坛、博客和微博是当前 Internet 上迅速发展的几种信息交流方式，是发布第一手信息的极佳场所，越来越受到网民的欢迎。

1. 论坛

论坛全称为 Bulletin Board System（电子公告板）或者 Bulletin Board Service（公告板服务），是 Internet 上的一种电子信息服务系统。它提供一块公共电子白板，每个用户都可以在上面书写，可发布信息或提出看法。它是一种交互性强、内容丰富而及时的 Internet 电子信息服务系统，用户在 BBS 站点上可以获得各种信息服务、发布信息、进行讨论、聊天等。杨晓燕对诗词很感兴趣，老师推荐她可以经常到一些诗歌热门论坛进行交流，比如“西祠胡同”、“中华诗词论坛”等。杨晓燕决定先访问“西祠胡同”诗歌论坛，具体操作步骤如下。

1）访问论坛

利用 IE 打开西祠胡同的文艺版块（http：//www. xici. net/art），选择导航栏中的“诗歌”链接，打开诗歌论坛首页。

2）注册论坛账号

匿名登录只能浏览，没有回复和发帖等其他权限。杨晓燕为了更好地使用论坛功能，决定注册一个论坛账号成为论坛成员，具体操作步骤如下。

(1) 单击网页顶端的“注册”链接，进入“新用户注册”页面，在该页面中输入电子邮箱（2740096523@ qq. com）、用户名（xiaoyan _yang）等相应的资料信息后单击“立即注

册”按钮，进入“账号激活”页面，如图 10－35 所示。

账号激活

注册验证邮件已发送成功！

欢迎您，xiaoyan_yang！邮箱验证成功后才能登录社区。

您的注册邮箱：2740096523@qq.com　立即查看邮箱

图 10－35　论坛账号激活页面

（2）在邮箱单击“账号激活”页面的“立即查看邮箱”进入相应邮箱，在“收件夹”中找到主题为“西祠注册邮箱认证信”的邮件并打开，如图 10－36 所示，单击邮箱认证链接，可看到通过了邮箱认证页面，表明用户注册成功，并相应的拥有了发帖、看帖、回复和留言等功能。

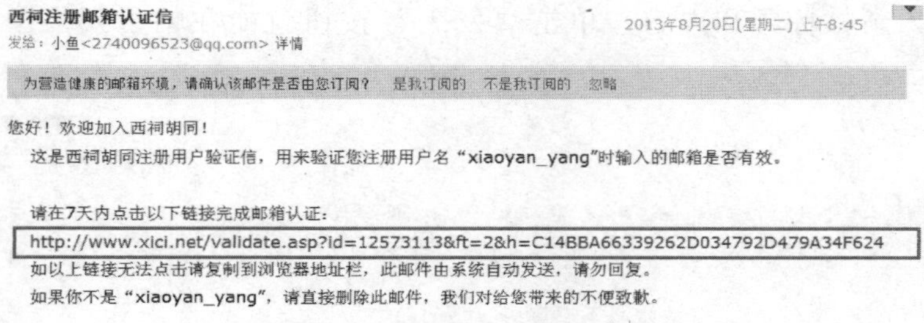

西祠注册邮箱认证信　2013年8月20日(星期二) 上午8:45

发给：小鱼<2740096523@qq.com> 详情

为营造健康的邮箱环境，请确认该邮件是否由您订阅？　是我订阅的　不是我订阅的　忽略

您好！欢迎加入西祠胡同！

这是西祠胡同注册用户验证信，用来验证您注册用户名“xiaoyan_yang”时输入的邮箱是否有效。

请在7天内点击以下链接完成邮箱认证：

http://www.xici.net/validate.asp?id=12573113&ft=2&h=C14BBA66339262D034792D479A34F624

如以上链接无法点击请复制到浏览器地址栏，此邮件由系统自动发送，请勿回复。

如果你不是“xiaoyan_yang”，请直接删除此邮件，我们对给您带来的不便致歉。

图 10－36　西祠注册邮箱认证信

3）浏览、回复和发表文章

登录进入论坛后，用户可以选择感兴趣的版块进行互动。杨晓燕对当代诗歌很感兴趣，她在诗歌论坛首页右边的“诗歌热门论坛”中单击“当代诗歌”版块链接，进入如图 10－37 所示的界面。

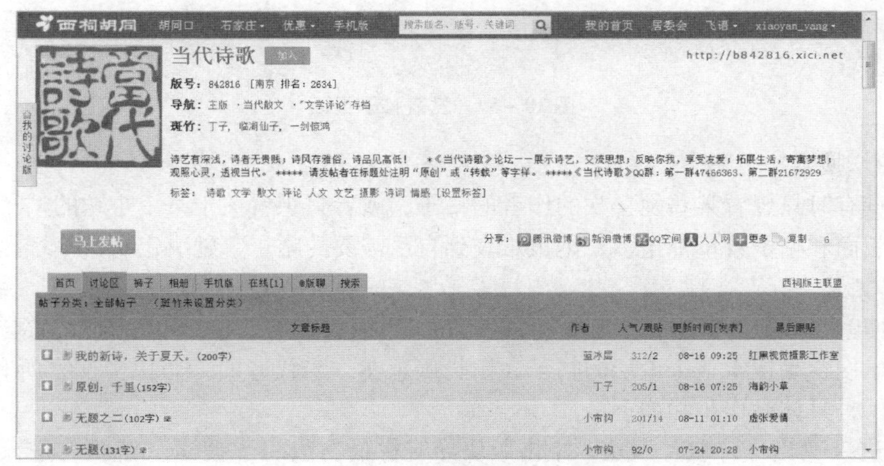

图 10－37　“当代诗歌”论坛版块

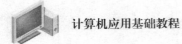

帖子列表一般按时间进行排列，一些特别重要的帖子可以被版主置顶，起到醒目的效果，用户可以向版主提出置顶要求。

单击一个帖子的标题，即可浏览帖子的详细内容和用户回复信息，如图 10－38 所示，单击“回复”按钮，可以对帖子发表回复。

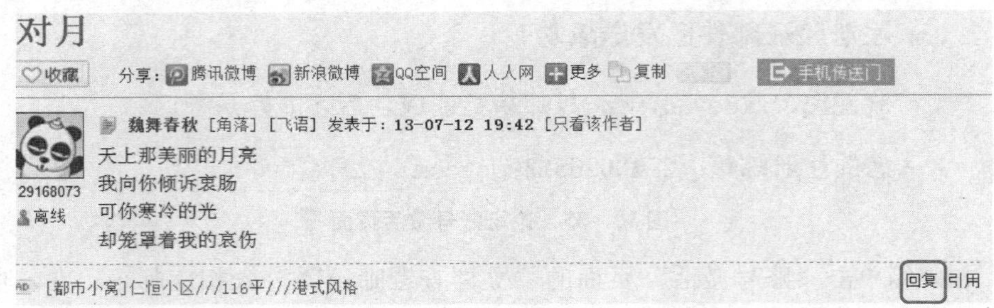

图 10－38　浏览帖子

在“当代诗歌”版块中，单击“马上发帖”按钮打开发新帖页面，如图 10－39 所示，在其中输入新帖标题和内容，单击“发表”按钮就能在帖子列表中看到新发表的帖子。

图 10－39　发表帖子页面

4）论坛搜索

杨晓燕有时只想看某些她喜欢的作者的帖子，或者只想看关于某个主题的帖子，但是一个论坛的版面和帖子数量都很多，她很难查到自己需要的帖子，她决定试试论坛提供的搜索功能。

论坛搜索一般分为版内搜索和全论坛搜索。版内搜索只在某一版块内搜索符合条件的帖子，全论坛搜索是搜索整个论坛的帖子。杨晓燕想在“当代诗歌”版块中搜索所有和“秋”相关的帖子，具体操作步骤如下。

（1）进入“当代诗歌”版块，单击版块导航栏最右边的“搜索”链接，进入版内搜索页面。

(2) 在该页面中，首先选择搜索方式（可以设置按作者、按标题或按内容进行搜索），本任务选择“内容”，然后输入搜索关键字“秋”，完成搜索设置，如图10-40所示。

(3) 单击“我也来搜索!”按钮即可进行搜索，搜索结果会显示该页面上。

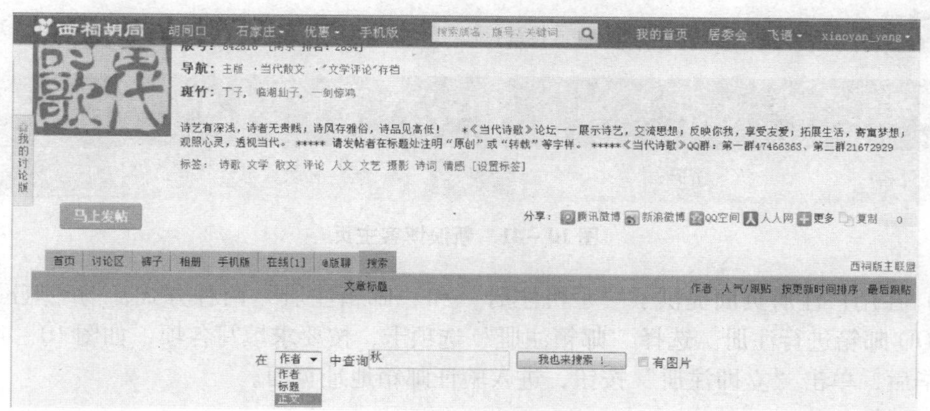

图10-40 论坛搜索

 **提 示:**

常用BBS站点:

- 天涯社区（http://www.tianya.cn）：讨论各类话题的大型社区，面向社会注册开放。
- 西祠胡同（http://www.xici.net）：全方位大型论坛，城市生活社区。
- 猫扑社区（http://www.mop.com）：大型中文互动娱乐社区，包括聊天室、游戏等很多内容。
- 百度贴吧（http://tieba.baidu.com）

2. 博客

博客（Blog或Weblog），又译为网络日志，是一种通常由个人管理、不定期张贴新的文章的网站。博客的撰写者称为博主（Blogger）。博客上的文章通常根据张贴时间，以倒序方式由新到旧排列。许多博客专注在特定的课题上提供评论或新闻，其他则被作为个人的日记。一个典型的博客是结合了文字、图像、其他博客、网站的链接及与主题相关的媒体。能够让读者以互动的方式留下意见，是许多博客的重要要素。博客是继E-Mail、BBS、IM之后的第四大网络交流工具，成为人们之间沟通和交流的重要方式之一。杨晓燕平时喜欢看王立群、易中天、于丹等人的博客，并喜欢在他们的博客上发表评论，她也想建立自己的博客，发表自己的心得，及时、有效、轻松地与他人进行交流。

1) 申请博客

很多门户网站和专业的博客网站都提供免费博客网站的申请服务，如新浪博客（blog.sina.com.cn）、网易博客（blog.163.com）、博客园（www.cnblogs.com）等。杨晓燕准备注册一个新浪博客成员，具体操作步骤如下。

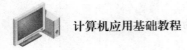

（1）利用 IE 打开 http：//blog. sina. com. cn，单击页面上的“开通新博客”按钮，如图 10－41 所示，进入用户注册页面。

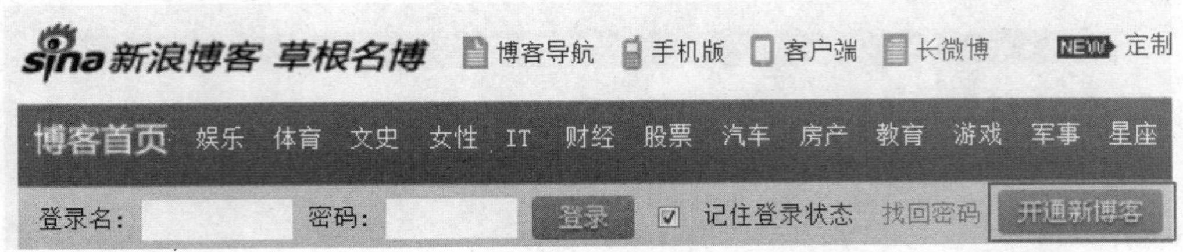

图 10－41　新浪博客主页

（2）在用户注册页面提供了“手机注册”和“邮箱注册”两种方式，杨晓燕准备利用自己的 QQ 邮箱进行注册。选择“邮箱注册”选项卡，按要求填写各项，如图 10－42 所示，填写完毕后，单击“立即注册”按钮，进入验证邮箱地址页面。

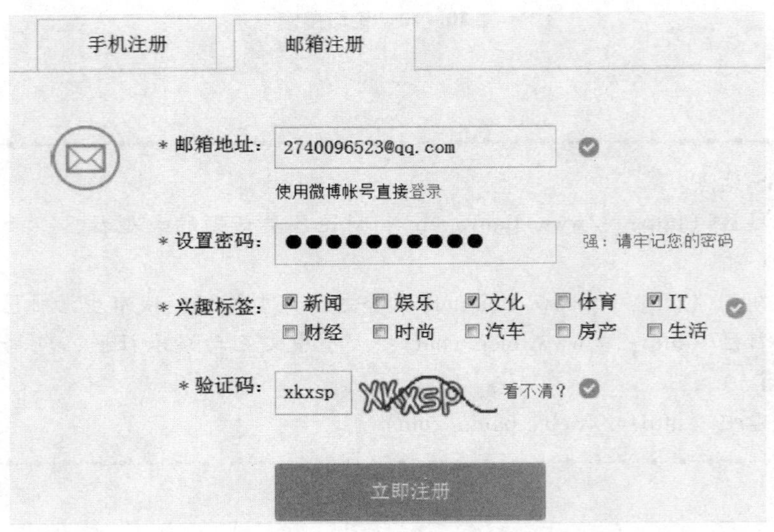

图 10－42　注册新浪博客页面

（3）单击验证邮箱地址页面中的“立即登录 QQ 邮箱”按钮，进入 QQ 邮箱，打开新浪博客发的主题为“快来激活你的注册账号”的邮件，按要求单击链接即可进入最后的“开通新浪博客”页面。

（4）在“开通新浪博客”页面中，填写博客名称和个性地址，并按要求完善个性资料，如图 10－43 所示，最后单击该页面底部的“完成开通”按钮，就可以开通新浪博客了（注意该页面中红色字体部分用于登录用户名）。开通完成后，页面跳转至欢迎页面（注意该页面中的用户博客访问地址），如图 10－44 所示。

图 10 - 43　“开通新浪博客”页面

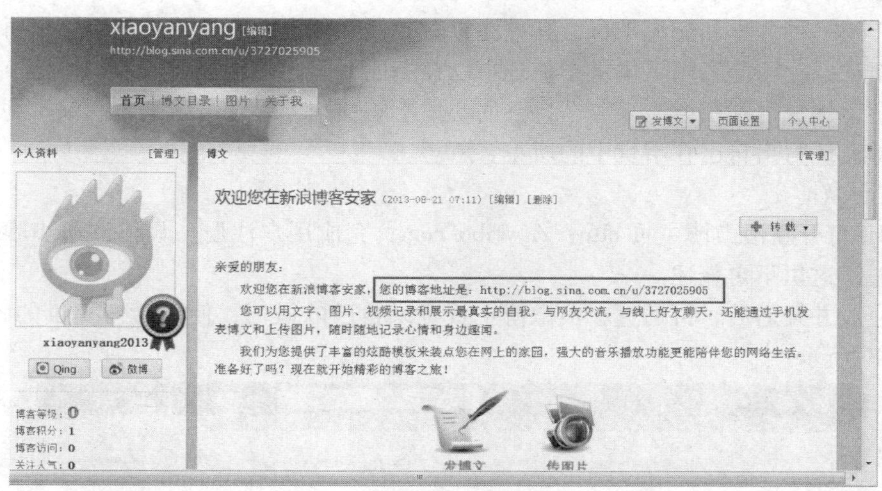

图 10 - 44　新浪博客欢迎界面

2）使用博客

开通博客后有两种方式可以浏览自己的博客网页。方法一是利用 IE 直接打开博客地址，如本任务中的 http：//blog. sina. com. cn/u/3727025905。该方法适合需要浏览自己博客网页的其他用户。方法二是利用 IE 打开 http：//blog. sina. com. cn，输入用户名和密码，单击“登录”按钮，完成登录，登录前后页面对比如图 10 - 45 和图 10 - 46 所示。登录后单击“我的博客”链接即可进入。该方法适合博主登录博客后，发表博文、上传图片和进行个人博客设置等操作。

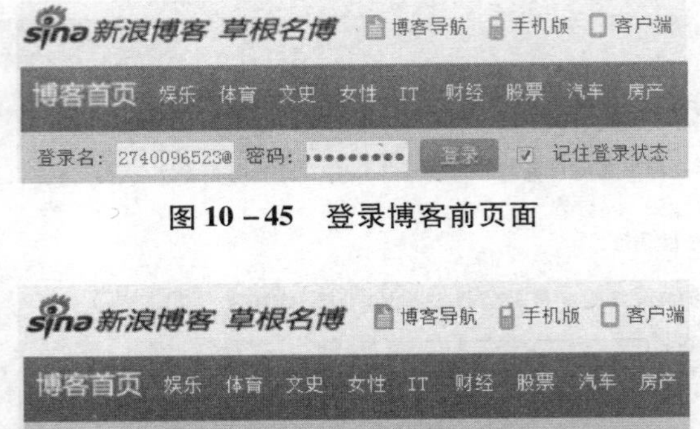

图 10－45　登录博客前页面

图 10－46　登录博客后页面

3. 微博

微博，即微型博客（MicroBlog）的简称，是一个基于用户关系信息分享、传播及获取平台。用户可以通过 Web、WAP 等各种客户端组建个人社区，以 140 字左右的文字更新信息，并实现即时分享。最早也是最著名的微博是美国 twitter。2009 年 8 月中国门户网站新浪推出“新浪微博”内测版，成为门户网站中第一家提供微博服务的网站。目前国内的微博网站包括饭否、做啥、嘀咕、叽歪、滔滔、新浪等。

微博作为一种分享和交流平台，其更注重时效性和随意性。微博更能表达出每时每刻的思想和最新动态，而博客则更偏重于梳理自己在一段时间内的所见、所闻、所感。杨晓燕假期要去旅游，她觉得利用博文来分享自己的心情不够快捷，决定申请一个新浪微博账号，从而更及时随意地写出自己在游玩中的所见、所想。

1）注册微博

利用 IE 打开新浪微博主页 http：//weibo. com，完成用户注册。具体注册步骤和注册新浪博客类似，这里不再赘述。

注册完成并开通后，可通过新浪微博主页登录自己的微博，使用微博提供的各种功能，如图 10－47 所示。

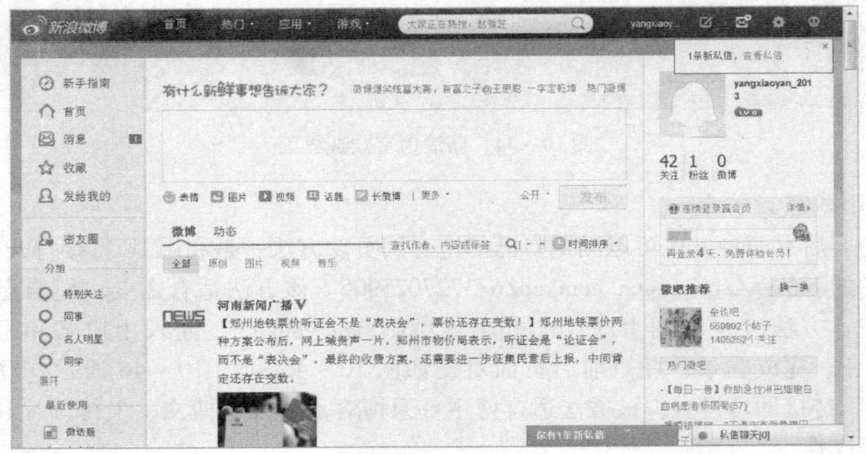

图 10－47　新浪微博页面

2）使用微博

（1）发表微博。包括文字、图片、视频等多种形式。

（2）评论、转发、收藏微博。可以对微博进行评论，也可转发、收藏别人发表的微博及评论。

（3）添加关注。根据自己的爱好和兴趣添加自己关注的人，时刻关注他们的状态。

（4）发表私信。可以通过私信功能查看好友发送给自己的消息，也可以给自己的粉丝发送消息，仅双方可见。

（5）@ 别人。如果想对某人说话，或想将某人的微博推荐给朋友，都可以使用@ 别人，发微博的时候只要在用户名之前加上@ 即可。

（6）找人。可以快速地查找感兴趣或者和自己相关的人，也可以找到朋友、同事等。

（7）微博广场。微博广场为用户提供了一个宽松的交流平台，用户可以在这里随便看看，也可以根据自己的喜好搜索话题或者人物，并参与交流，进行关注。

（8）微公益。用户可以发起求助，也可以关注求助，可以支持求助信息，也可以通过网络捐助，整个捐赠过程都可以在网上随时查询。可以捐款，也可以捐物。如果有招募，还可以申请成为志愿者。

（9）写心情。每天都有一次发表心得感受的机会。用户只需选择与心情相符的表情，并配以文字，提交即可。

（10）位置。位置里有一个位置签到功能，用户可以分享地理位置，告诉微博好友你在哪里，也可以查看个人足迹，完成微博位置旅程，还可以通过别人的位置签到，查看别人的“足迹”。

10.2.7　知识拓展

IP 地址与域名

Internet 上的每台主机都要和其他主机进行通信，需要有一个地址，这个地址是全球唯一的，它唯一标识与 Internet 连接的一台主机。Internet 上的主机地址有两种表示形式：IP 地址和域名地址。

1. IP 地址

IP 是英文 Internet Protocol 的缩写，意思是“网络之间互连的协议”，也就是为计算机网络相互连接进行通信而设计的协议。任何厂家生产的计算机系统，只要遵守 IP 协议就可以与因特网互连互通。正是因为有了 IP 协议，因特网才得以迅速发展成为世界上最大的、开放的计算机通信网络。因此，IP 协议也可以叫做“因特网协议”。

IP 地址被用来给 Internet 上的电脑一个编号，每台连网的 PC 上都需要有 IP 地址，才能正常通信。如果把“个人电脑”比作“一台电话”，那么“IP 地址”就相当于“电话号码”，而 Internet 中的路由器，就相当于电信局的“程控式交换机”。

IP 地址采用分层结构，由网络号和主机号两部分组成，如图 10－48 所示。其中，网络号是一个网络在 Internet 上的唯一标识，主机号是一台主机或设备在网络内的唯一标识。

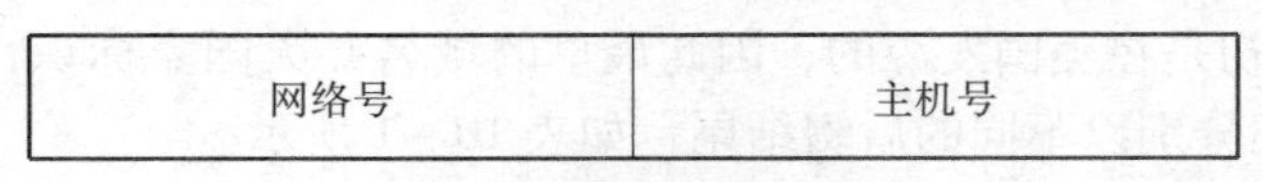

图 10－48　IP 地址的结构

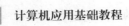

IP 地址是一个 32 位的二进制数，通常被分割为 4 个“8 位二进制数”（也就是 4 个字节）。为了方便人们的使用，IP 地址通常用“点分十进制”表示成（a. b. c. d）的形式，其中，a，b，c，d 都是 0 ~ 255 之间的十进制整数。例如，点分十进 IP 地址（100. 4. 5. 6），实际上是 32 位二进制数（01100100. 00000100. 00000101. 00000110）。

根据 IP 地址编址方案将 IP 地址空间划分为 A、B、C、D、E 五类，其中 A、B、C 是基本类，如图 10 - 49 所示，D、E 类作为组播和保留使用。

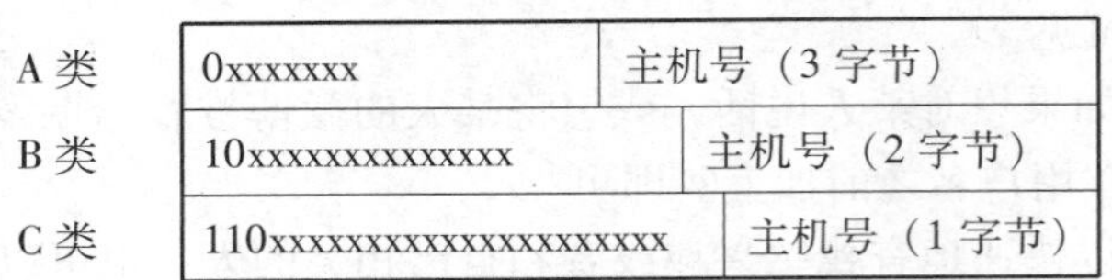

A 类
0xxxxxxx
主机号（3 字节）
B 类
10xxxxxxxxxxxxxx
主机号（2 字节）
C 类
110xxxxxxxxxxxxxxxxxxxxx
主机号（1 字节）

图 10 - 49　三类基本 IP 地址

A 类 IP 地址最高位必须是 0，后 7 位为网络号。因此，理论上 A 类地址有 2^7 个，但由于网络号全为 0 和网络号全为 1 的 IP 地址被保留为特殊用途的地址，因此 A 类网络的有效个数为 $2^7 - 2$ 个；A 类地址的后 3 个字节共 24 位为主机号，同时由于主机号不能全为 0 和全为 1，因此每个 A 类地址中的实际主机数为 $2^{24} - 2$ 台。由于 A 类地址中的主机号数目非常多，因此这类地址往往分配给大型网络使用。

B 类 IP 地址第 1 个字节的前 2 位为 10，第 1 个字节的后 6 位和第 2 个字节的 8 位是网络号，所以 B 类地址有 2^{14} 个；B 类 IP 地址的后 2 个字节共 16 位为主机号，故每个 B 类地址中的主机数为 $2^{16} - 2$ 个。这类地址适用于中型网络。

C 类 IP 地址第 1 个字节的前 3 位为 110，第 1 个字节的后 5 位和第 2 个字节的 8 位，第 3 个字节的 8 位为网络号，所以 C 类地址有 2^{21} 个；C 类地址的最后一个字节共 8 位为主机号，故每个 C 类地址中的主机数为 $2^8 - 2$ 个。C 类地址适用于小型网络。

 **提 示：**

> 目前使用的是第二代互联网 IPv4 技术，IPv6 是下一版本的互联网协议，也可以说是下一代互联网的协议。IPv6 采用 128 位地址长度，几乎可以不受限制地提供地址，有人曾经形象地比喻，IPv6 可以“让地球上每一粒沙子都拥有一个 IP 地址”。在 IPv6 的设计过程中除了解决地址短缺问题以外，还考虑在 IPv4 中解决不好的其他问题，主要有端到端 IP 连接、服务质量、安全性、组播、移动性、即插即用等。

2. 域名

由于 IP 地址是一串数字，用户记忆起来非常困难，因此人们定义了一种字符型的主机命名机制，即域名。所谓域名，就是字符号化的 IP 地址。

Internet 主机域名采用层次结构，一个完整的域名最右边的是最高层次的顶级域名，最左边的是主机名，自右向左是各级子域名，各级子域名之间用圆点“.”隔开。

由于 Internet 最初是在美国发源的，因此最早的域名并无国家标识，人们按用途把它们分为几个大类，它们分别以不同的后缀结尾，如表 10 - 1 所示。

表 10－1　顶级域名及其意义

域名	意义	域名	意义	域名	意义
edu	教育机构	net	网间连接组织	int	国际组织
org	非盈利组织	gov	政府部门		
mil	军事部门	com	商业组织		

随着 Internet 向全世界的发展，除了 edu、gov、mil 一般只在美国专用外，另外三个大类 com、org、net 则成为全世界通用，因此这三大类域名通常称为国际域名。由于国际域名资源有限，各个国家、地区在域名最后加上了国家标识段，由此形成了各个国家、地区自己的国内域名，如：. com. cn 中国的商业、. org. hk 香港的组织。

10.3　任务总结

本章从如何有效地利用网络渠道的任务出发，讲述了 Internet 基础知识、浏览器、搜索引擎、电子邮箱、即时通信软件、论坛、博客和微博等内容。要求学生有一定的 Internet 基础知识，掌握网络提供的各种服务和资源，便利自己学习和生活。

10.4　实训

实训 1　浏览器和搜索引擎的使用

1. 实训目的

掌握浏览器 IE 9.0 的基本应用。

掌握利用百度搜索网页的方法。

2. 实训要求及步骤

（1）打开 IE 9.0 浏览器，设置中文 IT 社区网站“http：//www. csdn. net/”作为主页。

（2）打开 IE 9.0 浏览器的收藏夹，添加“IT 站点”文件夹，并将 http：//www. csdn. net/网址添加到该文件夹中。

（3）将 http：//www. csdn. net/网站首页保存到 D：/MyIeWork 中，从 http：//www. csdn. net/网站首页选择任意一张网页图片保存到 D：/MyIeWork 中。

（4）删除 IE 9.0 历史记录和临时文件，仅保留 Cookie 文件。

（5）利用 IE 9.0 打开百度。

（6）利用百度搜索“计算机等级考试二级 Access 语言考试大纲”。

实训 2　电子邮箱的使用

在网站上注册一个电子邮箱，注册完成后向同学发邮件告知。

第 11 章　网页制作——制作新年主页

随着 Internet 在全球的发展与普及，尤其是 Web 的快速增长，越来越多的企业和个人想建立自己的网站，将企业的产品信息、公司的服务信息，甚至是个人信息在网站上发布。网站包括 Web 服务器和相关网页，人们可以使用 HTML 语言来编写网页，也可以使用简单易学的网页制作软件来完成大多数网页的编写工作，使网站的建立变得简单易学。

11.1　任务分析

11.1.1　任务描述

小明是美术专业的一名大二学生，学院最近举办网页作品制作大赛，小明初步学习过网页制作课程，想参加大赛一试身手。但如何制作一个既美观又有特色的网站呢？小明是美术专业的学生，页面美化方面没有问题，重要的是如何利用 Dreamweaver 对网页进行布局、对页面元素进行插入与设置。

11.1.2　任务分解

小明在网上搜索制作网站的步骤和注意事项，并搜集好需要的素材，再结合所学的 Dreamweaver 知识，得出如下设计思路。

（1）对网站进行整体规划，并利用表格对页面进行布局。

（2）插入页面所需要的元素，包括文字、表单、图像和其他媒体等。

（3）对页面元素进行样式设置。

（4）设置链接，并测试链接的正确性与完整性。

最终结果如图 11－1 所示。

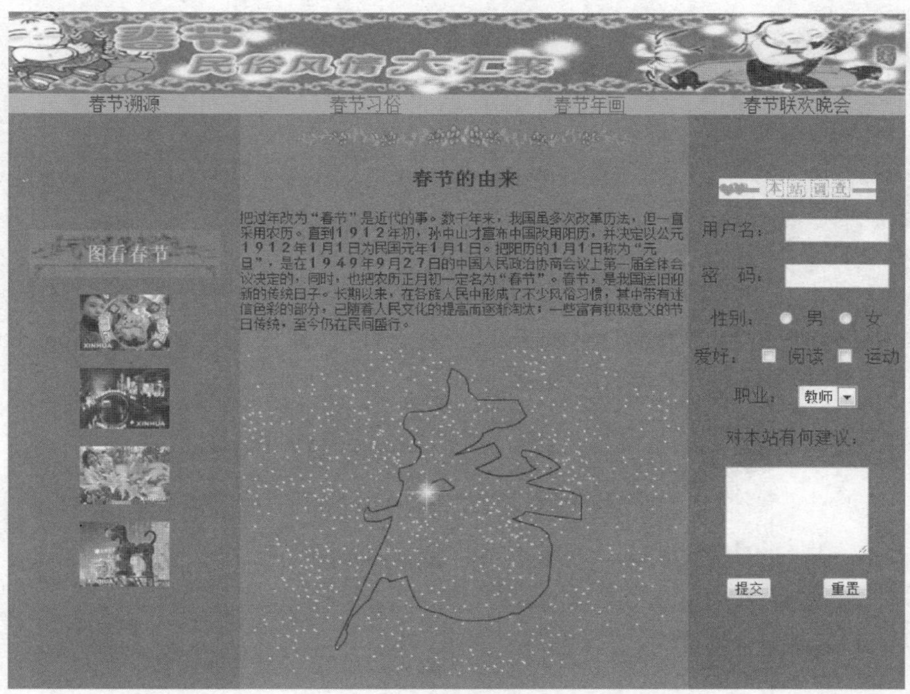

图 11－1　主页效果

11.2　任务完成

11.2.1　HTML 语言基础

1. HTML 语言简介

超文本标记语言（HyperText Markup Language，HTML）是一种制作 Web 网页的标准语言，由万维网协会（W3C）于 20 世纪 80 年代制定，通过 HTTP（HyperText Transfer Protocol，超文本传输协议）协议在网络中传输。HTML 是一种跨平台的超文本标记语言，所创建的 HTML 文件是带有格式标识符和超文本链接内嵌代码的 ASCII 文本文件。HTML 语言的特点是通过对一些项加上标记来描述网页上的元素（文本、图片、动画、表格等），比如在 <b> 和 </b> 之间的文字将会被浏览器解释为粗体字。下面用记事本来制作一个用 HTML语言编写的网页。

打开记事本，然后在其中输入以下文本：

```
<html>
<head>
<title>我的网页</title>
</head>
<body>
我的第一个网页!
</body>
</html>
```

保存该文件时，“保存类型”中选择“所有文件”，输入文件名为 example. htm，如图 11 -2 所示，单击“保存”按钮保存文件。

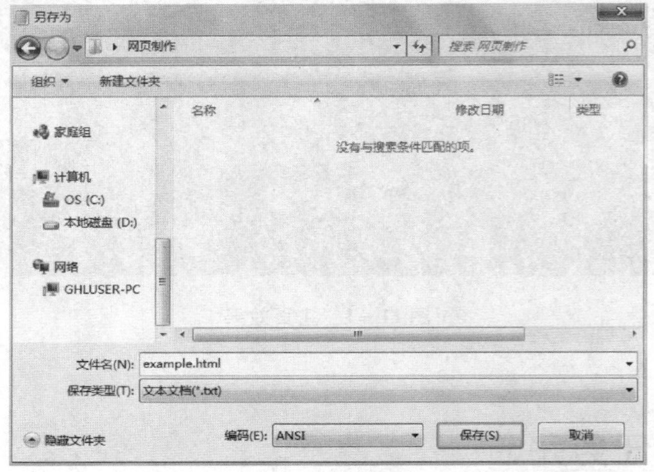

图 11 -2　文本文件保存为 HTML 文件

这样就在保存的目录下有了一个 example. htm 文件，打开后的效果如图 11 -3 所示。

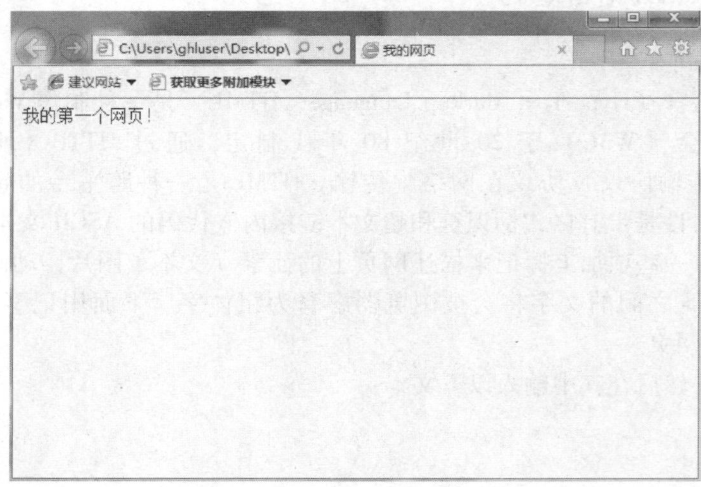

图 11 -3　example. htm 的浏览效果

提示：

> 所有文件夹、网页文件名和网页中所用到的图片、动画、多媒体等网页元素，最好不要用中文和带空格的名称，防止上传到服务器后不能识别而出错。

2. HTML 文档的基本结构

HTML 文档的基本结构如下：

```
<html>                <! 标志该 html 文档的开始 >
   <head>
   <title>网页文档标题</title>
   </head>
   <body>网页文档的主体部分</body>
</html>                <! 标志着 html 文档的结束>
```

<html>标记是文档标识符，它是成对出现的，首标记<html>和尾标记</html>分别位于文档的最前面和最后面，明确地表示文档是以超文本标识语言（HTML）编写的。该标记不带有任何属性。事实上，现在所用的浏览器都是自动识别 HTML 文档的，并不要求有<html>标记的出现，也不对它进行任何处理。但是，为了提高文档的适用性，还是应该养成用这个标记的习惯。

<head>和</head>之间的内容是文档头部分。习惯上把 HTML 文档分为文档头和文档主体两个部分。文档头用来规定该文档的标题（出现在浏览器窗口的标题栏中）和文档的一些属性，主体部分就是在浏览器窗口中看到的内容。嵌套在<head>标记中使用的子标记主要有<title>，还可以出现其他子标记，如<isindex>，<meta>等，这些子标记都不是必须的。

<title>标记是成对的，用来规定 HTML 文档的标题。在<title>和</title>之间的内容将显示在 Web 浏览器窗口的标题栏中。

<body>标记用来定义文档主体部分，是网页的主要内容。在<body>和</body>之间的内容将显示在浏览器窗口内。在<body>标记中可以规定整个文档的一些基本属性：

bgcolor：指定 html 文档的背景色。

text：指定 html 文档中文字的颜色。

background：指定 html 文档的背景颜色或图片。

在指定颜色对象时，可以用该颜色的代码或者对应颜色的英文单词。例如，指定文档的背景色为绿色，就可以表示为：<body bgcolor="green">。

3. HTML 语言的语法规则

HTML 文档扩展名为 .htm 或 .html，由标记（标签）、代码和注释组成。

HTML 语法的三种基本表达方式如下所示：

```
<标记>
<标记>对象</标记>
<标记 属性1="参数1" 属性2="参数2" ……>对象</标记>
```

例如，有如下代码：

```
<font size="7" color="#0000ff">网页</font>
```

其中<font>和</font>分别为首标记和尾标记，用于定义“网页”两个字的属性，标记中有size和color两个属性，分别定义“网页”两个字的大小为“7”（36磅），颜色为“#0000ff”（十六进制RGB颜色代码），属性值要加西文引号。

HTML语言代码不区分大小写，多数HTML标记可以嵌套，但不能交叉，HTML文件一行可以写多个标记，一个标记也可以分写多行，标记前后和标记属性之间可以添加多个空格、回车和制表符，不用任何续行符。

在HTML文档中可以加入注释，采用的格式为：<! --注释内容-- >，其中，注释内容可以换行，Web浏览器不显示注释内容。

从上面的介绍中可以看到，如果完全用HTML代码编写网页是一件非常辛苦的事情。首先是工作量大，每一个细小的地方都要编写，其次需要记忆大量的HTML标记符，另外，还不知道书写的代码在浏览器中显示出来到底是什么效果，必须在浏览器中才可以看到，因此往往需要反复修改、保存、浏览才能达到预想的效果，效率很低。这样人们开发了很多的工具软件来设计网页。它们的特点之一就是以所见即所得的方式来编写网页。Macromedia公司的Dreamweaver是众多可视化网页编辑工具中的佼佼者，据统计，世界上70%的网站都是用它开发的。

11.2.2 Dreamweaver基础

1. Dreamweaver简介

Dreamweaver在2005年以前是Macromedia公司出品的一款集网页制作和网站管理于一体的“所见即所得”的网页制作软件。在2005年以后，归到Adobe公司门下，无论用户愿意享受手工编写HTML代码时的驾驭感，还是偏爱在可视化编辑环境中工作，Dreamweaver都提供了有用的工具，使用户拥有更加完美的Web创作体验。目前，Dreamweaver的最高版本为Dreamweaver CS 5.5。Dreamweaver与Fireworks、Flash合称为网站制作“三剑客”。

作为网页制作软件，Dreamweaver提供了功能强大的可视化设计工具和精简而高效的代码编辑环境，将“设计”和“代码”编辑器合二为一，提供完整的集成开发环境，可以开发HTML、XHTML、XML、ASP、Microsoft ASP. NET、JSP、PHP和Macromedia ColdFusion站点，还可以通过插件定制和扩展开发环境，提供强大的网站管理和跨浏览器兼容性检查功能，使开发人员能够快捷地创建规范的Web应用程序，构建功能强大的网络服务体系。

2. 工作区布局

Dreamweaver CS5在启动后，默认显示“起始页”对话框，如图11-4所示。用户可以在这个对话框中创建文档或打开最近使用过的文档，还可以通过产品介绍或教程了解关于Dreamweaver的更多信息。如果选中“不再显示此对话框”选项，则以后启动Dreamweaver

时将不再自动显示起始页。

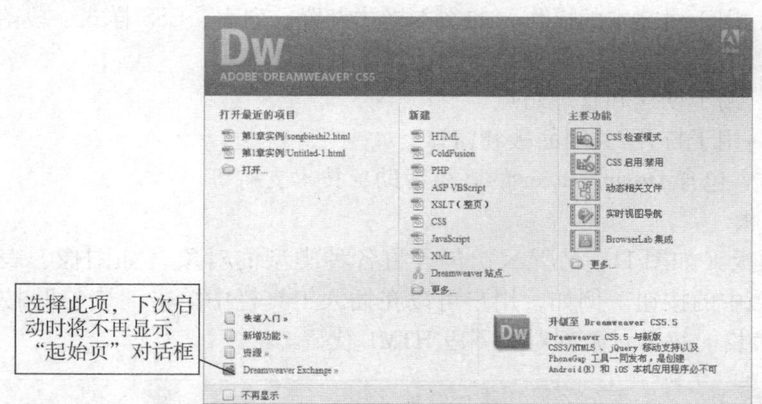

图 11－4　“起始页”对话框

当新建或打开一个 Web 页后，Dreamweaver CS5 显示的工作区窗口如图 11－5 所示。该窗口是直接进行文本、图片、表格、Div 标签等元素布局设计的主要界面，窗口主要由主菜单、工具栏、文档窗口、面板组、“属性”面板等组成。

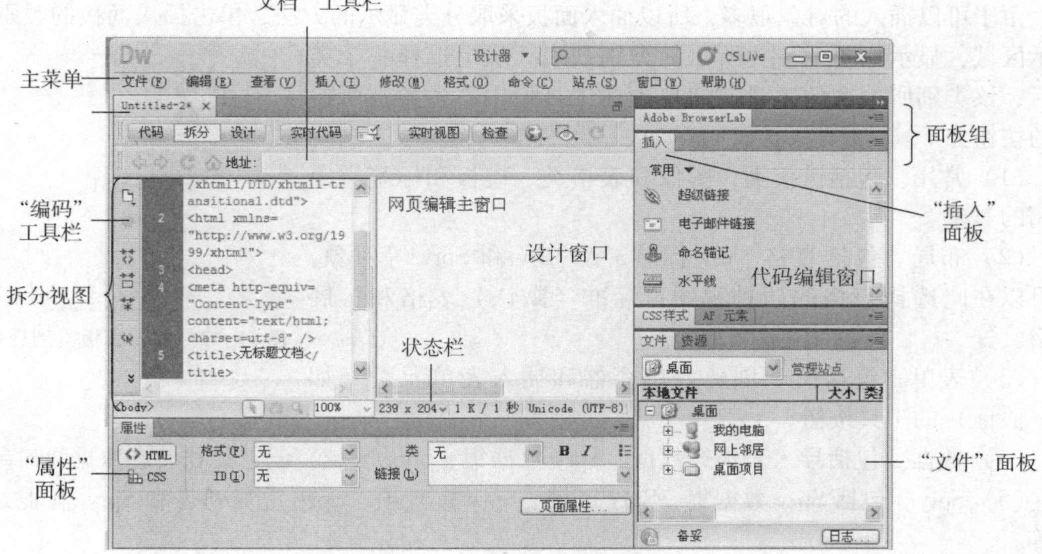

图 11－5　设计器工作区布局

1）主菜单

主菜单提供了 Dreamweaver 的所有操作，各菜单项的功能如下。

（1）文件。用于管理文件，包括创建和保存文件、导入与导出、预览等。

（2）编辑。用于编辑操作，包括撤销与恢复、复制与粘贴、查找与替换、参数设置与快捷键设置等。

（3）查看。用于查看对象，如代码的查看，网格线、面板、工具栏的显示/隐藏等。

（4）插入。用于插入页面元素，如图像、层、表格、表单、框架、特殊字符等。

(5) 修改。用于对页面元素的修改，如链接、表格、层位置、时间轴等。

(6) 格式。用于对文本的操作，如文本格式设置、列表、CSS 样式、段落格式化等。

(7) 命令。汇集了所有的附加命令项，如录制命令等。

(8) 站点。用于创建和管理站点。

(9) 窗口。用于打开/关闭面板和窗口。

(10) 帮助。包含 Dreamweaver 的联机帮助、技术支持等。

2) 插入面板

"插入"面板（如图 11-6 所示）包含将各种类型的对象（如图像、表格和 Div 元素等）插入到文档中的按钮。例如，用户可以在插入工具栏中单击"表格"按钮，实现在文档中插入一个表格。每个对象都对应一段 HTML 代码。

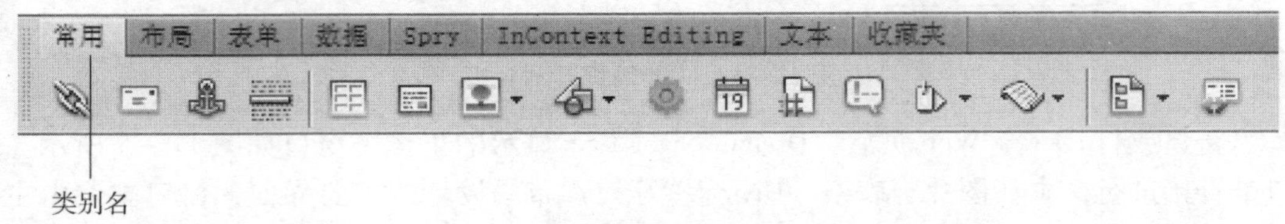

图 11-6　插入工具栏

由于可以插入的对象很多，所以插入面板采取分类显示的方法，单击插入面板的类别名显示区域，显示如图 11-7 所示的类别列表。从中选择一个类别后，该类别所包含的工具按钮出现在工具栏中。各类别所包括的按钮如下。

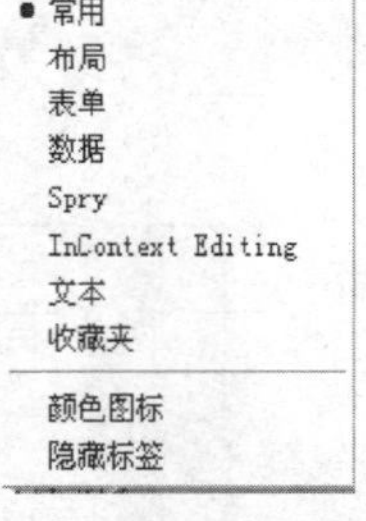

图 11-7　插入面板类别列表

(1) 常用。包括链接类、图像和表格类、模板和标签类等常用的对象。

(2) 布局。包括表格、div 标签、AP Div 和 Spry 等对象，还可以在此选择表格的两种视图：标准（默认）表格和扩展表格。

(3) 表单。包括用于创建表单容器和插入表单元素（如 Spry 验证）的工具按钮。

(4) 数据。包括导入表格式数据、Spry 数据集、Spry 区域、记录集和动态数据等对象。

(5) Spry。包括 Spry 数据集、Spry 区域、Spry 重复项、Spry 重复列表和 Spry 验证文本域等。

(6) InContext Editing。包括创建可编辑区域和创建重复区域。

(7) 文本。包括定义文本格式和列表格式的各种设置按钮。

(8) 收藏夹。用于将"插入"面板中最常用的按钮分别组织到某一个公共位置，右击以自定义收藏夹对象。

3) 文档窗口

文档窗口显示当前编辑的 Web 页文档。Dreamweaver CS5 提供了文档窗口的五种视图。

(1) "代码"视图。提供编辑 HTML、JavaScript、服务器语言等代码的手工编码环境。

(2) "设计"视图。提供页面布局和编辑的可视化设计环境，即以"所见即所得"的

方式显示被编辑的内容，类似于在浏览器中查看该页面的内容。在该视图中，用户可以通过拖动等操作完成网页元素的添加和编辑。

（3）“拆分”视图。在一个窗口中同时显示同一文档的“代码”视图和“设计”视图。这种方式综合了“代码”视图和“设计”视图的长处，即在修改源代码的同时能动态地看到所修改的结果。图 11－5 中的“文档”窗口即是“拆分”视图形式。

（4）“实时”视图。与“设计”视图类似，“实时”视图更逼真地显示文档在浏览器中的表示形式，并能像在浏览器中一样与文档交互。不过，“实时”视图不能编辑。

（5）“实时代码”视图。仅当在“实时”视图中查看文档时可用。本视图显示浏览器用于执行该页面的实际代码，当在“实时”视图中与该页面进行交互时，它可以动态变化。但“实时代码”视图不能编辑。

在制作网页的过程中，一般应该在“设计”视图中可视化地进行页面的布局设计和页面元素的添加，而在“代码”视图中修改 Web 页文档对应的 HTML 代码，或编写其他脚本代码。

4）属性面板

属性面板又称属性检查器，一般出现在文档窗口的下方（如图 11－5 所示），但也可以放置在其他地方。属性面板用于显示所选中网页元素的属性，用户可以利用它查看和编辑属性值。选择不同的网页元素，属性面板所显示的内容也有所不同。单击属性面板右下角的△或▽按钮，可以缩小或展开属性面板。

5）面板组

在 Dreamweaver 窗口的右侧是面板组，通常包含“CSS”、“AP 元素”、“标签检查器”、“文件”等面板。在主菜单的“窗口”子菜单中包含了所有的面板名，通过勾选或取消勾选某个面板名，可以显示或移去该面板。单击一个面板的标题，可以展开或折叠该面板。单击文档窗口右侧的◀◀或▶▶按钮，可以折叠或展开整个面板组。

6）其他工具栏

除了前面已经介绍的插入工具栏和文档工具栏外，Dreamweaver 还提供了样式呈现、标准和浏览器导航工具栏。选择“查看”→“工具栏”命令，在“工具栏”子菜单中勾选或取消某个工具栏，可以在视图中显示或隐藏相应的工具栏。

11.2.3　Dreamweaver 网页制作

本节以制作图 11－1 所示主页为例，介绍利用 Dreamweaver 制作网页的方法。主页中包含了文字、图像及多媒体、链接、表单等页面元素。

网页设计要做的工作就是以最适合的方式将图片和文字排放在页面的不同位置，示例主页从上到下依次可分为：顶部图片、导航菜单和主体页面三个部分。

1. 站点管理

为一个主题设计的网页可能有多个，这就需要将它们关联起来，这样的集合叫做站点。当使用 Dreamweaver 制作一个网站时，首先应该建立站点，以方便对整个网站的结构进行规划，并利用 Dreamweaver 的站点管理功能对整个网站资源进行管理。Dreamweaver 还有许多功能必须在建立站点后才能实现。

1）创建本地站点

建立本地站点，包括为站点命名、指定站点存储位置（文件夹）、确定是否使用服务器技术和是否使用远程服务器等工作。

启动 Dreamweaver CS5 以后，选择“站点”→“新建站点”命令，弹出“站点设置对象 Web”对话框，如图 11－8 所示。该对话框中包括“站点”、“服务器”、“版本控制”和“高级设置”四个类别。“站点”类别指定将在其中存储所有站点文件的本地文件夹，只需要填写站点名称，指定站点文件的保存位置，单击“保存”按钮即可。“服务器”类别允许指定远程服务器和测试服务器。“版本控制”类别可以使用 Subversion 获取和存回文件。“高级设置”类别可以设置“本地信息”、“遮盖”、“设计备注”、“文件视图列”、Spry 等。下面选择“站点”类别进行操作。

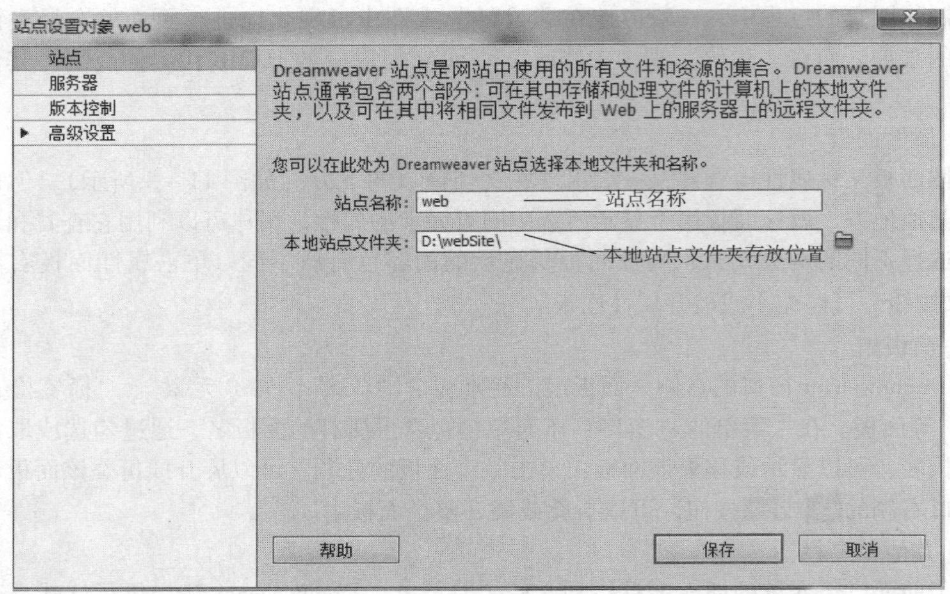

图 11－8　为站点命名

在本任务中，需要建立站点文件夹，具体操作步骤如下。

（1）站点名称。在该对话框“站点名称”文本框中为站点命名，本例中输入“新年主页”，名称显示在“文件”面板和“管理站点”对话框中，但该名称在浏览器中不显示。

（2）本地站点文件夹。在“本地站点文件夹”文本框中输入存放站点的文件夹路径，或者单击按钮，在弹出的对话框中进行选择。当 Dreamweaver 解析站点目录的链接时，它是相对于该文件夹来解析的。本例中单击文件夹图标浏览到 D：/webSite，单击“确定”按钮即可。

（3）单击“保存”按钮，即完成站点的创建。站点创建完毕后，可以看到文件面板中出现了新建立的站点，如图 11－9 所示。

2）站点管理

在 Dreamweaver CS5 中创建站点后，在设计过程，可以对站点进行管理操作。

选择“站点”→“管理站点”命令，弹出“管理站点”对话框（如图 11－10 所示）。

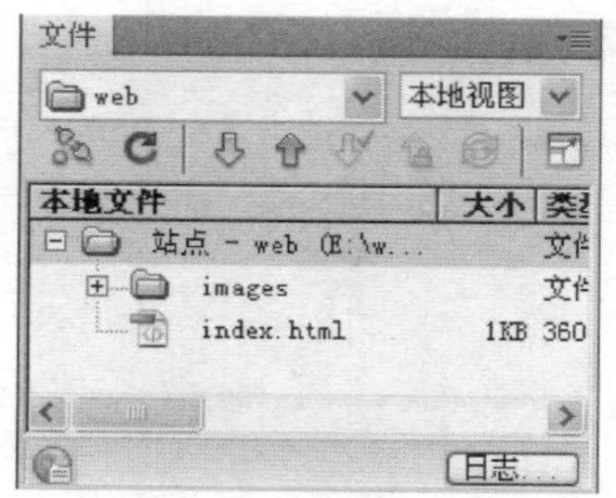

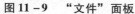

图 11－9　“文件”面板

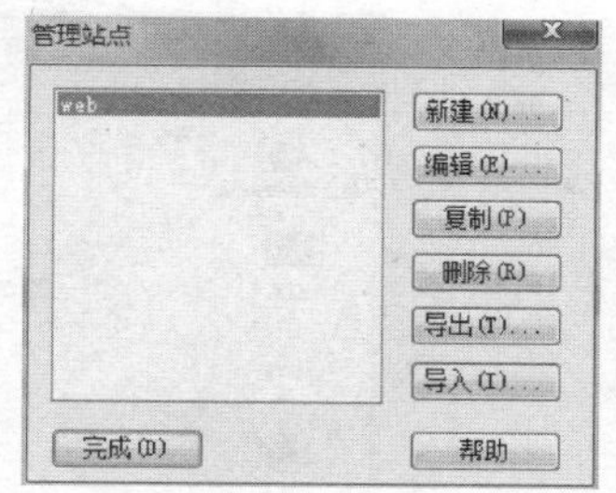

图 11－10　“管理站点”对话框

在“管理站点”对话框中，列出了本地计算机中建立的所有站点名称，并提供了管理站点操作的相关按钮。单击“新建”按钮，可以进入新建站点流程；从站点列表中选择一个站点后，单击“编辑”按钮，可以按定义站点的流程显示站点各项设置，供用户修改。

在“管理站点”对话框中还可以完成站点的复制、删除、导出、导入等操作。

2. 文档的基本操作

利用 Dreamweaver CS5 可以快速地建立网页文件，利用其“所见即所得”的设计界面，可以方便地对网页的页面进行设置。

在本地站点 webSite 下，需要建立主页文档，具体操作步骤如下。

（1）选择“文件”→“新建”命令，打开“新建文档”对话框，如图 11－11 所示，选择空白页，然后单击“创建”按钮，即可新建一个空白的 HTML 基本页。

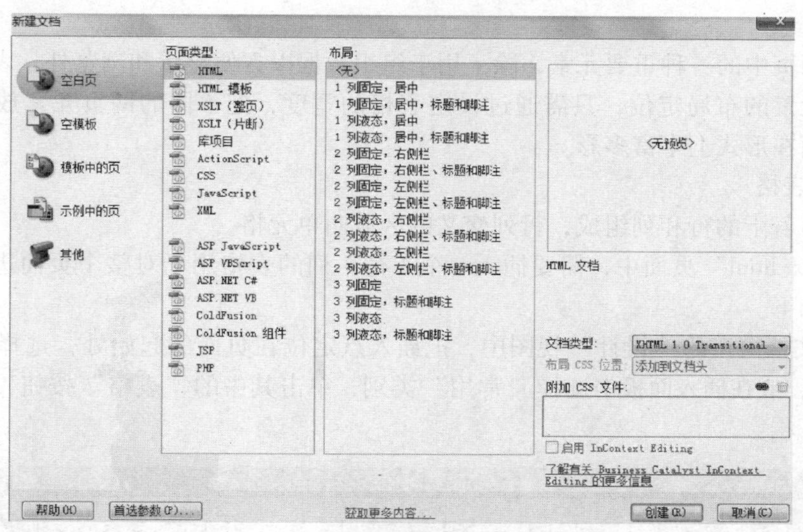

图 11－11　“新建文档“对话框

（2）选择“文件”→“保存”命令，打开“另存为”对话框，如图 11－12 所示，在“文件名”中输入“index. html”，然后单击“保存”按钮，即可在本地站点 webSite 下建立主页文档 index. html。

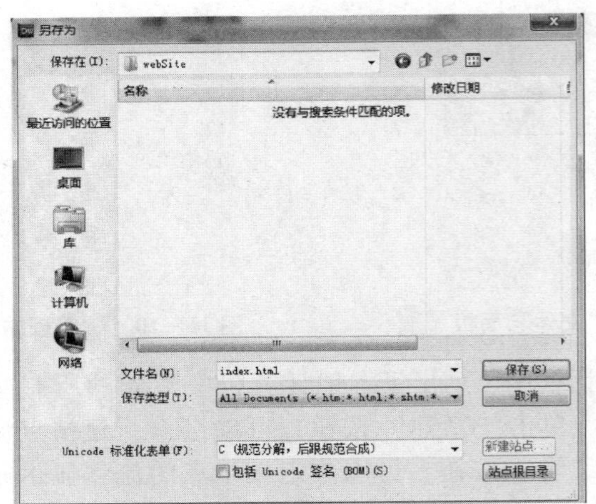

图 11－12　“另存为“对话框

提 示：

在为文件和文件夹命名时，只能使用英文字母和数字，不能使用中文、空格和其他字符。如果使用了除英文字母和数字之外的其他字符，在上传到服务器上时，很多服务器会更改这些字符，从而导致与这些文件的链接中断。

3. 表格

表格是网页中的一种重要元素，除了用于组织数据以方便显示和浏览外，表格还常常用于网页其他元素的布局定位，只需通过设定表格的宽度，把不同的网页元素放置在单元格中，使得页面在形式上丰富多彩。

1）建立表格

表格是由若干的行和列组成，行列交叉的区域叫单元格。

在“index. html”页面中，需要插入一个 3 行 4 列的表格用于对整个页面进行布局。具体操作步骤如下。

（1）在文档窗口的“设计”视图中，把插入点定位在页面的起始处，选择“插入”→“表格”命令，或在插入面板中选择“常用”类别，单击其中的“表格”按钮，如图 11－13 所示。

图 11－13　“插入”面板的“常用”类别

（2）在弹出的“表格”对话框（如图 11－14 所示）中，输入“行数“为 3，“列数”为 4，“表格宽度”为 800 像素，“边框粗细”为 0 像素，“单元格间距”为 0，单击“确定”按钮。

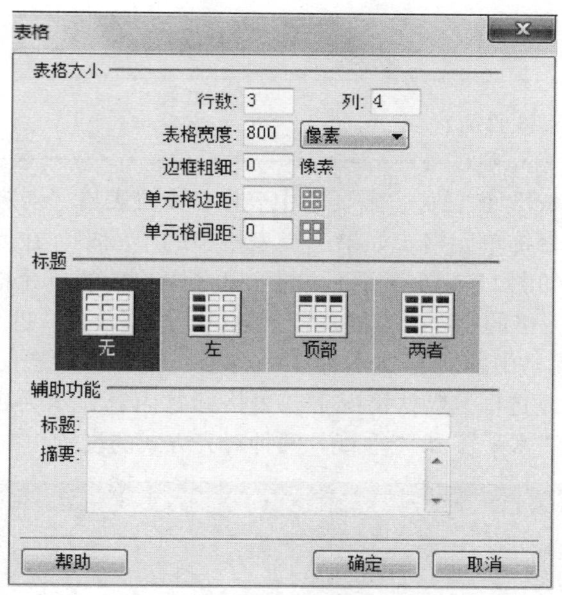

图 11－14　“表格”对话框

2）修饰表格

插入表格后，可以通过设置表格及表格单元格的属性或将预先设置的设计应用于表格来修饰、美化表格的外观。可以通过属性面板修改其相关属性，还可以通过“命令”菜单中的“排序表格”命令对表格进行处理。

（1）在属性面板中修饰表格。选中一个表格后，即可在表格的属性面板中对其属性进行修改设置。表格的属性面板如图 11－15 所示。

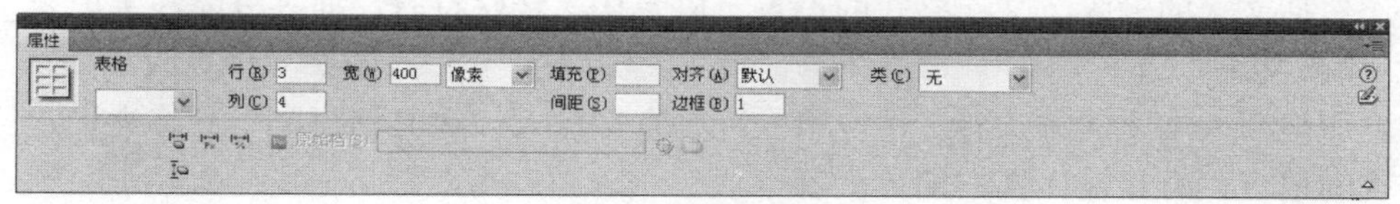

图 11－15　表格属性

在该面板中，除了前面已经介绍的“行数”、“列数”、“宽度”、“填充”、“间距”、“边框”外，还有以下设置项。

① 表格 Id。可以在此处为表格取一个名字，用于脚本程序调用。

② 对齐。用于确定表格相对于页面的显示位置，包括左对齐、右对齐和居中对齐。当对齐方式为默认时，表格的旁边不能显示其他内容。

③ 类。可以将 CSS 规则应用于表格对象。

（清除列宽）和（清除行高）：从表格中删除指定的列宽和行高，留下基础的宽度和高度。

：将表格的宽度转换成以像素为单位的宽度。

：将表格的宽度转换成百分比。

提 示:

> 通常不需要设置表格的高度。

根据制作“index. html”的任务，需要选中表格，设置表格“对齐”为居中对齐。

(2) 在属性面板中修饰单元格。如果选择表格中的单元格，在属性面板中则可以设置选中的单元格的属性（如图 11－16 所示），既可以选中单独的单元格，也可以同时选中多个单元格。可以进行单元格的宽度、高度、背景颜色、边框颜色、拆分、合并等设置，其中“不换行”指的是使单元格中的所有文本都在一行上，若要将所选的单元格设置为标题格式，可以选中“标题”复选框，默认情况下，表格标题内容显示为粗体居中。另外，对单元格内的文本可以进行“水平”和“垂直”两种对齐方式的设置。

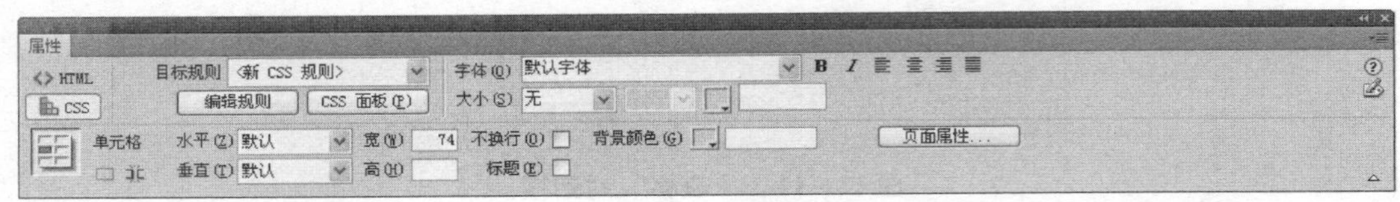

图 11－16　单元格属性

根据制作“index. html”的任务，需要选中表格中的所有单元格，设置水平“居中对齐”、垂直“居中”。

4. 文本

文字是网页最基本、最常用的一种元素，编排文本是制作网页的基本操作。对网站设计者来说，掌握文本的用法很重要，不仅要在文本的内容上下功夫，也要注意文本的排版。文本的操作包括文字的输入、文字格式的设置，以及插入特殊符号、插入分隔线等内容。

1) 输入文字

在页面中插入文字的方法有三种。第一种是直接输入，在文档窗口中，将光标定位到要输入文本的地方，直接输入文本即可。

在“index. html”页面中，需要在表格第二行的四个单元格依次输入“春节溯源”、“春节习俗”、“春节年画”、“春节联欢晚会”，并设置四个单元格的背景颜色为#F09810，如图 11－17 示。

春节溯源	春节习俗	春节年画	春节联欢晚会

图 11－17　导航菜单区效果图

第二种是粘贴法，先在其他文字编辑工具中复制要输入的文本，然后在文档窗口的插入点右击，在弹出的快捷菜单中选择“粘贴”命令。

在“index. html”页面中，需要在主体页面区输入“春节的由来”，可以使用粘贴法，具体操作步骤如下。

(1) 打开“文字素材 . doc”，复制文本内容。

(2) 选中第三行的第二个和第三个单元格合并，单击属性面板中的“合并所选单元格”按钮，并设置单元格的背景颜色为#CC3300。

（3）光标定位到合并后的单元格中，右击选择“粘贴”，文本即可被粘贴进来。

第三种是导入已有的 Word 文档。在文档窗口中，将光标定位到要导入文本的地方，选择“文件”→“导入”→“Word 文档”命令，弹出“导入 Word 文档”对话框，选择要导入的 Word 文档，单击“打开”按钮，完成 Word 文档的导入，如图 11－18 所示。

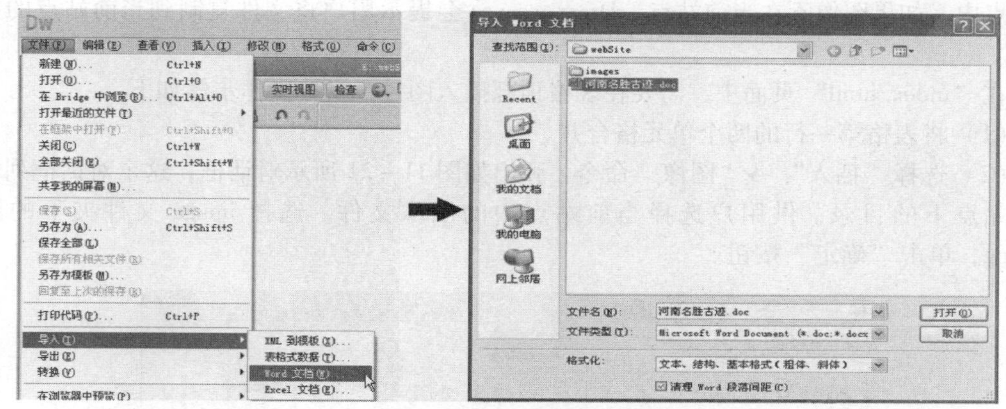

图 11－18　Word 文档的导入

Word 文档导入到 Dreamweaver CS5 后，设计视图文本显示结果如图 11－19 所示。

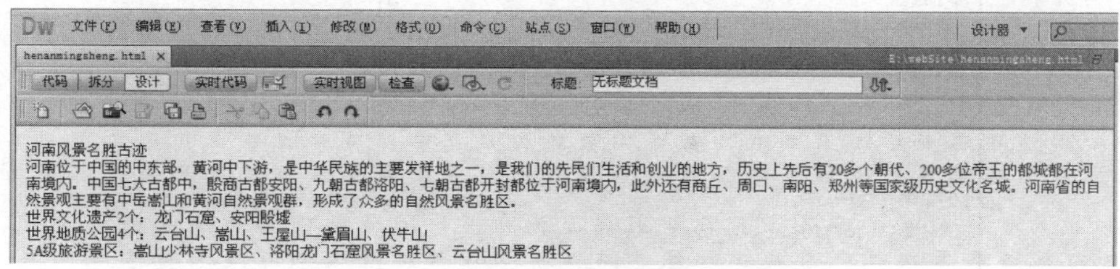

图 11－19　word 文档导入后设计视图显示结果

2）设置文本格式

设置文本格式包括对文字字体、大小、颜色和段落的对齐方式的设置等。

文本格式的设置一般在其属性面板中进行。在文档窗口的下方有属性面板，如果属性面板隐藏了，可以选择“窗口”→“属性”命令将其显示。文本的属性面板如图 11－20 所示。

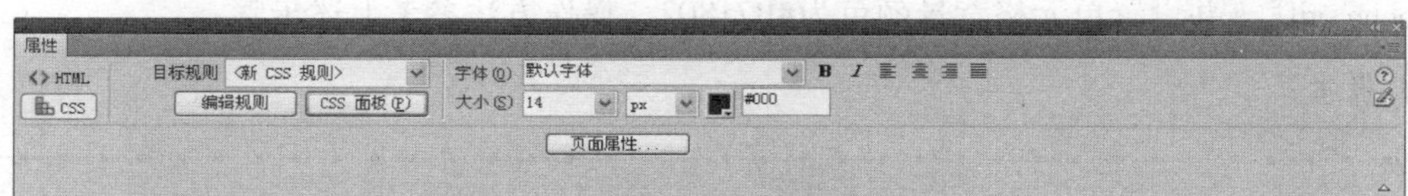

图 11－20　文本的属性面板

另外，选择“插入”→“HTML”命令，可以在网页中插入水平线、页面显示当前日期时间的脚本内容，以及键盘无法输入的特殊字符等。

5. 图像和动画

图像本身是一种重要的信息载体。在文档中适当地放入一些图像，不仅可以使文档清晰直观，而且使得文档更具吸引力，更好地表现主题。在 Web 中，通常使用的有 GIF、JPEG/JPG、PNG 三种图像文件格式。

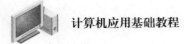

1）插入图像

在制作网页时，为了保证图像文件所在目录的正确性，插入的图像应该和网页位于同一个站点内，如果图像不在当前站点，Dreamweaver 会提示用户将文件复制到当前站点的文件夹中。

在“index. html”页面中，需要在表格顶部插入图片，具体操作步骤如下。

（1）将表格第一行的四个单元格合并。

（2）选择“插入”→“图像”命令，弹出如图 11－21 所示对话框，这个对话框列出了当前站点下的目录，供用户选择当前站点中的图像文件，选择 image 文件夹下的图像 top. jpg，单击“确定”按钮。

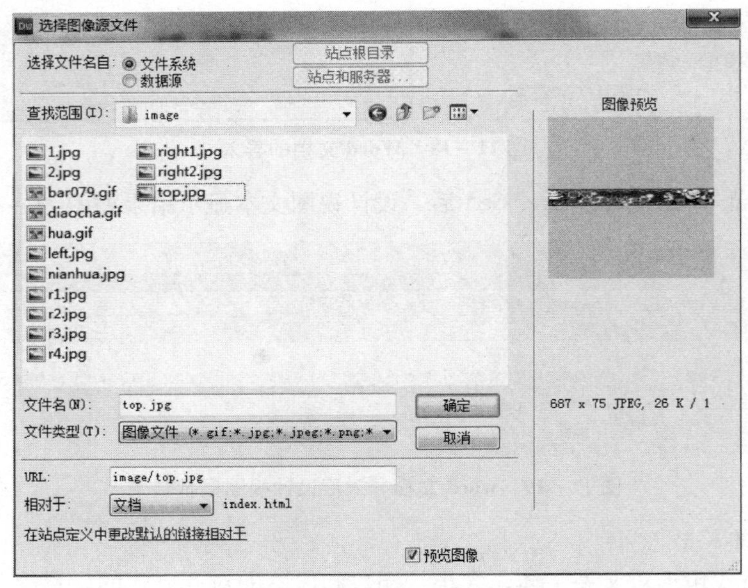

图 11－21　“选择图像源文件”对话框

另外，还需要在第三行的第一个单元格依次插入图片 right1. jpg、r1. jpg、r2. jpg、r3. jpg、r4. jpg，并设置单元格背景颜色为#B71802，以及在第三行第三个单元格中插入图像“diaocha. gif”，并设置单元格背景颜色为#B71802，操作方法参考上述步骤。

提示：

如果在插入图片时，没有将图片保存在站点的根目录下，就会弹出如图 11－22 所示的对话框，提醒用户要把图片保存在站点内部，这时单击“是”按钮，然后选择本地站点的路径将图片保存。否则，当发布站点时，图片不能正常显示。

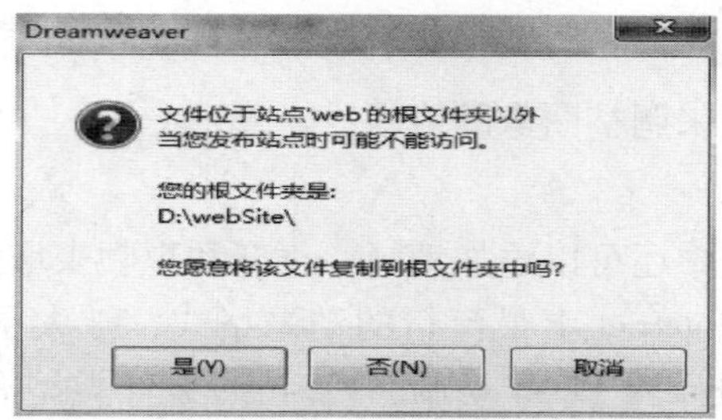

图 11－22　图像文件在站点外，“提示保存文件”对话框

2）设置图像属性

选中图像后，在属性面板中显示该图像的属性，如图 11－23 所示。

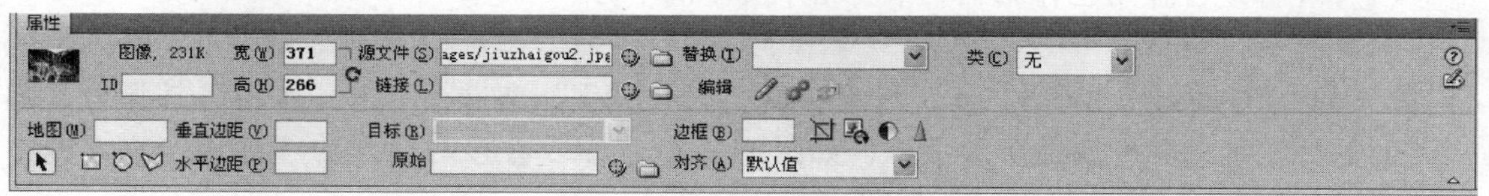

图 11－23　图像属性面板

下面介绍图像属性面板上各选项的含义。

在属性面板的左上角，显示当前图像的缩略图，同时显示该图像文件的大小。在缩略图右侧有一个文本框，在其中可以输入图像的标记名称（id），在使用 Dreamweaver 的行为（例如交换图像）或编写脚本代码时可以通过 id 引用该图像。

（1）宽和高。以像素为单位指定图像的宽度和高度。如果图像大小与原图不一致，宽、高文本框中的数字会用粗体显示；当然也可以通过修改这里的数值对图片进行缩放。单击高度和宽度后面的按钮可以恢复图像的原始大小。

（2）源文件。用于显示当前图像源文件的路径。更改图像源文件可采用下列操作之一。

① 将“指向文件”按钮拖到“站点”面板中的某个图像文件。

② 单击其后的浏览文件按钮。

③ 手动输入图像的 URL 地址。

（3）链接。用于指定图像的链接。

（4）替换。用于显示和修改替换文本。

（5）编辑。启动在主菜单“编辑”的“首选参数”中指定的“外部编辑器”，并打开选定的图像进行编辑。其中，单击（编辑图像设置）按钮可对图像进行预览和优化。

（6）地图。可以利用其下面的热点工具在图像中绘制热点，在文本框中为热点区域命名。

（7）垂直边距和水平边距。可以为图像的四周添加边距，以像素为单位。

“目标”项与“链接”项相关，为链接目标选择打开方式。

（8）边框。用于为图片设置边框宽度，以像素为单位，默认无边框。

（9）裁剪按钮。用来修剪图像的大小，从所选图像中删除不需要的区域。

（10）重新取样按钮。用来对已经调整大小的图像进行重新取样，提高图片在新的大小和形状下的品质。

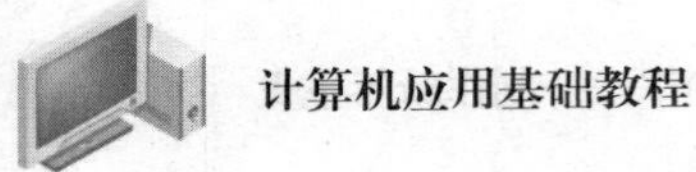

（11）亮度和对比度按钮。用来修改图像中像素的亮度和对比度。

（12）锐化按钮。用来调整图像的清晰度。

3）插入动画

除了图像以外，在网页中还可以添加动画、声音和视频来增强网页的表现力，丰富文档的显示效果。Flash 动画是 Internet 上最流行的动画格式，被大量应用于网页中。在 Dreamweaver CS5 中可以很方便地插入 Flash 动画。Flash 的文件类型有：FLA 文件（.fla）、SWF 文件（.swf）、FLV 文件（.flv）。

在“index.html”页面中，需要在第三行的第二个单元格中文字的下方插入媒体“553.swf”，具体操作步骤如下。

（1）光标定位在第三行第二个单元格中文字的下方。

（2）选择“插入”→“媒体”→“SWF”命令，弹出“选择 SWF”对话框。在弹出的“选择 SWF”对话框中选择 Flash 文件夹下的“553.SWF”文件，单击“确定”按钮后，弹出“对象标签辅助功能属性”对话框，如图 11－24 所示。在该对话框的“标题”文本框中输入“新年祝福”，单击“确定”按钮。

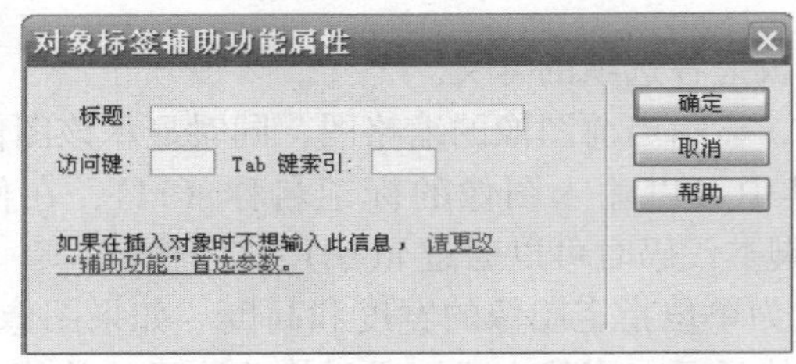

图 11－24　“对象标签辅助功能属性”对话框

动画插入到文档后，插入的 Flash 动画在“文档”窗口中以一个带有字母 F 的灰色框来表示，最外围有一个选项卡式蓝色外框，即显示一个 SWF 文件占位符，如图 11－25 所示。此选项卡指示资源的类型（SWF 文件）和 SWF 文件的 ID，上面所示的眼睛图标可用于在 SWF 文件和用户在无正确的 Flash Player 版本时看到的下载信息之间切换。

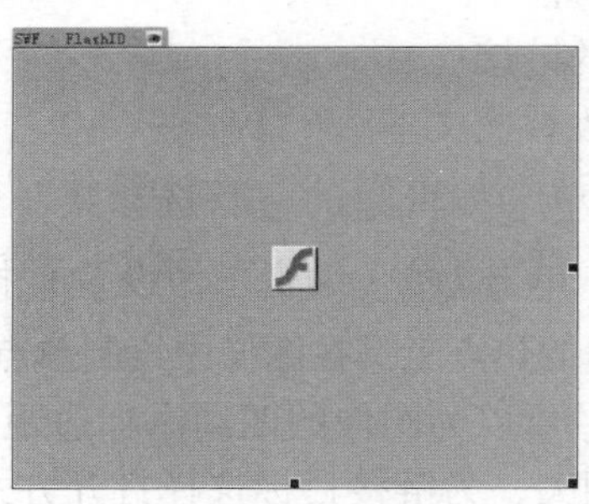

图 11－25　插入 Flash 动画

4）设置 SWF 文件的属性

在文档窗口选中这个 Flash 动画，就可以在属性面板（如图 11－26 所示）中设置它的属性了，属性面板中各参数说明如下。

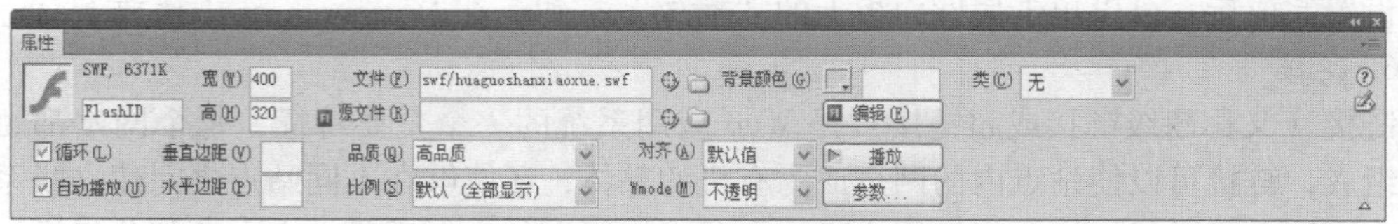

图 11－26　Flash 文件属性

ID：为 SWF 文件指定唯一的 ID，以方便进行脚本撰写。

宽、高：以像素为单位指定动画的宽度和高度。如果 SWF 大小与原始的不一致，宽、高文本框中的数字会用粗体显示；当然也可以通过修改这里的数值对 SWF 文件进行缩放。单击高度和宽度后面的按钮可以恢复 SWF 的原始大小。

文件：用于显示 Flash 文件的路径。更改 SWF 文件可采用下列操作之一。

① 将“指向文件”按钮拖到“站点”面板中的某个 SWF 文件。

② 单击其后的浏览文件按钮。

③ 手动输入 SWF 文件的 URL 地址。

源文件：指定 Flash 源文档（FLA）的路径。

背景：指定影片区域的背景颜色。在不播放影片时（在加载时和播放后）也显示此颜色。

编辑：允许用户启动 Flash 以更新 FLA 文件。如果计算机上没有安装 Flash，此按钮将被禁用。

类：可用于对 SWF 文件应用 CSS 类。

循环：选中该选项时动画将连续播放；如果没有选中该选项，则动画在播放一次后即停止播放。

自动播放：如果选中该选项，则在加载页面时自动播放动画。

垂直边距、水平边距：指定动画上、下、左、右空白的像素数。

品质：在动画播放期间控制抗失真。设置越高，影片的观看效果就越好；但这要求更快的处理器以使动画在屏幕上正确显示。“低品质”设置更看重速度而不是效果；而“高品质”设置则更看重效果而非速度；“自动低品质”设置优先看重速度，如有可能则改善效果；“自动高品质”设置优先看重效果，但有可能会因为速度而影响效果。

比例：确定动画如何匹配在宽度和高度文本框中设置的尺寸。“默认值”设置显示整个动画；“无边框”使动画适合设定的尺寸，因此无边框显示并维持原始的纵横比；“严格匹配”对动画以适合设定的尺寸进行缩放，而不管纵横比如何。

对齐：确定动画在页面上的对齐方式。

播放：在文档窗口中播放 SWF 文件。

Wmode：为 SWF 文件设置 Wmode 参数以避免与 DHTML 元素（如 Spry Widget）相冲突。默认值是不透明，如果为了使页面的背景在 Flash 下能够衬托出来，可以在对话框中设置参数为“Wmode”，值为“transparent”。这样在任何背景下，Flash 动画都能实现透明背景的显示。

参数：用于打开一个对话框，可在其中输入传递给动画的附加参数。SWF 文件必须已设计好，可以接收这些附加的参数。

设置完成后，可以单击属性面板上的“播放”按钮，在 Dreamweaver 中播放 Flash。

6. 链接

链接（又称超级链接或超链接）是 Web 应用系统的一个主要特征，每个网站都由很多网页组成，链接可以使站点内的网页成为有机的整体，还能够在不同站点之间建立联系。链接是在页面之间进行切换和指导用户进入一些未知页面的主要手段，它由两部分组成：链接载体（源端点）和链接目标（目标端点）。许多页面元素可以作为链接载体，如文本、图像、图像热区、轮替图像、动画等。而链接目标可以是任意网络资源，如页面、图像、声音、程序、其他网站、E-mail，甚至是页面中的某个位置——锚点。当浏览者单击已经设置链接的链接载体后，链接目标将显示在浏览器上或根据目标的类型来打开或运行。

1）文本链接

在“index. html”页面中，需要将导航菜单中的“春节习俗”和“春节年画”设置链接，具体操作步骤如下。

（1）在“文档”窗口的“设计”视图中选择文本“春节习俗”。

（2）选择“窗口”→“属性”命令，打开属性面板，如图 11-27 所示。

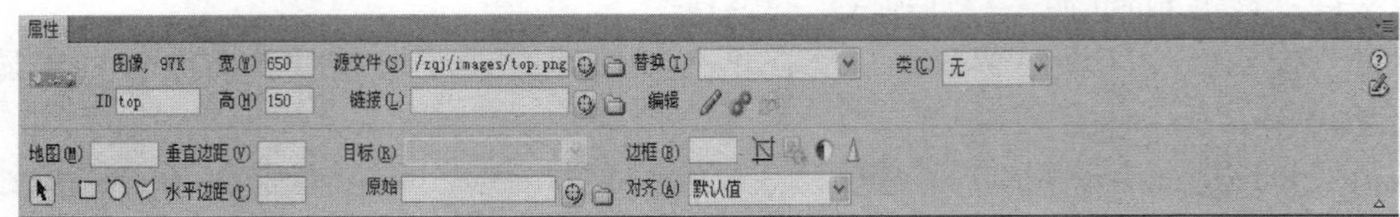

图 11-27　属性面板

（3）单击属性面板的“链接”文本框中右侧的“浏览文件”按钮，在“选择文件”对话框中选择浏览并选择链接的目标文件“xisu. . html”，如图 11-28 所示，在 URL 文本框中显示了被链接文件的路径，在“相对于”下拉列表中可以选择“文件”或“站点根目录”来设置文档相对路径或站点根目录相对路径。

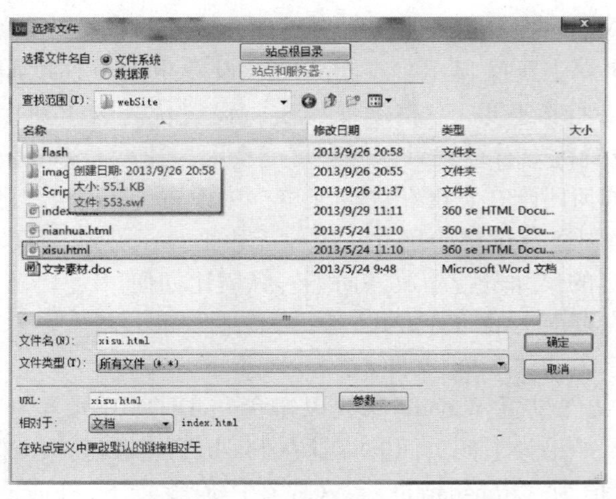

图 11-28　“选择文件”对话框

（4）在“属性”面板的“目标”下拉列表中，选择链接目标网页打开时所在的位置。下拉列表中一般有 5 个选项，其含义如下。

__blank 或__new：在新的浏览器窗口打开链接文档。

__parent：在该链接所在框架的父框架或父窗口中打开链接文档。如果包含链接的框架不是嵌套框架，则在整个浏览器窗口中打开所链接的文档。

__self：在和链接所在的同一框架或窗口中打开链接文档，此选项为默认选项。

__top：用整个浏览器窗口打开链接文档。

另外，需要把“春节年画”链接到页面“nianhua. html”，操作方法与上述步骤类似。链接后的效果如图 11－29 所示。

春节习俗　　　　　　　春节年画

图 11－29　链接效果图

2）锚记链接

锚记链接是指链接到同一个网页或不同网页中指定位置的超链接。当一个网页内容很多、很长，浏览者靠拖动滚动条寻找感兴趣的内容很不方便，这时可以根据网页的内容，将其分为若干个主题，每个主题设置一个“命名锚记”，创建到这些命名锚记的链接，可以使用户快捷定位到自己感兴趣的主题上。

创建到命名锚记的链接首先需要创建命名锚记，然后再创建到该命名锚记的链接。

3）电子邮件链接

单击电子邮件链接可以使用户使用与浏览器相关联的邮件程序（如 Outlook Express）打开一个“新邮件”窗口，如图 11－30 所示。在“新邮件”窗口中，“收件人”文本框自动显示电子邮件链接中指定的地址。

选择“插入”→“电子邮件链接”命令和属性面板可以创建电子邮件链接。

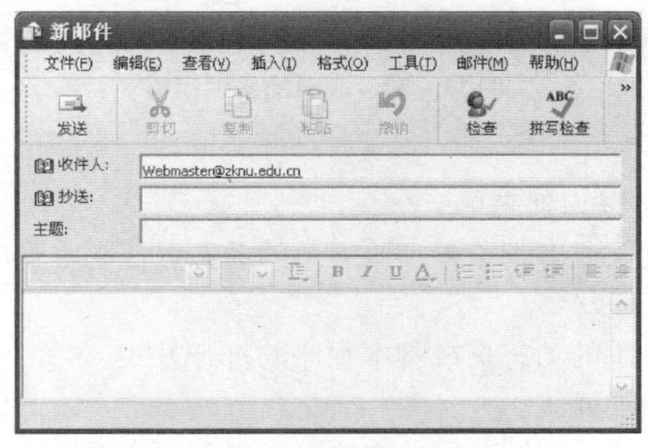

图 11－30　“新邮件”窗口

4）图像地图

要在图像上添加多个超链接，可以使用 Dreamweaver 提供的图像地图功能。图像地图指已被分为多个热点的图像，每个热点均可定义相应的链接，单击图像地图的不同热点可以链接到不同的文档或执行相应操作，热点形状可以是矩形、圆形或者多边形。热点位置可自行设定，创建热点的方法是：首先选定图片，然后在“属性”面板中选择 中的一个，在图片上画出一个圆、矩形或多边形的热点区域；最后，在热点的“属性”面板中创建超链接。

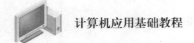

7. 表单

表单为用户输入信息提供了一种有序的结构，表单中用来输入信息的各种表单元素称为表单域，常用的表单域有文本域、单选按钮、复选框、列表、按钮等。通常给每个表单域添加一个标签，如“用户名”，用来提示用户在这个表单域中应该输入什么信息。

在浏览网页时常常会看到用来收集信息的页面，页面中包含一些按钮、文本框和列表等，这就是表单页面。用户首先在文本框、单选和复选框等表单元素中填写信息，最后通过按钮提交信息。表单中的元素很多，统称为表单对象。这些对象分别用于实现不同的功能。

1）插入表单

表单是存放其他表单对象的容器，用来限制其他表单对象的插入范围。定义表单包括表单的插入和表单的属性设置。

在“index. html”页面中，需要在表格第三行第三列中图像的下方插入一个表单，具体操作步骤如下。

（1）把光标定位在表格第三行第三列中图像的下方。

（2）选择“插入”→“表单”→“表单”命令，插入一个表单，插入后的表单在文档中用红色虚线表示，如图 11－31 所示，各个表单域都要放在这里面。

图 11－31　文档区中的表单

插入表单后，选中表单或把插入点放到表单内部，打开属性面板，如图 11－32 所示。

图 11－32　表单的属性面板

其中各个选项的含义如下。

表单 ID：为表单命名以识别表单。

动作：在文本框中输入或者浏览处理该表单的动态页或脚本程序，用于处理表单提交的数据。

目标：设置处理该表单的动态页或脚本程序的打开方式。

类：可为表单对象附加样式。

方法：设置表单数据传输到服务器的方法，有以下 3 个选项。

POST：在 HTTP 请求中嵌入表单数据。

GET：将浏览者提供的信息附加到请求该页的 URL 中，该方法对信息长度进行了限制且没有保密性，不提倡使用。

默认：等同于 GET。

编码类型：通常和 POST 方法配合使用，用于指定对提交给服务器进行处理的数据使用编码编辑类型。

2）文本域

插入了表单之后，就可以在该“容器”中插入其他的表单对象了。文本域是常用的表

单对象，主要用来收集用户输入的文字信息。文本域可分为单行文本域、多行文本域和密码文本域。

在“index. html”页面中，需要在第三行第三列的表单中“用户名”之后插入单行文本域，具体操作步骤如下。

（1）把光标定位在“用户名”之后。

（2）选择“插入”→“表单”→“文本域”命令，插入一个单行文本域，并设置字符宽度为“10”。

另外，还需要在“密码”之后插入密码文本域及在“对本站有何建议”之后插入多行文本域，操作方法与上述步骤类似，其中，类型“密码”和“多行”可以通过“属性”面板中的“类型”来设置，如图 11－33 所示。

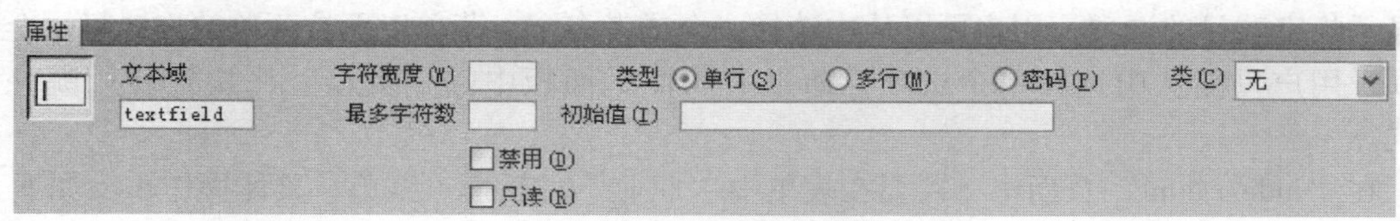

图 11－33　文本域属性面板

面板中各个部分的含义如下。

文本域：为文本域命名。

字符宽度：设置当前文本域显示的最大长度，默认显示 24 个英文字符，由于一个中文字符等于两个英文字符宽度，故默认显示 12 个中文字符。

最多字符数：在文本框中可以输入的最多字符数。

类型：包括单行、多行和密码类型，分别代表 3 种不同的文本域。

初始值：页面载入时在该文本域中默认显示的字符。

禁用：选中该项时文本域不可用。

只读：选中该项时文本域中内容为“只读”状态。

3）单选按钮和复选框

单选按钮和复选框是让用户在给定的项目中进行选择的表单对象。顾名思义，单选按钮用于单项选择，复选框用于多项选择。

单选按钮分为单选按钮和单选按钮组两类。前者是每次插入一个单选按钮，后者可以实现一次插入多个单选按钮。单选按钮用于只能有一个选择的选项，如性别、婚否等。

在“index. html”页面中，需要在表单中“性别”之后插入单选按钮，具体操作步骤如下。

（1）把光标定位在“性别”之后。

（2）选择“插入”→“表单”→“单选按钮”命令，插入两个单选按钮，初始状态均为“未勾选”。

单选按钮的属性面板如图 11－34 所示。

图 11－34　单选按钮属性面板

复选框用于让用户在多个选项中进行不唯一的选择（如兴趣爱好等）。

在“index. html”页面中，还需要在“爱好”之后插入复选框，插入复选框的方法类似于上述几个表单对象。复选框的属性面板如图 11－35 所示。

图 11－35　复选框属性面板

4）列表/菜单

当需要选择的项目比较多时，为了节省空间，可以把这些选项集中到一个“列表/菜单”的表单对象当中，供用户选择，例如证件类型、月份选择等。列表在一个滚动的列表中显示规定数目的选项，用户可以从中选择一个或者多个，菜单以下拉菜单的方式显示全部选项，用户只能从中选择单个选项，通过“属性”面板中的“类型”来决定使用哪一种形式。

在“index. html”页面中，需要在表单中“职业”之后插入菜单，具体操作步骤如下。

（1）把光标定位在“职业”之后。

（2）选择“插入”→“表单”→“列表/菜单”命令，插入一个菜单，列表值为“教师”、“学生”、“其他”。

其属性面板如图 11－36 所示。

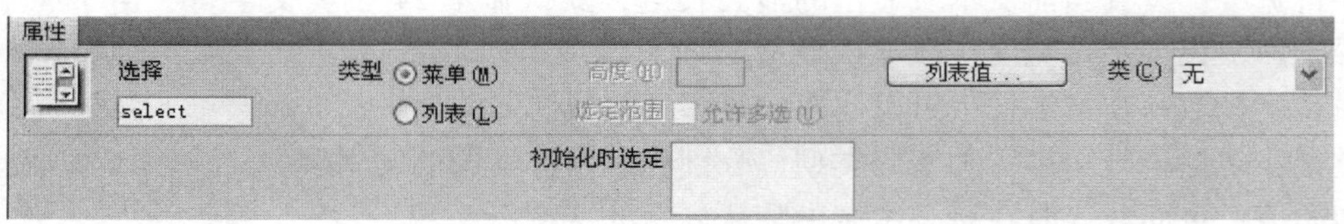

图 11－36　选择属性面板

单击“属性”面板中的“列表值”按钮，在弹出的对话框中可以添加供选择的选项，单击或按钮添加或删除项目，如图 11－37 所示。

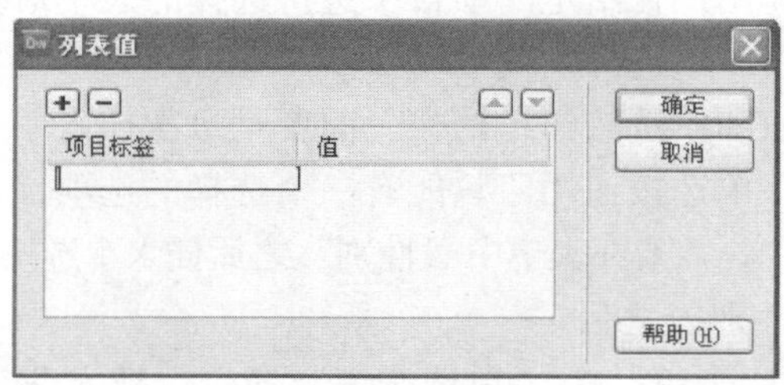

图 11－37　菜单

5）按钮

按钮用来发送或复位表单数据，使用户能够在输入信息后，用该命令发送或修改信息。按钮上显示的文字由“值”来设置。提交和重设是系统按钮，当按钮的动作选择为“提交表单”时，按下该按钮时发送表单的内容；当按钮的动作选择为“重设表单”时，按下该按钮后表单的内容还原为默认值。

在“index. html”页面中，需要在表单的最后插入“提交”按钮和“重置”按钮，具体操作步骤如下。

（1）把光标定位在表单的最下方。

（2）选择“插入”→“表单”→“按钮”命令，插入两个按钮，动作分别为“提交表单”和“重设表单”。

按钮的属性面板如图 11－38 所示。

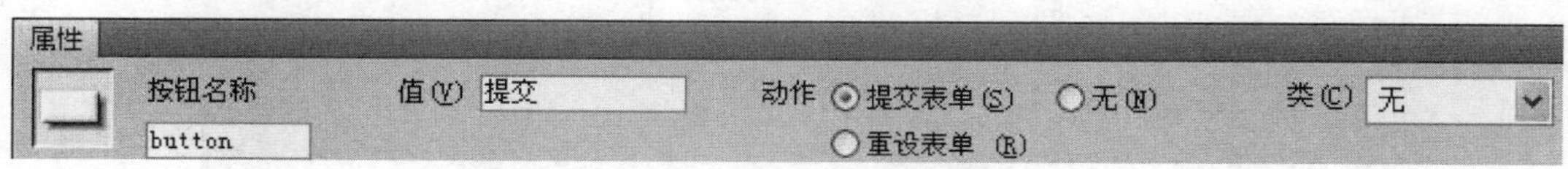

图 11－38　按钮属性面板

11.2.4　知识拓展

1. CSS 样式

1）CSS 样式面板

Dreamweaver 中一般使用“CSS 样式”面板查看、创建、编辑和删除 CSS 样式，并且可以在“CSS 样式”面板中将外部样式表附加到当前文档。

执行“窗口”→“CSS 样式”命令或单击属性面板中的“CSS”按钮都可以打开 CSS 面板，如图 11－39 所示。

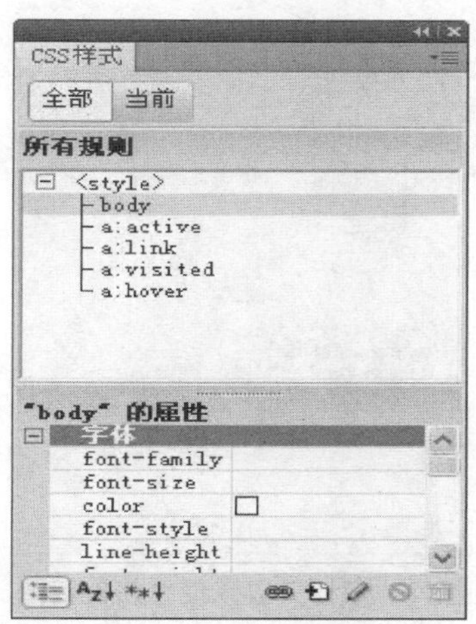

图 11－39　CSS 样式面板

“CSS 样式”面板中各个部分功能如下。

（1）显示类别视图按钮。单击该按钮，“CSS 样式”面板切换为“类别视图”状态，如图 11－40 所示。在该视图下，将 Dreamweaver 支持的 CSS 属性划分为 9 个类别：“字体”、“背景”、“区块”、“边框”、“方框”、“列表”、“定位”、“扩展”和“表、内容、引用”。每个类别的属性都包含在一个列表中，通过单击类别名称旁边的“加号”或“减号”按钮展开或折叠它。已经设置的属性将以蓝色文字出现在列表顶部。

（2）显示列表视图按钮。单击该按钮，“CSS 样式”面板切换为列表视图状态，如

图 11－41 所示。已定义样式显示在视图的前面，以方便查看。在该视图下将全部样式按字母顺序进行排列，这样可以根据字母排序进行编辑和查找。

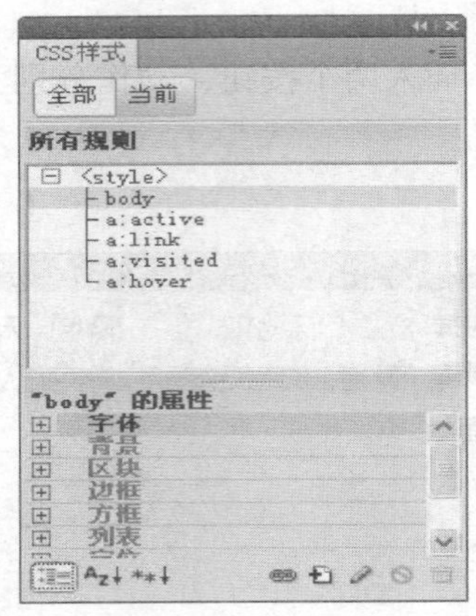

图 11－40　显示类别视图

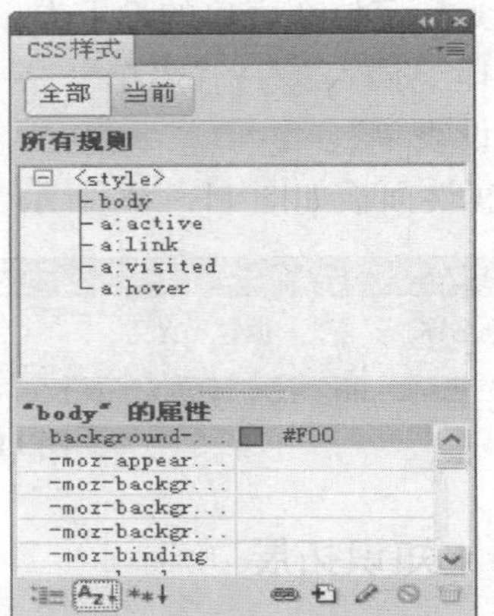

图 11－41　显示列表视图

（3）只显示设置属性按钮。单击该按钮，"CSS 样式"面板切换为只显示设置属性状态，如图 11－42 所示。在该视图下将全部已设置属性按字母顺序进行排列。单击面板下方的"添加属性"链接可添加新的属性。

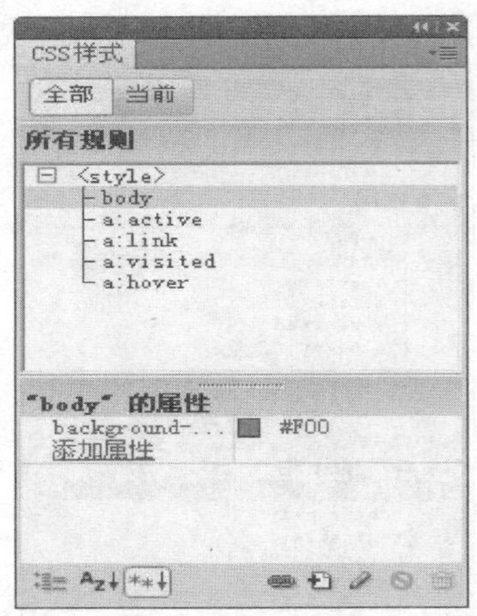

图 11－42　只显示设置属性视图

（4）附加样式表按钮。单击该按钮可打开"链接外部样式表"对话框，在该对话框中可以选择要链接到或导入到当前文档中的外部样式表。

（5）新建 CSS 规则按钮。单击该按钮可打开"新建 CSS 规则"对话框，新建一个样式。

（6）编辑样式按钮。选择一个样式后，单击该按钮可以打开"CSS 规则定义"对话框，可在该对话框中编辑当前文档或外部样式表中的样式。

（7）禁用/启用 CSS 属性。允许直接从 CSS 样式面板禁用和重新启用 CSS 属性。禁用 CSS 属性只会取消指定属性的注释，而不会实际删除该属性。

（8）删除 CSS 规则 。选择一个样式后，单击该按钮可删除所选样式，并从应用该样式规则的所有元素中删除格式。

2）创建 CSS 样式

使用 CSS 样式美化页面，首先应建立一个样式。

在“index. html”页面中，需要将“春节的由来”设置为居中、加粗，具体操作步骤如下。

（1）将插入点放在文档中，然后在“CSS 样式”面板中，单击面板右下侧的“新建 CSS 规则”按钮 或选择“格式”→“CSS 样式”→“新建”命令，打开“新建 CSS 规则”对话框，如图 11－43 所示。“选择器类型：“选择“类（可应用于任何 HTML 元素”，“选择器名称：”输入“. biaoti”，“规则定义”选择“仅限该文档”，单击“确定”按钮。

（2）在打开的“. biaoti 的 CSS 规则定义”中设置类型的粗细“粗体”、区块的文本对齐“居中”，单击“确定”按钮，即可建立 . biaoti 样式。

（3）选中“春节的由来”，单击属性面板中的类样式 . biaoti，即可把该样式应用于文本。

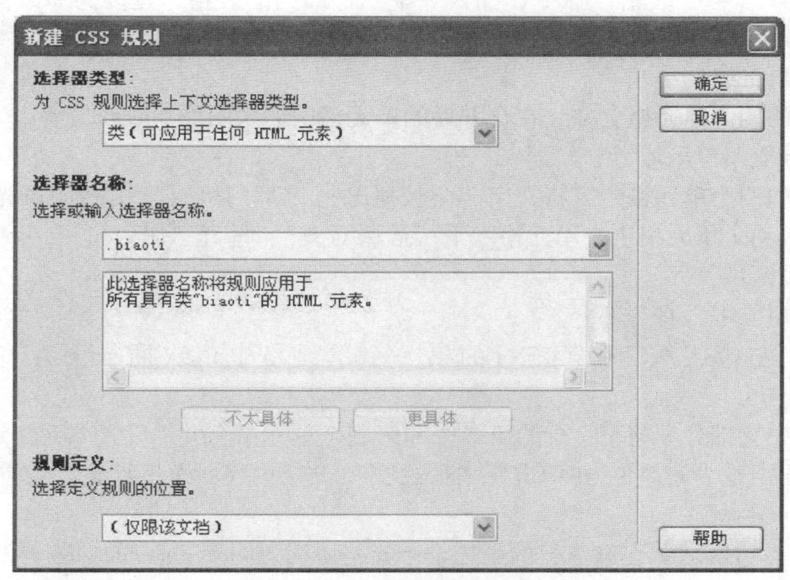

图 11－43　“新建 CSS 规则”对话框

11.3　任务总结

本章通过新年主页制作的任务，讲述了 HTML 语言基础、Dreamweaver 概述、表格及布局、文本、图像及链接的插入、表单的制作，要求学生了解 Dreamweaver 基础，理解 HTML 语言，掌握在页面出插入基本网页元素的方法，具备制作简单网页的能力。

11.4 实训

实训 校园主页的制作

1. 实训目的

（1）掌握表格的插入及属性设置。

（2）掌握文本、图像，链接的插入及设置。

（3）掌握表单及表单域的制作。

2. 实训要求及步骤

1）创建主页文件 index. html

新建网页文件（“文件”→空白页→HTML→无），保存名为“index. html”。设置页面属性：字体为宋体，字号 13 像素，文本颜色为#000，网页标题为“校园主页”。

选择“插入”→“表格”命令，插入一个三行四列的表格，宽度为 902 像素，边框粗细为 0 像素，单元格间距为 0。

2）设置顶部区域

将第一行的四个单元格合并，在合并后的单元格中插入图像 top. jpg。

3）设置导航菜单区域

在第二行的四个单元格中，将文字“学校概况”，“部门机构”，“校园风光”，“会员注册”，分别插入 4 个单元格中，单元格水平“居中对齐”、垂直“居中”。

4）设置主区域

主页分为左，中，右三部分。

（1）设置左边区域。在第三行的第一个单元格中依次插入图片 tp. jpg、L. gif、R. gif、xy. gif。

（2）设置中央部分。将第三行的第二个和第三个单元格合并，设置单元格水平“居中对齐”、垂直“居中”、背景颜色为#97CB76，插入文字，文字内容如样张所示。然后在文字下方插入媒体“computer. swf”。

（3）设置右边区域。在第三行的第三个单元格中插入图片 diaocha. gif，然后在图片下方插入一个表单，选择“插入记录→表单→表单”命令，在表单中插入 6 行 1 列的表格，依次在各个单元格中输入表单对象，在表单内添加内容如下。

① 用户名的文本域：单行，字符宽度为 10。

② 密码的文本域：密码，字符宽度为 10。

③ 性别的单选按钮，男初始状态为“已勾选”，选定值为 1，女初始状态为“未选中”，选定值为 0。

④ 爱好的复选框，阅读和体育运动，初始状态均为“未选中”，选定值 0。

⑤ 职业的列表/菜单，类型为“列表”，高度为 3，列表值为学生，教师，其他。

⑥ 你觉得本站还应改进哪些单选按钮组，站点风格、站点内容、其他意见，初始状态均为“未选中”。

⑦ 提交和重置按钮，提交按钮的动作为“提交表单”，重置按钮的动作为“重设表单”。

5）保存

注意保存，返回主页“index. html”，将“校园风光”文字超链接到 xyfg. html。

最终效果如图 11 - 44 所示。

图 11 - 44　校园主页效果图

第 12 章　常用工具软件

随着信息化技术的不断进步和推广，计算机已经成为现代人们工作和生活不可或缺的工具，因此，掌握一些常用的工具软件，可以更加方便地解决实际中遇到的问题，提高工作效率。本章主要介绍绘图工具 Visio 2010 的简单应用，以及常用杀毒工具、解压缩软件及下载工具的使用。

12.1　绘图工具 Visio 的使用

王霄是计算机科学系的一名学生，全国计算机等级考试即将到来，陈老师请王霄绘制一个计算机等级考试报名流程图放到网站和展板上，为大家了解全国计算机等级考试报名流程提供方便，王霄利用 Visio 2010 完成了该图的绘制，最终效果如图 12－1 所示。

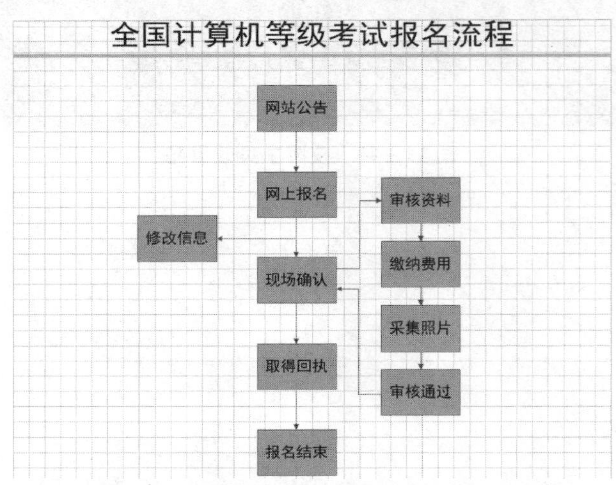

图 12－1　全国计算机等级考试报名流程图

12.1.1　认识 Visio 2010

1. Visio 2010 简介

Visio 2010 是微软公司出品的一款专业的绘图软件，具有使用简单与操作便捷的特点。能够帮助用户将自己的思想、设计与最终产品演变成形象化的图像进行传播，同时还可以帮助用户制作富含信息和富有吸引力的图标、绘图及模型，从而使文档的内容更加丰富、更容易克服文字描述与技术上的障碍，让文档变得简洁、易于阅读和理解。

目前 Visio 2010 已成为市场上最优秀的绘图软件之一，其强大的功能与简单操作的特征深受广大用户青睐，已被广泛应用于软件设计、项目管理、企业管理、建筑、电子、机械、通信等众多领域中。

2. 认识 Visio 2010 界面

Visio 2010 与 Word 2010、Excel 2010 等 Office 组件的窗口界面大体相同，Visio 2010 窗口如图 12－2 所示。

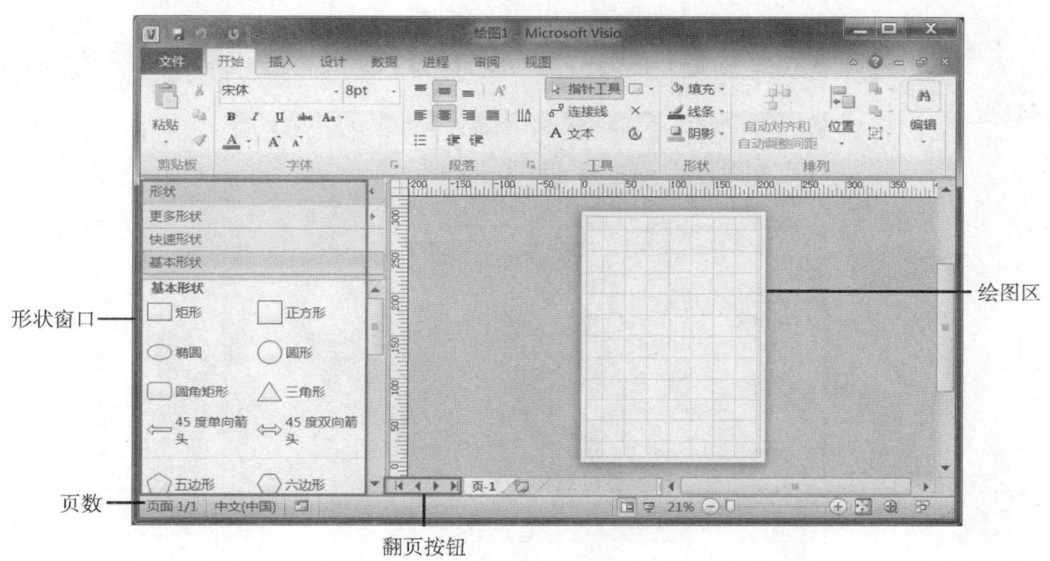

图 12－2　Visio 2010 窗口

12.1.2　计算机等级考试报名流程图

绘制计算机等级考试报名流程图具体操作步骤如下。

（1）启动 Visio 2010，选择“文件”→“新建”→“流程图”→“基本流程图”命令，单击“创建”按钮，如图 12－3 所示。

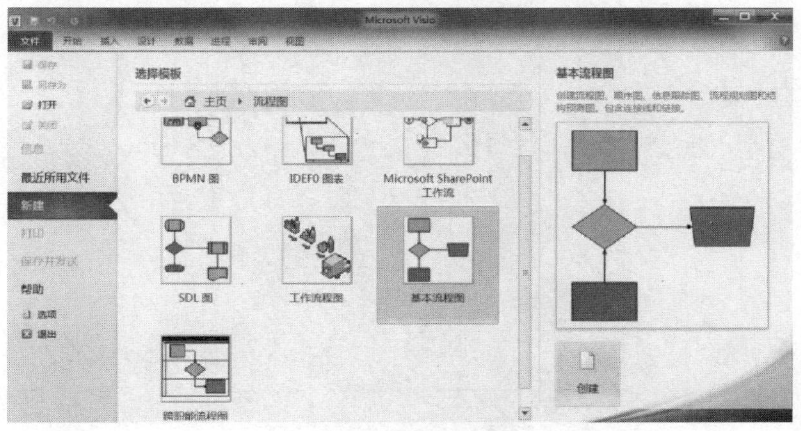

图 12－3　创建基本流程图

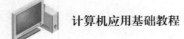

（2）选择“设计”→“纸张方向”→“纵向”命令，如图12－4所示。

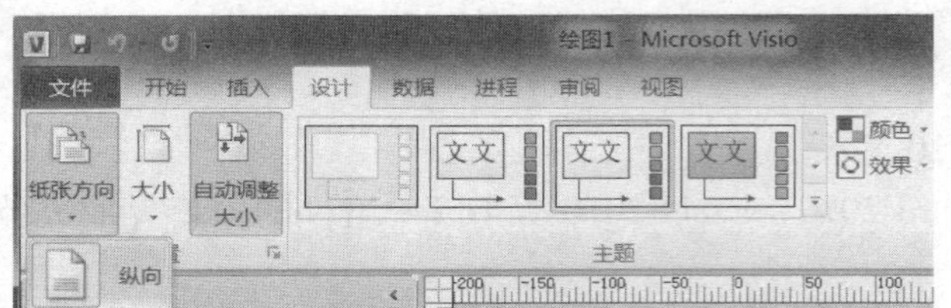

图12－4　设置纸张方向

（3）选择“设计”→“边框和标题”→“字母”命令，如图12－5所示，为绘图页添加背景页。

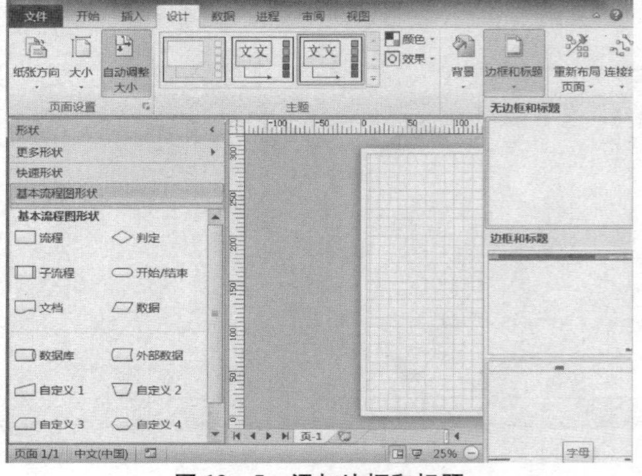

图12－5　添加边框和标题

（4）在状态栏中选择“背景－1”绘图页，选择其中的“标题”形状，输入标题文本“全国计算机等级考试报名流程”，将字体设置为“黑体”，字号设置为“28”，将页面下方的“页面0”形状选中并删除。如图12－6所示。

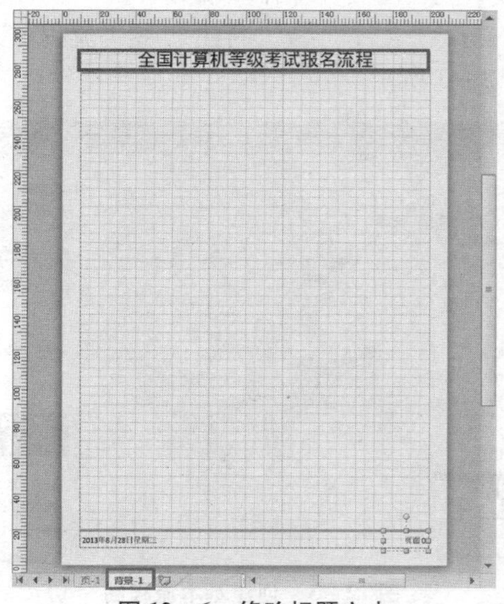

图12－6　修改标题文本

（5）在状态栏中选择“页 – 1”绘图页，从窗体左侧的“基本流程图形状”中拖动“流程”形状到“页 – 1”绘图页中，如图 12 – 7 所示。

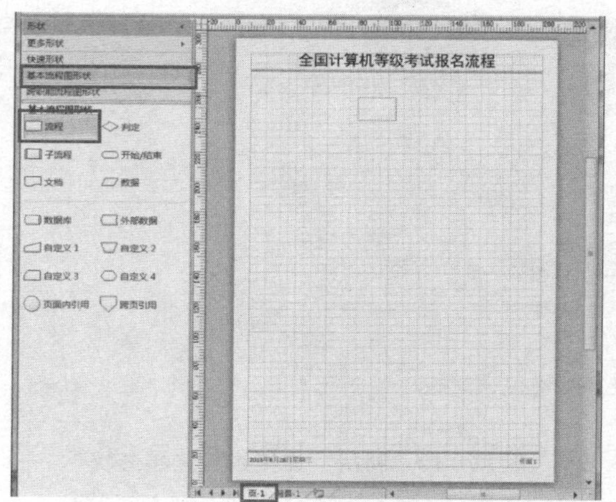

图 12 – 7　添加形状

（6）选中“页 – 1”中新添加的“流程”形状，添加文本“网站公告”，如图 12 – 8 所示。

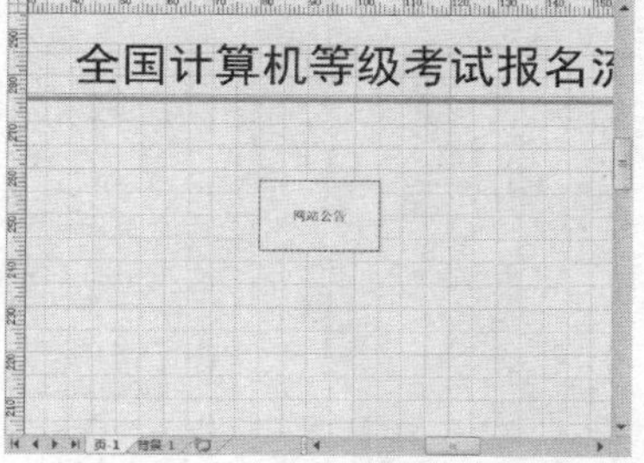

图 12 – 8　设置形状内文本内容

（7）利用上述方法，依次添加其他形状并添加形状内内容，如图 12 – 9 所示。

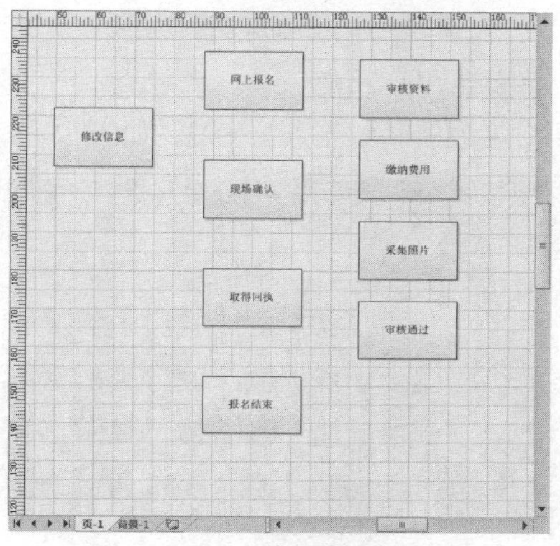

图 12 – 9　完成形状添加

（8）在“开始”→“工具”中选择“连接线”命令，拖动鼠标连接“网上报名”和“现场确认”形状，如图 12－10 所示。

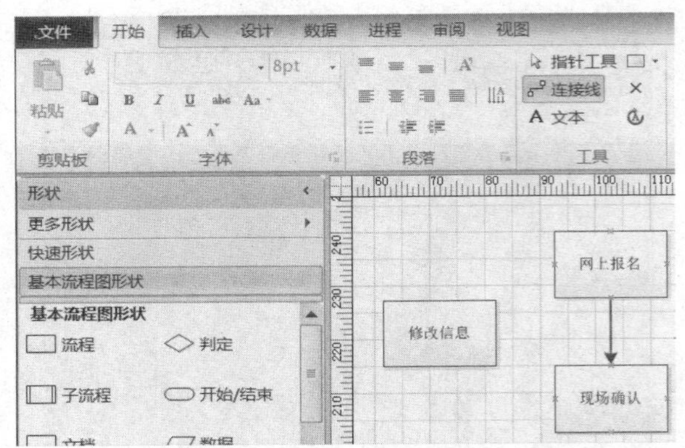

图 12－10　利用“连接线”连接形状

（9）依次连接其他形状，最终效果如图 12－11 所示。

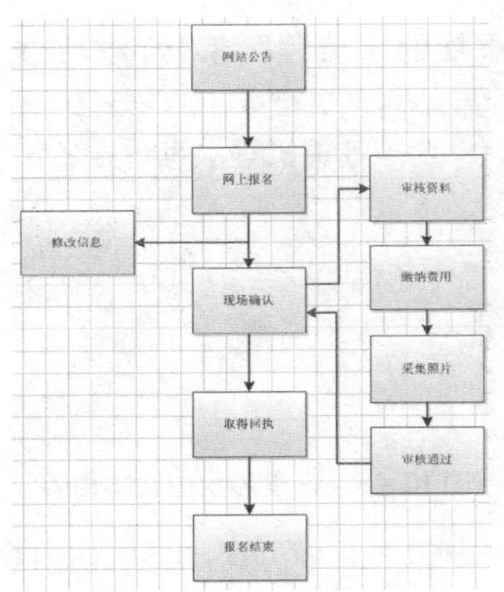

图 12－11　添加所有的连接线

（10）选中所有形状，设置字号为“14”。

（11）选择“设计”→“主题”→“至点”主题，如图 12－12 所示，完成最终效果。

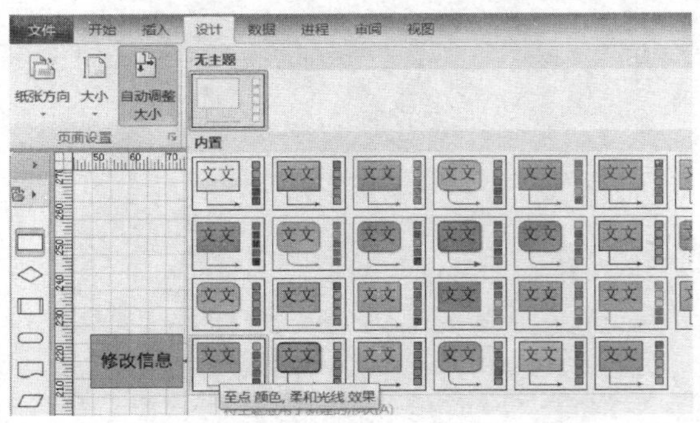

图 12－12　设置主题

12.2　安全工具软件

杨晓燕最近发现自己的计算机经常莫名死机，而且打开网页的速度和计算机开机速度都非常慢，她咨询了班里的计算机高手，得知自己计算机出现这种情况十之八九是计算机病毒造成的，需要利用查杀病毒工具对计算机进行一次整体的杀毒和维护，同时需要安装一些安全辅助软件，用来监控防范和查杀流行木马、清理系统中的恶评插件，及时修复系统漏洞，提高计算机的安全性。

12.2.1　查杀病毒工具

杀毒软件，也称反病毒软件或防毒软件，是用于消除计算机病毒、特洛伊木马和恶意软件等对计算机造成安全威胁的一类软件。杀毒软件通常集成监控识别、病毒扫描和清除和自动升级等功能，有的杀毒软件还带有数据恢复等功能，是计算机防御系统的重要组成部分。国内著名的反病毒软件有：360 杀毒、金山毒霸和瑞星杀毒软件。

12.2.2　360 杀毒

360 杀毒是 360 安全中心出品的一款免费的云安全杀毒软件，具有查杀率高、资源占用少、升级迅速等优点。同时，360 杀毒可以与其他杀毒软件共存，是一个理想杀毒备选方案。360 杀毒是一款一次性通过 VB100 认证的国产杀毒软件，主界面如图 12－13 所示。

图 12－13　“360 杀毒”主界面

1. 查杀病毒

360 杀毒具有实时病毒防护和手动扫描功能，为系统提供全面的安全防护。

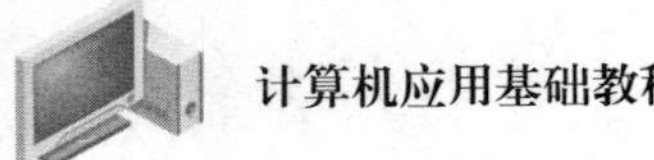

实时防护功能在文件被访问时对文件进行扫描，及时拦截活动的病毒。在发现病毒时会通过提示窗口进行警告。

360 杀毒提供了多种病毒扫描方式。

（1）快速扫描。扫描 Windows 系统目录及 Program Files 目录。

（2）全盘扫描。扫描所有磁盘。

（3）自定义扫描。扫描用户指定的目录（在该模式下，还预设了 Office 文档、我的文档、U 盘、光盘和桌面 5 种扫描方式）。

（4）右键扫描。当用户在文件或文件夹上右击时，可以选择“使用 360 杀毒扫描”对选中的文件或文件夹进行扫描。

杨晓燕决定对自己的计算机进行全盘扫描，如图 12－14 所示，由于全盘扫描的时间较长，她将该窗体下方的“扫描完成后自动处理威胁并关机”选中，这样 360 杀毒会在全盘扫描完成后自动关闭计算机。

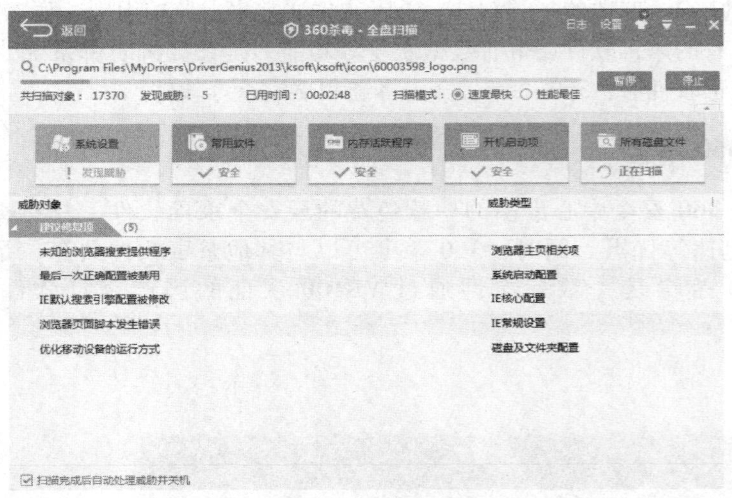

图 12－14　“全盘扫描”窗体

2. 处理扫描出的病毒

360 杀毒扫描到病毒后，会首先尝试清除文件所感染的病毒，如果无法清除，则会提示用户删除感染病毒的文件。

木马和间谍软件由于并不采用感染其他文件的形式，而是其自身即为恶意软件，因此会被直接删除。

3. 升级 360 杀毒病毒库

360 杀毒具有自动升级功能，如果开启了自动升级功能，360 杀毒会在有升级可用时自动下载并安装升级文件。杨晓燕觉得自动升级很方便，她将自己的 360 杀毒设置为自动升级，具体操作步骤如下。

单击 360 主界面上方的“设置”菜单，弹出“设置”对话框，在左边的选项卡中选中“升级设置”进入该选项卡，如图 12－15 所示，将右侧“自动升级设置”中的“自动升级病毒特征库及程序”选中，单击下方的“确定”按钮设置完成。

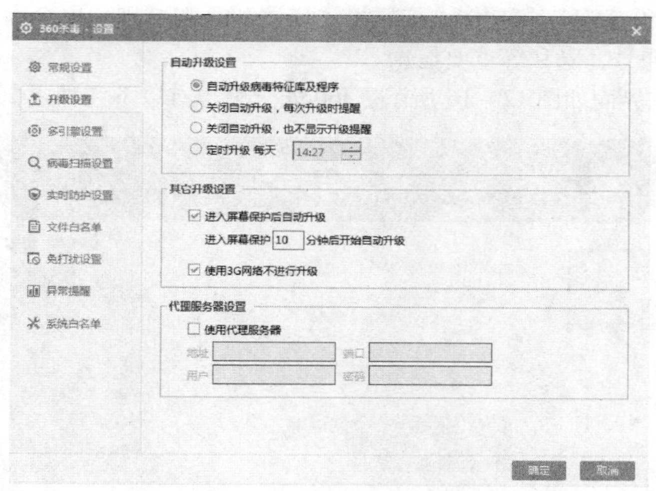

图 12－15　自动升级设置

提示：

360 杀毒软件其他常用的设置选项卡功能。

- 病毒扫描设置：设置扫描的文件类型，发现病毒时的处理方式等。
- 实时防护设置：可以设置防护级别、监护的文件类型和发现病毒时的处理方式、是否开启广告弹窗拦截器等。
- 文件白名单：设置扫描病毒时不用扫描的文件或目录、某种类型的文件。
- 免打扰设置：可以开启和关闭免打扰模式。

多数情况下可以直接使用系统的默认设置，也可以根据自己的需要进行设置。

12.2.3　安全辅助软件

安全辅助软件是一类可以帮助杀毒软件（又名安全软件）的辅助安全产品，主要用于实时监控、防范和查杀流行木马，清理系统中的恶评插件，管理应用软件，系统实时保护，修复系统漏洞并具有 IE 修复、IE 保护、恶意程序检测及清除功能等，同时还提供系统全面诊断，弹出插件免疫，阻挡色情网站及其他不良网站，以及端口的过滤，清理系统垃圾，痕迹和注册表，并且提供对系统的全面诊断报告，方便用户及时定位问题所在，为用户提供全方位系统安全保护。而且能够兼容绝大多数杀毒软件，安全辅助软件和杀毒软件同时使用，可以更大幅度地提高计算机安全性，稳定性和其他性能。目前最受欢迎的安全辅助软件有：360 安全卫士、金山卫士和腾讯电脑管家。

12.2.4　360 安全卫士

360 安全卫士是由 360 安全中心推出的一款功能强、效果好、受用户欢迎的上网安全软件。其拥有查杀木马、清理插件、修复漏洞、电脑体检、保护隐私等多种功能，并独创了

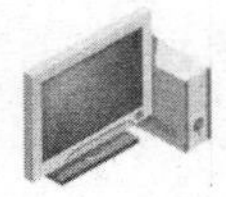

“木马防火墙”，“360 密盘” 等功能，依靠抢先侦测和云端鉴别，可全面、智能地拦截各类木马，保护用户的账号、隐私等重要信息。

360 安全卫士主界面如图 12－16 所示。360 安全卫士有以下几种主要功能。

图 12－16　360 安全卫士主界面

（1）电脑体检。全面检查用户电脑的各项状况。

（2）木马查杀。找出用户电脑中疑似木马的程序并在取得用户允许的情况下删除这些程序。

（3）系统修复。检查用户电脑中多个关键位置是否处于正常的状态，修复常见的上网设置、系统设置，为系统修复高危漏洞和功能性更新。

（4）电脑清理。集成了清理插件，清理痕迹，清理 Cookie，清理注册表，查找大文件等电脑文件检查和清理功能，通过电脑清理可以提高电脑的运行速度和上网速度，避免硬盘空间的浪费，并提供了一键清理功能，提高用户清理效率。

（5）优化加速。全面优化电脑系统，提升电脑速度。

（6）电脑专家。集成了“上网异常”、“电脑卡慢”、“软件问题”、“游戏环境”、“视频声音”、“其他问题” 等六大系统常见故障的修复工具，可以一键智能解决用户的电脑故障。

（7）手机助手这是 Android 智能手机的资源获取平台，提供海量的游戏、软件、音乐、小说、视频、图片，通过它可以轻松地下载、安装、管理手机资源。

（8）软件管家。聚合了众多安全优质的软件，用户可以方便、安全地下载。

1. 电脑体检

杨晓燕从同学那里了解到，利用 360 安全卫士提供的电脑体检功能对电脑进行定期体检可以有效地保持电脑的健康，因此每隔一段时间她都会使用该功能，具体操作步骤如下。

运行 360 安全卫士，将会提示用户进行电脑体检，如图 12－16 所示，单击“立即体检”按钮，360 安全卫士将会全面地检查电脑的各项状况。体检完成后会提交一份优化电脑的意见，如图 12－17 所示，可以根据需要对电脑进行优化。也可以单击“一键修复”按钮对所检测出的问题进行整体修复。

图 12 – 17　电脑体检结果

2. 木马查杀

利用计算机程序漏洞侵入后窃取文件的程序被称为木马。木马对电脑危害非常大，可能导致包括支付宝、网络银行在内的重要账户密码丢失。木马的存在还可能导致用户隐私文件被拷贝或删除。杨晓燕经常进行网络购物，所以及时查杀木马对她来说十分重要。进行木马查杀的具体操作步骤如下。

运行 360 安全卫士，选择“木马查杀”选项卡，如图 12 – 18 所示。用户可以选择“快速扫描”、“全盘扫描”和“自定义扫描”来检查电脑里是否存在木马程序。扫描结束后若出现疑似木马，用户可以选择删除或加入信任区。杨晓燕单击了 360 安全卫士推荐的“快速扫描”按钮，程序即开始自动扫描，如图 12 – 19 所示，扫描完成后，程序会给出木马查杀报告。

图 12 – 18　“木马查杀”界面

扫描项目	扫描统计	扫描结果
系统敏感启动项	共扫描112项	安全
系统环境变量	共扫描1项	安全
计划任务	共扫描72项	安全
驱动	共扫描126项	扫描中...
服务	共扫描0项	等待扫描...
镜像劫持	共扫描0项	等待扫描...
进程预加载项	共扫描0项	等待扫描...

图 12 – 19　“快速扫描”木马

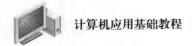

3. 系统修复

系统修复中提供了“常规修复”和“漏洞修复”两种功能。

当电脑浏览器主页、开始菜单、桌面图标、文件夹、系统设置等出现异常时，使用“常规修复”功能，可以帮用户找出问题出现的原因并修复问题。

系统漏洞可以被电脑黑客利用，从而通过植入木马、病毒等方式来攻击或控制整个电脑，窃取用户电脑中的重要资料和信息，甚至破坏用户的系统。使用“漏洞修复”功能，程序会自动扫描系统漏洞，并提供“立即修复”功能。

杨晓燕使用“常规修复”功能，对计算机进行了修复，具体操作步骤如下。

运行360安全卫士，选择“系统修复”选项卡，如图12－20所示。单击“常规修复”按钮，程序扫描系统并列出可修复项目，如图12－21所示。用户可以根据自己的需要，通过勾选各项前的复选框选择修复项目，最后单击“立即修复”按钮，即可完成所有选中项目的修复。

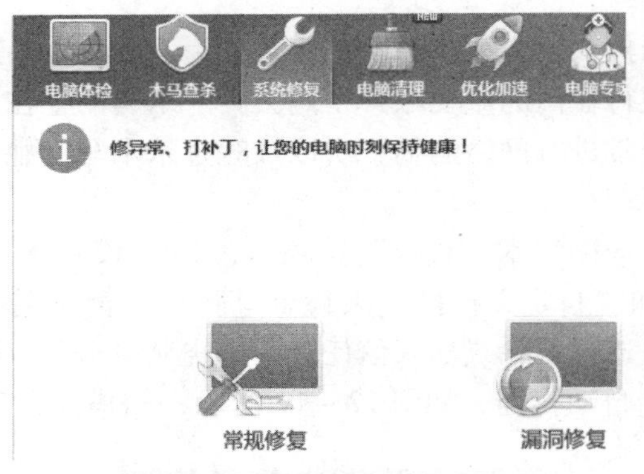

图12－20 “系统修复”界面

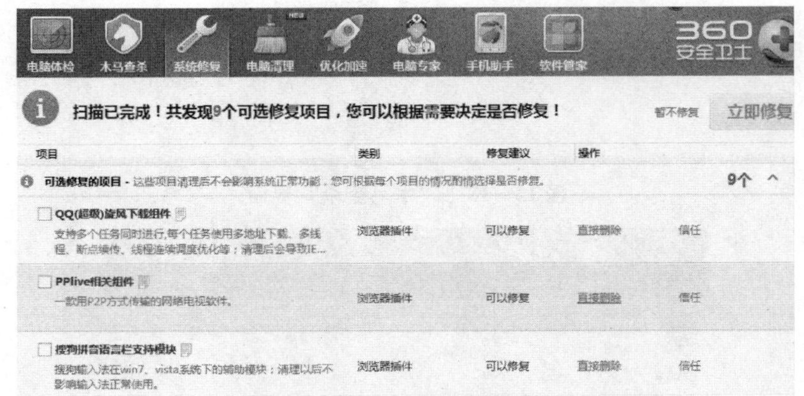

图12－21 扫描系统可修复项目

4. 电脑清理

杨晓燕发现自己的电脑用一段时间后，就会出现电脑的运行速度和上网速度慢、硬盘空间大幅减少的情况，她用杀毒工具进行查杀病毒也未发现有异常。老师建议她用一用360安全卫士提供的电脑清理功能，具体操作步骤如下。

运行 360 安全卫士，选择“电脑清理”选项卡，如图 12－22 所示。单击“一键清理”按钮，用户可以根据自己的需要，在五个大类中选择是否进行清理，同时，在各个大类中有些还有小类，用户可以单击“ ”展开各个小项进行选择。清理项目选择完成后，单击“一键清理”按钮，程序扫描系统完成清理并给出清理报告，如图 12－23 所示。

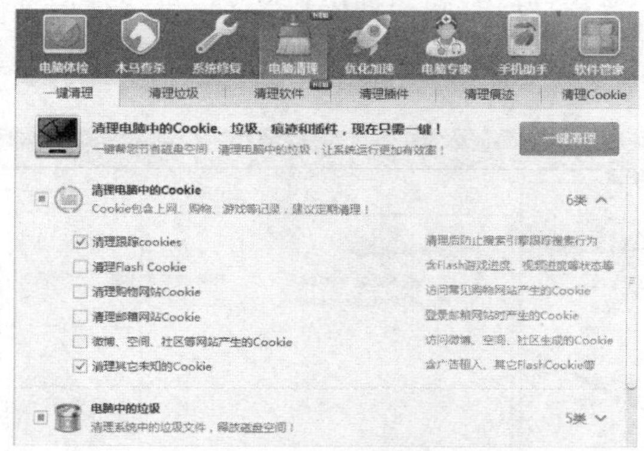

图 12－22　“电脑清理”界面

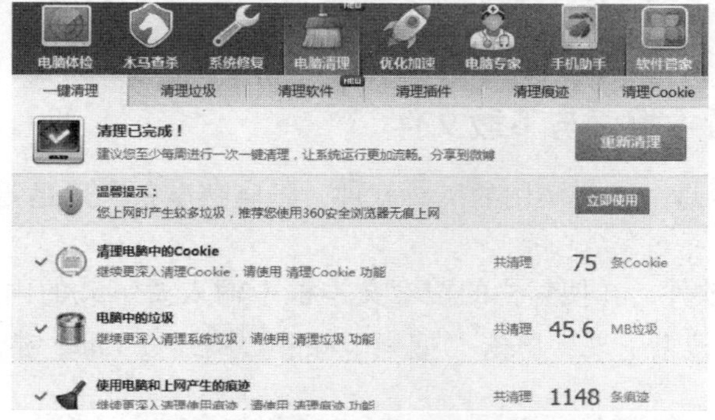

图 12－23　一键清理完成界面

12.3　常用下载工具的使用

杨晓燕在网络上浏览资源时常常会发现一些好的软件、音乐、视频或学习资源，她想把这些资源下载到自己的电脑中，方便日后使用和学习。但是她觉得 IE 自带的下载工具不能很好地满足自己的需要，有没有一个更好的下载工具帮助自己方便、高效地下载资源呢？

12.3.1　认识迅雷

下载工具是一种可以更快地从网上下载各种资源的软件。用下载工具下载之所以快是因为它们采用了“多点链接（分段下载）”技术，充分利用了网络上的多余带宽；采用“断点续传”技术，随时接续上次中止部位继续下载，有效避免了重复劳动。这大大节省了连线下载的时间。

迅雷凭借“简单、高速”的下载体验，正在成为高速下载的代名词。迅雷使用先进的超线程技术能够以更快的速度从第三方服务器和计算机获取所需的数据文件。这种超线程技术还具有互联网下载负载均衡功能，在不降低用户体验的前提下，迅雷网络可以对服务器资源进行均衡，有效降低了服务器负载。迅雷 7 主界面主要由“菜单栏”、“任务管理栏”、“任务列表”、“工具栏”、“信息栏”和“搜索栏”（提供“使用迅雷搜索”、“使用搜狗搜索”、“使用百度搜索”、“使用谷歌搜索”和“使用必应搜索”五种搜索引擎）六部分组成，如图 12－24 所示。

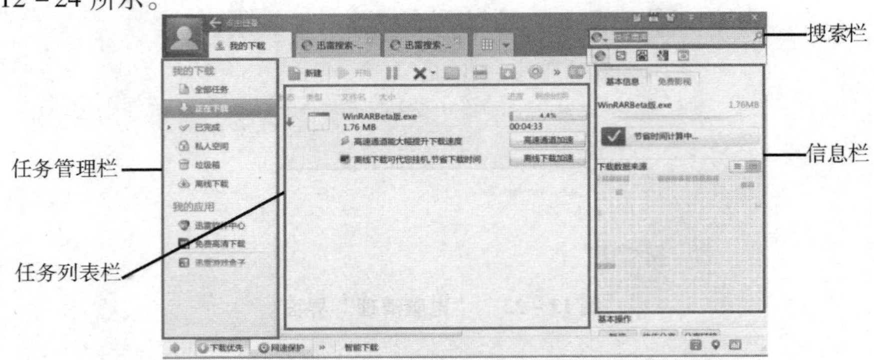

图 12－24　迅雷主界面

12.3.2　在迅雷中搜索与下载文件

WinRAR 压缩软件是一个很实用的工具软件，杨晓燕准备利用迅雷下载该软件，具体操作步骤如下。

（1）启动迅雷 7 软件，在搜索栏的搜索文本框中输入要下载的内容“WinRAR”，选择“使用迅雷大全搜索”搜索引擎，单击“搜索”按钮或按 Enter 键，迅雷开始搜索资源，如图 12－25 所示。

图 12－25　启动迅雷 7 界面

（2）弹出“迅雷搜索——WinRAR”窗口，在下载列表中找到准备下载的资源，如图 12－26 所示，单击“免费下载”按钮，弹出“新建任务”对话框，如图 12－27 所示。

图 12－26　“迅雷搜索——WinRAR”窗口

图 12 – 27　“新建任务”对话框

（3）在“新建任务”对话框中，在“存储路径”中设置下载文件保存的路径，单击“立即下载”按钮，开始下载。

（4）在迅雷主界面任务管理栏中单击“正在下载”选项卡，任务列表栏中会显示文件下载进度、时间等相关信息。

（5）文件下载完毕后，单击任务管理栏中“已完成”选项卡，下载完成的任务显示在其中，如图 12 – 28 所示。

图 12 – 28　任务下载完成界面

12.3.3　使用迅雷下载文件

杨晓燕在“网易公开课”看到“西雅图太平洋大学公开课：面试技巧”课的视频，她非常喜欢，想下载保存起来，以便随时观看，利用迅雷下载这些视频非常迅速方便，具体操作步骤如下。

（1）打开“西雅图太平洋大学公开课：面试技巧”网页，右击该页面下方的“课程列表”中的“视频下载”超链接，弹出迅雷快捷菜单，如图 12 – 29 所示。

图 12 – 29　迅雷下载快捷菜单

（2）在弹出的迅雷下载快捷菜单中，使用较多的是“使用迅雷下载”和“使用迅雷下载全部链接”两种方式。

① 选择“使用迅雷下载”。则下载对应的资源（如本任务中的“［第 1 集］高效面试”），弹出“新建任务”对话框，该对话框中设置保存的位置，单击“立即下载”按钮即可完成文件的下载。

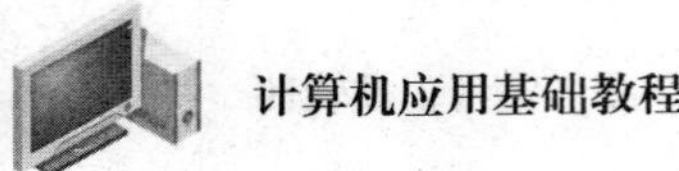

② 选择“使用迅雷下载全部链接”：采用这种方法迅雷自动找到全部的链接，不用用户手动搜索全部链接，再一个个地分别下载。弹出“选择下载地址”对话框，如图 12－30 所示，在该对话框中可以通过文件类型或 URL 关键字进行过滤选择，也可以通过“选择下载的文件”列表进行选择下载。本任务中可以按照文件类型过滤，选择“视频”文件命令，如图 12－31 所示，这时迅雷只保留视频文件。在单击“确定”按钮，弹出“新建任务”对话框，设置好保存地址，单击“立即下载”即可完成所有视频文件的下载。

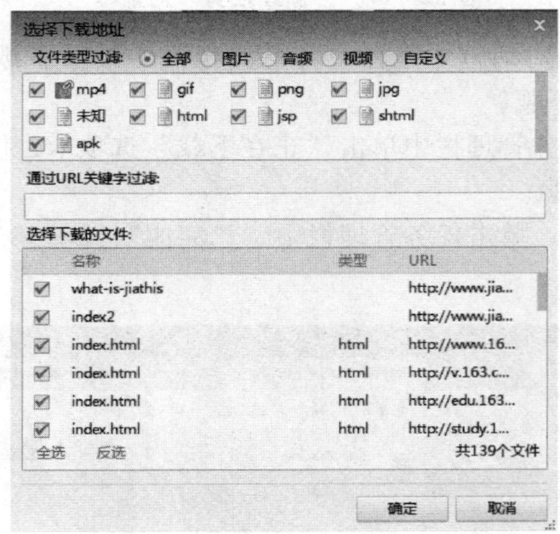

图 12－30 “选择下载地址”对话框

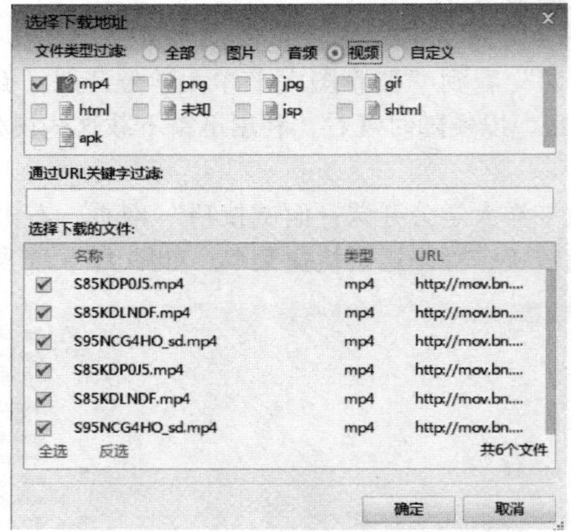

图 12－31 下载地址过滤

12.4 解压缩软件 WinRAR 的使用

杨晓燕暑假旅游回来，拍了许多照片。她迫不及待地用电子邮件把照片一张张地发给自

己的同学分享。可是，照片太多了，不久就有同学回复要求把所有照片打成压缩包发送。杨晓燕把自己的全部照片用WinRAR软件制作了一个压缩包，可是她发现压缩包太大，超过了新浪邮箱允许上传的附件大小。经过请教，她利用WinRAR提供的分卷压缩功能，即在压缩的同时，按设定的大小自动分割文件，实现了自己的设想。

12.4.1　认识WinRAR

将数据进行压缩的作用主要有两个，一是可以有效地节约存储空间，二是在传输数据时，可以减少对带宽的占用。在Internet上传输文件时，普遍采用这种技术来处理文件。常用的压缩软件有WinRAR和WinZip。WinRAR是Windows版本的RAR压缩文件管理器，是一个允许用户创建、管理和控制压缩文件的强大工具，同时还提供了分卷压缩、压缩文件修复、文件加密、压缩文件注释等功能。

12.4.2　文件压缩

常用的压缩文件方法有以下两种。

1）通过WinRAR主界面压缩文件

（1）启动WinRAR软件，选择需要压缩的文件所在目录，然后选择需要压缩的文件或文件夹，如图12－32所示，单击“添加”按钮，打开“压缩文件名和参数”对话框。

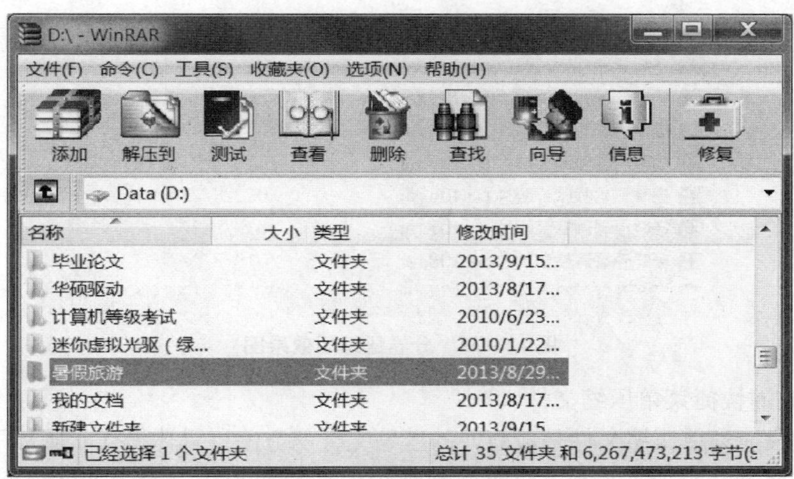

图12－32　选择需要压缩的文件

（2）在“压缩文件名和参数”对话框中选择“常规”选项卡，如图12－33所示，可以修改压缩文件名，设置压缩文件格式、压缩方式，选择压缩选项，还可以设置分卷大小，进行分卷压缩。杨晓燕修改压缩文件名为“杨晓燕暑假旅游照片.rar”，并设定压缩分卷大小为“10M”，其余各项采用默认设置。

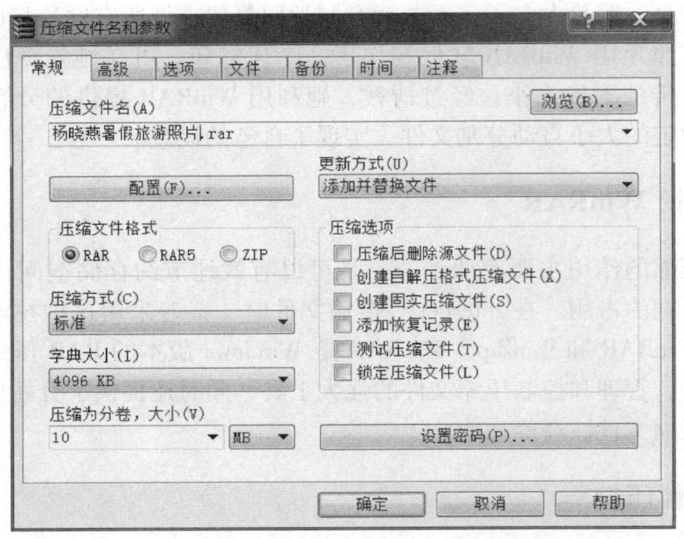

图 12－33 “压缩文件名和参数”对话框

（3）单击“确定”按钮即可开始压缩文件，同时显示压缩进度及大概需要的时间。杨晓燕对照片生成分卷压缩包后的效果如图 12－34 所示。

图 12－34 分卷压缩后效果图

2）利用右键快捷菜单压缩文件

利用右键快捷菜单压缩文件是最简便的压缩文件的方法，具体操作步骤如下。

（1）右击需要压缩的文件或文件夹，在弹出的快捷菜单中选择“WinRAR”，此时会出现两个选项，如图 12－35 所示。

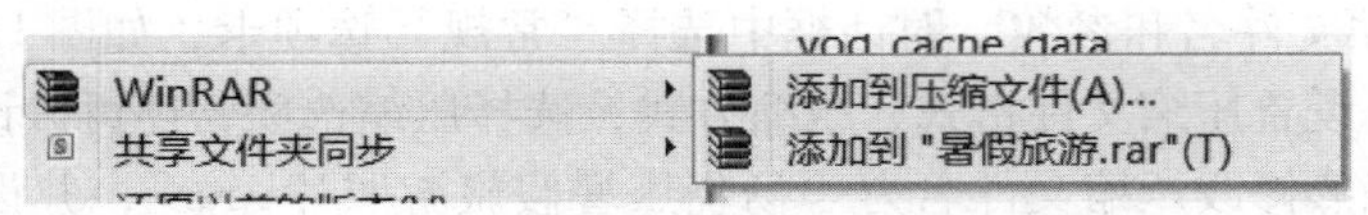

图 12－35 WinRAR 右键弹出压缩文件菜单

（2）单击“添加到压缩文件”选项，会弹出“压缩文件名和参数”对话框，同前一种压缩方式一样，设置好参数，单击“确定”按钮即可；单击“添加到‘××.rar’”，则直接以该压缩文件名压缩该文件夹，各项参数取默认值，不会进行分卷压缩操作。

12.4.3 文件解压

1）双击需要解压的压缩包

（1）双击需要解压的压缩包，打开“解压文件”窗口，如图 12－36 所示。单击“解压到”按钮，弹出“解压路径和选项”对话框。

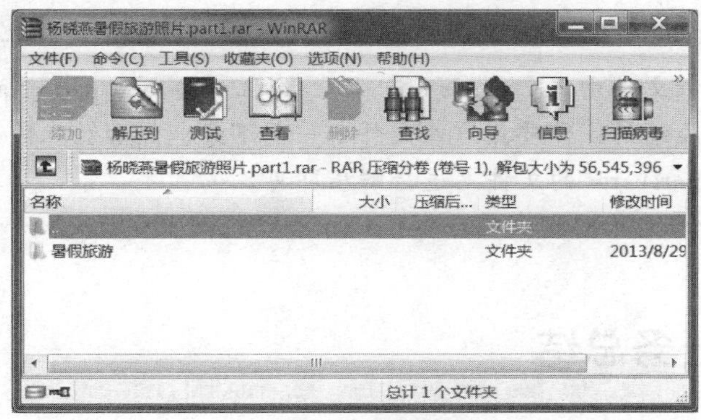

图 12－36 解压缩包

（2）在“解压路径和选项”对话框中，选择目标路径，根据需要设置更新方式、覆盖方式等，如图 12－37 所示，单击“确定”按钮，开始解压文件。

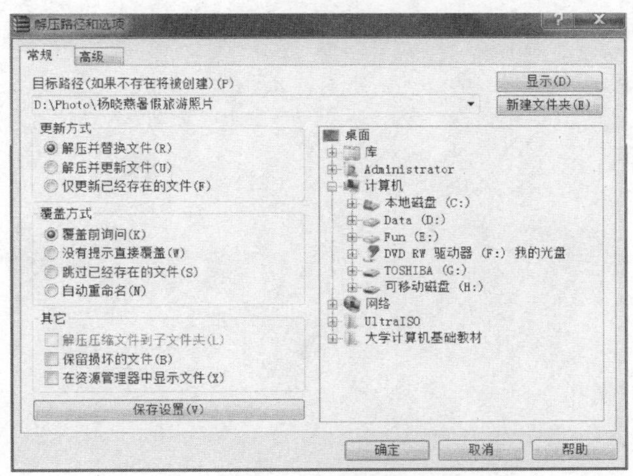

图 12－37 “解压路径和选项”对话框

2）利用右键快捷菜单解压文件

利用右键快捷菜单解压文件是最简便的解压文件的方法，具体操作步骤如下。

（1）右击需要解压的压缩包，在弹出的快捷菜单中选择“WinRAR”，此时会出现三个选项，如图 12－38 所示。

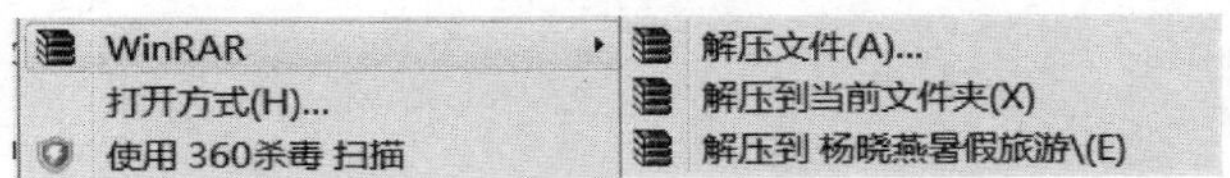

图 12－38 WinRAR 右键弹出解压文件菜单

（2）单击“解压文件”选项，会弹出“解压路径和选项”对话框，同前一种解压方式一样，设置好参数，单击“确定”按钮即可；单击“解压到当前文件夹”，则将压缩包里的所有文件和文件夹解压到压缩包文件所在的文件夹下；单击“解压到××\”，将压缩包里的文件和文件夹解压到以压缩包的名字命名的文件中。

 **提 示：**

如果下载的压缩文件由XX. part1. rar、XX. part2. rar、XX. part3. rar等命名，说明这些文件是使用分卷压缩的；需要把这些文件都一同下载，然后放在同一个目录下，不要改名，再右击XX. part1. rar的文件名进行解压即可。

12.5 任务总结

本章通过各个任务介绍了绘图工具Visio 2010、常用杀毒工具、解压缩软件及下载工具的使用。要求学生掌握Visio 2010的简单绘图，具备利用安全工具软件和安全辅助软件提高计算机安全性和计算机性能的能力，掌握常用下载工具的使用和利用解压缩软件进行文件压缩和解压的方法。

参考文献

[1] 白香芳，王亚利，冯飞. 计算机应用基础案例教程. 北京：清华大学出版社，2010.

[2] 齐景嘉，蒋巍. 计算机应用技能教程. 2版. 北京：清华大学出版社，2012.

[3] 龚沛曾，杨志强. 大学计算机基础. 5版. 北京：高等教育出版社，2009.

[4] 付长青，闫忠文，魏宇，等. 计算机基础及应用. 北京：清华大学出版社，2010.

[5] 郝胜男. Office 2010 办公应用入门与提高. 北京：清华大学出版社，2012.

[6] 郭刚. Office 2010 应用大全. 北京：机械工业出版社，2012.

[7] 吴华，兰星. Office 2010 办公软件应用标准教程. 北京：清华大学出版社，2012.

[8] 张俊才，张静. 计算机应用基础：Windows 7 + Office 2010. 大连：东软电子出版社，2011.

[9] 匡松. Internet 应用案例教程. 北京：清华大学出版社，2011.

[10] 耿增民. Internet 应用基础. 北京：人民邮电出版社，2010.

[11] 汪名杰，史国川. 常用工具软件实用教程. 北京：清华大学出版社，2013.

[12] 马占欣. 网页设计与制作. 北京：中国水利水电出版社，2013.

[13] 陈承欢. 网页设计与制作实用教程. 2版. 北京：人民邮电出版社，2011.